Thomas Jenner

Internationale Marktbearbeitung

Erfolgreiche Strategien für Konsumgüterhersteller

GABLER

Die Deutsche Bibliothek – CIP-Einheitsaufnahme

Jenner, Thomas:
Internationale Marktbearbeitung : erfolgreiche Strategien
für Konsumgüterhersteller / Thomas Jenner.
- Wiesbaden : Gabler, 1994
    (Neue betriebswirtschaftliche Forschung ; Bd. 133)
    Zugl.: Berlin, Freie Univ., Diss., 1994
    ISBN 978-3-409-13634-1   ISBN 978-3-322-91298-5 (eBook)
    DOI 10.1007/978-3-322-91298-5
NE: GT

D 188

Der Gabler Verlag ist ein Unternehmen der Verlagsgruppe Bertelsmann International.
© Betriebswirtschaftlicher Verlag Dr. Th. Gabler GmbH, Wiesbaden 1994
Lektorat: Claudia Splittgerber / Irene Müller-Schwertel

ISBN 978-3-409-13634-1

Meinen Eltern

Geleitwort

Die zunehmende Globalisierung vieler Märkte stellt eine Herausforderung an die Marketingwissenschaft dar, Modellansätze für die Praxis zur Verfügung zu stellen, die als Hintergrund für die konkrete Ausgestaltung von Marktbearbeitungsstrategien dienen können. Während inzwischen zahlreiche Untersuchungen über Möglichkeiten und Nutzen der Standardisierung bzw. Differenzierung einzelner Marketinginstrumente vorliegen, hat die strategische Seite internationaler Marktbearbeitungsstrategien bisher kaum Beachtung gefunden. Dies überrascht umso mehr, als bei der Festlegung der Stoßrichtung einzelner Marketinginstrumente eine abgesicherte strategische Plattform Voraussetzung ist.

Jenner verfolgt mit der vorliegenden Arbeit das Ziel, diesen Defiziten entgegenzuwirken. Er geht zunächst auf Begriff und Implikationen der Globalisierung sowie auf einzelne Determinanten der Ausgestaltung des internationalen Marketing ein und leitet darauf aufbauend ein situatives Rahmenmodell der internationalen Marktbearbeitung ab. Als angebots- und nachfrageseitige Kontextfaktoren identifiziert Jenner produkt-, zielgruppen-, absatzmittler-, branchen- und wettbewerbsbedingte Aspekte. Für die Konzeptualisierung und Operationalisierung der Gestaltungskomponenten einer Marketing-Grundsatzstrategie verwendet er ein redundanzfreies System von sechs komplementären Bausteinen. Hinsichtlich der Erfolgskomponente greift er auf ein inzwischen bewährtes Konzept zurück, das Erfolg als das Ausmaß operationalisiert, in dem festgelegte Marketingziele in der betreffenden Planungsperiode realisiert werden konnten.

Der empirische Test des situativen Modells der internationalen Marktbearbeitung erfolgt auf der Basis von 55 strategischen Geschäftsfeldern in der Konsumgüterindustrie und führt zu Ergebnissen, die die Marketingwissenschaft befruchten und der internationalen Marketingpraxis klare Handlungsanweisungen vermitteln. Als zentrale Aussage ergibt sich, daß Wettbewerbsposition und Konsumentensituation diejenigen Kontextfaktoren sind, die die Ausgestaltung einer internationalen Marktbearbeitungsstrategie am stärksten beeinflussen: Bei günstiger Wettbewerbsposition und homogener Struktur der Endverbraucher-Zielgruppe ist eher eine Standardisierung der Marketing-Grundsatzstrategie für ein strategisches

Geschäftsfeld erfolgversprechend, während im umgekehrten Falle die Differenzierung der Strategie anzuraten ist.

Das Buch liefert für Theorie und Praxis eine Fülle wichtiger Aussagen und Anregungen und hat gute Chancen, sich in die Standardliteratur zum internationalen Marketing einzureihen.

Prof. Dr. Günther Haedrich

Vorwort

Aufgrund der fortschreitenden weltwirtschaftlichen Verknüpfungen ist die Existenz vieler Unternehmen in wachsendem Maße abhängig von ihrer internationalen Konkurrenzfähigkeit. Die zunehmende Internationalisierung der Absatzmärkte wird daher auch von den Entscheidungsträgern in den Unternehmen als eines der zentralen Problemfelder der Unternehmensführung gesehen. Vor allem dem internationalen Marketing wird eine bedeutende Rolle im Hinblick auf die langfristige Rentabilität, das Wachstum und die Zukunftssicherung vieler Unternehmen zugeschrieben. Die vorliegende Arbeit verfolgt das Ziel, die Übertragbarkeit eines Teilbereiches des Marketingkonzeptes - der Marktbearbeitungsstrategie - vor dem Hintergrund unterschiedlicher Rahmenbedingungen zu überprüfen. Hierbei handelt es sich nicht um ein allein von wissenschaftlichen Erkenntnisinteressen geleitetes Forschungsprojekt, sondern es wird der Versuch unternommen, Gestaltungsempfehlungen für Entscheidungssituationen in der Praxis abzuleiten.

Orientiert an der beschriebenen Zielsetzung wird ein heuristisches Modell der internationalen Marktbearbeitung entwickelt, welches einerseits die zentralen Determinanten der strategischen internationalen Marketingplanung auf Markenebene berücksichtigt und andererseits den Gestaltungsspielraum der Entscheidungsträger in der Praxis möglichst umfassend abbildet. Die Aufgabe eines solchen Entscheidungsmodells für die Planung internationaler Marktbearbeitungsstrategien besteht darin, die Zielwirkung verschiedener Handlungsalternativen vor dem Hintergrund der Ausprägung ausgewählter Situationsvariablen deduktiv zu ermitteln. Hierzu wurden computergestützte, persönlich-mündliche Interviews mit Entscheidungsträgern deutscher Markenartikelhersteller geführt.

Das Zustandekommen der Arbeit wurde durch die Unterstützung von verschiedenen Seiten gefördert. An erster Stelle fühle ich mich meinem akademischen Lehrer, Herrn Prof. Dr. Günther Haedrich zu Dank verpflichtet. Seine detaillierte Kritik und die stete Diskussionsbereitschaft haben den Fortgang der Arbeit entscheidend unterstützt. Dank schulde ich auch meinen Kollegen am Institut für Marketing der Freien Universität Berlin, Herrn Stephan Possekel und Herrn Barnim G. Jeschke für ihre vielfältige Unterstützung und Entlastung sowie Herrn Marco Olavarria-

Berger für die gründliche Durchsicht des Manuskriptes und zahlreiche Anregungen. Herrn Stephan Winter und Herrn Thorsten Thadewald bin ich im Hinblick auf ihre Unterstützung bei der Datenauswertung ebenso zu Dank verpflichtet wie Herrn Stefan Wöhleke, der einen Teil der Interviews durchgeführt hat. Herausgestellt werden soll an dieser Stelle auch Frau Susann Erichsson, die sowohl während des Entstehens der Arbeit zahlreiche Anregungen gab, als auch das fertige Manuskript auf inhaltliche und formale Ungereimtheiten hin durchsah. Schließlich gilt mein Dank der Kommission für Forschung und wissenschaftlichen Nachwuchs der Freien Universität Berlin für ihre finanzielle Förderung des Forschungsprojektes.

Thomas Jenner

Inhaltsverzeichnis

I. Einleitung

Seit dem Ende des zweiten Weltkrieges läßt sich eine zunehmende Internationalisierung der Geschäftstätigkeit konstatieren. Diese Entwicklung wird nicht zuletzt durch die Schaffung günstiger Rahmenbedingungen für den internationalen Handel, beispielsweise im Rahmen der GATT-Verhandlungen oder durch die Bildung regionaler Freihandelszonen (Europa 1992, NAFTA), forciert. Ein internationaler Blickwinkel ist gerade auch in Deutschland, das neben Japan und den USA die größte Exportnation weltweit darstellt, notwendig. Die Dringlichkeit eines Perspektivenwechsels erschließt sich auch mit Blick auf die Exportquote. So weisen die statistischen Angaben für das Jahr 1989 bei Gütern und Dienstleistungen einen Exportanteil in Höhe von 35% des Brutto-Inlandsprodukts aus (vgl. Jungnickel 1992, S. 50).

Vor allem die internationale Wettbewerbsfähigkeit einzelner Länder ist Gegenstand einer auch öffentlich geführten Diskussion. Mit dem Verlust der internationalen Wettbewerbsfähigkeit wird die Erwartung des Eintritts höchst unerfreulicher Folgen verknüpft (vgl. hierzu Dichtl 1986, S. 103). In den Mittelpunkt der Betrachtungen werden dabei oftmals die Bedingungen gerückt, die durch die Wirtschafts-, Sozial- und Gesellschaftspolitik in den einzelnen Ländern geschaffen werden. Faktoren, die durch die in den Ländern ansässigen Unternehmen direkt gestaltbar sind, finden hingegen häufig nur geringe Beachtung. Dies ist insbesondere deshalb als Versäumnis zu werten, weil die Wettbewerbsfähigkeit eines Landes ganz wesentlich durch die Wettbewerbsfähigkeit der Unternehmen und ihrer Produkte auf den Weltmärkten geprägt wird (vgl. Fels 1982, S. 8 f.; Horn 1985, S. 324; Franko 1989, S. 449). Allgemein ist davon auszugehen, daß die Wettbewerbsfähigkeit eines einzelnen Unternehmens durch die von ihm direkt beeinflußbaren Faktoren stärker determiniert wird als durch generelle Umfeldbedingungen (vgl. Schiefer 1982, S. 35 ff.). Durch den Aufbau unternehmensindividueller Wettbewerbsvorteile kann es einzelnen Unternehmen daher gelingen, standortbedingte komparative Nachteile zu kompensieren (vgl. Kogut 1985, S. 22).

Während im Rahmen der klassischen Erklärungsansätze der Außenhandelstheorie das Zustandekommen von Außenhandel auf das Bestehen solcher komparativer Kostenunterschiede zurückgeführt wird, finden heute auch in der volkswirtschaftlichen Theorie des Außenhandels

Erklärungsansätze Verwendung, die beispielsweise die Existenz unterschiedlicher Käuferpräferenzen berücksichtigen. Außenhandel kann somit auch durch die Differenzierung von Produkten und hieraus resultierenden objektiven oder subjektiv wahrgenommenen Qualitätsunterschieden induziert werden (vgl. Bender 1988, S. 438 ff.). Generell ist davon auszugehen, daß sich das Zustandekommen von Außenhandel nicht allein mit Hilfe exogener komparativer Vorteile im Rahmen eines Gleichgewichtsmodells erklären läßt. Die im Rahmen einer partial-analytischen Vorgehensweise ermittelten endogenen Determinanten wie z.B. die Produktdifferenzierung oder die Existenz von Skalenvorteilen verdeutlichen vielmehr, daß komparative Vorteile durch das einzelne Unternehmen selbst geschaffen werden können (vgl. Lorenz 1985, S. 15 f.).

In zunehmendem Maße ist aufgrund der starken weltwirtschaftlichen Verknüpfungen die Existenz vieler Unternehmen abhängig von ihrer internationalen Konkurrenzfähigkeit. Dichtl/Müller (vgl. 1992, S. 86) stellen im Rahmen einer empirischen Studie fest, daß die zunehmende Internationalisierung der Absatzmärkte von den Entscheidungsträgern in den Unternehmen als eines der zentralen Problemfelder der Unternehmensführung gesehen wird. Gerade dem internationalen Marketing wird hier eine zentrale Rolle im Hinblick auf die langfristige Rentabilität, das Wachstum und die Zukunftssicherung vieler Unternehmen zugeschrieben (vgl. Meissner/Winkelgrund 1982, S. 115). Im Mittelpunkt des Erkenntnisinteresses steht dabei die Frage, inwieweit ein national zum Einsatz gelangendes Marketingkonzept auch im internationalen Kontext Verwendung finden kann.

Die vorliegende Arbeit verfolgt das Ziel, die Übertragbarkeit eines Teilbereiches des Marketingkonzeptes - der Marketing-Grundsatzstrategie - vor dem Hintergrund unterschiedlicher Rahmenbedingungen zu überprüfen. Hierbei handelt es sich nicht um ein allein von Erkenntnisinteressen geleitetes Forschungsprojekt, sondern es wird der Versuch unternommen, Gestaltungsempfehlungen für Entscheidungssituationen in der Praxis abzuleiten (vgl. Schanz 1988a, S. 14). Damit soll ein Beitrag zu einem besseren Verständnis des konkreten Problemfeldes geleistet werden, um - dem pragmatischen Wissenschaftsziel folgend - die Beherrschung der komplexen Realität zu ermöglichen (vgl. Kubicek 1977, S. 7).

II. Grundlegung

1. Gegenstand der Arbeit

1.1. Der Internationalisierungsbegriff

Der Begriff der Internationalisierung von Unternehmen ist Gegenstand intensiver Diskussionen in der Betriebswirtschaftslehre. Generell ist anzumerken, daß Bezugspunkt der Diskussion die verschiedenen Funktionsbereiche des Unternehmens sein können. Als internationales Unternehmen wird eine Organisation bezeichnet, die ihre Geschäftstätigkeit in einem grenzüberschreitenden Rahmen ausübt (vgl. Fayerweather 1989, Sp. 927). In der Praxis bestehen jedoch substantielle Unterschiede zwischen den Auslandsaktivitäten verschiedener Unternehmen. Diese Unterschiede bilden die Grundlage für Ansätze, deren Zielsetzung darin besteht, die Internationalisierung von Unternehmen einer Systematisierung zugänglich zu machen. Als institutionelle Ansätze (vgl. Macharzina 1982, S. 112) können Vorgehensweisen unterschieden werden, die darauf abzielen,

- das unterschiedliche Ausmaß der Auslandsaktivitäten (den Internationalisierungsgrad) zu messen, und

- verschiedene Formen der internationalen Unternehmenstätigkeit sowie den Verlauf des Internationalisierungsprozesses zu systematisieren.

Die Messung des Internationalisierungsgrades kann anhand verschiedener Merkmale erfolgen. Grundsätzlich ist hier zwischen *Bestandsgrößen* (z.B. Anzahl der Betriebe oder der Beschäftigten) und *Bewegungsgrößen* (z.B. Absatz, Umsatz, Gewinn) zu unterscheiden (vgl. Onkvisit/Shaw 1989, S. 15, Schmidt 1989, Sp. 965). Zum einen sind dabei jedoch die vielfältigen Meßprobleme zu beachten (vgl. Schmidt 1981, S. 58 f.) und zum anderen ist ein solches Vorgehen immer mit einer Merkmalsselektion verbunden, die eine gewisse Willkürlichkeit in sich birgt (vgl. Dülfer 1982, S. 49).

Eine Unterscheidung der Formen der Auslandsmarktbearbeitung sollte sich nicht nur auf das Kriterium der Errichtung von Betriebsstätten im Ausland - sogenannte Direktinvestitionen - beziehen, sondern jede Form grenzüberschreitender Aktivitäten im Fertigungs- und Absatzbereich einschließen. Somit können grob zwei Kategorien von international tätigen Unternehmen unterschieden werden (vgl. Dülfer 1992b, S. 474):

- Unternehmen mit einer *funktionalen Internationalisierung*, die nur ihre abzusetzenden Produkte und Dienstleistungen sowie die darauf bezogenen Rechte grenzüberschreitend transferieren.

- Unternehmen mit dem Ziel einer *institutionellen Internationalisierung*, die eine echte Ansiedlung durch die Errichtung einer betrieblichen Einheit im Zielland anstreben.

Legt man eine weite Begriffsfassung zugrunde, die beide Kategorien von Unternehmen umschließt, lassen sich eine Vielzahl von Varianten der internationalen Unternehmenstätigkeit unterscheiden. Diese stellen zwar einerseits überaus unterschiedliche Anforderungen z.B. im Hinblick auf die Steuerung der Unternehmenstätigkeit und die Gestaltung der Organisationsstruktur. Andererseits trägt ein solches Vorgehen jedoch durch seine Eindeutigkeit dazu bei, Abgrenzungsprobleme zu vermeiden (vgl. Dülfer 1985, S. 495). Die in der Praxis auftretenden Formen der internationalen Unternehmenstätigkeit können damit, wie folgt, gegliedert werden (vgl. *Abbildung 1*).

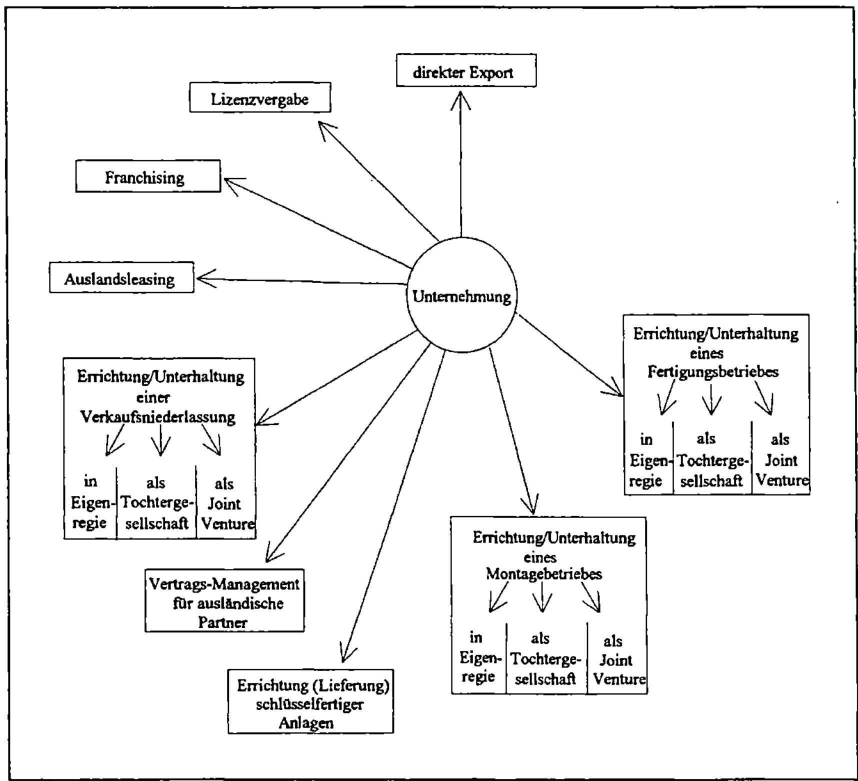

Abbildung 1: Formen internationaler Unternehmenstätigkeit
(in Anlehnung an Dülfer 1985, S. 497)

Häufig werden die verschiedenen Formen der Auslandstätigkeit in einer bestimmten Abfolge dargestellt, um somit ein Phasenschema des Internationalisierungsprozesses zu entwickeln. Eine Systematisierung der Internationalisierungsformen kann beispielsweise im Hinblick auf den Anteil bzw. die Verteilung der im Stamm- und Gastland erbrachten Kapital- und Managementleistungen erfolgen (vgl. *Abbildung 2*). Dabei wird die Annahme zugrundegelegt, daß im Zeitablauf ein wachsender Anteil von Leistungen in das Zielland verlagert wird. Ein solcher Prozeß basiert in der Regel auf inkrementellen Entscheidungen[1], die sich auf der Basis eines begrenzten Wissensstandes durch Lernen und Vertrauensgewinn begründen lassen (vgl. Rühli 1978/II, S. 33-35; Kotler/Bliemel 1992, S. 601).

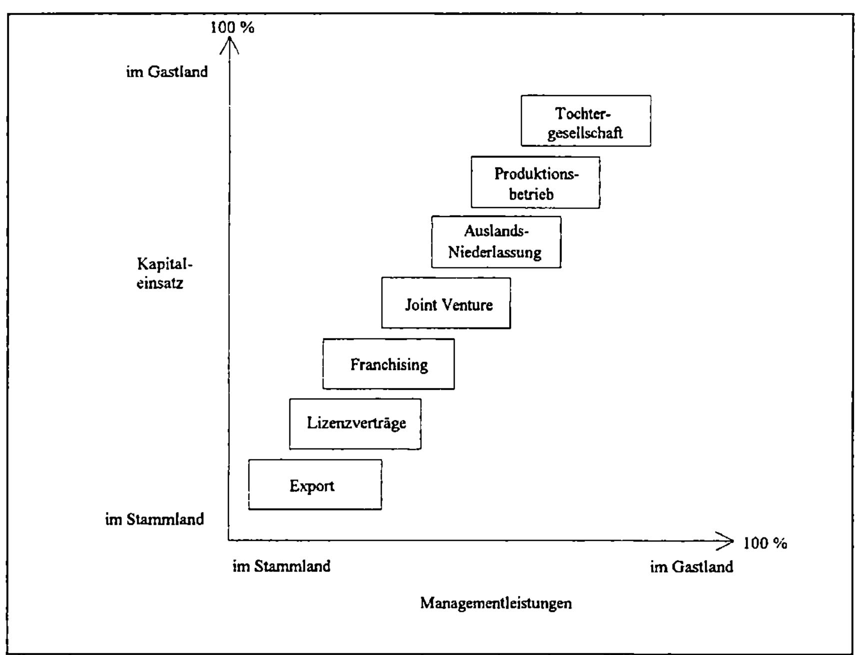

Abbildung 2: Phasen des Internationalisierungsprozesses
(vgl. Meissner 1987, S.47)

Die in *Abbildung 2* dargestellte idealtypische Sequenz von Formen der internationalen Unternehmenstätigkeit ergibt sich nur im Zuge einer konsequent absatzorientierten Markteintrittsstrategie, da in diesem Fall eine schrittweise Intensivierung der Ressourcenbindung im Auslandsmarkt

---

[1]   Vgl. allgemein zum Inkrementalismus Lindblom 1965, S. 28 f. und speziell zur inkrementellen Entscheidungsfindung Picot/Lange 1979, S. 572 f.; Meyer zu Selhausen 1989, Sp. 747 f.

sinnvoll erscheint. Dominieren andere Motive die Internationalisierungs-entscheidung, kann eine geänderte Abfolge bzw. eine abweichende Form des Eintritts in den Auslandsmarkt sinnvoll sein (vgl. Dülfer 1982, S. 49). Wird im Rahmen des Internationalisierungsprozesses beispielsweise eine Verlagerung der Produktion mit dem Ziel der Sicherung von Standortvor-teilen in Erwägung gezogen, ergibt sich eine andere Abfolge. Häufig ist in den Niedriglohn-Ländern, die für eine Produktionsverlagerung in die engere Wahl gezogen werden, die Kaufkraft der Bevölkerung so begrenzt, daß Absatzmotive in diesen Märkten keine Rolle spielen.

Resümierend kann somit festgestellt werden, daß die Internationalisierung der Unternehmenstätigkeit ein komplexes multidimensionales Problemfeld darstellt, welches einer Systematisierung nur schwer zugänglich erscheint. Dies kann unter anderem darauf zurückgeführt werden, daß verschiedene Unternehmensbereiche als Bezugs- und Ausgangspunkte für eine Interna-tionalisierungsentscheidung relevant sein können. Dieser Aspekt soll im folgenden Punkt näher beleuchtet werden.

1.2. Internationalisierung verschiedener Unternehmensbereiche

Ein zentrales Problem der Analyse von Aktivitäten im Rahmen der Internationalisierung eines Unternehmens ist häufig der unklare Objekt-bezug. Es ist davon auszugehen, daß beispielsweise die Herausarbeitung von Erfolgsbedingungen einer Internationalisierung für verschiedene Erkenntnisobjekte zu unterschiedlichen Ergebnissen führen kann (vgl. Meffert 1988b, S. 278). Keegan/Mac Master (vgl. 1983, S. 100 ff.) unter-scheiden daher bezogen auf die internationale Integration von Aktivitäten zwischen dem Marketing- und dem Produktionsbereich. Eine solch grobe Unterteilung bietet erste Anhaltspunkte für die differenzierte Analyse der Internationalisierung von Unternehmen. Vor dem Hintergrund der zunehmenden weltwirtschaftlichen Verflechtungen und den hieraus resultierenden Chancen und Risiken für ein Unternehmen müssen die Integrationsbemühungen jedoch auf eine Vielzahl von Unternehmens-bereichen ausgeweitet werden. Gegenstand einer intensiven Diskussion sind beispielsweise die Bereiche Forschung und Entwicklung (vgl. Krubasik/Schrader 1990, S. 17-27), Finanzierung (vgl. Pausenberger 1981, S. 177-190; Pohle 1993, S. 149-167), Beschaffung (vgl. Grochla/ Fieten 1989, Sp. 203-214; Arnold 1990, S. 49-71) oder die Personalpolitik (vgl. Staehle 1982, S. 393-409)[2]. Vor diesem Hintergrund wird deutlich, daß Untersuchungen im Hinblick auf die Internationalisierung der Unternehmenstätigkeit entweder funktionsübergreifend oder funktionsspezifisch ausgerichtet sein können.

Meffert/Bolz (1990, S. 35 f.) stellen in einer empirischen Studie, die die Betroffenheit europäischer Unternehmen im Rahmen der Harmonisierung des europäischen Binnenmarktes evaluiert, fest, daß die Konsequenzen für die verschiedenen Unternehmensbereiche sehr unterschiedlich beurteilt werden. Zu berücksichtigen ist allerdings, daß der Grad der Betroffenheit der einzelnen Unternehmensbereiche auch von der Branchenzugehörigkeit der befragten Unternehmen abhängt (vgl. Rall 1990, S.64). Die unterschiedliche Bedeutung der Globalisierung bzw. der Integration von Tätigkeiten in einzelnen Unternehmensbereichen sowie in verschiedenen Branchen ist in *Abbildung 3* dargestellt.

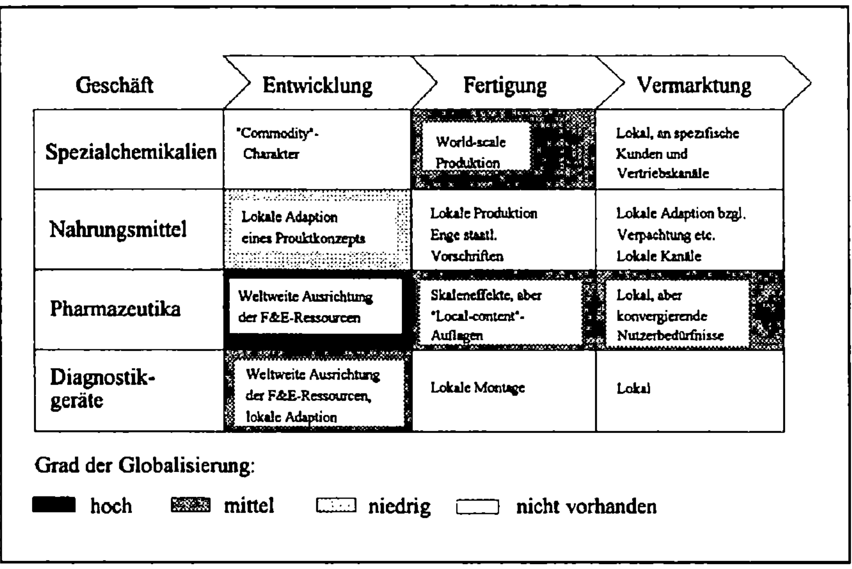

Abbildung 3: Bedeutung der Globalisierung von Aktivitäten in Abhängigkeit von den Geschäftscharakteristika (vgl. Rall 1990, S. 64)

Erklären lassen sich diese Unterschiede bezüglich des Globalisierungsgrades damit, daß Unternehmen mit der Integration von Aktivitäten das Ziel verfolgen, ihre Wettbewerbsfähigkeit zu verbessern (vgl. Doz 1980,

---

[2] Einen knappen Überblick über die Funktionsbereiche, die von einer Internationalisierung betroffen sind, sowie über die jeweiligen Auswirkungen gibt auch Perlitz (1993, Sp. 1865-1869).

S.27). Ihr Hauptaugenmerk richten sie im Regelfall auf die wichtigsten Funktionsbereiche im Unternehmen. Durch eine Integration in diesen Bereichen wird die Erreichung der kritischen Masse im Hinblick auf die Erzielung von Erfahrungskurveneffekten angestrebt, die für ein Bestehen im Wettbewerb erforderlich ist (vgl. Hunsicker 1989, S. 38; Morrison/ Roth 1992, S. 401). Die Kenntnis der Determinanten, die die Wettbewerbsfähigkeit eines Unternehmens in einer Branche beeinflussen, ist insofern von zentraler Bedeutung. Als Instrument, welches in diesem Zusammenhang eine systematische Identifikation und Analyse von Schlüsselbereichen ermöglicht, kann die Wertkette gelten (vgl. Porter 1992, S. 31). Mit Hilfe dieses Instrumentes wird ein Unternehmen in strategisch relevante Tätigkeiten untergliedert, um das Kostenverhalten besser verstehen und Differenzierungsvorteile eher erkennen zu können (vgl. Porter 1989a, S. 59).

Die Rolle des Marketing wird vor diesem Hintergrund kontrovers diskutiert. Während einerseits davon ausgegangen wird, daß die Integration von Aktivitäten in anderen Funktionsbereichen eher möglich ist und größere Vorteile verspricht, stellen Meffert/Bolz (vgl. 1990, S. 35) in ihrer empirischen Untersuchung fest, daß vor allem die Bereiche Marketing und Planung durch die Verwirklichung des europäischen Binnenmarktes tangiert werden. Auch Porter (vgl. 1992, S. 35) weist darauf hin, daß dem Marketing insofern eine Schlüsselfunktion zukommt, als Entscheidungen in diesem Bereich weitreichende Konsequenzen für die anderen Aktivitäten in der Wertkette haben. Beispielsweise werden die Voraussetzungen für eine Internationalisierung teilweise erst durch eine entsprechende Vermarktungsstrategie geschaffen. So ergibt sich häufig aus der weltweiten Bearbeitung eines Marktsegmentes die einzige Möglichkeit, ein Produkt für eine relativ kleine Zielgruppe zu konzipieren.

1.3. Bezugspunkte der Internationalisierung im Marketing

Die Analyse der Literatur zum internationalen Marketing zeigt, daß eine Differenzierung zwischen einer Vielzahl von Erkenntnisobjekten möglich ist (vgl. z.B. Halliburton/Hünerberg 1987, S. 245). Zum einen können *Marketingprozesse und -programme* als Bezugspunkte unterschieden werden. Die internationale Steuerung von Marketingprozessen bezieht sich auf die Bereiche Informationsgewinnung, Planung und Kontrolle. Das

Ziel besteht darin, eine funktionsgerechte ablauforganisatorische Strukturierung der Informations-, Planungs- und Kontrollsysteme zu gewährleisten (vgl. Kreutzer 1987, S. 168; Meffert 1989, S. 453 ff.). Internationale
Programmentscheidungen beziehen sich hingegen auf die inhaltliche Ausgestaltung von Marketingkonzepten und -programmen in den einzelnen
Ländermärkten (vgl. Beutelmeyer/Mühlbacher 1986, S. 1). Grundsätzlich
kann dabei zwischen einer *strategischen* und *instrumentellen* Betrach-
tungsebene unterschieden werden (vgl. Cundiff/Hilger 1988, S. 63 f.).

Während auf instrumenteller Ebene die Frage im Vordergrund steht, wie
die quantitative und qualitative Ausgestaltung des Instrumenteneinsatzes
erfolgen soll, werden auf strategischer Ebene Überlegungen angestellt, die
auf die Fragestellung abzielen, wie die Beziehungen zwischen Unternehmen und Markt langfristig zu gestalten sind, um die Erreichung der
festgelegten Ziele sicherzustellen (vgl. Krulis-Randa 1984, S. 182 f.). Eine
Vielzahl sowohl theoretischer als auch empirisch angelegter Arbeiten
stellt dabei die internationale Ausgestaltung einzelner Instrumentalbereiche in den Mittelpunkt der Betrachtung (vgl. z.B. Simon/Wiese 1992;
Weinberg 1992; Kreutzer 1991, Althans 1982; Landwehr 1982; Steffens
1982).

Bezogen auf die strategischen Elemente von Internationalisierungs-
entscheidungen läßt sich hingegen ein erhebliches Forschungsdefizit
feststellen, vor allem auch im Hinblick auf die empirische Analyse
strategischer Entscheidungen. Annahmen, die darauf aufbauen, daß das
strategische Marketing einer Standardisierung grundsätzlich zugänglich
ist, während das operative Marketing im internationalen Kontext eher
einer Differenzierung bedarf (vgl. Meissner 1991, S. 418 f.), sind daher
eher spekulativer Natur.

Aus der beschriebenen Gewichtung bisheriger Forschungsarbeiten zum
internationalen Marketing resultiert unter anderem auch deshalb ein
Defizit, als im Marketingplanungsprozeß die strategische der operativen
Ebene vorgelagert ist. Entscheidungen, die auf die Ausgestaltung der
Instrumentalbereiche abzielen, orientieren sich üblicherweise an den Vorgaben, die aus Entscheidungen auf strategischer Ebene abgeleitet werden
(vgl. Köhler 1991, S. 91 ff.; Assael 1985, S. 112 ff.). Auch mit Blick auf
die Planung des internationalen Marketing ist davon auszugehen, daß
strategische Entscheidungen konstitutiven Charakter aufweisen und sich

Entscheidungen bezüglich des Einsatzes und der Ausgestaltung der einzelnen Marketinginstrumente hieran auszurichten haben.

Die Übertragung einer im Heimatmarkt erfolgreichen Strategie auf einen Auslandsmarkt impliziert dabei nicht, daß ein analoges Vorgehen in bezug auf die Marketinginstrumente in jedem Fall möglich bzw. erforderlich ist. Beispielsweise kann das Ziel einer einheitlichen Positionierung auf zwei Ländermärkten aufgrund der spezifischen marktlichen Bedingungen mit der Notwendigkeit einer differierenden Ausgestaltung der Marketinginstrumente korrespondieren (vgl. van Mesdag 1987, S. 12 ff.; Tietz 1989, Sp. 1454).

Im Rahmen des Problems der internationalen Ausgestaltung von Marketingkonzepten und -programmen steht meist die Frage im Vordergrund, inwieweit eine standardisierte Übertragung im Heimatmarkt erfolgreicher Konzeptionen auf die Auslandsmärkte möglich ist. Die hiermit im Zusammenhang stehenden Überlegungen sollen nachfolgend erläutert werden.

2. Die Ausgestaltung des internationalen Marketing

2.1. Orientierungssysteme im internationalen Marketing

Unternehmen können bei der Bearbeitung von Auslandsmärkten unterschiedliche Wege beschreiten. Bei der Wahl zwischen verschiedenen Vorgehensweisen spielt der unter Punkt 1.1. charakterisierte Internationalisierungsgrad eines Unternehmens eine untergeordnete Rolle. Vielmehr ist diese Entscheidung in hohem Maße von der Orientierung der Entscheider in einem Unternehmen abhängig (vgl. Perlmutter 1969, S. 11). Dabei können folgende Orientierungssysteme unterschieden werden (vgl. Perlmutter 1969, S. 11 ff.; Wind/Douglas/Perlmutter 1973, S.14 ff.):

- **Ethnozentrische Orientierung**
  Die ethnozentrische Orientierung eines Unternehmens findet ihren Ausdruck in einer starken Ausrichtung der Geschäftstätigkeit am Heimatmarkt. Die Bearbeitung der Auslandsmärkte erfolgt hier nicht systematisch, d.h. es findet keine konzeptionelle Ausrichtung an den jeweiligen marktlichen Bedingungen des Auslandsmarktes statt. Im Mittelpunkt des Unternehmensinteresses steht nicht die zielgerichtete, langfristig angelegte Expansion in Auslandsmärkte, sondern die Sicherung der Wettbewerbsposition auf dem Heimatmarkt. Die Bearbeitung von Auslandsmärkten dient somit vorrangig dem Ziel, sich bietende Chancen zu nutzen, um beispielsweise die Kapazitätsauslastung der Produktionsanlagen sicherzustellen. Für die Abwicklung des internationalen Geschäfts ist meist die Exportabteilung der insgesamt eher inlandsorientierten Organisation zuständig. In der Literatur wird der beschriebenen ethnozentrischen Orientierung auch der Begriff *internationales Marketing* zugeordnet.

- **Polyzentrische Orientierung**
  Im Rahmen einer polyzentrischen Orientierung richtet sich das Unternehmen an den Besonderheiten des jeweiligen nationalen Marktes und den hieraus resultierenden Erfordernissen aus. Daraus läßt sich im Extremfall die Notwendigkeit ableiten, für jedes Land eine eigenständige Strategie zu formulieren, um somit in jedem Ländermarkt eine optimale Marktposition zu erreichen. Zur Umsetzung dieses Konzeptes ist es meist erforderlich, in den entsprechenden Ländern eine Tochtergesellschaft oder Niederlassung zu installieren. Die organisatorischen

Einheiten in den einzelnen Ländermärkten verfügen dabei in der Regel über einen großen Freiheitsgrad bei ihren Entscheidungen. Eine polyzentrische Orientierung im Rahmen der Auslandsmarktbearbeitung wird auch mit dem Begriff *multinationales Marketing* umschrieben.

Geozentrische Orientierung

Das kennzeichnende Charakteristikum einer geozentrischen Orientierung ist die Ausrichtung des Unternehmens am Weltmarkt. Die Wettbewerbsposition des Unternehmens soll dabei unter Zugrundelegung eines internationalen Fokus optimiert werden. Dieser Zielsetzung folgend wird auch die Erzielung möglicherweise suboptimaler nationaler Ergebnisse billigend in Kauf genommen, um eine im Hinblick auf den Weltmarkt optimale Strategie formulieren zu können. Das Unternehmen orientiert sich dabei hauptsächlich an globalen Wettbewerbern und transnationalen Zielgruppen. Die praktische Umsetzung der beschriebenen Vorgehensweise erfordert in jedem Fall einen hohen Koordinationsaufwand (vgl. Yip 1992, S. 76 f.). Die geozentrische Orientierung wird in der Literatur auch unter dem Begriff *globales Marketing* subsumiert.

Die beschriebenen Orientierungsmuster repräsentieren Idealtypen, die aber auch in ihrer realtypischen Erscheinungsform nicht unbedingt Gegenstand einer Auswahlentscheidung sind. Häufig handelt es sich dabei eher um die unterschiedlichen Stufen im Rahmen eines Evolutionsprozesses, die ein Unternehmen im Zuge der Internationalisierung durchläuft (vgl. hierzu auch Keegan 1989, S. 300-304). Wenn die ethnozentrische Orientierung dem Frühstadium eines Internationalisierungsprozesses zugeordnet wird, können zwei unterschiedliche Internationalisierungspfade unterschieden werden (vgl. *Abbildung 4*). Während europäische und amerikanische Unternehmen zunächst häufig eine polyzentrische Orientierung als Zwischenstufe auf dem Weg zu einer geozentrischen Denkhaltung aufweisen und damit den beschriebenen Evolutionsprozeß durchlaufen, gehen japanische Unternehmen oftmals direkt von einer ethnozentrischen zu einer geozentrischen Orientierung über[3] (vgl. Meffert 1986b, S. 690 ff.; Halliburton/Hünerberg 1987, S. 244).

---

[3] Eine detaillierte Beschreibung des japanischen Globalisierungskonzeptes anhand einer Unterteilung in vier Stufen findet sich bei Frentz (vgl. 1993, S. 36)

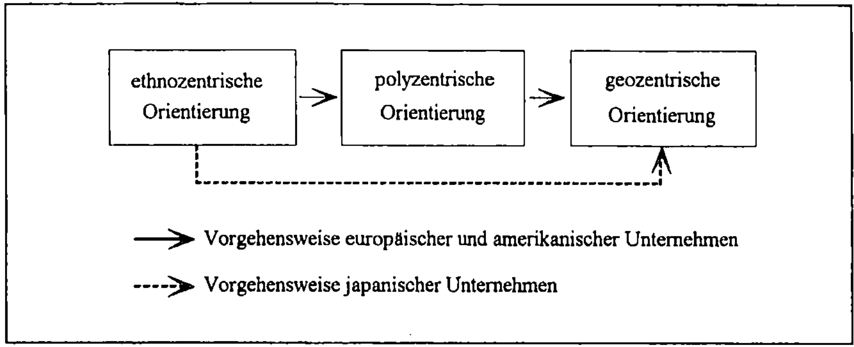

Abbildung 4: Alternative Internationalisierungspfade

Aus Sicht eines Unternehmens, für das die internationale Geschäftstätigkeit über einen hohen Stellenwert verfügt, lassen sich die vorgestellten Orientierungssysteme auf zwei Alternativen reduzieren. Dies kann mit Hilfe des Umstands begründet werden, daß bei hoher Bedeutung des Markterfolgs auf internationaler Ebene nur eine polyzentrische bzw. geozentrische Orientierung sinnvoll erscheint. Diese beiden Orientierungssysteme haben insofern polarisierenden Charakter, als sie - wie im folgenden Abschnitt der Arbeit diskutiert wird - extreme Standpunkte im Hinblick auf den Standardisierungsgrad zum Ausdruck bringen.

Abschließend ist noch darauf hinzuweisen, daß - wie bereits in dem Begriff Orientierungssysteme zum Ausdruck kommt - diese nicht den Charakter konkreter Handlungsanleitungen für die strategische und operative Marketingplanung aufweisen (vgl. Douglas/Craig 1989, S. 48). Im Hinblick auf ihre Funktion sind sie mit den Normstrategien, die aus einem Portfoliomodell abgeleitet werden können, vergleichbar. Ähnlich diesen Normstrategien geben die beschriebenen Orientierungssysteme Stoßrichtungen vor, die im Rahmen der Marketingplanung in beiden Fällen einer konkreten Ausgestaltung und Umsetzung bedürfen. Insofern ist zum Teil ein gewisser strategischer Opportunismus notwendig, da das Orientierungssystem die langfristige Grundausrichtung eines Unternehmens festlegt, während die jeweiligen marktlichen Bedingungen häufig nach flexiblen Lösungen verlangen (vgl. Isenberg 1987, S. 92)[4].

---

[4] Allgemein ist davon auszugehen, daß auch im Hinblick auf die Formulierung von Strategien, die gemeinhin langfristige Verhaltensrichtlinien vorgeben, häufig - z.B. aufgrund exogener Einflüsse - kurzfristige Änderungen erforderlich werden können (vgl. Kreilkamp 1987, S. 10; Meyer/Mattmüller 1993, S. 18).

Rekurriert man nochmals auf die im vorhergehenden Abschnitt der Arbeit diskutierten verschiedenen Bezugspunkte der Internationalisierung im Marketing und betrachtet man die strategische und instrumentelle Ebene sowie die charakterisierten Orientierungssysteme im Überblick, so läßt sich eine Systematik der internationalen Marketingplanung ableiten, die die einzelnen Elemente zueinander in Beziehung setzt. Wie in *Abbildung 5* dargestellt, repräsentiert die Festlegung der grundsätzlichen Ausrichtung des Internationalisierungsprozesses eine unternehmenspolitische Entscheidung. Die strategische Planung fungiert dann als Bindeglied zwischen der Formulierung unternehmenspolitischer Vorgaben und der operativen Planung. Im Mittelpunkt steht in diesem Zusammenhang die Entwicklung langfristiger Strategien, die auf die Erreichung der internationalen Marketingziele gerichtet sind. Zur Realisierung der Strategien ist dann im Rahmen der operativen Planung der quantitative und qualitative Einsatz des Marketing-Instrumentariums festzulegen. Damit wird die Mittel-Zweck-Beziehung, die zwischen Marketingstrategien und dem Einsatz des Marketing-Instrumentariums besteht, deutlich.

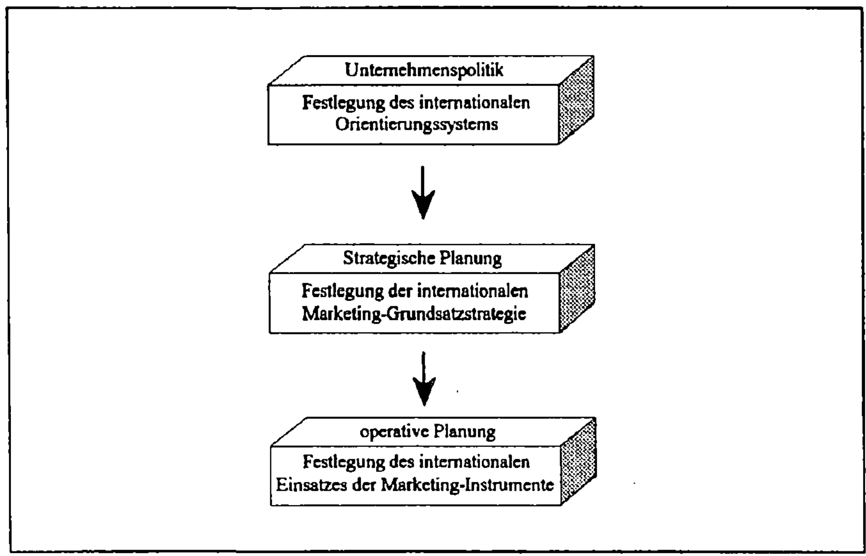

Abbildung 5: Systematik der internationalen Marketingplanung

2.2. Standardisierung versus Differenzierung

Oftmals angelehnt an die polyzentrische Orientierung einerseits und die geozentrische Orientierung andererseits wird in der Literatur eine intensive Diskussion um die Vorteilhaftigkeit der Standardisierung bzw. der Differenzierung im Zuge einer weltweiten Vermarktung von Produkten geführt (vgl. z.B. Buzzell 1968, S. 102 ff.). Auch die empirische Messung des Standardisierungsgrades einzelner Marketinginstrumente im Rahmen der internationalen Marktbearbeitung ist Gegenstand einer intensiven Forschungstätigkeit (vgl. u.a. Sorenson/Wiechmann 1975, S. 38-54).

Neu belebt wurde diese Diskussion durch eine Veröffentlichung von Levitt (1983), der die Notwendigkeit bzw. Vorteilhaftigkeit einer weltweiten Vereinheitlichung von Produkten proklamiert. Seine Forderung nach einer Standardisierung stützt er auf die von ihm postulierte zunehmende weltweite Angleichung der Verbraucherbedürfnisse. Unabhängig von der Annahme einer zunehmenden Konvergenz des Verbraucherverhaltens begründet er die Unumgänglichkeit einer Standardisierung mit den Preis- bzw. Kostenvorteilen, die sich u.a. durch die Nutzung von Skalen- und Erfahrungskurveneffekten[5] erzielen lassen. Überdies sind die Verbraucher seiner Ansicht nach bereit, auf bestimmte Designmerkmale oder Funktionen eines Produktes zu verzichten, wenn der Preis des Produktes niedrig und seine Qualität hoch ist (vgl. Levitt 1983, S. 92-102)[6].

Sowohl die Annahmen selbst als auch die von Levitt gezogenen Schlußfolgerungen waren in der Folge Gegenstand einer äußerst kontrovers geführten Diskussion. Generell kann davon ausgegangen werden, daß die Annahmen von Levitt zu allgemein formuliert sind. So steht beispielsweise die Konvergenz der Verbraucherbedürfnisse und damit die

---

[5]   Der von der Boston Consulting Group geprägte Begriff der Erfahrungskurve bezieht sich auf die grundlegende Annahme, daß mit jeder Verdoppelung der im Zeitablauf kumulierten Produktionsmenge die in der Wertschöpfung eines Produktes enthaltenen realen Stückkosten sowohl im Industriezweig als Ganzes wie auch beim einzelnen Anbieter fallen (vgl. Henderson 1974, S. 19). Einen Überblick über empirische Studien zu diesem Erkenntnisgegenstand findet sich bei Kreilkamp (1987, S. 356-361).

[6]   Eine Kombination von Kosten- und Wirkungsvorteilen wird im Rahmen einer 'outpacing strategy' realisiert. Mit diesem Begriff wird eine Strategie umschrieben, die darauf abzielt, Produkte mit einem hohen Nutzen für den Verbraucher kostengünstig herzustellen. Diese Verknüpfung einer nutzen- und kostenorientierten Betrachtungsweise kann langfristig ideal mit einer Internationalisierung der Geschäftstätigkeit verbunden werden (vgl. Kleinaltenkamp 1987, S. 47 f.).

Möglichkeit der Standardisierung in starker Abhängigkeit von der Art der Produkte (vgl. Boddewyn/Soehl/Picard 1986, S. 71; Huszagh/Fox/Day 1986, S. 35 ff.; Cravens 1991, S. 316 f.). Gegner der Konvergenzthese Levitt's gehen überdies davon aus, daß die zunehmende Individualisierung des Verbraucherverhaltens (vgl. Naisbitt 1984, Wiswede 1990) eine stärkere Differenzierung erforderlich macht. Teilweise ist auch davon auszugehen, daß ein reziprokes Verhältnis zwischen den Verbraucherbedürfnissen und der Standardisierung von Produkten besteht. Während einerseits konvergierende Verbraucherbedürfnisse die Standardisierung von Produkten ermöglichen, kann andererseits durch die homogene weltweite Vermarktung von Produkten eine zunehmende Angleichung der Verbraucherbedürfnisse bewirkt werden.

Auch die prognostizierten Kostenvorteile im Zuge einer standardisierten Vermarktung von Produkten bedürfen einer Relativierung. In Abhängigkeit vom jeweiligen Branchentyp bzw. der Homogenität einer Branche können Erfahrungskurveneffekte nur verzerrt bzw. in marginalem Umfang auftreten (vgl. Abernathy/Wayne 1974, S 109 ff.; Day 1986, S. 36 f.; Tomczak 1989, S. 91 f.). Zudem können die aus hohen Fertigungszahlen resultierenden Kosteneinsparungseffekte durch die entstehenden Transportkosten oder durch Anpassungskosten, die z.B. infolge nationaler Gesetzgebung oder Normung entstehen, kompensiert werden (vgl. Karnani 1983). Nicht zuletzt ist in diesem Zusammenhang darauf hinzuweisen, daß die Produktionskosten in vielen Produktmärkten nur einen vergleichsweise geringen Anteil an den Gesamtkosten ausmachen. Durch die technologische Entwicklung und die hieraus resultierende Flexibilisierung im Bereich der Fertigung (vgl. z.B. Eidenmüller 1986, S. 618-634; Zahn 1986, S. 483 f.) wird die Realisierung von Skaleneffekten überdies bereits bei einem vergleichsweise geringen Produktionsvolumen möglich (vgl. Douglas/Wind 1987, S. 22 f.; Mc Kenna 1988, S. 88).

Teilweise greifen die aus der Kostenvorteilsthese gezogenen Schlußfolgerungen auch zu kurz, da eine standardisierte Marktbearbeitung nicht zwingend an eine Strategie der Kostenführerschaft gekoppelt ist. Zum einen ist eine solche Strategie vor allem vor dem Hintergrund eines internationalen Fokus mit Risiken verbunden, da eine ausschließliche Profilierung über den Preis das Unternehmen gegenüber preisaggressiven Wettbewerbern und technologischen Entwicklungen, die eine kostengünstigere Herstellung ermöglichen, anfällig macht (vgl. Douglas/Wind 1987, S. 22).

Zum anderen kann gerade die Internationalität einer Marke die Grundlage für den Aufbau eines starken Images darstellen und damit Ansatzpunkte für die Profilierung im Wettbewerb mittels einer Qualitätsführerschaft bieten. Generell gilt, daß sich Vorteile einer Standardisierung nicht nur im Hinblick auf die Kosten ergeben, sondern daß auch die Übertragung von erfolgversprechenden Ideen und Konzepten Synergievorteile verspricht und somit das Differenzierungspotential eines Unternehmens stärken kann (vgl. Hout/Porter/Rudden 1982, S. 106).

In diesem Zusammenhang weisen Kux/Rall (vgl. 1990, S. 78 f.) darauf hin, daß aus einer Standardisierung neben Kostenvorteilen auch Wirkungsvorteile resultieren können. Entsprechend kann neben der Effizienz auch die Effektivität der internationalen Geschäftstätigkeit mit Hilfe einer Standardisierung erhöht werden. Mit Blick auf den Marketingbereich gehen sie davon aus, daß Wirkungseffekte eine größere Bedeutung haben als Kosteneffekte (vgl. Kux/Rall 1990, S. 78 f). Für eine Vielzahl von Produkten gilt jedoch, daß aus einer vollkommenen Standardisierung insofern ein geringerer Grad an Bedürfnisbefriedigung resultiert, als bei der Ausrichtung an einheitlichen transnationalen Bedürfnissen ein vergleichsweise kleiner gemeinsamer Nenner die Grundlage für die Produktgestaltung und -vermarktung darstellt.

Es ist allerdings zu betonen, daß die Entscheidung zwischen einer Standardisierung oder Differenzierung des Marketing keinen dichotomen Charakter aufweist. Analog zu den Konzeptionen des globalen und multinationalen Marketing stellen die völlige Standardisierung bzw. Differenzierung aller Elemente der Marketingkonzeption Idealtypen dar, die in der Realität durch flexible Lösungen ersetzt werden (vgl. Buzzell 1968, S. 103; Quelch/Hoff 1986, S. 107-117). Häufig sind einzelne Elemente der Marketingkonzeption einer internationalen Standardisierung zugänglich, wohingegen andere Elemente differenziert ausgestaltet werden müssen (vgl. Welge/Böttcher 1991, S. 435).

Während das Konzept der Standardisierung insgesamt eher eine Produktionsorientierung zum Ausdruck bringt und im Rahmen der Realisierung hauptsächlich auf innerbetriebliche Faktoren - wie die Identifikation von Synergie- und Einsparpotentialen - abgestellt wird, korreliert eine Differenzierung im Rahmen der internationalen Marktbearbeitung mit der Ausrichtung an marktlichen Faktoren, wie dem Verbraucherverhalten oder

der Wettbewerbskonstellation (vgl. Douglas/Wind 1987, S. 19) Die Gefahr im Rahmen einer Standardisierung besteht dabei in der Konzentration auf die Erzielung von Erfahrungskurveneffekten und der ungenügenden Berücksichtigung von Verbraucherbedürfnissen. So wird die Realisation von Erfahrungskurveneffekten häufig mit Hilfe hochspezialisierter Systeme und Prozeßabläufe angestrebt, die die Flexibilität des Unternehmens einschränken und damit die Anfälligkeit gegenüber Veränderungen in der Umwelt erhöhen (vgl. Day 1986, S. 55).

Zur Sicherung der langfristigen Wettbewerbsfähigkeit des Unternehmens kommt es darauf an, sowohl innerbetriebliche als auch marktliche Faktoren zu berücksichtigen. Diese Erkenntnis wird heute auch von der Marketingwissenschaft geteilt und findet ihren Ausdruck in der Handlungsmaxime "so viel Differenzierung wie nötig, so viel Standardisierung wie möglich" (vgl. Meffert 1986b, S 697). Einer solchen Formulierung mangelt es zwar an Operationalität, um als Handlungsanleitung für die Praxis dienen zu können, doch gibt sie einen deutlichen Hinweis auf die Notwendigkeit, die Frage der Standardisierung kontextabhängig zu beantworten.

Während einige Autoren eine Standardisierung mit der Konzeption des globalen Marketing gleichsetzen (vgl. z.B. Raffée/Kreutzer 1986; Yip/ Loewe/Yoshino 1988), wird in der jüngsten Literatur zu diesem Themenbereich der Versuch unternommen, den polarisierenden Charakter der Standardisierungsdiskussion zu überwinden. So weisen Takeuchie/Porter (vgl. 1989, S. 135) darauf hin, daß **jede** internationale Strategie der Tatsache Rechnung zu tragen hat, daß die jeweiligen Aktivitäten in verschiedenen Ländermärkten nicht voneinander abgekoppelt werden können. Überdies vertreten sie die Auffassung, daß eine länderübergreifende Koordination der Marketingaktivitäten nicht mit einer Standardisierung gleichzusetzen ist.

Auch Meffert (vgl. 1991, S. 399) stellt fest, daß die Begriffe Globalisierung und Standardisierung häufig synonym verwendet werden, obwohl die Strategie eines globalen Marketing inhaltlich weit über den Aspekt der Standardisierung hinausgeht. Mit Hilfe der geozentrischen Orientierung soll die Wettbewerbsfähigkeit eines Unternehmens auf dem Weltmarkt sichergestellt werden, indem eine Integration bzw. Koordination der internationalen Aktivitäten des Unternehmens erfolgt (vgl. sinngemäß

auch Wiechmann/Pringle 1980, S. 7). Die Notwendigkeit einer Standardisierung ergibt sich aus diesem Gedanken nicht zwingend, wenngleich
sowohl die Integration als auch die Koordination internationaler Unternehmensaktivitäten letztlich darauf abzielen, bestehende Standardisierungspotentiale zu nutzen. In der Standardisierung wird allerdings kein
Imperativ gesehen, der die Anpassung an spezifische nationale Bedürfnisse und Anforderungen verhindert. Der Globalisierungsbegriff stellt
somit auf die Notwendigkeit einer übergeordneten globalen Perspektive
ab, die eine Balance zwischen globalen und lokalen Aspekten erlaubt (vgl.
Welge/Böttcher 1991, S. 438 f.). Beispielsweise ist hier die koordinierte
Festlegung einer länderübergreifenden Produkt,- Entwicklungs- und/oder
Marketingstrategie möglich, während den nationalen Unternehmensein-
heiten auf operativer Ebene weitgehende Freiheiten gewährt werden (vgl.
o.V. 1991, S. 50).

Wird das globale Marketing im beschriebenen Sinne verstanden, so
erübrigt sich auch eine weitergehende Differenzierung der Orientierungssysteme durch die Hinzufügung einer sogenannten transnationalen
Strategie. Diesem Begriff liegt ebenfalls die Maxime zugrunde, globale
Synergiepotentiale mit Hilfe einer Standardisierung zu erschließen und
gleichzeitig die individuellen Voraussetzungen auf den einzelnen
Ländermärkten zu berücksichtigen (vgl. Bartlett 1989, S. 438 ff.; Hax
1989, S. 76).

Die Möglichkeiten und Grenzen einer Standardisierung bzw. Differenzierung im Rahmen der internationalen Marktbearbeitung sind in jedem Fall
von den marktlichen Bedingungen sowie von der spezifischen Ausgangssituation in einer Branche abhängig. Daher sollen die in diesem
Zusammenhang relevanten Faktoren im folgenden Abschnitt eingehender
diskutiert werden.

3. Determinanten der Ausgestaltung des internationalen Marketing

3.1. Internationalisierungstendenzen auf der Nachfrageseite

Wie bereits ausgeführt wurde, stellt die Annahme einer weltweiten Konvergenz des Verbraucherverhaltens eher eine Fiktion als eine Beschreibung der realen Situation dar. Zwar können einerseits Entwicklungen beobachtet werden, die eine Tendenz zur Vereinheitlichung des Konsums indizieren. Ausgelöst durch die modernen Kommunikations- und Verkehrsmittel lassen sich beispielsweise politische und kulturelle Veränderungen und globale Tendenzen der Angleichung von Gesellschaftssystemen registrieren. Dies schlägt sich zum Teil auch in weltweit einheitlichen Konsumtrends nieder, die insbesondere bei Luxusgütern zu beobachten sind (vgl. Ohmae 1989a, S. 156; Douglas/Wind 1987, S. 21).

Andererseits beziehen sich solche Feststellungen immer nur auf einzelne Produkte oder Marken, während für eine Vielzahl von Produkten die skizzierte Vereinheitlichung der Bedürfnisse nicht zutrifft (vgl. Diehl-Wobbe 1993, S. 28). Dies kann auf nach wie vor feststellbare Unterschiede zwischen den einzelnen Ländermärkten zurückgeführt werden, die beispielsweise im Hinblick auf die folgenden Faktoren bestehen (vgl. Berekoven 1985, S. 292):

- Bedarfs- und Geschmacksusancen,
- Verwendungsumfelder,
- Preis- und Kaufkraftverhältnisse,
- Konkurrenzsituation,
- Marktvolumina.

Unterschiede im Hinblick auf die angeführten Faktoren induzieren nicht zuletzt auch Unterschiede im Kaufverhalten der Konsumenten (vgl. Clark 1990, S. 66). Im Rahmen einer differenzierten Betrachtung ist auch eine Unterscheidung zwischen Grund- und Zusatznutzenbedürfnissen der Konsumenten zu treffen. So bestehen einerseits in vielen Ländern ähnliche oder gleiche Grundnutzenbedürfnisse, während andererseits die Zusatznutzenbedürfnisse z.B. aufgrund differierender geschmacklicher oder modischer Empfindungen unterschiedlich ausgeprägt sind. Vor diesem Hintergrund wird deutlich, daß vor allem Produkte, die sich nicht für die

Profilierung des Konsumenten im sozialen Umfeld eignen, einer standardisierten Vermarktung auf günstigem Preisniveau besonders zugänglich sind (vgl. Böcker 1990, S. 671). Resümierend kann folglich festgestellt werden, daß die Annahme einer Vereinheitlichung des Verbraucherverhaltens der produktbedingten Relativierung bedarf.

Aus marktlicher Perspektive ist überdies darauf hinzuweisen, daß die einzelnen nationalen Märkte keine in sich homogenen Bereiche darstellen, sondern in der Mehrzahl in verschiedene Teilmärkte zerfallen. Diesem Tatbestand tragen die Unternehmen insofern Rechnung, als sie sich häufig auf die Bearbeitung einzelner Marktsegmente mit Hilfe eines differenzierten Marketing beschränken. Frühzeitig wurde auch versucht, das Konzept der Marktsegmentierung auf den Bereich des internationalen Marketing zu übertragen (vgl. Wind/Douglas 1972; Meffert 1977). Im Mittelpunkt des Interesses steht dabei die Identifikation sogenannter 'Cross-Cultural-Groups', die sich durch einheitliche Verhaltensmuster auszeichnen (vgl. Meffert 1989, S. 448). Während die Bezeichnung *cross-cultural* allerdings eher auf ethnische binnenstaatliche Subkulturen abstellt, wird mit dem Begriff *cross-national* die Analyse von Determinanten des Kaufverhaltens gekennzeichnet, die sich auf mehrere Kulturen bzw. Staaten bezieht (vgl. Holzmüller 1989, Sp. 1143 f.; Hermanns/ Wißmeier 1993, S. 26). Da im Rahmen dieser Arbeit länderübergreifende Aspekte wie z.B. die Identifikation transnationaler Zielgruppen in den Mittelpunkt der Betrachtungen gerückt werden, erscheint die Verwendung des Begriffes cross-national in diesem Zusammenhang treffender.

Können mit Hilfe der internationalen Konsumentenforschung ähnliche oder gleiche Nachfragesegmente in mehreren Ländern identifiziert werden, so bilden diese grundsätzlich die Basis für eine standardisierte Ansprache. Zu beachten ist allerdings die jeweilige Konkurrenzsituation in den Ländermärkten, die unter Umständen eine Anpassung an die spezifischen Bedingungen und damit eine Differenzierung erforderlich machen kann (vgl. Althans 1989, Sp. 1469 ff.). Die identifizierten Marktsegmente können überdies sowohl in bezug auf die anteilsmäßige Größe im Verhältnis zum Gesamtmarkt (vgl. Kreutzer 1989, S. 226) als auch im Hinblick auf die Zugehörigkeit zu einer spezifischen Marktschicht eine unterschiedliche Stellung im Markt einnehmen. Beispielsweise kann ein Marktsegment in einem Land den Großteil der Konsumenten umfassen, während es in einem anderen Land nur eine Randgruppe repräsentiert. Überdies kann ein Marktsegment in einem Land in der Mittelschicht angesiedelt sein, während es in einem anderen Land die Oberschicht abbildet (vgl. *Abbildung 6*). Beide Erscheinungen können Konsequenzen für die Marktbearbeitung nach sich ziehen.

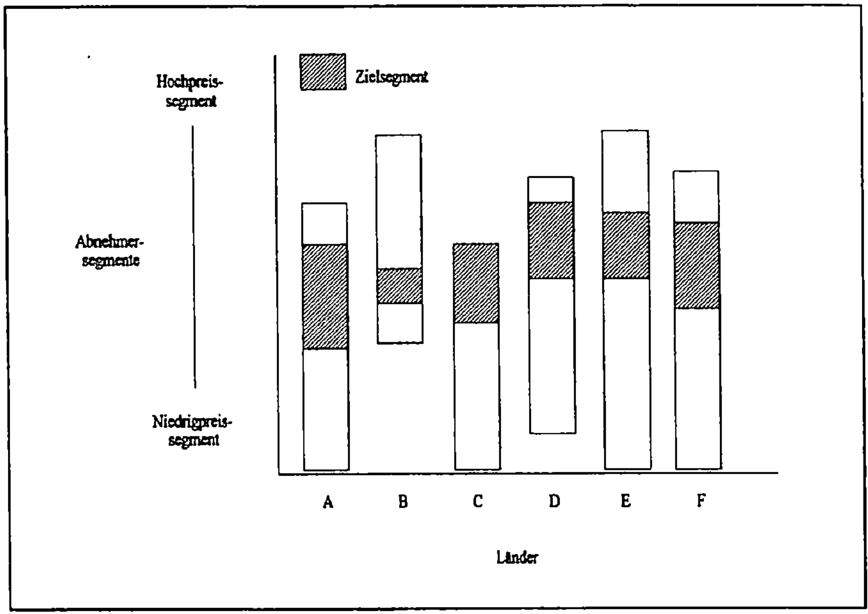

Abbildung 6: Schematische Darstellung der Implikationen einer länderüber-greifenden Bearbeitung eines homogenen Marktsegmentes (in Anlehnung an Takeuchi/Porter 1989, S. 156)

Ein zentrales Problemfeld im Rahmen der nationalen und internationalen Konsumentenforschung liegt in der Auswahl der Kriterien, die als Trenn-variablen der Identifikation von Marktsegmenten zugrundegelegt werden sollen. In Theorie und Praxis wurde inzwischen eine hinreichende Zahl von Variablen entwickelt und erprobt. Grundsätzlich kann dabei eine Unterscheidung zwischen demographischen und psychographischen Krite-rien getroffen werden (vgl. Becker 1992, S. 228).

Demographische bzw. sozio-demographische Merkmale zu denen Alter, Geschlecht, Familienstand, Wohnort, Einkommen sowie Haushaltsgröße, Schulbildung und Beruf zu zählen sind (vgl. z.B. Böhler 1977, S. 68; Meffert 1990, S. 245 f.), gelten heute als "klassische" Marktsegmen-tierungskriterien, die vor allem aufgrund ihrer einfachen Meßbarkeit in der Praxis breite Verwendung gefunden haben. Da ihre Trennschärfe begrenzt ist, erlauben diese Kriterien allerdings nur eine grobe Segmentierung des

Marktes. In der Regel kann mit ihrer Hilfe nur zwischen Konsumenten und Nichtkonsumenten einer Produktart unterschieden werden, weshalb sie bevorzugt bei Produkten zum Einsatz gelangen, deren Konsum in direktem Zusammenhang mit dem jeweiligen Kriterium steht. Beispielsweise gilt dies bei Babynahrung oder Damenoberbekleidung (vgl. Berekoven/Eckert/Ellenrieder 1991, S. 262; Freter 1983, S. 51).

Aufgrund der begrenzten Aussagekraft sozio-demographischer Daten werden in der Praxis zunehmend psychographische Daten für die Abgrenzung von Marktsegmenten herangezogen. *Abbildung 7* gibt einen Überblick über die am häufigsten verwendeten psychographischen Kriterien und die daraus abgeleiteten Segmentierungsansätze.

Psychographische Kriterien	Segmentierungsansätze
Persönlichkeitsmerkmale (Charaktermerkmale, Motive, Einstellungen)	Personality-segmentation
Lebensgewohnheiten (Aktivitäten, Interessen, Meinungen)	Life-style-segmentation
Wahrnehmungen, Präferenzen, Kaufabsichten	Perceptual- bzw. Preference-segmentation
Nutzenerwartungen	Benefit-segmentation

Abbildung 7: Psychographische Kriterien und ihre Anwendung in Segmentierungsansätzen (vgl. Berekoven/Eckert/Ellenrieder 1991, S. 264)

In Anlehnung an die Erkenntnis von Spiegel (vgl. 1961, S. 29 ff.), daß nicht die objektive Beschaffenheit, sondern die subjektiv erlebten Produkteigenschaften die marktliche Realität darstellen und somit das Markenwahlverhalten der Konsumenten beeinflussen, kann festgestellt werden, daß die Nutzenerwartungen des Verbrauchers weitreichenden Einfluß auf dessen Markenpräferenz haben (vgl. Berekoven/Eckert/Ellenrieder 1991, S. 264). Mittels des Einsatzes psychographischer Kriterien sollen daher Segmente identifiziert werden, die einheitliche Nutzenstrukturen aufweisen. Dies kann entweder auf direktem Wege erfolgen, wie bei der *Benefitsegmentation*, bei der Segmente anhand verschiedener Nutzenerwartungen gebildet werden, oder indirekt, wie bei der *Life-style-segmentation*, bei der anhand verschiedener Lebensstile auf unterschiedliche (Zusatz-) Nutzen-erwartungen geschlossen wird (vgl. Becker 1992, S.239).

Eine zentrale Anforderung, die an die verschiedenen Segmentierungskriterien zu stellen ist, stellt ihre Kaufverhaltensrelevanz dar. Da kein Kriterium allein in der Lage ist, eine hinreichende Erklärung des Konsumentenverhaltens bzw. der Kaufentscheidung zu liefern, wurde bereits frühzeitig die Notwendigkeit erkannt, verschiedene Segmentierungsansätze miteinander zu verknüpfen. Das Ziel einer solchen Vorgehensweise besteht in der Bildung von Marktsegmenten, die sich im Hinblick auf das Konsumentenverhalten unterscheiden und somit Ansatzpunkte für einen segmentspezifischen Einsatz des Marketinginstrumentariums bieten (vgl. Claycamp/Massy 1968, S. 388; Frank/Massy/Wind 1972, S. 86).

In bezug auf die Identifikation von länderübergreifenden Marktsegmenten kann festgestellt werden, daß die Existenz homogener Nachfragegruppen von der ursprünglich formulierten Zielgruppe abhängig ist. Während einerseits Segmente identifiziert werden können, die länderübergreifend deckungsgleiche Bedürfnisse artikulieren, existieren andererseits auch nationale Segmente, die in anderen Ländern keine Entsprechung finden (vgl. Guido 1991, S. 24). Zusätzlich zu der produktspezifischen Relativierung der Konvergenzthese muß diese somit auch dahingehend eingeschränkt werden, daß die Homogenität des Verbraucherverhaltens von der jeweiligen Zielgruppe bzw. dem betrachteten Marktsegment abhängig ist.

Die vorliegende Arbeit zielt - vor allem im Rahmen der empirischen Untersuchung - auf eine Analyse von Unternehmen der Kosumgüterindustrie ab. Angesichts der Situation auf vielen Konsumgütermärkten erscheint es daher naheliegend, bei der Betrachtung von Entwicklungen auf der Nachfrageseite nicht nur die Konsumenten einzubeziehen, sondern den Fokus auf den institutionellen Handel zu erweitern. Durch den Internationalisierungsprozeß, den Handelsunternehmen in vielen Branchen eingeleitet haben (vgl. Tietz 1991, S. 4 ff.), ergeben sich häufig tiefgreifende Konsequenzen für die Hersteller. Diese liegen nicht zuletzt in der Bedrohung begründet, die aus den höheren Einkaufsvolumina international kooperierender Handelsunternehmen bzw. aus der internationalen Filialisierung von Handelsunternehmen und der damit verbundenen Zunahme der Verhandlungsmacht erwächst (vgl. Töpfer/Hünerberg 1990, S. 88).

Mit einer Internationalisierung des Handels gewinnt auch die Möglichkeit des internationalen Arbitragehandels an Bedeutung. So kann ein differierendes Preisniveau in verschiedenen Ländern, das unter Umständen auf einer unterschiedlichen Vermarktungsstrategie basiert, Arbitrageprozesse geradezu herausfordern. Diese induzieren dann in der Regel einen Preisverfall, der anhält, bis das niedrigste Länderniveau erreicht ist (vgl. Diller 1992, S. 240). Aus Sicht des Herstellers machen diese Entwicklungen in jedem Fall einen umfassenden länderübergreifenden Informationsaustausch erforderlich. Häufig wird den resultierenden Bedrohungen nur durch eine intensive Koordination der Marktbearbeitung zu begegnen sein.

Nachdem an dieser Stelle die nachfrageseitigen Determinanten der Ausgestaltung des internationalen Marketing skizziert wurden, sollen im folgenden Abschnitt die entsprechenden angebotsseitigen Einflußfaktoren diskutiert werden.

3.2. Internationalisierungstendenzen auf der Angebotsseite

Vor dem Hintergrund eines immer aggressiveren Verdrängungswettbewerbes auf vielen Märkten erhält die Wettbewerbsorientierung von Unternehmen eine zunehmende Bedeutung. Simon vertritt den Standpunkt, daß es nicht mehr alleine darauf ankomme, *"die Bedürfnisse der Kunden zu erforschen und möglichst gut zufriedenzustellen"*, sondern daß es vielmehr das Ziel eines Unternehmens sein sollte, *"gezielt besser zu sein als die Konkurrenz"* (vgl. 1988 S. 464). Day/Wensley (1983) leiten aus dieser Entwicklung sogar die Forderung nach einem Paradigmenwechsel im Marketing ab. Wachsende Bedeutung kommt vor diesem Hintergrund dem Aufbau von Wettbewerbsvorteilen gegenüber den direkten Konkurrenten zu (vgl. Porter 1989a, S. 15). Dabei können im Rahmen einer internationalen Vermarktung von Produkten zwei Arten konkurrierender Unternehmen unterschieden werden, gegenüber denen Vorteile aufzubauen sind. Einerseits sind dies Wettbewerber, die ebenfalls eine internationale Vermarktung ihrer Produkte anstreben und andererseits national operierende Unternehmen, die den Verkauf ihrer Produkte auf den jeweiligen Heimatmarkt beschränken (vgl. Bennett 1988, S. 658). Häufig sind heute jedoch international tätige Unternehmen mit ihren Leistungsstandards die

Meßlatte für die Wettbewerbs- und Überlebensfähigkeit eines Unternehmens (vgl. Tomczak/Belz 1993a, S. 2)

Die Struktur bzw. der Anteil der international tätigen Wettbewerber ist dabei in hohem Maße von den Charakteristika der einzelnen Branche abhängig. Gleiches gilt auch für die Vorteilhaftigkeit einer Standardisierung. Die mit einer internationalen Vermarktung in der Regel einhergehende Erhöhung des Produktionsvolumens erscheint vor allem im Hinblick auf die resultierenden Erfahrungskurven- und Skaleneffekte vorteilhaft (vgl. Ghemawat 1986, S. 54 f.). Dies gilt insbesondere dann, wenn sich diese Effekte bei der Beschränkung auf einen nationalen Markt aufgrund des limitierten Marktvolumens nicht oder nur in verhältnismäßig geringem Umfang realisieren lassen (vgl. Doz 1980, S. 28). Allgemein kann vor dem Hintergrund einer zunehmenden Marktsättigung in einer Internationalisierung der Unternehmenstätigkeit ein wesentlicher Faktor für das Wachstum von Unternehmen gesehen werden (vgl. Reid 1984, S. 199 f.; Yip 1992, S. 2; Meissner 1993, Sp. 1873 f.).

Besonders vorteilhaft wirkt sich eine Erhöhung des Produktionsvolumens in Branchen aus, in denen einerseits die Erfahrungskurve unverzerrt wirkt und in denen andererseits kaum Differenzierungspotentiale bestehen, so daß Wettbewerbsvorteile hauptsächlich mit Hilfe einer günstigen Kostenstruktur erreicht werden können. Als Beleg hierfür kann die Glühlampenbranche gelten, die von internationalen Anbietern dominiert wird und in der es anhaltende Konzentrationsprozesse in der Form von Unternehmensaufkäufen gibt[7]. Vor dem Hintergrund der geschilderten Entwicklungen wird auch die Vorteilhaftigkeit einer Kooperation mit Wettbewerbern auf internationaler Ebene deutlich (vgl. hierzu Contractor/Lorange 1988).

Auch in Branchen, in denen ausgeprägte Differenzierungspotentiale existieren, kann eine internationale Vermarktung der Produkte die Quelle entscheidender Wettbewerbsvorteile sein. So stellt beispielsweise die Ressource *Technologie* einen Faktor dar, der einerseits im Zuge eines globalen Technologiewettbewerbs die Unternehmen dazu zwingt, die Ausgaben für Forschung und Entwicklung stark zu erhöhen und andererseits dazu führt, daß durch die wachsende technologische Dynamik die Lebenszeit von Produkten immer kürzer wird. Die Verkürzung der zur

---

[7]   Als Beispiel kann hier der Erwerb des amerikanischen Glühlampenherstellers Silvana durch die Firma Osram - eine Siemens Tochter - im Jahr 1992 angeführt werden.

Verfügung stehenden Amortisationszeiträumen erfolgt dabei vor dem Hintergrund zunehmend steigender Kosten und sich verlängernder Entwicklungszeiten für neue Produkte (vgl. Remmerbach 1988, S. 102; Backhaus 1991, S. 11; Plinke 1992, S. 832). Allgemein ist davon auszugehen, daß hohe Aufwendungen für Forschung und Entwicklung eine internationale Vermarktung günstiger erscheinen lassen, da die Stückkosten durch das höhere Produktionsvolumen tendenziell sinken bzw. nur noch international agierende Anbieter mit entsprechendem Produktionsvolumen in der Lage sind, die hohen Aufwendungen für die Entwicklung und Implementierung neuer Technologien zu tragen (vgl. Bossers 1989, S. 61; Lorenz 1989, S. 74; Yip 1989, S. 29).

Zusammenfassend kann also formuliert werden, daß die Entwicklung neuer Produkte in vielen Branchen heute derartig kostspielig und der Produktlebenszyklus so kurz geworden ist, daß sich die Entwicklungskosten nur noch bei simultaner Einführung auf verschiedenen Ländermärkten amortisieren. Ein Beleg für diese These kann auch darin gesehen werden, daß in forschungsintensiven Produktbereichen, wie sie beispielsweise durch Arzneimittel, Flugzeuge oder auch durch Halbleiter und Automobile repräsentiert werden, internationale Anbieter eindeutig dominieren (vgl. Hout/Porter/Rudden 1982, S. 99).

Unternehmen mit internationaler Ausrichtung können auch bei der Markteinführung von Innovationen von der größeren Vermarktungsbreite profitieren. Im Vergleich zu nationalen Wettbewerbern lassen sich mit Hilfe eines regionalen Leverage-Effektes anhaltende Wettbewerbsvorteile erzielen (vgl. Morwind 1992, S. 84). Vor allem bei echten Innovationen[8] ergeben sich dabei Chancen für eine Standardisierung, da aufgrund des Neuartigkeitsgrades keine Substitutionsprodukte verfügbar sind und länderspezifische Besonderheiten nur in geringem Umfang berücksichtigt werden müssen (vgl. Kormann 1981, S. 130; Kreutzer 1989, S. 275). Häufig ist daher eine standardisierte Marktbearbeitung durch die Innovatoren bereits zu Beginn der Einführung des Produktes auf verschiedenen Ländermärkten zu beobachten (vgl. Hax 1989, S. 76). Mit Hilfe einer Standardisierung kann oftmals auch eine schnellere internationale Markteinführung erfolgen, wobei aus der damit verbundenen Zeitersparnis ein

---

[8] Becker (1992, S. 130) unterscheidet zwischen *echten Innovationen* (originäre Produkte), *quasi-neuen Produkten* (neuartige Produkte) und *me-too-Produkten* (nachempfundene Produkte).

wichtiger Wettbewerbsvorteil resultieren kann (vgl. Stalk 1989, S. 44). Durch die bei echten Innovationen im Zeitablauf regelmäßig stark fallende Preiskurve wird es überdies zunehmend wichtiger, das Produkt möglichst schnell weltweit zu vermarkten. Gerade die globale Ausnutzung eines temporär begrenzten Fehlens von Wettbewerbern erlaubt es dem Unternehmen, im Schutze eines Preisschirms deutliche Gewinne zu erzielen (vgl. Backhaus 1989, S. 473).

Neben der Erhöhung der *Kosteneffizienz*, die im Rahmen der bisherigen Diskussion im Zentrum der Überlegungen stand, ist auch eine Steigerung der *Wettbewerbseffizienz* im Zuge einer internationalen Marktbearbeitung möglich (vgl. Hamel/Prahalad 1986, S. 91). Dies gilt vor allem für Branchen, die durch eine große Anzahl international tätiger Anbieter geprägt werden. Vor dem Hintergrund eines solchen Konkurrenzumfeldes können sich Entscheidungsträger bei der Formulierung von Strategien nicht mehr an einzelnen Märkten ausrichten, da hier länderübergreifende Wettbewerbsreaktionen ins Kalkül zu ziehen sind (vgl. Ruhland/Wilde 1985, S. 577; Bradley 1991, S. 237).

So ist beispielsweise bei der Marktwahlentscheidung nicht allein auf die Rentabilität eines geplanten Engagements zu achten. Im Hinblick auf die internationale Wettbewerbsposition kann es sinnvoll erscheinen, Märkte zu erschließen, die isoliert betrachtet unattraktiv sind (vgl. Porter 1986, S. 32). Dies gilt vor allem für die Heimatmärkte der internationalen Hauptwettbewerber. Ein Engagement in diesen Märkten verleiht dem Unternehmen die Fähigkeit, Angriffe durch einen Wettbewerber auf dem eigenen Heimatmarkt mit verstärkten Bemühungen auf dessen Heimatmarkt zu beantworten (vgl. Yip 1989, S. 33). Generell kann mit einer solchen Vorgehensweise auch vermieden werden, daß Wettbewerber ein hohes Preisniveau in ihrem Heimatmarkt dazu nutzen, finanzielle Mittel zu kumulieren, die im Rahmen des Kampfes um Weltmarktanteile dazu dienen können, die Geschäftstätigkeit in anderen Ländermärkten zu subventionieren (vgl. Magaziner/Reich 1985, S. 6; Hamel/Prahalad 1986, S. 94 f.)[9].

---

[9] Beispielsweise kosten Personal Computer in Japan bis zum Dreifachen des Preises, der für dieselben Geräte in Europa oder den USA verlangt wird. Vor diesem Hintergrund ist es für japanische Konsumenten empfehlenswert, einen Rechner in Hongkong zu erwerben, da der Preisunterschied die Deckung der Flug- und Hotelkosten ermöglicht und dennoch eine Kostenersparnis verbleibt (vgl. o.V. 1992a, S. 24).

Branchen, in denen die Notwendigkeit einer internationalen Marktbearbeitung im Hinblick auf eine Erhöhung der Kosteneffizienz gegeben ist und die durch eine Vielzahl international operierender Anbieter und marktübergreifende Wettbewerbsreaktionen gekennzeichnet sind, werden häufig auch als *globale Branchen* bezeichnet. Aus volkswirtschaftlicher Perspektive lassen sich diese Branchen dadurch charakterisieren, daß die zunehmenden Außenhandelsverflechtungen ihren Ausdruck in einem intra-industriellen Handel finden. Ein Austausch findet also nicht nur zwischen verschiedenen Gütersektoren statt (inter-industrieller Handel), vielmehr existieren Branchen, die sich durch gleichzeitig hohe Export- und Importquoten kennzeichnen lassen (vgl. Broll/Gilroy 1987, S. 359).

Ein weiteres Merkmal einer globalen Branche besteht darin, daß die Wettbewerbsposition eines Anbieters auf einem Markt substantiell durch seine Wettbewerbsposition auf anderen Märkten beeinflußt wird (vgl. Yip 1989, S. 38; Lamont 1992, S. 33). Hier schließt sich die Überlegung an, ob z.B. Marktanteile noch in bezug auf nationale Märkte bestimmt werden sollen oder ob es sinnvoller erscheint, weltweite Marktanteile heranzuziehen, da eine nationale Berechnung zu wenig aussagekräftigen Erkenntnissen führt (vgl. Leontiades 1984, S. 30; Gale/Buzell 1990, S. 197)[10]. Die Internationalisierung bzw. die Globalisierung des Wettbewerbs stellt allerdings keine Eigenschaft mit dichotomer Ausprägung dar. Es ist davon auszugehen, daß in einer Vielzahl von Branchen zwar eine zunehmende Internationalisierung des Wettbewerbs stattfindet, ohne daß jedoch von einem globalen Wettbewerb in seiner extremen Ausprägung gesprochen werden kann. Im Hinblick auf die empirische Untersuchung kann die Überlegung einer Ermittlung der Marktanteile im Weltmaßstab verworfen werden, da die genannten Voraussetzungen in den meisten Branchen der Konsumgüterindustrie nicht erfüllt werden und die Ermittlung des Marktanteils auch in der Unternehmenspraxis orientiert an nationalen Märkten erfolgt.

Rall (1988, S. 206 ff.) unterscheidet Branchen nach den Kräften, die in Richtung einer Globalisierung bzw. in Richtung einer Lokalisierung des Wettbewerbs wirken (vgl. *Abbildung 8*). Nur in den von ihm so bezeichneten *rein globalen Branchen* sind dabei die globalisierungsfördernden Kräfte so stark, daß eine Ausrichtung auf die globale Wettbewerbsarena zur conditio sine qua non des Erfolges wird (vgl. hierzu

---

[10]   Diese Annahme gilt zum Beispiel für die Halbleiter- und Flugzeugindustrie (vgl. Ghoshal/ Nohria 1993, S. 26).

auch Ghoshal/Nohria 1993, S. 27). Auch die angeführten Beispiele für die einzelnen Branchenkategorien können im Hinblick auf das Erkenntnisobjekt dieser Arbeit als Beleg für die Richtigkeit der national orientierten Ermittlung von Marktanteilen gelten.

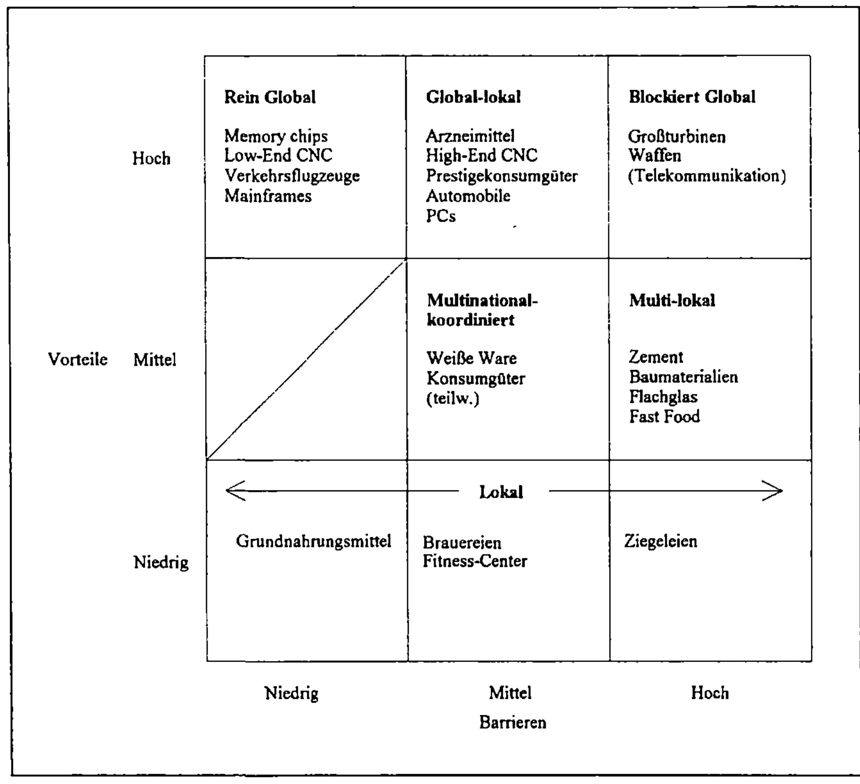

Abbildung 8: Kategorisierung von Geschäften nach Globalisierungsvorteilen und -barrieren (vgl. Rall 1988, S. 207)

Im Zusammenhang mit den Vorteilen einer internationalen Marktbearbeitung betont Ohmae (vgl. 1985, S. 11) die Bedeutung der sogenannten Triade-Märkte (Japan, USA und Westeuropa). Gerade in Branchen mit einem hohen Internationalisierungsgrad ergibt sich für die Wettbewerber die Notwendigkeit, in diesen Ländermärkten langfristig eine gesicherte Marktposition aufzubauen. Die Vorteile eines Engagements in den Triade-Märkten liegen beispielsweise in der Minimierung von Wechselkursrisiken, der Neutralisierung von Konjunkturschwankungen, schneller und zeitnaher Information über neue Trends sowie einem generell besseren Informationsstand (vgl. Pfeiffer/Weiß 1992, S. 4). Häufig werden deshalb die Triade-Märkte in den Mittelpunkt der Betrachtungen gerückt, wenn es um den Aufbau einer starken globalen Wettbewerbsposition geht. Diese Betrachtungsweise läßt sich darauf zurückführen, daß beispielsweise 85-90% aller Hochtechnologieprodukte mit hoher Wertschöpfung in den Triade-Märkten produziert und abgesetzt werden (vgl. Hax 1989, S. 76; Dichtl, S. 150; von Pierer 1993, S. 6). Allerdings gelingt der Aufbau einer starken lokalen Präsenz in allen Triade-Märkten selbst großen Unternehmen häufig nur in unzureichendem Maße (vgl. Ohmae 1985, S. 13).

Im Rahmen einer differenzierten Betrachtung wird jedoch auch deutlich, daß eine generelle Konzentration auf die Triade-Märkte nicht in jedem Fall als ultima ratio gelten kann, da die jeweiligen Bedingungen in der Branche in Betracht gezogen werden sollten. So weisen beispielsweise bei vielen Ge- und Verbrauchsgütern Märkte außerhalb der Triade ein beträchtliches Volumen auf und sind daher von substantieller Bedeutung. Überdies sollte bedacht werden, daß gerade die Triade-Märkte meist durch eine äußerst hohe Wettbewerbsintensität gekennzeichnet sind und der Aufbau einer starken Marktposition somit hohe Investitionen erfordert. In jedem Fall sollte eine Planung, die am Konzept der Triade ausgerichtet wird, gerade im Hinblick auf den amerikanischen und japanischen Markt vor dem Hintergrund aktueller Entwicklungen auch die jeweils angrenzenden Ländermärkte erfassen[11].

---

[11] Zu verweisen ist hier auf die inzwischen vollzogene Gründung einer Freihandelszone, die die Länder USA, Kanada und Mexiko umfaßt (NAFTA). Überdies gewinnen die sogenannten asiatischen Tigerstaaten wirtschaftlich zunehmend an Bedeutung.

4. Konsequenzen aus der Internationalisierung der Märkte

Wie bereits gezeigt wurde, stellen die relativ undifferenzierten Empfehlungen, die aus der Standardisierungsdiskussion abgeleitet werden, keine befriedigende Antwort im Hinblick auf die Notwendigkeit einer internationalen Ausrichtung des Unternehmens dar. So erfordert das Ziel des Aufbaus einer starken Wettbewerbsposition flexible Lösungen, die eine Ausrichtung an den Bedingungen in den einzelnen Ländermärkten ermöglichen. Pauschale Standardisierungsempfehlungen greifen hier zu kurz, während andererseits die Abhängigkeit der nationalen Marktbearbeitung von internationalen Zusammenhängen wächst. In diesem Kontext werden die *Koordination* und die *Konfiguration* von internationalen Unternehmensaktivitäten diskutiert.

Mit Hilfe der Koordination der internationalen Unternehmens- und Marketingaktivitäten wird das Ziel verfolgt, Wettbewerbsvorteile zu erreichen. Hierzu sind Entscheidungen darüber zu treffen, wie ähnliche bzw. verwandte Aktivitäten in verschiedenen Ländern aus übergeordneter Perspektive gesteuert werden sollen (vgl. Porter 1989b, S. 27). Nach Takeuchi/Porter (vgl. 1989, S. 142) sind mit Blick auf das Marketing folgende Aspekte von Bedeutung:

- die Verwendung ähnlicher Marketingmethoden in einzelnen Ländern,
- die Weitergabe des Marketing-Know-how an andere Länder,
- die gegenseitige Abstimmung der Marketingplanung in einzelnen Ländern und
- die Integration des Marketing in den einzelnen Ländern.

Zu beachten ist, daß die Koordination des internationalen Marketing - wie bereits ausgeführt - nicht zwingend mit einer Standardisierung einhergeht. Auch lassen sich die mit einer Koordination angestrebten Vorteile nicht für alle Aktivitäten gleichermaßen verwirklichen. Organisatorische Probleme entstehen insbesondere bei Aktivitäten, die einer Koordinationsform bedürfen, deren Umsetzung von fortwährender Kommunikation und Kontrolle abhängt (vgl. Takeuchi/Porter 1989, S. 142 ff.).

Neben der Koordination von Aktivitäten ist auch deren Konfiguration von Bedeutung. Mit dem Begriff Konfiguration wird die strukturelle Gliederung der weltweiten Unternehmensaktivitäten umschrieben. Dabei werden sowohl die Wahl der geographischen Standorte als auch die Anzahl der Standorte in die Betrachtung miteinbezogen (vgl. Porter 1989b S. 26 f.). Gerade im Hinblick auf Produktionsaktivitäten kann eine Verteilung und Konzentration bestimmter Aktivitäten auf einzelne Standorte Vorteile versprechen. Im Rahmen der internationalen Integration von Aktivitäten erfolgt die Wahl des Standortes in Abhängigkeit von den landes-spezifischen Voraussetzungen (vgl. Doz 1986, S. 12 f.). So werden für einfache und arbeitsintensive Verrichtungen häufig Niedriglohnländer als Produktionsstandort gewählt, während für die Fertigung komplexer und kapitalintensiver Produkte oftmals die Industriestaaten geeigneter erschei-nen (vgl. Gluck 1985, S. 13).

Allerdings ist eine ausschließliche Orientierung an den Arbeits- und Herstellungskosten bei der Entscheidung über Produktionsstandorte aus mehreren Gründen unzureichend. Zum einen sind solche Betrachtungen meist statisch, d.h. die Entwicklung des Lohnniveaus, aber auch die Möglichkeit von Wechselkursänderungen werden nicht in das Kalkül einbezogen. Zum anderen muß im Rahmen der Standortplanung sicherge-stellt werden, daß neben Vorteilen auf der Kostenseite auch die Voraussetzungen für den Aufbau bzw. die Umsetzung von strategischen Erfolgsfaktoren, die auf einer besonderen Leistung gründen, gegeben sind (vgl. Bartmess/Cerny 1993, S. 80 f.). Insgesamt stellt die Möglichkeit, ver-schiedene Aktivitäten auf unterschiedliche Länder mit besonderen Stand-ortvorteilen zu streuen, jedoch einen zentralen Vorteil für Unternehmen dar, die den Prozeß der Leistungserstellung international organisieren (vgl. Porter 1986, S. 25 f.). Beispielsweise kann eine Internationalisierung der Geschäftstätigkeit auch den Zugang zu einem spezifischen technisch-wis-senschaftlichen Know-how erschließen oder die Nutzung im Inland nicht verfügbarer Ressourcen ermöglichen (vgl. Hinterhuber 1993, S. 151).

Eine globale Strategie kann somit auch als Strategie definiert werden, mit deren Hilfe "ein international tätiges Unternehmen *entweder durch eine konzentrierte Konfigurationsstruktur, eine Koordination der geographisch gestreuten Aktivitäten oder durch beides Wettbewerbsvorteile zu realisieren sucht"* (Porter 1989b, S. 31). Mittels dieser Definition wird einerseits der zunehmenden Verflechtung der Märkte und der hieraus resultierenden Notwendigkeit einer integrierten Steuerung Rechnung getragen, während andererseits die aus der Standardisierungsdebatte resul-tierenden Limitationen überwunden werden. Welge/Böttcher (vgl. 1991,

S. 438) weisen in diesem Zusammenhang darauf hin, daß die beiden Parameter Konfiguration und Koordination häufig nicht unabhängig voneinander ausgestaltet werden können. So determiniert teilweise der Koordinationsbedarf bei bestimmten Aktivitäten die Möglichkeit ihrer geographischen Streuung. In jedem Fall ist jedoch eine Koordination global gestreuter Wertschöpfungsaktivitäten erforderlich, wenn Synergieeffekte und damit Wettbewerbsvorteile realisiert werden sollen (vgl. Hinterhuber 1993, S. 162).

Die Bedeutung der internationalen Koordination und Konfiguration von Aktivitäten ist jeweils in Abhängigkeit von der Branche differenziert zu beurteilen. Porter (vgl. 1989b, S. 25 ff.) zieht zur Analyse der Bedeutung einzelner Aktivitäten die Wertkette heran und unterscheidet zwischen flankierenden Maßnahmen sowie vor- und nachgelagerten Aktivitäten (vgl. *Abbildung 9*). Jede einzelne Aktivität innerhalb der Wertkette muß dahingehend analysiert werden, ob für die Wettbewerbsfähigkeit des Unternehmens eine länderübergreifende Koordination der Aktivitäten oder Konfigurationsaspekte von elementarer Bedeutung sind. Da es sich hierbei in der Regel nicht um Entweder-Oder-Entscheidungen handelt, besteht die Aufgabe der Unternehmensleitung darin, das Ausmaß der Koordination und der Konzentration für die einzelnen Aktivitäten festzulegen.

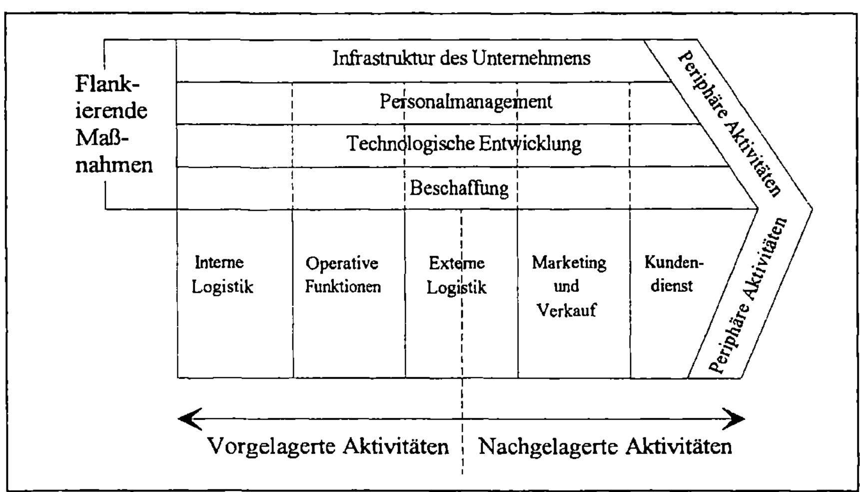

Abbildung 9: Vor- und nachgelagerte Aktivitäten in der Wertkette
(vgl. Porter 1989b, S. 26)

Im Rahmen einer genaueren Betrachtung wird deutlich, daß die konzentrierte Konfiguration von Aktivitäten vor allem bei den vorgelagerten Aktivitäten innerhalb der Wertkette von Bedeutung sein dürfte. Wettbewerbsvorteile lassen sich in diesen Bereichen häufig durch die weltweite oder regionale Konzentration von Aktivitäten erreichen und sind grundsätzlich zwischen den Ländern übertragbar. Hingegen spielt die konzentrierte Konfiguration in Branchen, in denen Wettbewerbsvorteile eher in den nachgelagerten und somit abnehmerorientierten Unternehmensfunktionen zu erzielen sind, eine untergeordnete Rolle. In diesen Branchen kommt es im Hinblick auf die nachgelagerten Aktivitäten entscheidend darauf an, die länderspezifische Marktsituation zu berücksichtigen.

Wettbewerbsvorteile, die auf nachgelagerten Aktivitäten in der Wertkette basieren, sind grundsätzlich nur mit großen Schwierigkeiten auf andere Länder übertragbar. Daher erlangt die Koordination dieser Aktivitäten eine größere Bedeutung. Dies gilt im besonderen für zahlreiche Dienstleistungsbranchen, in denen auch die vorgelagerten Aktivitäten innerhalb der Wertkette an den Kundenstandort gebunden sind (vgl. Porter 1989b, S. 26). Vor dem Hintergrund der Erkenntnis, daß bei vielen Produkten der Konsumgüterindustrie der zentrale Engpaßfaktor im Absatzbereich liegt und somit dem Marketing ein besonderer Stellenwert im Hinblick auf den Unternehmenserfolg zukommt, ist davon auszugehen, daß auch in diesen Branchen die Koordination der internationalen Aktivitäten von übergeordneter Bedeutung ist.

Im Rahmen dieses Abschnitts der Arbeit wurde die Stellung des Marketing vor dem Hintergrund einer zunehmenden Internationalisierung der Geschäftstätigkeit beleuchtet. In diesem Zusammenhang wurden auch die Determinanten sowie die grundlegenden Möglichkeiten der Ausgestaltung des internationalen Marketing diskutiert. Die Konsequenzen, die sich aus den aufgezeigten Entwicklungen ableiten lassen, verdeutlichen die Notwendigkeit einer intensiven Koordination der Unternehmens- und Marketingaktivitäten. Da bezogen auf das Marketing der strategischen Ebene eine besondere Bedeutung zukommt, sollen im folgenden Abschnitt die verschiedenen strategischen Entscheidungsfelder im internationalen Marketing identifiziert und charakterisiert werden.

III. Strategische Entscheidungsfelder im internationalen Marketing

1. Überblick

Im Hinblick auf die Planung der internationalen Geschäftstätigkeit können verschiedene strategische Entscheidungsfelder differenziert werden. Wenn den Aufgaben der strategischen Planung die Bestimmung von Sollvorgaben für die zukunftsorientierte Führung eines Systems zugerechnet wird, so können die folgenden Kriterien als institutionelle Bestandteile jeder planerischen Tätigkeit gelten (vgl. Kühn 1985, S. 531):

- Die Gestaltung des zu planenden Systems durch Vorgabe von *Schlüsselelementen,*
- die *zeitliche Vorverlegung* der Gestaltungsentscheide und
- das bei jeder Planung erwartete *systematische Vorgehen.*

Gerade den Schlüsselelementen kommt in diesem Zusammenhang eine besondere Bedeutung zu, da der Entscheidungsträger bei der Zukunftsgestaltung des Unternehmens als komplexes System eine Auswahl zentraler Systemelemente treffen muß, um die übrigen Systemelemente mittelbar über diese zu lenken (vgl. Kühn 1985, S. 531 f.). Daher sollen im folgenden die zentralen Schlüsselelemente der internationalen Marketingplanung identifiziert und inhaltlich voneinander abgegrenzt werden.

Douglas/Craig (vgl. 1989, S. 47) unterscheiden bezogen auf die internationale Marktbearbeitung die folgenden drei strategischen Entscheidungsfelder:

- Entscheidungen in bezug auf die Auswahl der zu bearbeitenden Länder,

- Entscheidungen über die Art des Markteintritts,

- Entscheidungen über die Art der Marktbearbeitung (hier v.a. der Standardisierungsgrad).

Generell ist davon auszugehen, daß zwischen den verschiedenen Entscheidungsfeldern Interdependenzen bestehen. So impliziert die Auswahl eines Marktes oftmals die Auswahl einer bestimmten Markteintrittsstrategie aufgrund landesspezifischer Gegebenheiten[12]. Umgekehrt wird durch Beschränkungen im Rahmen der Markteintrittsstrategie die Marktauswahl beeinflußt. Ebenso tangieren Entscheidungen hinsichtlich der Marktauswahl und der Art des Markteintritts die Frage der Bearbeitung dieser Märkte. Auch hier gilt jedoch, daß die Beziehungen interdependent sind, da Überlegungen hinsichtlich der Marktbearbeitung ihrerseits Entscheidungen bezüglich der Auswahl und der Art des Markteintritts beeinflussen können.

Thorelli/Becker (vgl. 1980, S. 368) fügen ihrer Gliederung strategischer Entscheidungsfelder, die Ähnlichkeiten mit dem oben dargestellten Systematisierungsansatz aufweist, als weitere wichtige Parameter das *Orientierungssystem* und die *Marketingorganisation* hinzu. Die Wahl eines grundlegenden Orientierungssystems besitzt den Charakter einer Entscheidung über die Unternehmensphilosophie, die der internationalen Marktbearbeitung zugrundegelegt wird. Damit hat diese Entscheidung eine Steuerungsfunktion im Hinblick auf die übrigen genannten Entscheidungsfelder und ist diesen aufgrund sachlogischer Beziehungen nicht nur zeitlich vorgelagert, sondern insgesamt auch hierarchisch übergeordnet. Wie allerdings bereits im Rahmen der Diskussion der Orientierungssysteme deutlich wurde, können aus der Wahl eines Orientierungssystems nur grundsätzliche Stoßrichtungen abgeleitet werden, die im Rahmen der strategischen Unternehmens- und Marketingplanung einer weiteren Konkretisierung bedürfen. Damit wird der Gestaltungsspielraum der strategischen Schlüsselelemente im internationalen Marketing eingegrenzt, ohne daß die Wahl eines Orientierungssystems selbst als strategisches Schlüsselelement im Hinblick auf die obige Definition gelten kann.

Im Gegensatz hierzu ist davon auszugehen, daß Entscheidungen über die organisatorische Fundierung der internationalen Marktbearbeitung insofern über einen konstitutiven Charakter verfügen, als die Entscheidung über Marktauswahl-, Markteintritts- und Marktbearbeitungsstrategien eng mit organisatorischen Fragestellungen verknüpft sind. Während Chandler (vgl. 1962, S. 15) die Organisationsstruktur in Abhängigkeit von der Strategie sieht und dies in der Formulierung *"structure follows strategy"* zusammenfaßt, wird diese Betrachtungsweise aufgrund ihrer Einseitigkeit

---

[12] Beispielsweise gestatten einige Entwicklungsländer ausländischen Unternehmen nur den Erwerb von Minderheitsbeteiligungen an inländischen Unternehmen, u.a. um die Möglichkeiten des Gewinntransfers einzuschränken. Damit wird der Handlungsspielraum bei der Wahl der Form des Markteintritts in eines dieser Länder begrenzt.

in der neueren Literatur abgelehnt. Vielmehr wird die Ansicht vertreten, daß weder Strategie noch Struktur unabhängig voneinander optimiert werden können, sondern beide interaktiv miteinander verknüpft sind (vgl. Hall/Saias 1980, S. 161 f.; Gaitanides 1985, S. 115; Staehle 1989, S. 429). Vor diesem Hintergrund wird deutlich, daß Entscheidungen bezüglich der Organisationsstruktur in engem Zusammenhang mit den Schlüsselelementen der internationalen Marketingplanung stehen. *Abbildung 10* zeigt die Schlüsselelemente der internationalen Marketingplanung sowie die Interdependenzen innerhalb des Beziehungsgefüges im Überblick.

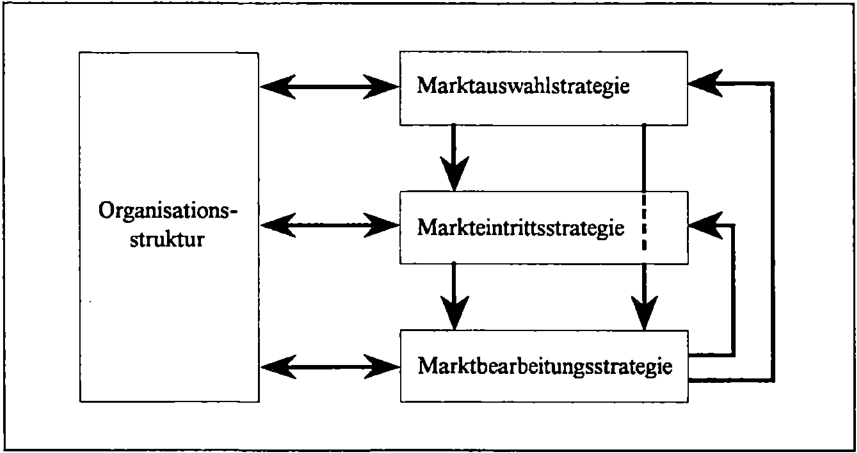

Abbildung 10: Schlüsselelemente der internationalen Marketingplanung

Im Rahmen der obigen Ausführungen wurde bereits deutlich, daß trotz der aufgezeigten Interdependenzen zwischen den strategischen Schlüsselelementen der internationalen Marketingplanung nicht alle Entscheidungsfelder auf derselben Planungsebene angesiedelt sind. Diese Feststellung gilt vor allem auch für stark diversifizierte Unternehmen. Im folgenden Abschnitt sollen daher die relevanten Bezugspunkte der strategischen Planung im internationalen Marketing abgegrenzt werden, um anschließend die strategischen Entscheidungsfelder im Hinblick auf die grundsätzlich zur Verfügung stehenden Gestaltungsoptionen zu skizzieren.

2. Strategische Planung im internationalen Marketing

2.1. Bezugspunkte der strategischen Planung

Diversifizierte Unternehmen, die in vielen Produktmärkten agieren, sehen sich im Rahmen der strategischen Unternehmens- und Marketingplanung mit einer komplexen Umwelt konfrontiert, da in verschiedenen Produktmärkten meist differierende Kontextbedingungen in die Planungsüberlegungen einbezogen werden müssen (vgl. Link 1990, S. 611). Wenn unter Komplexität die Eigenschaft von Systemen verstanden wird, in einem gegebenen Zeitraum eine Vielzahl unterschiedlicher Zustände annehmen zu können (vgl. Bleicher 1991a, S. 13) so bedarf es keiner weiteren Begründung, daß eine Internationalisierung der Geschäftstätigkeit mit einer Zunahme der Umweltkomplexität einhergeht. Auch wenn ein Komplexitätsbegriff zugrundegelegt wird, der auf die Verschiedenartigkeit der Teilumfelder eines Unternehmens abstellt (vgl. Schreyögg 1993, Sp. 4233), kann davon ausgegangen werden, daß eine Internationalisierung der Geschäftstätigkeit zu einer Erhöhung der Komplexität führt. Die Annahme einer steigenden Komplexität erweist sich insbesondere bei Unternehmen, die eine Koordination der internationalen Marktbearbeitung anstreben, als zutreffend (vgl. Douglas/Craig 1989, S. 47). Hier müssen teilweise stark voneinander abweichende Bedingungen im marktlichen Umfeld sowie häufig auch ein variierender unternehmensinterner Bedingungsrahmen[13] bei der transnationalen Koordination der strategischen Planung berücksichtigt werden.

Gerade unternehmerische Gestaltungsprobleme sind aufgrund ihrer Komplexität meist nicht uno actu, sondern nur schrittweise zu lösen, indem das Gesamtproblem in Teilprobleme zerlegt wird (vgl. Rühli 1978/II, S. 18). Die strategische Planung kann vor dem Hintergrund der Dynamik der Umweltentwicklung als schlecht strukturiertes Entscheidungsproblem charakterisiert werden, das durch eine hohe Unsicherheit und Komplexität der Entscheidungssituation gekennzeichnet ist (vgl. Ulrich/Fluri 1984, S. 98 f.). Da für Produkt-Markt-Kombinationen mit unterschiedlichen Kontextbedingungen zur Erschließung und Sicherung von Erfolgspotentialen in der Regel eigenständige Handlungskonzeptionen entwickelt werden

---

[13] Der Bedingungsrahmen bei der Formulierung von Marktbearbeitungsstrategien beschreibt die relevanten Kontextkomponenten, die hier zu beachten sind. Grundsätzlich kann dabei eine Unterscheidung zwischen unternehmensinternen und -externen Faktoren getroffen werden (vgl. hierzu auch die Ausführungen in Abschnitt IV. 2. der Arbeit).

müssen, sind viele Unternehmen dazu übergegangen, Planungseinheiten unterhalb der Unternehmensebene zu installieren, die als *strategische Geschäftsfelder* bezeichnet werden (vgl. Cravens 1991, S. 43; Köhler 1991, S. 29). Insbesondere für international ausgerichtete, diversifizierte Unternehmen erscheint eine solche Vorgehensweise als conditio sine qua non, um eine Komplexitätsreduktion im Rahmen der Strategieplanung zu erreichen (vgl. Jain 1987, S. 696; Jeannet/Hennessey 1988, S. 521 f.).

Somit kann der Prozeß der strategischen Planung in diversifizierten und international ausgerichteten Unternehmen in zwei hierarchische Ebenen unterteilt werden: die *Unternehmensebene* und die *Geschäftsfeldebene*. Die strategische Planung auf Unternehmensebene ist dabei als Bestandteil der Unternehmenspolitik zu betrachten. Die konstitutiven Elemente der Unternehmenspolitik umfassen die Vorgabe von Unternehmenszielen sowie die Festlegung der Strategien zur Zielerreichung und der hierfür benötigten Mittel. Damit beschreibt die Unternehmenspolitik die Gesamtheit aller Maßnahmen, die das Verhalten des Gesamtunternehmens bestimmen (vgl. Rühli 1985/I, S. 34 f.). Im Rahmen der strategischen Planung werden auf Unternehmensebene Entscheidungen getroffen, die nicht einzelne Produktsparten oder Funktionsbereiche, sondern das Unternehmen als Ganzes betreffen (vgl. Koch 1991, S. 39).

Marktorientierte Entscheidungen auf Unternehmensebene sind dabei auf die Frage gerichtet, welche Produkt-Markt-Kombinationen ein Unternehmen in sein Leistungsprogramm integrieren möchte (vgl. Hambrick 1980, S. 567), bzw. welche Aufgaben den verschiedenen Produkt-Markt-Kombinationen aus Gesamtunternehmenssicht zukommt. Solche Entscheidungen sind eng mit der Portfolio-Planung verknüpft. Hinterhuber (vgl. 1989/I, S. 165 f.) kennzeichnet die Analyse des Ist-Portfolios, die Erstellung eines Ziel-Portfolios sowie die hieraus abgeleitete Zuteilung von Ressourcen als Hauptelemente der Unternehmens-Strategie, wobei der Strategiebegriff hier synonym mit dem Begriff der Unternehmenspolitik verwendet wird.

Strategien, die auf Geschäftsfeldebene ansetzen, suchen hingegen nach Wegen, wie ein Geschäftsfeld im Wettbewerbskontext eines Marktes agieren sollte, um einen Beitrag zur Erreichung der langfristigen Unternehmensziele zu leisten (vgl. hierzu Hofer/Schendel 1978, S. 53 f.; Beard/Dess 1981, S. 663; Toyne/Walters 1989, S. 273). Insofern werden

Marketing-Strategien, die auf Geschäftsfeldebene ansetzen, in der Regel aus der übergeordneten Unternehmens-Strategie abgeleitet. Die Frage, wie ein Geschäftsfeld im Markt geführt werden soll, zielt inhaltlich auf die Ausgestaltung der Marketing-Instrumente ab. Marketing-Strategien auf Geschäftsfeldebene stellen eine Verbindung zwischen den Unternehmenszielen und den Marketinginstrumenten her, da die qualitative und quantitative Planung der einzelnen Instrumentalbereiche an der Marketing-Strategie ausgerichtet wird. Die beschriebene einseitige Abhängigkeit zwischen Entscheidungen auf Unternehmensebene und Entscheidungen auf Geschäftsfeldebene mündet jedoch dann in einer Wechselbeziehung, wenn Erkenntnisse, die auf Geschäftsfeldebene gewonnen werden, Eingang in die Planung der Unternehmensstrategie finden. Dies ist immer dann gegeben, wenn die vertikale Abstimmung von Plänen mit Hilfe des progressiven Verfahrens (*bottom-up*) oder des Gegenstromverfahrens (*top-down/bottom-up*) erfolgt (vgl. Kreikebaum 1987, S. 122).

Rückkoppelungen erscheinen z.B. immer dann sinnvoll und notwendig, wenn im Rahmen der Geschäftsfeld-Planung deutlich wird, daß die aus der Portfolio-Betrachtung abgeleiteten Zielvorgaben für das Geschäftsfeld von diesem nicht zu erreichen sind. Differenzen zwischen der strategischen Unternehmens- und Marketing-Planung werden in der Praxis idealtypisch durch einen Abstimmungsprozeß beseitigt, an dem Entscheidungsträger beider Ebenen beteiligt sind (vgl. Hofer/Schendel 1978, S. 55). Nicht zuletzt mit Blick auf die beschriebenen Interdependenzen wird deutlich, daß die Unterscheidung zwischen den zwei Planungsebenen als gedankliches Konstrukt gelten kann, welches eine Hilfe bei der Zuordnung der einzelnen Schritte der strategischen Planung zu den verschiedenen Bezugspunkten darstellt (vgl. Gälweiler 1987, S. 266).

Allgemein ist davon auszugehen, daß die strategische Marketing-Planung das Kernstück der strategischen Unternehmens-Planung darstellt (vgl. Biggadike 1981; Day 1986, S. 4; S. 621; Köhler 1991, S. 21) und somit auch bei der Formulierung von Unternehmenszielen eine zentrale Rolle spielt (vgl. Anderson 1982, S. 15). Abell/Hammond (vgl. 1979, S. 9 f.) tragen diesen Erkenntnissen Rechnung, indem sie die strategische Unternehmens- und Marketing-Planung zu einem Konzept zusammenfassen[14], welches sie als *strategische Marktplanung* bezeichnen. Das

---

[14] vgl. zur Diskussion um die Rolle des Marketing als Leitkonzept in der strategischen Unternehmensplanung auch die Ausführungen bei Aaby/McGann (1989).

Konzept stellt dabei die folgenden vier Entscheidungsbereiche in den Mittelpunkt der Betrachtung:

1. *Defining the Business*: Entscheidungen über die Produkt-Markt-Kombinationen bzw. Geschäftsfelder, die das Unternehmen seinem jetzigen oder zukünftigen Tätigkeitsbereich zuordnen will.
2. *Determining the Mission of the Business*: Abgeleitet aus der gesamtunternehmerischen Zielsetzung werden basierend auf einer gründlichen Umwelt- und Unternehmensanalyse Zielvorgaben für die Geschäftsfelder abgeleitet.
3. *Formulating Functional Strategies*: Planung der Funktionalstrategien für die einzelnen Unternehmensbereiche, wobei die Marketing-Planung hier die Rolle einer funktionalen Leitplanung übernimmt (vgl. Haedrich/Tomczak 1990, S. 24).
4. *Budgeting*: Der idealtypische Planungsprozess endet mit einer Verteilung der Ressourcen auf die verschiedenen Geschäftsfelder. Die Zuteilung der Mittel erfolgt dabei orientiert an den Aufgaben, die dem Geschäftsfeld zugewiesen wurden.

Im Vorgriff auf die folgenden Abschnitte der Arbeit sollen die strategischen Entscheidungsfelder Marktauswahlstrategie, Markteintritts-strategie und Marktbearbeitungsstrategien im Hinblick auf ihre Stellung im Konzept der strategischen Marktplanung skizziert werden. Die *Markt-auswahlstrategie* umfaßt Entscheidungen, die zum einen die Bestimmung von Produkt-Markt-Kombinationen zum Gegenstand haben (*Defining the Business*). Zum anderen wird hier im Rahmen einer internationalen Portfolio-Planung festgelegt, welche Zielsetzung mit der Geschäfts-tätigkeit in einzelnen Ländermärkten vor dem Hintergrund der Gesamt-unternehmensinteressen verbunden wird (*Determining the Mission of the Business*). In diesem Zusammenhang werden auch schon Fragen der Budgetierung bzw. der Verteilung der Unternehmensressourcen auf das Produkt-Portfolio (*Budgeting*) gestreift (vgl. Beard/Dess 1981, S. 665). *Markteintritts- und Marktbearbeitungsstrategien* sind der Planung der Funktionalstrategien zuzuordnen (*Formulating Functional Strategies*).

Rekurriert man nochmals auf die Unterscheidung zwischen den beiden Planungsebenen, so ist festzustellen, daß die Marktauswahl eine Entschei-dung repräsentiert, die auf Unternehmensebene anzusiedeln ist (vgl. Bourgeois 1980, S. 27), während Markteintritts- und Marktbearbeitungsstrategien der Geschäftsfeldebene zuzuordnen sind. Der Ausgangs- und Bezugspunkt bei der Formulierung von Marktbearbeitungsstrategien kann somit in der strategischen Geschäftsfeldplanung gesehen werden (vgl. Birkelbach 1988, S. 231). Da Marktbearbeitungsstrategien den eigentlichen Erkenntnisgegenstand dieser Arbeit darstellen und der Abgrenzung von Geschäftsfeldern somit zentrale Bedeutung zukommt, soll diese Problematik im folgenden Kapitel eingehender diskutiert werden.

2.2. Abgrenzung strategischer Geschäftsfelder

Gerl/Roventa (1981, S. 843 ff.) betrachten Marktsegmente als Vorläufer der strategischen Geschäftsfelder[15]. Im Unterschied zur Marktsegmentierung werden bei der Bildung strategischer Geschäftsfelder auch die Wettbewerber implizit berücksichtigt. Ebenso sind in diesem Zusammenhang unternehmensinterne Aspekte wie Kostenstrukturen, Produktionszusammenhänge etc. von Bedeutung. Die Frage, welche Faktoren für die Bildung strategischer Geschäftsfelder letztlich ausschlaggebend sind, läßt sich nicht allgemeingültig beantworten. Sinnvoll erscheint in jedem Fall die Orientierung an den zentralen Erfolgsparametern in der Branche (vgl. Henzler 1978, S. 915). Strategische Geschäftsfelder können somit aus einzelnen oder aus einer Kombination von Produkt-Markt-Kombinationen bestehen. Im Regelfall repräsentieren sie relativ autonome Einheiten des Unternehmens mit eigenständigen Erfolgsfaktoren (vgl. Hinterhuber 1989/II, S. 107).

Die Abgrenzung des unternehmerischen Betätigungsfeldes anhand von Produkt-Markt-Kombinationen wird allerdings insofern als unbefriedigend angesehen, als vor allem das Auffinden neuer Betätigungsfelder auf der Grundlage dieses Ansatzes Probleme bereitet (vgl. Birkelbach 1988, S. 232). Mit Hilfe eines dreidimensionalen Bezugsrahmens, wie er in *Abbildung 11* dargestellt ist, kann die Fragestellung, mit welchen Produkten in welchen Märkten konkurriert werden soll, wesentlich erweitert werden. Das Produkt wird dabei detaillierter durch Angabe der Funktionserfüllung aus Sicht der Kunden und der verwendeten Technologie beschrieben, während die Marktdimension durch die Verknüpfung poten-

---

[15]   Während mit dem Begriff strategisches Geschäftsfeld eine Planungseinheit bezeichnet wird, stellen die Begriffe strategische Geschäftseinheit und strategischer Geschäftsbereich eher auf die strukturelle Organisationsgestaltung ab (vgl. Link 1985, S. 51; Koch 1993, Sp. 3258 f).

tieller Nachfragesektoren mit bedarfskonstituierenden Problemen der Kunden erfaßt wird (vgl. Abell 1980, S. 17; Köhler 1991, S. 25). Durch die Berücksichtigung der verwendeten Technologien lassen sich beispielsweise auch Produktionszusammenhänge leicht erkennen. Die Erweiterung der Betrachtung auf die Funktionserfüllung aus Sicht des Kunden ermöglicht hingegen die Identifikation von marktlichen Zusammenhängen zwischen verschiedenen Produkt-Markt-Kombinationen.

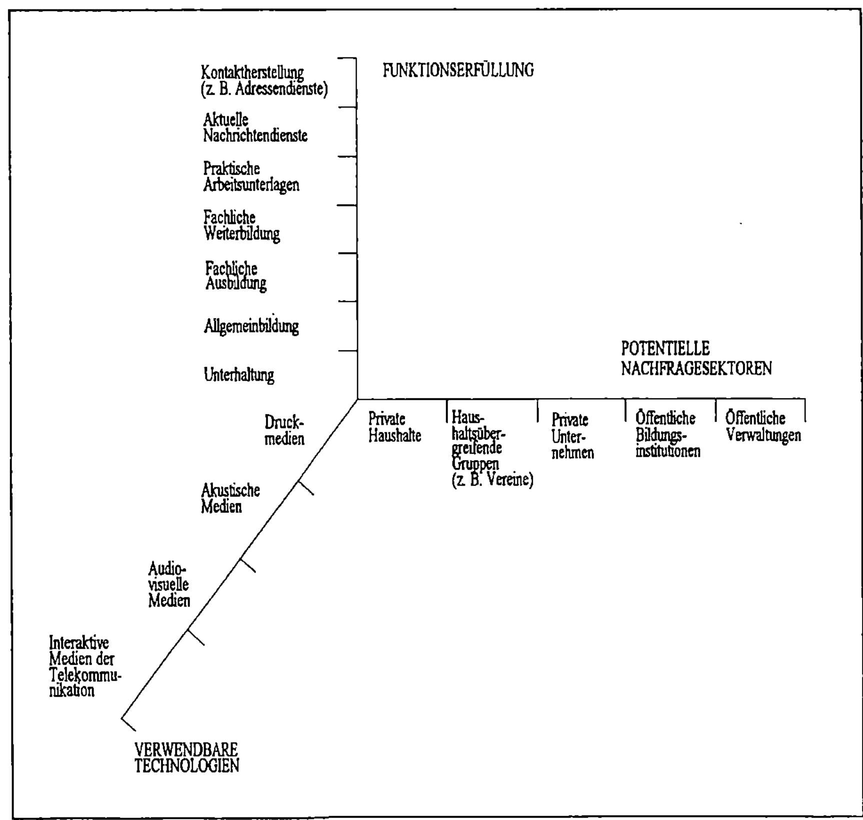

Abbildung 11: Dreidimensionaler Bezugsrahmen zur Darstellung unternehmerischer Betätigungsmöglichkeiten am Beispiel eines Verlagsunternehmens (vgl. Köhler 1991, S. 26)

In der Praxis ist die Bildung strategischer Geschäftsfelder mit folgenden Zielsetzungen verbunden (vgl. Henzler 1978, S. 913):

1. Schaffung homogener organisatorischer Einheiten, denen die Entwicklung kontinuierlicher Strategien obliegt.

2. Erzielung optimaler Transparenz und Steuerbarkeit innerhalb eines komplexen Unternehmens.
3. Optimale Ausnutzung von Synergiepotentialen.

Basierend auf diesen Zielsetzungen können nun Anforderungen formuliert werden, die bei der Abgrenzung strategischer Geschäftsfelder berücksichtigt werden sollten (vgl. Kreilkamp 1987, S. 319 f.):

- Das Geschäftsfeld muß eine *eigenständige Marktaufgabe* erfüllen und für klar definierte Kundenprobleme auf einem eindeutig abgrenzbaren Markt Lösungen bieten.
- Eine relative *strategische Unabhängigkeit* gegenüber den anderen Geschäftsfeldern ist wichtig, um unter Berücksichtigung der jeweiligen Gegebenheiten maßgeschneiderte Strategien formulieren zu können.
- Die Bildung strategischer Geschäftsfelder muß unter Berücksichtigung der Erfolgsfaktoren so erfolgen, daß bei Ausnutzung der zur Verfügung stehenden Ressourcen die *Erreichbarkeit relativer Wettbewerbsvorteile* sichergestellt wird.
- Die Abgrenzung strategischer Geschäftsfelder sollte nicht zuletzt eine ausreichende *Stabilität* aufweisen, um Erfolgspotentiale aufbauen und langfristige Strategien formulieren zu können.

Tomczak (1989, S. 44 f.) kritisiert den teilweise fehlenden Realitätsbezug der genannten Anforderungen. So bestehen in der Praxis vielfältige Interdependenzen zwischen einzelnen Produkt-Markt-Kombinationen eines Unternehmens. Gäbe es solche Verflechtungen nicht, würden aus der Diversifikation von Unternehmen keine ökonomischen Vorteile resultieren. Auch kann die Existenz einer Vielzahl von Kriterienkatalogen zur Abgrenzung einzelner strategischer Geschäftsfelder als Indiz dafür betrachtet werden, daß es kein richtiges und eindeutiges Ergebnis gibt. Überdies ist die Frage nach dem Detaillierungsgrad der Abgrenzung nicht allgemeingültig zu beantworten. Somit wird deutlich, daß für die Abgrenzung von strategischen Geschäftsfeldern keine Patentrezepte existieren. Die Entscheidungsträger müssen sich bei der Bewältigung dieser Aufgabe an den individuellen Bedingungen des jeweiligen Unternehmens orientieren und ihre Lösungsansätze vor dem Hintergrund aktueller und zukünftiger unternehmensinterner und -externer Entwicklungen im Hinblick auf ihre Adäquanz überprüfen.

In diesem Zusammenhang stellt sich auch die Frage, ob eher marktliche Faktoren, die Nachfrage- oder Wettbewerbsaspekte betreffen, oder unternehmensinterne Faktoren (z.B. Produktionszusammenhänge) für die Abgrenzung ausschlaggebend sind. Wie bereits angedeutet wurde, kann die Antwort durch eine Identifikation der Erfolgsfaktoren in dem betrachteten Markt gegeben werden. Häufig spielen marktliche Aspekte eine zentrale Rolle sowohl bei der Identifikation von strategischen Erfolgsfaktoren als auch bei der Abgrenzung von strategischen Geschäftsfeldern (vgl. Cravens/Hills/Woodruff 1987, S. 52).

Haedrich/Tomczak (1990, S. 27-29) diskutieren vor dem Hintergrund dieser Erkenntnis die Zusammenhänge zwischen strategischen Geschäftsfeldern und Marken. Dabei kommen sie zu dem Ergebnis, daß die Begriffe eine synonyme Verwendung finden können, wenn die Marke über eigenständige strategische Erfolgsfaktoren verfügt. Werden Ressourcen mit anderen Marken geteilt oder wird ein Problemlösungsverbund mit diesen gebildet, erhält man ein strategisches Geschäftsfeld erst durch die Zusammenfassung verschiedener Marken. Umgekehrt kann eine Marke aus verschiedenen strategischen Geschäftsfeldern bestehen, wenn sie mehrere Produkte mit verschiedenen Erfolgsfaktoren vereint, die in verschiedenen Märkten unterschiedliche Bedürfnisse befriedigen.

Die Abgrenzung strategischer Geschäftsfelder bewegt sich im Spannungsfeld zwischen den Forderungen nach strategischer Unabhängigkeit einerseits und Transparenz andererseits. Eine *enge* Abgrenzung bietet den Vorteil, daß die Formulierung von Strategien für einzelne strategische Geschäftsfelder am jeweiligen Bedingungsrahmen orientiert erfolgen kann. Allerdings führt die hierdurch entstehende Vielzahl an Geschäftsfeldern zu einer relativen Unübersichtlichkeit, die die Erschließung potentieller Synergieeffekte häufig beeinträchtigt. Überdies werden im Rahmen einer engen Abgrenzung oftmals Ressourcen durch die verschiedenen Geschäftsfelder gemeinsam genutzt. Diese Ressourceninterdependenzen bedingen eine gegenseitige Abhängigkeit, die letztlich zu einem Verlust an Autonomie bei der Formulierung von Strategien führt.

Eine *weite* Abgrenzung, die impliziert, daß das Geschäftsfeld eine Vielzahl von Produkt-Markt-Kombinationen umfaßt, führt meist zu einer überschaubaren Zahl von Geschäftsfeldern. Allerdings birgt ein solches Vorgehen die Gefahr, daß die in einem Geschäftsfeld zusammengefaßten Produkt-Markt-Kombinationen einen heterogenen Bedingungsrahmen aufweisen. Während also im Zuge einer engen Abgrenzung die geschäftsfeldbezogene Formulierung von Strategien durch das Bestehen gegenseitiger Abhängigkeiten behindert wird, resultiert aus einer weiten Abgrenzung die Notwendigkeit, differenzierte Strategien für die verschiedenen Produkt-Markt-Kombinationen, die ein Geschäftsfeld umfaßt, zu entwickeln (vgl. Gerl/Roventa 1981, S. 851). Resümierend kann somit festgestellt werden, daß sowohl eine zu enge als auch eine zu weite Abgrenzung von Geschäftsfeldern Probleme aufwirft.

Geht man von einer limitierten strategischen Leitungsspanne aus (vgl. Rühli 1985/I, S. 165-170), so wird deutlich, daß eine Reduktion der Gesamtkomplexität in einem Unternehmen mit einer Vielzahl von Geschäftsfeldern nicht erreicht werden kann (vgl. Kreikebaum 1987, S. 112). Haspeslagh (1982, S. 65) stellt in einer empirischen Studie, die sich auf amerikanische Großunternehmen bezieht, fest, daß die Mehrzahl der Unternehmen über weniger als dreißig Geschäftsfelder verfügt, um eine gewisse Übersichtlichkeit gewährleisten zu können. Für stark diversifizierte Unternehmen impliziert dies die beschriebenen Konsequenzen einer zu weiten Abgrenzung. Vor diesem Hintergrund wird eine *hierarchische Vorgehensweise* bei der Bildung von Geschäftsfeldern vorgeschlagen (vgl. Albach 1978, S. 712 f.; Hax/Majluf 1988, S. 33). Eine hierarchisch aufgebaute Geschäftsfeldstruktur bietet einerseits die Möglichkeit, auf einer unteren Ebene differenzierte Strategien zu erarbeiten, erlaubt jedoch durch die Aggregation auf übergeordneter Ebene auch stark diversifizierten Unternehmen die Wahrung der erforderlichen Übersichtlichkeit (vgl. Kreilkamp 1987, S. 328).

Die bisherigen Ausführungen bezogen sich auf die Abgrenzung strategischer Geschäftsfelder innerhalb des Angebotsprogramms eines diversifizierten Unternehmens. Die marktliche Dimension einer Produkt-Markt-Kombination wird dabei nur in bezug auf verschiedene Marktsegmente sowie unterschiedliche Funktionen, die das Produkt dem Kunden bietet, berücksichtigt. Der Möglichkeit einer geographischen Diversifikation des bearbeiteten Marktes wird mit dieser Vorgehensweise nicht Rechnung getragen. Somit bleibt die Frage offen, wie die Abgrenzung strategischer Geschäftsfelder bei diversifizierten Unternehmen mit internationaler Ausrichtung erfolgen soll.

Generell empfiehlt sich in diesem Zusammenhang eine abgestufte Vorgehensweise. In einem ersten Schritt werden analog zu den obigen Ausführungen strategische Geschäftsfelder gebildet, die aus einzelnen oder einer Vielzahl von Produkt-Markt-Kombinationen bestehen können. In einem zweiten Schritt ist die Frage zu klären, ob diese Geschäftsfelder nach regionalen Gesichtspunkten weiter aufgegliedert werden müssen. Einerseits weisen viele Geschäftsfelder in den verschiedenen Ländermärkten einen stark unterschiedlichen Bedingungsrahmen auf, der beispielsweise auch aus der Neudefinition des relevanten Marktes bzw. einer Differenzierung der Marktbearbeitungsstrategie resultieren kann. Andererseits bestehen jedoch regelmäßig intensive Wechselbeziehungen zwischen den Aktivitäten in verschiedenen Ländermärkten.

Orientiert an der Problemstellung für diversifizierte Unternehmen bietet sich auch hier eine hierarchische Lösung an. Vor dem Hintergrund häufig variierender Strategien in verschiedenen Ländermärkten erscheint die Bildung länderorientierter strategischer Geschäftsfelder sinnvoll. Analog zu einer engen Abgrenzung wird allerdings die Koordination im Rahmen einer solchen Vorgehensweise erschwert. Gerade die Koordination von Aktivitäten ist jedoch für die Nutzung von Synergieeffekten bzw. im Hinblick auf die Erreichung übergreifender Zielsetzungen unabdingbar. Während also auf einer unteren Ebene verschiedene, nach Ländern differenzierte Planungseinheiten installiert werden, um die Strategieformulierung an den jeweiligen Kontextbedingungen ausrichten zu können, soll eine Koordination der Aktivitäten durch die Zusammenfassung der Geschäftsfelder auf übergeordneter Ebene erreicht werden.

Wie bereits ausgeführt wurde, stellen strategische Geschäftsfelder in erster Linie gedankliche Konstrukte dar, die als Bezugsobjekt der strategischen Planung dienen. Die Orientierung an strategischen Geschäftsfeldern kann zwar prinzipiell Anregungen für eine effizientere Gestaltung der Aufbauorganisation liefern, eine unmittelbare Abhängigkeit zwischen den beiden Konstrukten besteht jedoch nicht. Möglichkeiten der organisatorischen Strukturierung und vor allem der Koordination der internationalen Geschäftstätigkeit sind Gegenstand der Ausführungen in Abschnitt III. 6. der Arbeit.

3. Marktauswahlentscheidungen

3.1. Kriterien der Marktauswahlentscheidung

Die Auswahl von Ländermärkten, die durch das Unternehmen bearbeitet werden sollen, orientiert sich klassischerweise an einer risikobezogenen Länderanalyse. Häufig werden im Rahmen der Ermittlung des Länderrisikos vor allem Indikatoren zugrunde gelegt, die Auskunft über die wirtschaftliche Entwicklung sowie das politische Risiko geben (vgl. Meissner 1987, S. 88). Zur Beurteilung der politischen und wirtschaftlichen Risiken eines Landes kann beispielsweise der Beri-Index[16] herangezogen werden (vgl. Meffert/Althans 1982, S. 79). Aber auch gesellschaftliche Entwicklungen und Rahmenbedingungen sollten bei einer Analyse des Länderrisikos nicht übersehen werden.

Neben der Ermittlung verschiedener Risiken, die mit dem Eintritt in einen bestimmten Markt verbunden sind, sollte allerdings in jedem Fall eine Evaluierung der Chancen in diesem Markt erfolgen. Außer den generellen volkswirtschaftlichen Faktoren sind in diesem Zusammenhang insbesondere auch die spezifischen ökonomischen Bedingungen in der betrachteten Branche zu berücksichtigen. Dabei erscheint es sinnvoll, Größe und Wachstum des Produktmarktes in dem entsprechenden Land mit dem Grad der Wettbewerbsintensität und den Kosten des Markteintritts in Relation zu setzen, um Prognosen über die Rentabilität des Engagements in einem spezifischen Ländermarkt ableiten zu können (vgl. Douglas/Craig 1989, S. 52).

Die Auswahl von Ländermärkten stellt sich in jedem Fall als Entscheidungsproblem dar, das einen erheblichen Informationsbedarf verursacht (vgl. Bernkopf 1980, S. 62). Um den hiermit verbundenen Aufwand zu minimieren, bietet sich eine Systematisierung des Auswahlverfahrens mit Hilfe eines schrittweisen Vorgehens an. Dabei werden unter Berücksichtigung der bereits angesprochenen Aspekte weitere Kriterien in das Entscheidungskalkül einbezogen. Köhler/Hüttemann (1989) schlagen bezogen auf diese Problemstellung ein Dreistufen-Schema vor, das von

---

[16] Im Rahmen des Beri-Index (Business Environment Risk Index) erfolgt die Quantifizierung des länderspezifischen Risikos durch ein Experten-Panel: Dreimal jährlich werden die politischen und wirtschaftlichen Risiken verschiedener Länder bewertet und in einem Länder-Rating zusammengefaßt. Das hierbei verwendete Verfahren gleicht der Erstellung eines Scoring-Modells.

einer ersten *Vorselektion* zur *Grobbestimmung* attraktiver Länder und schließlich zur *Endauswahl* führt. Die einzelnen Stufen sollen im folgenden kurz charakterisiert werden (vgl. Köhler/Hüttemann 1989, Sp. 1431-1436):

(1) Im Rahmen der Vorselektion wird das Ziel verfolgt, Länder aus der Betrachtung auszuschließen, die entweder bestimmte objektive Erfordernisse nicht erfüllen oder mit unternehmerischen Prioritäten bzw. spezifischen Werthaltungen des Managements nicht in Einklang stehen.

(2) Mittels der Grobanalyse attraktiver Ländermärkte werden die bereits oben angesprochenen Risikoaspekte sowie das Marktpotential einzelner Länder analysiert.

(3) Ländermärkte, die grundsätzlich für eine Erschließung in Betracht kommen, werden im Zuge der Feinanalyse intensiver betrachtet. Hierbei wird das Ziel verfolgt, geeignete Marktsegmente in den jeweiligen Ländern zu identifizieren bzw. das aus strategischer Sicht erfolgversprechendste Bündel von Marktsegmenten ausfindig zu machen.

Nicht explizit erwähnt und mit den Aspekten Risiko und Marktpotential nur unzureichend erfaßt wurden bislang die Barrieren, die sich dem Unternehmen im Hinblick auf den Markteintritt in den Weg stellen und bei der Marktauswahlentscheidung berücksichtigt werden müssen. Die Grundlage für eine eingehendere Analyse bietet das aus dem Bereich der Industrieökonomik stammende Konzept der Markteintrittsbarrieren (vgl. Bain 1956). Obwohl die Eintrittsbarrieren, wie beispielsweise im Rahmen der Neuproduktplanung, in der Regel bezogen auf eine Branche (vgl. z.B. Minderlein 1988) oder strategische Gruppe (vgl. z.B. Hatten/Schendel/ Cooper 1978, S. 596; Cool/Dierickx 1993, S. 48 f.) ermittelt werden, kann dieses Konzept grundsätzlich auch im Zuge der regionalen Marktauswahlentscheidung sinnvolle Verwendung finden. Ohne die Determinanten von Markteintrittsbarrieren an dieser Stelle näher diskutieren zu wollen[17], kann festgestellt werden, daß die Marktauswahlentscheidung durch die Höhe der mit einem potentiellen Markteintritt verbundenen Schwierigkeiten nicht unerheblich beeinflußt wird.

Im Rahmen der Charakterisierung der Kriterien, die bei der Marktauswahlentscheidung Verwendung finden, wurde deutlich, daß marktüber-

---

[17]   Vgl. hierzu beispielsweise die Systematik bei Porter (1990, S. 29-42) sowie den Überblick bei Karakaya/Stahl (1989, S. 81 f.).

greifende Zusammenhänge, die aus dieser Entscheidung resultieren, praktisch keine Berücksichtigung finden. Die beschriebene Vorgehensweise stellt in erster Linie darauf ab, die Attraktivität einzelner Märkte aus Länderperspektive zu evaluieren, während die Auswirkungen der Marktwahlentscheidung auf die internationale Position eines Produktes weitestgehend unberücksichtigt bleiben.

Da es sich bei der Auswahl von Ländermärkten um eine Entscheidung handelt, mit der die Produkt-Markt-Kombinationen des Unternehmens festgelegt werden, ist die Auswahlentscheidung jedoch mit einer Festlegung der Aufgabenstellung der jeweiligen Landesgesellschaft aus Gesamtunternehmensperspektive zu verbinden. Die Steuerung aus einer unternehmensbezogenen Perspektive erscheint dabei nicht zuletzt mit Blick auf die hohe Komplexität, die aus der Bearbeitung von vielen Auslandsmärkten resultiert, als zentrales Problem.

3.2. Unterstützung der Marktauswahlentscheidung durch das Portfolio-Konzept

Stark diversifizierte Unternehmen sehen sich generell mit dem Problem konfrontiert, für eine Fülle von Produkt-Markt-Kombinationen Entscheidungen treffen zu müssen, die aus Sicht des Gesamtunternehmens zu möglichst optimalen Ergebnissen führen sollen (vgl. Abell/Hammond 1979, S. 173). Als hilfreiches Instrument bei der Abstimmung der Planung einzelner Produkt-Markt-Kombinationen mit dem Zielsystem und der übergreifenden Planung des Unternehmens gilt der Portfolio-Ansatz (vgl. z.B. Wittek 1980, S. 137 ff.; Dunst 1983, S. 94 ff.; Kreilkamp 1987, S. 445 ff.). Während sich im Rahmen der klassischen Portfolio-Modelle der Begriff Produkt-Markt-Kombination auf verschiedene *Produktmärkte* bezieht, die durch ein Unternehmen mit seinem Angebotsprogramm bearbeitet werden, entstehen auch im Zuge einer Internationalisierung und der damit einhergehenden Bearbeitung mehrerer *Ländermärkte* eine Vielzahl von Produkt-Markt-Kombinationen.

Mit einer Erweiterung der Portfolioanalyse um eine Regionalbetrachtung wird das Ziel verfolgt, die Konsequenzen des Internationalisierungsprozesses für das Unternehmen transparent zu machen. Aufgrund der beschriebenen marktübergreifenden Zusammenhänge, die Abhängigkeiten zwischen den länderbezogenen Entscheidungen bedingen, fand der Portfolio-Ansatz im Rahmen der internationalen Unternehmensplanung bereits frühzeitig Verwendung (vgl. Wind/Douglas 1981, S. 81). Allerdings wurden im Rahmen dieser weltmarktbezogenen Portfolio-Planung hauptsächlich Wachstums- und Risikogesichtspunkte bei der Konzeptionierung des Modells berücksichtigt. Ein an diesen Kriterien angelehntes Portfolio mit den Dimensionen 'politische Stabilität eines Landes' und 'Attraktivität eines Marktes' verfolgt daher auch eher das Ziel, eine hinreichende Gesamtrentabilität und ein angemessenes Wachstum bei gleichzeitiger Begrenzung des Risikos sicherzustellen (vgl. Meissner/ Winkelgrund 1982, S. 118 f.).

Der zunehmenden Internationalisierung des Wettbewerbs auf vielen Produktmärkten wird mit einer solchen Vorgehensweise jedoch nicht ausreichend Rechnung getragen. Wird die Wettbewerbsposition eines Produktes auf einem Ländermarkt durch die Stellung auf anderen Märkten beeinflußt, ergibt sich die Notwendigkeit, die internationale Wettbewerbsposition eines Produktes bzw. die Bedeutung einzelner Märkte für die Wettbewerbsposition im Überblick darzustellen. Ein an diesen Anforderungen orientiertes Portfolio-Modell sollte deshalb die relative Wettbewerbsstellung eines Produktes auf den einzelnen Ländermärkten sowie die jeweilige Marktattraktivität als grundlegende Koordinaten berücksichtigen (vgl. ähnlich auch Yip 1992, S. 80-83). Mit Hilfe eines solchen Modells kann festgestellt werden, ob generell die strategische Notwendigkeit besteht, neue Märkte zu erschließen und wenn ja, welche Märkte aus strategischer Perspektive Priorität im Hinblick auf die Verteilung der Ressourcen besitzen (vgl. Cravens 1991, S. 320).

Das Ziel einer länderorientierten Portfolioanalyse ist damit analog zur klassischen Portfolioanalyse in der Darstellung der Position in verschiedenen (Länder-)Märkten, der Aufdeckung von Synergiepotentialen und der Identifikation von Wachstumschancen durch den Einstieg in neue (Länder-)Märkte zu sehen (vgl. Antoni/Riekhof 1989, S. 188). Auf der Basis der im Rahmen der Portfolioplanung gewonnenen Erkenntnisse können im Anschluß Entscheidungen bezüglich der strategischen Stoßrichtungen auf bereits bearbeiteten Märkte abgeleitet werden. Somit wird das Problemfeld der reinen Marktwahlentscheidungen verlassen, indem auch Erkenntnisse über die Marktbearbeitung abgeleitet werden.

3.2.1. Konzeption eines regionenorientierten Portfolio-Modells

Im Hinblick auf die Ermittlung der Wettbewerbsposition in einzelnen Ländermärkten stellt sich die Frage, ob eine Orientierung an dem regional stärksten Wettbewerber erfolgen soll, oder ob der Vergleich mit dem stärksten Wettbewerber[18] im Weltmaßstab einen Erkenntnisvorteil bietet. Im Rahmen eines nationalen Vergleichs kann die Wettbewerbsposition auf den einzelnen Ländermärkten detailliert analysiert werden, während ein Vergleich mit dem weltweit stärksten Wettbewerber zu verzerrten Aussagen im Hinblick auf die Situation in einzelnen Märkten führen kann. Dies gilt vor allem dann, wenn der globale Hauptwettbewerber auf einem Markt eine schwächere Position hat. Somit wird für das Produkt, bezogen auf diesen Markt, eine relativ starke Wettbewerbsposition ausgewiesen, die jedoch dann nicht der realen Situation entspricht, wenn andere - z.B. lokale Anbieter - eine stärkere Stellung auf diesem Markt innehaben.

Vergegenwärtigt man sich allerdings noch einmal die Zielsetzung, die mit der Erstellung eines regional ausgerichteten Portfolio-Modells verbunden ist, so wird deutlich, daß diesem Aspekt nur geringe Bedeutung zukommt. So stellt nicht die Wettbewerbsposition auf einzelnen Ländermärkten, sondern der Überblick über die globale Wettbewerbsposition des Geschäftsfeldes den zentralen Erkenntnisgegenstand dar. Vor dem Hintergrund der beschriebenen Interdependenzen, die im Zuge der Internationalisierung des Wettbewerbs bei der Bearbeitung verschiedener Ländermärkte bestehen, wird deutlich, daß nur eine Orientierung am globalen Hauptwettbewerber die gewünschten Einsichten vermittelt. Dies gilt insbesondere im Hinblick auf Ländermärkte, die durch das Unternehmen noch nicht bearbeitet werden und vor allem dann von Bedeutung sein können, wenn der globale Hauptwettbewerber dort vertreten ist.

Allgemein stellt sich die Frage, ob ein regionenorientiertes Portfolio ähnlich wie bei dem Marktanteils-Marktwachstums-Portfolio der Boston Consulting Group nur mit Hilfe zweier Kriterien erstellt werden sollte,

---

[18] Grundsätzlich kann im Rahmen einer Portfolio-Betrachtung ein Wettbewerber (BCG-Portfolio) oder eine Mehrzahl von Wettbewerbern (McKinsey-Portfolio) in die Analyse einbezogen werden. Aufgrund der Komplexität des hier zu entwickelnden Modells und im Hinblick auf die Übersichtlichkeit, soll eine Orientierung an einem Wettbewerber zugrundegelegt werden. Können mehrere Hauptwettbewerber indentifiziert werden, deren internationale Stellung im Vergleich zu dem jeweiligen Geschäftsfeld analysiert werden soll, so kann für jeden Wettbewerber eine getrennte Portfolio-Analyse durchgeführt werden.

oder ob die Berücksichtigung einer Vielzahl von Variablen entsprechend dem Marktattraktivität-Geschäftsfeldstärken-Portfolio von McKinsey einen besseren Einblick ermöglicht. Während die Reduzierung der Betrachtung auf nur zwei Faktoren Vorteile vor allem im Hinblick auf die Operationalisierung und Handhabung des Modells verspricht und die Relevanz der verwendeten Schlüsselfaktoren als empirisch weitgehend bestätigt gelten kann, wird diesem Modell andererseits ein zu geringer Differenzierungsgrad attestiert, der eine realitätsnahe Portfolioplanung verhindert (vgl. Kreilkamp 1987, S. 474 und 487). Überdies ist der Einsatz dieses Modells nur sinnvoll, wenn Erfahrungskurveneffekte unverzerrt auftreten (vgl. Tomczak 1989, S. 69).

Bei der Erstellung eines multifaktoriellen Portfoliomodells kommt es hingegen entscheidend darauf an, daß sämtliche für die Bestimmung der beiden Portfolio-Dimensionen relevanten Kriterien berücksichtigt werden. Weiterhin müssen die einzelnen Kriterien kausalen und nutzentheoretischen Unabhängigkeitsanforderungen genügen und bedürfen im Hinblick auf ihre Bedeutung einer entsprechenden Gewichtung. Bei der Zusammenstellung der Variablen spielen meist Intuition und Plausibilitätsgesichtspunkte eine große Rolle, mithin kann von einer heuristischen Vorgehensweise gesprochen werden (vgl. Kreilkamp 1987, S. 503 ff.). Es ist hier allerdings darauf hinzuweisen, daß das Marktanteils-Marktwachstums-Portfolio der Boston Consulting Group ebenfalls auf einer heuristischen Vorgehensweise gründet. Der Unterschied zu einem multifaktoriell gebildeten Modell besteht letztlich in der Tatsache, daß hier mit der Zugrundelegung des Erfahrungskurven-Konzepts eine theoretische Fundierung erfolgt. Hieraus kann jedoch nicht der Anspruch abgeleitet werden, daß alle Faktoren, die die Stellung eines Produktes am Markt determinieren bzw. die Attraktivität eines Marktes beschreiben, in diesem Modell eine implizite Berücksichtigung finden.

Exkurs: *Überlegungen zur Entwicklung von Analyse- und Entscheidungs-modellen*

Grundsätzlich ist eine Unterscheidung zwischen zwei Verfahrensformen bei der Entwicklung von Analyse- und Entscheidungsmodellen, wie sie durch das Portfolio-Konzept repräsentiert werden, möglich (vgl. Kühn 1984, S. 187):

- *analytische Verfahren*, die auf mathematisch-formalen Überlegungen gründen, und *heuristische Verfahren*, die einerseits eine bewußte Reduktion der Komplexität ermöglichen und andererseits im Hinblick auf die beschränkte Problemlösungskapazität auf eine "gute", aber unter Umständen suboptimale Lösung abzielen.

Heuristischen Verfahren wird entgegengehalten, daß sie sich allein mit Hilfe logischer Überlegungen nicht begründen oder widerlegen lassen (vgl. Meffert 1986a, S. 525). Generell entsteht bei der Bildung von Modellen das Dilemma, daß ein Modell aus praktischen Gründen häufig auf einen eingegrenzten Bereich beschränkt bleiben soll, eine theoretisch exakte Lösung jedoch nur unter Berücksichtigung aller Interdependenzen, d.h. in einem Totalmodell des Entscheidungsfeldes möglich ist (vgl. Hax 1967, S. 760). Allerdings werden im Rahmen analytischer Verfahren zugunsten der Modellierbarkeit Annahmen getroffen (z.B. der Ausschluß von Interdependenzen zwischen den einzelnen Modellparametern), die das Modell selbst unrealistisch werden lassen (vgl. Gussek 1992, S. 33 f.).

Bechmann (vgl. 1981, S. 75-77) weist im Hinblick auf Planungsmodelle darauf hin, daß es das Ziel einer praxeologisch orientierten Modellentwicklung sein sollte, das reale planerische Handeln in den Mittelpunkt der Betrachtungen zu stellen, wobei es u.a. darauf ankommt, die Haupteinflußgrößen der Planung zu identifizieren. Da eine Berücksichtigung aller Einflußbzw. Störgrößen unrealistisch erscheint, kann ein Modell kaum ein ideales vollständiges Abbild der Wirklichkeit bieten. Der modelltheoretische Aspekt ist in den Sozialwissenschaften unter anderem auch deshalb von besonderer Bedeutung, weil die kognitiven Anforderungen nur durch eine modellartige Abbildung auf ein analysierbares Maß reduziert werden können (vgl. Hill/ Fehlbaum/Ulrich 1981/I, S. 33). Modelle, die auf der Grundlage entscheidungsrelevanter Realitätsausschnitte erstellt werden, können damit die Effizienz von Entscheidungsprozessen deutlich erhöhen, wenn die tatsächliche Ziel- und Präferenzstruktur der Entscheidungsträger berücksichtigt wird (vgl. Köhler/Uebele 1981, S. 116). Vor diesem Hintergrund wird deutlich, daß ein Modell, in welches eine Vielzahl unabhängiger Variablen zur Erklärung der abhängigen Variablen eingehen, schnell eine große Komplexität erlangt. Diese führt wiederum zur Ablehnung in der Praxis, da das Modell sowie die hieraus resultierenden Aussagen nicht mehr nachvollzogen werden können (vgl. Simon 1986, S. 208).

Die Ermittlung optimaler Lösungen ist zudem sowohl in bezug auf die Datengenerierung als auch im Hinblick auf die methodische Vorgehensweise mit erheblichem Aufwand verbunden. Häufig resultiert eine erhebliche Diskrepanz zwischen Aufwand und Nutzen einer exakt gerechneten Optimallösung (vgl. Soom 1978, S. 50 f.). Dies gilt insbesondere im Hinblick auf die Knappheit der Planungsressourcen, die die Effizienz der Modellkonzeption (Erfüllung der Anforderungen der strategischen Planung bei minimalem Entwicklungs- und Anwendungsaufwand) zum zentralen Beurteilungskriterium der praktischen Anwendbarkeit von Planungsmodellen werden läßt (vgl. Wilde 1984, S. 216). Heuristiken können vor diesem Hintergrund als Faustregeln angesehen werden, die in der Lage sind, große Suchräume, in denen bei komplexen Problemstellungen die Lösung zu vermuten ist, zu verkleinern (vgl. Malik 1992, S. 283 f.).

Berücksichtigt man nun die Ziele, die mit der Anwendung von Portfolio-Modellen verfolgt werden, so wird deutlich, daß diese vor allem in der Schaffung von Transparenz bei einer Vielzahl hochkomplexer Unternehmens-Umwelt-Beziehungen liegen. Gerade mit der Verwendung heuristischer Verfahren kann jedoch eine Komplexitätsreduktion erreicht werden. Bäuerle (vgl. 1989, S. 180) weist in diesem Zusammenhang darauf hin, daß Modelle, die alle empirischen Tatbestände komplett erfassen, die Realität selbst abbilden und somit komplexe Abhängigkeiten enthalten, deren Aufhellung das eigentliche Ziel der Modellbildung ist. Modelle können somit als vereinfachte Wiedergabe realer Zusammenhänge verstanden werden, deren Ziel in der Beschreibung, Prognose oder Erklärung des Verhaltens eines interessierenden Sachverhaltes besteht (vgl. Böcker 1978, S. 228). Der Wert eines Modells ist daher nicht an der Realitätsnähe der zugrundeliegenden Annahmen zu messen, sondern an der Fähigkeit, mit Hilfe des Modells reale Zustände beschreiben zu können (vgl. Steiner/Kleeberg 1991, S. 175).

Vor diesem Hintergrund wird deutlich, daß der Sinn der Portfolio-Planung nicht in einer differenzierten Umwelt- oder Unternehmensanalyse bzw. der Formulierung hieraus abgeleiteter Strategien besteht. Vielmehr dienen Portfolio-Modelle den Entscheidungsträgern als Analyseinstrument, mit dessen Hilfe weitergehende Fragen aufgeworfen werden. Bei der Entwicklung eines regionenorientierten Portfolio-Modells ist generell davon auszugehen, daß eine Vielzahl von Faktoren berücksichtigt werden muß (vgl. Assael 1985, S. 671). Insbesondere die Bedeutung und Attraktivität eines Marktes läßt sich nicht mit Hilfe eines einzigen Faktors ermitteln. Neben Kriterien wie Volumen, Wachstum, Rentabilität des Marktes spielen in diesem Zusammenhang auch marktstrategische Gesichtspunkte eine Rolle, m.a.W. ist hier der Frage nachzugehen, welche Bedeutung dieser Markt für den globalen Hauptwettbewerber hat. Auch bei der Ermittlung der relativen Position des eigenen Geschäftsfeldes im Vergleich zum Hauptwettbewerber wird eine differenziertere Betrachtung erforderlich. So läßt sich beispielsweise für Märkte, die bisher vom eigenen Unternehmen noch nicht bearbeitet werden, kein relativer Marktanteil ermitteln. Allerdings kann die Möglichkeit des Eintritts in diesen Markt vor dem Hintergrund der unternehmenseigenen Ressourcen und der jeweiligen marktlichen Infrastruktur differenziert analysiert werden. Auch im Hinblick auf Märkte, in denen das Unternehmen bereits tätig ist, bietet eine differenzierte Erfassung der relativen Wettbewerbsposition insofern Vorteile, als damit Erkenntnisse über das zukünftige Entwicklungspotential auf diesen Märkten abgeleitet werden.

Im folgenden sollen Kriterien vorgestellt werden, die geeignet erscheinen, die *Marktbedeutung* eines Ländermarktes sowie die *relative Wettbewerbsposition* des Geschäftsfeldes in den einzelnen Ländermärkten, abzubilden. Dabei erfolgt die Auswahl der Kriterien nach rein heuristischen Prinzipien und muß sich daher der Kritik stellen, daß kein Anspruch auf Vollständigkeit erhoben werden kann (vgl. Müller/Roventa/ Lückerath 1981, S. 115). Diesem Anspruch versucht das zu entwickelnde Modell auch nicht gerecht zu werden, da nur die zentralen Determinanten, die im Rahmen der Marktauswahlentscheidung sowie in bezug auf die Ressourcenverteilung zwischen den einzelnen Ländermärkten von Bedeutung sind, im Überblick dargestellt werden sollen. Im Hinblick auf die praktische Anwendung dieses Modells erscheint eine situationsbedingte Auswahl und Gewichtung der Kriterien durch die Entscheidungsträger sinnvoll.

3.2.1.1. Ermittlung der Marktbedeutung

Die Bedeutung eines Marktes kann anhand der vier übergeordneten Kriterien Marktwachstum und Marktgröße, Marktqualität, Bedeutung des Marktes für den globalen Hauptwettbewerber und Risikostruktur des Marktes ermittelt werden (vgl. *Abbildung 12*). Analog zu der Vorgehensweise bei der Erstellung eines Scoring-Modells kann nun die Berechnung eines Gesamtindices mittels einer Gewichtung und Bewertung der Ausprägung einzelner Kriterien erfolgen.

---

1. *Marktwachstum und Marktgröße*

2. *Marktqualität*
    -Rentabilität des Marktes
    -Technologisches Niveau und Innovationspotential

3. *Bedeutung des Marktes für den globalen Hauptwettbewerber*

4. *Risikostruktur des Marktes*
    -Kurs- und Transfer-Risiko
    -Transport- und Lagerrisiko
    -Verschuldungsrisiko
    -politische Risiken

Abbildung 12: Kriterien zur Ermittlung der Marktbedeutung

Marktgröße und *Marktwachstum* sind insofern von Bedeutung, als die internationale Wettbewerbsposition der Marke hauptsächlich durch die Stellung auf den bedeutenden Märkten beeinflußt wird. Überdies ist davon auszugehen, daß der Eintritt oder der Zugewinn von Marktanteilen in wachsenden Märkten mit erheblich geringeren Schwierigkeiten verbunden ist als in stagnierenden Märkten (vgl. Aaker/Day 1986, S. 410 f.). Die Rentabilität sowie das technologische Niveau bzw. das Innovationspotential eines Marktes geben über die *Marktqualität* Auskunft. Während die Rentabilität die Möglichkeit der Gewinnerzielung beeinflußt, wirkt sich das technologische Niveau eines Marktes häufig auf das technologische Know-how eines Unternehmens aus[19]. Die *Bedeutung des Marktes für den globalen Hauptwettbewerber* determiniert indirekt auch die Bedeutung des Marktes für das eigene Produkt, da ein Unternehmen besser auf Angriffe des Wettbewerbers auf eigene zentrale Märkte reagieren kann, wenn es auf den wichtigsten Märkten des Wettbewerbers vertreten ist.

Die *Risikostruktur* eines Marktes[20] ist im Hinblick auf die besonderen Risiken, die mit einer internationalen Geschäftstätigkeit verbunden sind, von Bedeutung (vgl. Douglas/Craig 1989, S. 52; Berndt 1991, S. 5). Eine Erfassung der entsprechenden Rahmenbedingungen und hieraus resultierender Risiken aus Sicht des Unternehmens ist vor dem Hintergrund diskontinuierlicher Entwicklungen mit Hilfe des Instrumentariums der strategischen Frühaufklärung möglich (vgl. hierzu Krystek/Müller-Stewens 1990 und mit Bezug zur internationalen Geschäftstätigkeit Tressin 1992, S. 116-125). Viele Unternehmen versuchen gerade durch die Internationalisierung eine Risikostreuung zu erreichen, indem die Abhängigkeit von einem Markt verringert wird. In diesem Zusammenhang kann auch von einer *regionalen Diversifikation* gesprochen werden (vgl. ähnlich auch Bühner 1985, S. 140 ff.; Jolly 1988, S. 58; Kim/Hwang /Burgers 1989, S. 45). Die Zielsetzung einer regionalen Streuung der Unternehmensaktivitäten kann hier analog zur Produktdiversifikation in der Absicherung gegen Konjunkturschwankungen oder unterschiedliche Verläufe des Produktlebenszyklus in einzelnen Märkten gesehen werden (vgl. Koch 1984, S. 207). Vor diesem Hintergrund sollte ein Unternehmen

---

[19] So sehen beispielsweise viele Automobilhersteller im deutschen Markt eine Herausforderung, die aus dem hohen technologischen Potential der in diesem Markt produzierten PKW und den hohen Ansprüchen der Verbraucher resultiert. Ist man auf diesem Markt erfolgreich, so kann man auch auf dem Weltmarkt bestehen.

[20] Eine Beschreibung verschiedener Verfahren zur Messung der politischen Stabilität und des Investitionsklimas findet sich bei Dülfer (vgl. 1992b, S. 484-487).

vor allem im Zuge einer Langfristbetrachtung darauf bedacht sein, eine ausgewogene regionale Risikostruktur zu erreichen.

3.2.1.2. Ermittlung der relativen Wettbewerbsposition

Die Wettbewerbsposition eines Geschäftsfeldes wird ebenfalls anhand einer Vielzahl von Kriterien beurteilt und ist, wie bereits angedeutet, in Relation zum globalen Hauptwettbewerber zu ermitteln. Hierbei sollten Kriterien Berücksichtigung finden, die auch differenzierte Aussagen über Märkte zulassen, die durch das Unternehmen noch nicht bearbeitet werden. Die Bestimmung der Position des Geschäftsfeldes kann orientiert an den Hauptkriterien relative Marktposition und relative Infrastruktur ermittelt werden (vgl. *Abbildung 13*).

1. *Relative Marktposition*
   - Marktanteil und seine Entwicklung
   - Image und Bekanntheitsgrad der Marke
   - Eignung des Produktes im Hinblick auf die Bedürfnisse der Konsumenten

2. *Relative Infrastruktur*
   - Stärke der Unternehmensbasis im Land
   - Stellung in den angrenzenden Ländermärkten
   - Qualifikation der Mitarbeiter

Abbildung 13: Kriterien zur Bestimmung der relativen Wettbewerbsposition

Die *relative Marktposition* des Unternehmens wird zum einen mit Hilfe einer Analyse des relativen Marktanteils und seiner Entwicklung ermittelt. Die Fokussierung auf die Entwicklung des Marktanteils im Vergleich zum stärksten globalen Wettbewerber stellt dabei die Grundlage einer dynamischen Betrachtung dar, die auch Aussagen darüber zuläßt, welche Marktanteilsentwicklung voraussichtlich zu erwarten ist. Zum anderen sind das Image und der Bekanntheitsgrad der Marke zu ermitteln, um die relative Marktposition zu analysieren. Diese beiden Faktoren spielen auch in Märkten eine Rolle, in denen die Marke noch nicht distribuiert ist. Speziell in bezug auf diese Märkte ist zu analysieren, inwieweit ein Produkt den Bedürfnissen der Verbraucher entspricht bzw. welche Anpassungen an den nationalen Geschmack erforderlich sind. Werden Änderungen des Produktes im Zuge eines Markteintritts notwendig, sind diese in Relation zu den entstehenden Kosten zu setzen (vgl. Harrell/ Kiefer 1985, S. 289).

Die *relative Infrastruktur*, auf die das Unternehmen in einem Markt zurückgreifen kann, gibt Auskunft über die Möglichkeiten sich gegenüber dem Wettbewerber zu behaupten oder zu etablieren. Mit der Ermittlung der Stärke der unternehmerischen Basis in einem Land wird der Fokus auf das Gesamtunternehmen erweitert, da davon auszugehen ist, daß die Markteinführung von Produkten wesentlich vereinfacht wird, wenn das Unternehmen in einem Land bereits eine Niederlassung aufgebaut hat. Die Stellung in den angrenzenden Ländermärkten ist insofern von Bedeutung, als eine starke Position in diesen Ländern vor allem die logistische Erschließung des Zielmarktes vereinfacht (vgl. Becker 1992, S. 262 f.). In der Regel ist dann auch schon eine detailliertere Informationsbasis in bezug auf den Zielmarkt vorhanden, da die Kenntnis der Marktverhält- nisse und eine Vertrautheit mit einem Markt eher gegeben sind, wenn dieser Markt sich in geographischer Nähe zu den bereits bearbeiteten Märkten befindet (vgl. Czinkota/Ronkainen 1988, S. 171; Douglas/Craig 1989, S. 53). Vor allem die mentale Affinität (z.B. Vertrautheit mit landestypischen Usancen) zu einem Markt trägt zu einer Verringerung der psychischen Markteintrittsbarrieren bei (vgl. Kotler/Bliemel 1992, S. 601). Eine besondere Bedeutung kommt vor dem Hintergrund der kultu- rellen Unterschiede zwischen verschiedenen Ländern und den hieraus resultierenden Anpassungserfordernissen auch der Vertrautheit der Mit- arbeiter mit den Marktbedingungen zu (vgl. Dülfer 1992a, S. 391).

3.2.2. Ableitung strategischer Handlungsempfehlungen

Gestützt auf die beiden skizzierten Dimensionen Marktbedeutung und relative Position des Geschäftsfelds kann nun eine Portfolio-Matrix entwickelt werden, wie sie in *Abbildung 14* dargestellt ist.

Da sowohl die Erschließung von Märkten als auch die Intensivierung der Marktbearbeitung in der Regel erhebliche Investitionen erfordern, muß die Zielsetzung eines regional diversifizierten Unternehmens darin bestehen, das Portfolio im Hinblick auf den Mittelbedarf und die Freisetzung von Mitteln optimal auszurichten (vgl. Lorange 1985, S. 68). Von einer optimalen Verteilung der Ressourcen kann dann gesprochen werden, wenn die weltweite Wettbewerbsposition des Unternehmens durch die Erschließung von Märkten bzw. die Intensivierung der Marktbearbeitung in maximalem Umfang gestärkt wird.

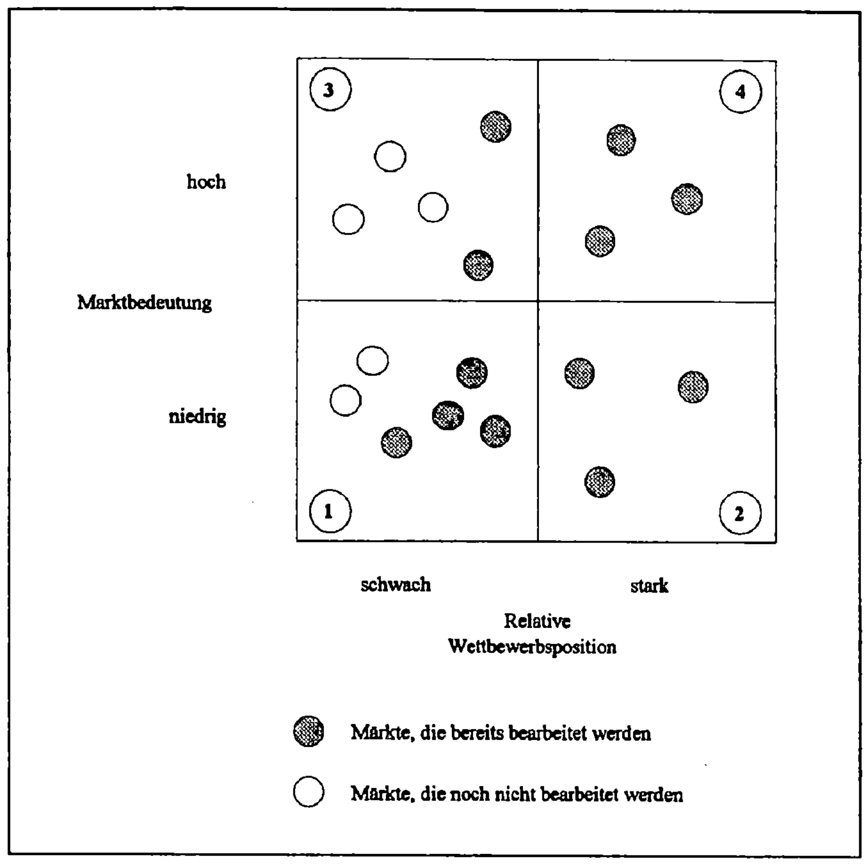

Abbildung 14: Regionenorientiertes Portfolio-Modell

Analog zum Marktanteils-Marktwachstums-Portfolio wird die Matrix mit zwei Hilfslinien in vier Quadranten unterteilt. Geht man von einer Erstellung mit Hilfe eines Punktbewertungsverfahrens aus, werden die Linien bei der Hälfte der maximal erreichbaren Punktzahl gezogen. Wünschenswert im Hinblick auf die Übersichtlichkeit ist eine graphische Unterscheidung zwischen Märkten, die bereits durch das Unternehmen bearbeitet werden und Märkten, die durch das Unternehmen noch nicht erschlossen wurden.

Erste strategische Stoßrichtungen können dann entsprechend der jeweiligen Einordnung auf einem der vier Quadranten abgeleitet werden:

(1) Märkte, die sich durch eine *niedrige Bedeutung* und eine *schwache relative Wettbewerbspositon* kennzeichnen lassen, kommt im Hinblick auf einen Markteintritt untergeordnete Priorität zu. Werden diese· Märkte bereits durch das Unternehmen bearbeitet, ist darauf zu achten, daß nicht zu viele Ressourcen gebunden werden.

(2) Märkte mit *niedriger Bedeutung* auf denen das Geschäftsfeld jedoch über eine *starke relative Wettbewerbsposition* verfügt, werden im Regelfall bereits bearbeitet. Das Unternehmen sollte darauf bedacht sein, daß nach Möglichkeit Liquidität freigesetzt wird. Wird der Markt noch nicht bearbeitet, ist er im Hinblick auf einen eventuellen Markteintritt von nachrangiger Bedeutung, obwohl die Voraussetzungen für einen Markteintritt im Vergleich zum globalen Hauptwettbewerber günstiger sind.

(3) Märkte mit einer *hohen Bedeutung* und einer *schwachen relativen Wettbewerbsposition* sollten mit Blick auf einen Markteintritt näher analysiert werden, wenn das Unternehmen mit dem betrachteten Produkt in dem Markt noch nicht vertreten ist. Wird der Markt bereits bearbeitet, sollten die Anstrengungen zur Stärkung der Wettbewerbsposition intensiviert werden. Dabei geht es nicht in jedem Fall um den Aufbau einer gegenüber dem globalen Hauptwettbewerber überlegenen Position, da hiermit erhebliche Investitionen verbunden sein können. Mit Hilfe einer Stärkung der Wettbewerbsposition auf diesen Märkten wird jedoch die strategische Flexibilität des Unternehmens erhöht.

(4) Märkte mit *hoher Bedeutung,* auf denen das Produkt über eine *starke relative Wettbewerbsposition* verfügt, werden in der Regel bearbeitet und sind aus Sicht des Unternehmens strategische Schlüsselmärkte. In dieser Situation geht es darum, die Vorteile gegenüber dem globalen Hauptwettbewerber zu verteidigen und Mittel für die Expansion auf anderen Ländermärkten freizusetzen. Ist sowohl das eigene Unternehmen als auch der Hauptwettbewerber auf einem solchen Markt nicht vertreten genießt der entsprechende Markt höchste Priorität im Hinblick auf einen Markteintritt.

Im Rahmen der regionenorientierten Portfolio-Betrachtung kann die globale Wettbewerbsposition des Geschäftsfeldes im Vergleich zum Hauptwettbewerber im Überblick dargestellt werden. Hieraus lassen sich Erkenntnisse im Hinblick auf die Auswahl von Märkten, die in der Zukunft bearbeitet werden sollen, ableiten. Auf der Grundlage dieser Einsichten können dann die Aufgaben einzelner Landesgesellschaften aus der Perspektive des Gesamtunternehmens formuliert werden (vgl. Yip 1992, S. 79). Gleichzeitig ermöglicht diese ganzheitliche Betrachtung eine Optimierung der Ressourcenverteilung zwischen den Märkten, die bereits bearbeitet werden, und den zu erschließenden Märkten (vgl. Wind/ Douglas 1981, S. 69).

Die aus dem Portfolio abgeleiteten Normstrategien sind auf einer relativ hohen Aggregationsebene angesiedelt. Sie geben damit eine Bandbreite für die Ableitung konkreter Strategien vor, die die konkreten Handlungsmöglichkeiten des strategischen Geschäftsfeldes im marktlichen Umfeld abbilden und eine Realisierung der Normstrategie ermöglichen (vgl. Hammer 1988, S. 54). Diese Überlegungen verlassen, wie bereits angesprochen, das Problemfeld der reinen Marktauswahl und tangieren Entscheidungen, die die Marktbearbeitung betreffen. An die Marktauswahlentscheidung schließt sich allerdings zunächst die Entscheidung über eine geeignete Markteintrittsstrategie an.

4. Markteintrittsstrategien

Einer differenzierten Analyse internationaler Markteintrittsstrategien kann sowohl der _Zeitpunkt des Markteintritts_ als auch die _Form des Markteintritts_ als Bezugspunkt zugrundegelegt werden. Während im Rahmen der Entscheidung über den Zeitpunkt des Markteintritts in erster Linie die zeitliche Reihenfolge der Bearbeitung einzelner Märkte aus Gesamtunternehmensperspektive festzulegen ist, stellt sich im Hinblick auf die Form des Markteintritts die Frage, wie das Unternehmen in den einzelnen Märkten repräsentiert sein sollte.

4.1. Zeitliche Aspekte des Markteintritts

Mit Blick auf die zeitliche Reihenfolge des Markteintritts kann zwischen zwei idealtypischen Expansionskonzepten unterschieden werden. Im Rahmen der _Diversifikationsstrategie_ wird ein simultaner Eintritt in eine Vielzahl von Märkten angestrebt. Die Verteilung der begrenzten Ressourcen auf eine große Zahl von Märkten impliziert dabei eine Beschränkung des Mitteleinsatzes im Hinblick auf den einzelnen Markt. Bei der _Konzentrationsstrategie_ wird eine Beschränkung des Markteintritts auf einen oder nur wenige Auslandsmärkte vorgenommen. Durch die Konzentration der Ressourcen soll eine starke Wettbewerbsposition auf dem betrachteten Markt erreicht werden (vgl. Ayal/Zif 1978, S. 72 f.; 1979, S. 84). Wie bereits deutlich wurde, erfolgt die Wahl einer Markteintrittsstrategie im Anschluß an die Marktauswahlentscheidung. Im Rahmen der Konzentrationsstrategie, die einen zeitlich abgestuften Eintritt in verschiedene Auslandsmärkte vorsieht, kann es zu einer relativ großen zeitlichen Distanz zwischen der Auswahl von Märkten und dem Markteintritt kommen. Vor diesem Hintergrund empfiehlt sich eine Prämissenkontrolle, mit deren Hilfe die fortwährende Gültigkeit strategischer Schlüsselannahmen, die der Marktauswahlentscheidung zugrundeliegen, überprüft werden kann (vgl. Schreyögg/Steinmann 1985, S. 401).

Gestützt auf eine Befragung von 202 Unternehmen stellen Hirsch/Lev (vgl. 1973, S. 81 ff.) fest, daß sowohl die Diversifikationsstrategie als auch die Konzentrationsstrategie in der Unternehmenspraxis Verwendung finden. Die Konzentrationsstrategie führt dabei nach ihren Erkenntnissen zu einer höheren Profitabilität des Marktengagements. Allerdings berücksichtigen die Autoren im Rahmen ihrer Studie nicht den Zeitpunkt der Messung der Profitabilität. Es ist jedoch davon auszugehen, daß sich anfängliche Profitabilitätsunterschiede im Zeitablauf nivellieren, wenn eine vergleichbare Marktposition erreicht wird.

Anzumerken ist überdies, daß die Profitabilität kurz- bis mittelfristig nicht das einzige Kriterium bei der Wahl der Markteintrittsstrategie darstellt. Gerade im Zuge einer Markteinführung spielen andere Zielsetzungen innerhalb des unternehmerischen Zielsystem eine wichtige Rolle. So werden Renditeaspekte in dieser Situation häufig der Zielsetzung des Aufbaus einer langfristig erfolgversprechenden Marktposition untergeordnet. In der Ermittlung der langfristigen Auswirkungen von Entscheidungen ist dabei ein Kernproblem der Unternehmenspraxis zu sehen, da eine dynamische Betrachtungsweise die Ex-ante-Kalibrierung der verschiedenen Entscheidungsalternativen bedingt (vgl. Simon 1986, S. 206).

Legt man eine dynamische Betrachtung zugrunde, so wird deutlich, daß mit beiden Strategien langfristig die Bearbeitung einer Optimalzahl von Märkten angestrebt wird (vgl. *Abbildung 15*).

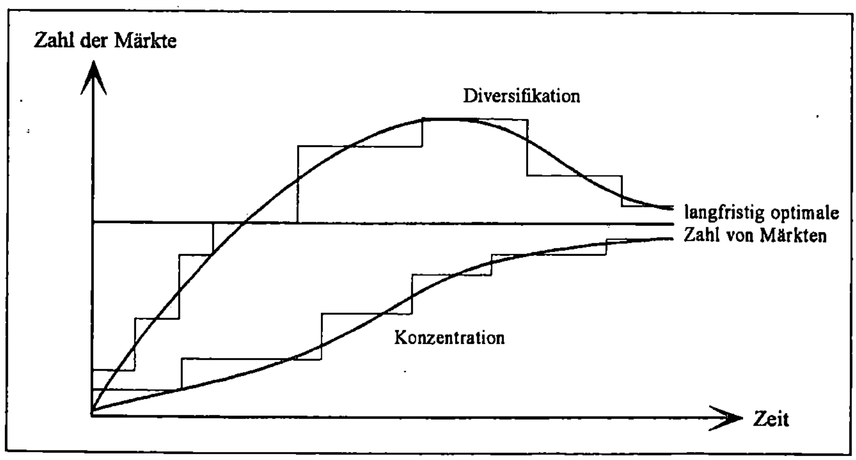

Abbildung 15: Auswirkungen alternativer internationaler Expansionsstrategien (vgl. Simon 1982, S. 334)

Während bei einer Diversifikationsstrategie die Anzahl der bearbeiteten Märkte im Zeitablauf wieder zurückgeht, da in manchen Märkten keine substantielle Position erreicht wird, erfolgt im Zuge einer Konzentrationsstrategie ein sukzessiver Eintritt in neue Märkte, wenn in dem zuletzt erschlossenen Markt das Geschäftsvolumen einen entsprechenden Umfang erreicht hat (vgl. Simon 1982, S. 334). Insofern kann im Zusammenhang mit der Konzentrationsstrategie von einer sequentiellen Vorgehensweise im Rahmen des Eintritts in verschiedene Ländermärkte gesprochen werden, während die Diversifikationsstrategie einen simultanen Eintritt in mehrere Ländermärkte beschreibt (vgl. Douglas/Craig 1989, S. 53; Mascarenhas 1992, S. 508 f.). Konzentrations- und Diversifikationsstrategien kennzeichnen also vor allem im Hinblick auf den Zeitpunkt des Markteintritts alternative Entscheidungsoptionen.

Häufig wird in der Literatur die Annahme vertreten, daß im Rahmen eines frühen Markteintritts die Erreichung höherer Marktanteile möglich ist *(first-mover advantage)* als bei der Wahl eines späteren Zeitpunktes für den Markteintritt (vgl. z.B. Simon 1989, S. 62-67). Allerdings weisen Kerin/Varadarajan/Peterson (vgl. 1992, S. 48 f.) darauf hin, daß keine normative Verhaltensempfehlung im Hinblick auf einen frühen Markteintritt ausgesprochen werden kann. Vorteile bietet diese Strategie nur dann, wenn resultierende Chancen auch genutzt werden. Zur Nutzung der sich bietenden Chancen ist jedoch der Einsatz entsprechender Ressourcen erforderlich. Die Frage, ob eine Konzentrations- oder Diversifikationsstrategie dem Markteintritt zugrundegelegt werden soll, kann vor diesem Hintergrund nicht allgemeingültig beantwortet werden. Der Entscheidung sollte im konkreten Fall die Analyse verschiedener Determinanten vorausgehen. Eine Auswahl von Faktoren, die in diesem Zusammenhang von Bedeutung sind, ist in *Abbildung 16* dargestellt.

Ayal/Zif (1979, S. 86) werfen im Zusammenhang mit dem zeitlichen Aspekt des Markteintritts auch die Frage auf, ob in den einzelnen Märkten ein Segment oder eine Vielzahl von Segmenten bearbeitet werden soll. Dieses Problem ist jedoch dem Bereich der Marktbearbeitungsstrategien zuzuordnen. Zum Ausdruck kommt hier die enge Verzahnung der verschiedenen strategischen Entscheidungsfelder im internationalen Marketing.

Determinanten	bessere Eignung der Diversifikation wenn:	bessere Eignung der Konzentration wenn:
1. Umsatzreaktionsfunktion	konkav	S-Kurve
2. Wachstumsrate der einzelnen Märkte	niedrig	hoch
3. Stabilität des Umsatzes in den einzelnen Märkten	niedrig	hoch
4. Innovationsvorsprung	kurz	lang
5. Spill-Over-Effekte	hoch	niedrig
6. Notwendigkeit der Anpassung des Produktes	niedrig	hoch
7. Notwendigkeit der Anpassung der Kommunikation	niedrig	hoch
8. Skaleneffekte im Bereich der Distribution	niedrig	hoch
9. Skaleneffekte bei den Transaktionskosten	niedrig	hoch
10. Schwierigkeiten im Rahmen des Markteintritts	niedrig	hoch

Abbildung 16: Determinanten für die Wahl der Markteintrittstrategie
(vgl. Ayal/Zif 1979, S. 89)

4.2. Formen des Markteintritts

Neben dem zeitlichen Aspekt stellt auch die Form des Markteintritts ein zentrales Entscheidungsproblem bei der Formulierung einer Markteintrittsstrategie dar (vgl. Assael 1985, S. 674). Dieser Aspekt sowie die für eine Markterschließung in Frage kommenden Formen der Auslandstätigkeit wurden bereits in Abschnitt II. 1.1. der Arbeit kurz skizziert. Die Frage nach der Höhe des Anteils von Management- und Kapitalleistungen, die im Gastland erbracht werden, ist in Abhängigkeit von produkt- und distributionsspezifischen Kriterien zu beantworten. Auch Renditeerwartungen, die sich mit den einzelnen Markteintrittsformen verknüpfen, sowie rechtliche Bestimmungen in den einzelnen Ländern spielen bei der Wahl der geeigneten Form des Markteintritts eine wichtige Rolle (vgl. Meissner/ Winkelgrund 1982, S. 118 f.). Beispielsweise ist in diesem Zusammenhang zu analysieren, ob es aus Sicht des Unternehmens effizienter ist, eine eigene Absatzorganisation in dem anvisierten Auslandsmarkt aufzubauen, oder ob der Vertrieb über eigenständige, im Gastland ansässige unternehmensfremde Absatzorganisationen (z.B. Großhändler, Importeure) Vorteile verspricht. Eine Beantwortung dieser Frage ist nur unter Berücksichtigung der spezifischen Voraussetzungen möglich, d.h. nach Prüfung eines umfangreichen Kriterienkatalogs (vgl. hierzu Anderson/Coughlan 1987, S. 74).

Dittmar/Meyer/Hoyer (vgl. 1979, S. 99) nennen die folgenden Kriterien, die bei der Wahl der Form des Eintritts in einen Auslandsmarkt von Bedeutung sind:

- Größe und das Potential des Exportmarktes,
- nationale/internationale Abkommen, Gesetze und politische Faktoren,
- eigene Personalkapazität,
- Art des Produktes/der Leistung,
- Entfernung und Erreichbarkeit,
- Transaktionsvolumen und seine Dynamik,
- Distributionssituation im Ausland.

Neben den genannten Faktoren spielt auch noch die marktliche Komplexität in dem betrachteten Land eine wichtige Rolle. Die starke Heterogenität der Umwelt und eine hieraus resultierende hohe Komplexität können als konstitutives Merkmal der internationalen Unternehmenstätigkeit gelten und wirken sich somit auf die unternehmerischen Entscheidungen aus (vgl. Pausenberger 1989, S. 386). Von Bedeutung sind dabei insbesondere die Parameter Wettbewerb, Verbraucher, Handel sowie staatliche Reglementierungen. Eine hohe Komplexität des Marktes erfordert in der Regel ein intensiveres Engagement in diesem Markt bzw. einen zunehmenden Transfer von Kapital- und Managementleistungen (vgl. Bradley 1991, S. 272 f.).

Die Entscheidung über die Form des Markteintritts ist ihrem Charakter nach allerdings nicht irreversibel. So stellen auf Märkten, die das Unternehmen schlecht einschätzen kann, Joint Ventures oder Kooperationen mit einem lokalen Partner häufig eine geeignete Form des Markteintritts dar. Eine solche Partnerschaft, die in der neueren betriebswirtschaftlichen Terminologie auch mit dem Begriff strategische Allianz bezeichnet wird, erscheint insbesondere dann sinnvoll, wenn das Partnerunternehmen über detaillierte Marktkenntnisse, aber nicht über ähnliche Produkte verfügt (vgl. Lei/Slocum 1992, S. 92). Wenn das Unternehmen im Laufe der Zeit Kenntnisse über den Markt erwirbt und mit den länderspezifischen Usancen vertraut ist, kann eine andere Form des Engagements im Zuge einer systematischen Erschließung von Auslandsmärkten sinnvoll erscheinen (vgl. Liebrecht 1988, S. 186 ff.; Douglas/Craig 1989, S. 53).

Zu beachten ist bei der Entscheidung über die günstigste Form des Auslandsengagements auch der Umstand, daß mit zunehmendem Kapitalanteil der Muttergesellschaft deren Eingriffs- und Steuerungsmöglichkeiten im Hinblick auf unternehmenspolitische Entscheidungen steigen. Hiermit können folgende Vorteile in Verbindung gebracht werden (vgl. Welge 1990, S. 7):

- Möglichkeit der Durchsetzung einer einheitlichen Unternehmenspolitik,
- Schaffung der Voraussetzungen für eine zentrale Steuerung und Kontrolle,
- Aufbau und Wahrung einer Corporate Identity,
- Schutz vor dem Abfluß technologischen Know-hows.

Die angeführten Faktoren spielen gerade auch im Hinblick auf ein globales Marketing und die zugrundeliegende Unternehmensphilosophie eine wichtige Rolle. Liegt der internationalen Marktbearbeitung eine Philosophie zugrunde, die ein hohes Ausmaß an Steuerung und Kontrolle erforderlich macht, so sind bereits im Zuge der Planung der Markteintrittsstrategie Überlegungen anzustellen, welche Formen des Marktengagements vor diesem Hintergrund in Frage kommen. Diese Fragestellungen sind eng mit organisatorischen Aspekten verbunden und sollen daher ausführlich im Abschnitt III. 6. dieser Arbeit behandelt werden.

5. Marktbearbeitungsstrategien

Ein Schwerpunkt der Forschung zum internationalen Marketing wurde in der Vergangenheit in den Bereichen Marktauswahl- und Markteintrittsstrategien gesetzt. In Anbetracht der Tatsache, daß eine verhältnismäßig große Zahl von Unternehmen bereits in einer Vielzahl von Auslandsmärkten vertreten ist (vgl. Douglas/Craig 1989, S. 47), verlagert sich das Forschungsinteresse in jüngerer Zeit jedoch zunehmend auf Fragen der internationalen Marktbearbeitung. Da internationale Marktbearbeitungsstrategien den eigentlichen Erkenntnisgegenstand der Arbeit darstellen, soll an dieser Stelle nur eine knappe Charakterisierung der Aufgaben innerhalb dieses strategischen Entscheidungsfeldes erfolgen. Eine ausführliche inhaltliche Diskussion der einzelnen Optionen findet sich in Abschnitt IV. 2.2. der Arbeit.

Im Zuge der Formulierung von Marktbearbeitungsstrategien werden grundsätzliche Vorgaben für das Verhalten im Markt festgelegt. Während im Rahmen der Marktauswahlentscheidung auch Kriterien, die der globalen Umwelt zuzurechnen sind, in die Analyse eingehen, sollten im Hinblick auf die Marktbearbeitung die Marktteilnehmer in den Mittelpunkt der Betrachtung gestellt werden (vgl. Hinterhuber 1989/I, S. 80 f.). Die wichtigsten Marktpartner im Konsumgütersektor werden durch die Wettbewerber, Konsumenten und Handelsunternehmen repräsentiert (vgl. Böcker 1990, S. 665). Während das Unternehmen zu den Konsumenten und Handelsunternehmen eine direkte Interaktionsbeziehung unterhält, bestehen zu den Wettbewerbern in der Regel indirekte Beziehungen. Die Situation des Unternehmens wird also durch sie beeinflußt, ohne daß eine unmittelbare Interaktionsbeziehungen besteht.

Die Aufgabe von Marktbearbeitungsstrategien besteht darin, das Unternehmen in Bezug zu den genannten Umweltbereichen zu setzen. Im einzelnen kann die Funktion von Marktbearbeitungsstrategien somit darin gesehen werden, Verhaltensweisen gegenüber Wettbewerbern, Konsumenten und Handelsunternehmen festzulegen. Damit wird deutlich, daß die Formulierung von Marktbearbeitungsstrategien in international diversifizierten Unternehmen aufgrund der heterogenen marktlichen Umwelt regelmäßig auf der Ebene der strategischen Geschäftsfeldplanung anzusiedeln ist.

6. Organisatorische Implikationen

6.1. Grundlagen

Die wachsende Bedeutung einer Koordination der internationalen Geschäftstätigkeit wirft die Frage nach den organisatorischen Implikationen auf. Eine Koordination von Entscheidungen in einem System mit mehreren Entscheidungsträgern kann grundsätzlich entweder durch die Zuteilung von Verfügungsrechten über Ressourcen auf die Entscheidungsträger oder die Vorgabe von Verhaltensnormen erfolgen (vgl. Laux 1993, Sp. 2311 f.). Die Diskussion der Koordinationsproblematik dreht sich dabei um die Fragestellung, ob eher eine Zentralisierung oder eine Dezentralisierung von Entscheidungsbefugnissen Vorteile verspricht (vgl. Terpstra 1978, S. 574). Im Rahmen einer dezentralen Steuerung können die Entscheidungsträger in den einzelnen Landesgesellschaften autonom über Ressourcen verfügen und ihr Verhalten unabhängig von anderen Unternehmensorganen planen. Eine Zentralisierung impliziert hingegen die Konzentration der Verfügungsrechte über die Unternehmensressourcen bei der Muttergesellschaft sowie die Vorgabe von Verhaltensnormen.

Eine wesentliche Determinante bei der Festlegung des Autonomiegrades einer Auslandsgesellschaft stellt das der Marktbearbeitung zugrundeliegende Orientierungssystem dar (vgl. Macharzina 1993a, Sp. 2903). Allgemein ist davon auszugehen, daß eine globale Orientierung die Zentralisation von Entscheidungen erforderlich macht. Den hiermit verbundenen Integrations- und Koordinationsbedürfnissen kann am besten mit Hilfe einer produktorientierten Aufbauorganisation entsprochen werden. Eine multinationale Orientierung erfordert hingegen die Anpassung an länderspezifische Besonderheiten und korreliert daher tendenziell mit einer Dezentralisation von Entscheidungsbefugnissen. Dem Ziel des Aufbaus einer dezentralen multinationalen Organisation kann durch eine Strukturierung nach Ländern oder Regionen entsprochen werden (vgl. Meffert 1990, S. 101).

Deutlich wird, daß sich die Planung von Organisationsstrukturen im Rahmen der internationalen Unternehmenstätigkeit im Spannungsfeld der Zentralisation und Dezentralisation von Entscheidungsbefugnissen bewegt. Während eine Globalisierung des Wettbewerbs einerseits eine

Koordination der Aktivitäten in den einzelnen Ländermärkten erfordert, stellt andererseits die Möglichkeit einer flexiblen Reaktion auf Veränderungen im marktlichen Umfeld eine Voraussetzung für die Zielerreichung dar (vgl. Davidson/Haspeslagh 1982, S. 130). Existieren spezifische lokale Bedürfnisse und Nutzenerwartungen der Konsumenten sowie unterschiedliche regionale Wettbewerbsbedingungen erscheint generell eine Dezentralisierung der Entscheidungsbefugnisse vorteilhaft (vgl. Ohmae 1989b, S. 47; Simon/Tacke 1990, S. 27).

Die polarisierende Gegenüberstellung der Zentralisation und der Dezentralisation von Entscheidungsbefugnissen entspricht allerdings analog zu der Unterscheidung zwischen multinationalem und globalem Marketing nicht der Realität und den Anforderungen der Unternehmenspraxis. Häufig ist davon auszugehen, daß die Festlegung des Zentralisationsgrades keine Entweder-oder-Entscheidung darstellt und infolgedessen im Regelfall eine Kompromißlösung gewählt wird (vgl. Bartlett/Ghoshal 1988, S. 73).

Das zentrale Problem besteht vor diesem Hintergrund darin, die Koordination der Auslandsaktivitäten zu gewährleisten, ohne durch eine zu starke Zentralisation von Entscheidungsbefugnissen die notwendige Flexibilität und Marktnähe zu verlieren (vgl. Jain 1987, S. 673). Dabei sind die spezifischen marktlichen Bedingungen, denen sich die Auslandsgesellschaften gegenübergestellt sehen, bei der Planung und Realisation von Marketingstrategien zu berücksichtigen. Welge (vgl. 1982, S. 185) stellt im Rahmen einer empirischen Studie fest, daß nur ein Drittel der von ihm erfaßten Tochtergesellschaften international tätiger Unternehmen die Auffassung vertritt, ihre Situation würde bei der Formulierung langfristiger Ziele und Strategien in der Zentrale in ausreichendem Maße berücksichtigt.

Neben der Unternehmensphilosophie und der Homogenität des marktlichen Bedingungsrahmens sind bei der Festlegung des Autonomiegrades auch die Umweltdynamik sowie der Diversifikationsgrad zu beachten (vgl. Meffert 1989, S. 451). Weitere Faktoren, die die Festlegung internationaler Organisationsstrukturen beeinflussen, können im Reifegrad der Produkte sowie im Auslandsanteil der Umsätze gesehen werden (vgl. Kieser/Kubicek 1992, S. 276).

Mit Blick auf das Ziel, eine Koordination der Aktivitäten zu gewährleisten kommt der Verhaltenssteuerung im internationalen Kontext besondere Bedeutung zu. Im Hinblick auf die Gestaltung von Steuerungssystemen formuliert Schanz (vgl. 1988b, S. 780 f.) folgende drei Kernforderungen:

- Angesichts der Vielfalt der individuellen Handlungsmotive ist eine *motivkongruente Gestaltung* des Steuerungssystems anzustreben.

- Mit Blick auf die unterschiedlichen Steuerungsbedürfnisse und Problemstellungen läßt sich überdies die Forderung nach einer *situationskongruenten Gestaltung* ableiten.

- Zur Schaffung eindeutiger, klarer Erwartungen bei den Akteuren ist eine hochgradige *Transparenz* der zum Einsatz gelangenden Steuerungssysteme zu fordern.

Im Rahmen der folgenden beiden Gliederungspunkte sollen vor dem Hintergrund dieser Anforderungen zwei Ansätze vorgestellt werden, die zur Steuerung und Koordination der internationalen Geschäftstätigkeit dienen können. Zum einen handelt es sich um die Implementierung entsprechender Organisationsstrukturen. Zum anderen werden Möglichkeiten diskutiert, die Steuerungsprobleme mit Hilfe einer entsprechenden Unternehmenskultur zu bewältigen.

6.2. Strukturelle Anpassung an den Internationalisierungsprozess

Wie die Ausführungen zum vorhergehenden Abschnitt verdeutlichten, sind im Hinblick auf die Steuerung der internationalen Geschäftstätigkeit einerseits Koordinationserfordernisse zu berücksichtigen, denen mittels einer produktorientierten Aufbauorganisation entsprochen werden kann, während andererseits die Forderung nach einer Berücksichtigung länderspezifischer Besonderheiten eine regionenorientierte Aufbauorganisation geeigneter erscheinen läßt. Bei der Suche nach situationskongruenten Gestaltungsalternativen im Rahmen einer Internationalisierung sollte beiden Aspekten Rechnung getragen werden.

Dem Ziel der simultanen Berücksichtigung zweier Standpunkte wird aus theoretischer Perspektive am ehesten die Matrix-Organisation gerecht. Das Prinzip der hierarchischen Integration von Problembereichen wird hier zugunsten einer Überlagerung zweier Gliederungsprinzipien aufgegeben (vgl. Staehle 1991, S. 666). Im Hinblick auf eine Verwendung

dieses Organisationsprinzips im Rahmen der internationalen Geschäfstä-
tigkeit bietet sich die Kombination des regionen- und produktorientierten
Gliederungsprinzips an (vgl. Jain 1987, S. 662). Die aus einer solchen
Lösung resultierenden Kompetenzüberschneidungen verursachen in der
Praxis jedoch häufig eine Intensivierung bürokratischer Regelungen und
tendieren zu einer hohen Leitungsintensität, ohne daß die Konfliktträchtig-
keit der Matrixstruktur damit abgebaut werden kann (vgl. Kieser/Kubicek
1992, S. 273; Bartlett/Ghoshal 1990, S. 52). Aufgrund der Probleme, die
mit einer Matrix-Organisation verbunden sind, wird in der Unternehmenspraxis häufig nach alternativen organisatorischen Lösungen gesucht.

Im Rahmen vieler organisatorischer Lösungen wird die Rolle eines zentralen Koordinationsmechanismus der Planung zugeschrieben (vgl. Kieser/
Kubicek 1992, S. 280). Auch Wild (1974, S. 18) weist darauf hin, daß
eine der Aufgaben der Planung darin besteht, die Integration von Einzel-
entscheidungen in einem umfassenden Gesamtplan unter Berücksichtigung der gegebenen Handlungsinterdependenzen sicherzustellen. Die
unterschiedlichen Koordinationsanforderungen im Rahmen verschiedener
Unternehmensaktivitäten finden insofern Berücksichtigung, als eine
Koordination im Rahmen der Planung der Aktivitäten nur in bezug auf
bestimmte Funktionen und Geschäftsfelder erfolgt (vgl. *Abbildung 17*).

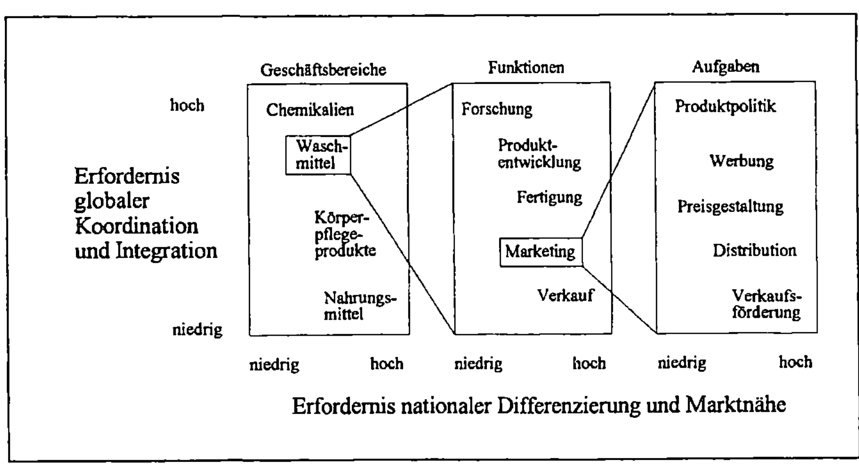

*Abbildung 17: Integrations- und Differenzierungserfordernisse in einem
diversifizierten Konsumgüterkonzern (vgl. Bartlett/Ghoshal 1990, S. 128)*

In den entsprechenden Bereichen wird die einseitige Produkt- oder
Regionenorientierung zugunsten des Prinzips der Planungskoordination

und -partizipation aufgegeben, indem eine Verflechtung der Zentrale und aller Tochtergesellschaften in einem globalen Netzwerk angestrebt wird. Insofern handelt es sich um eine hybride Organisationsstruktur (vgl. Rall 1989, S. 1082 f.). Basierend auf einer grundsätzlich länderorientierten Organisationsstruktur werden in Bereichen, in denen gegenseitige Abhängigkeiten bestehen bzw. die Erzielung von Synergieeffekten möglich erscheint, organisatorische Integrationsmechanismen etabliert, die eine Verbindung zwischen den Ländereinheiten herstellen (vgl. Bartlett/ Ghoshal 1988, S. 70). Folgende strukturelle Koordinationskonzepte können dabei Verwendung finden (vgl. Meffert 1990, S. 103):

- das Lead-Country-Konzept,
- regelmäßige Gesprächskreise und
- globale Koordinationsgruppen.

Die Grundidee des *Lead-Country-Konzeptes* besteht darin, daß eine Landesgesellschaft die Verantwortung für ein Produkt oder eine Produktgruppe weltweit oder für ein regional begrenztes Gebiet als *primus inter pares* übernimmt[21]. Die von dieser Landesgesellschaft erarbeiteten strategischen Konzepte bilden die Grundlage für die Strategiformulierung der anderen Landesgesellschaften. Somit wird das hierarchische Verhältnis zwischen der Zentrale und den Tochtergesellschaften aufgehoben (vgl. Rall 1991, S. 432). Durch den Umstand, daß jede Landesniederlassung Lead-Country werden kann, sich diese Funktion jedoch in der Regel nur auf einen Teilbereich des Produktprogramms bezieht, wird überdies eine zu starke Zentralisierung der Marketing-Aktivitäten bei der Muttergesellschaft vermieden (vgl. Rall 1993, S. 19). Obgleich dem Lead-Country eine dominierende Stellung im Rahmen der Entwicklung von Marketingkonzeptionen zukommt, werden die betroffenen Länderniederlassungen in den Planungsprozeß integriert (vgl. Raffeé/Kreutzer 1986, S. 16). Im Idealfall werden dann länderspezifische Besonderheiten bereits in der Konzeptionsphase durch das Lead-Country berücksichtigt (vgl. Welge 1992, S. 584).

Die Vorteile dieses Konzepts liegen nicht nur in der Einfachheit, sondern auch in den niedrigen Kosten bei der praktischen Anwendung begründet

---

[21] Zu berücksichtigen ist hierbei, daß verschiedene Länder in unterschiedlichen Bereichen führend sind, wie beispielsweise Deutschland im Hinblick auf das Umweltbewußtsein (vgl. Owen-Jones 1993, S. 124). Diese unterschiedlichen Länderkompetenzen können im Rahmen des Lead-Country-Konzeptes effizient genutzt werden.

(vgl. Meffert 1989, S. 453). Allerdings ist darauf hinzuweisen, daß allein die Bestimmung eines Lead-Country das Problem der Koordination internationaler Aktivitäten unter Beachtung des Partizipationsgedankens nicht zu lösen vermag. Eine Dezentralisierung von Entscheidungsbefugnissen ergibt sich hier lediglich aus Unternehmensperspektive, während auf Geschäftsfeldebene die Entscheidungsbefugnisse in einer Unternehmenseinheit konzentriert bleiben. Die Realisation dieses Ansatzes bietet daher nur dann die Möglichkeit, den Gedanke der Koordination und Partizipation in der Unternehmenspraxis umzusetzen, wenn er mit einem der beiden im folgenden beschriebenen strukturellen Koordinationskonzepte gekoppelt wird.

Regelmäßige Gesprächskreise, an denen Vertreter der Zentrale und der Landesgesellschaften teilnehmen, dienen ebenfalls dem Zweck, eine dezentrale Koordination der internationalen Aktivitäten sicherzustellen. Flexibilitätsspielräume können beispielsweise geschaffen werden, indem parallel zur Fixierung weltweit einheitlicher Gestaltungsfaktoren die Festlegung von Adaptionsfreiräumen erfolgt. Nachteile des Konzepts sind in der fehlenden Regelung von Verantwortlichkeiten und Entscheidungsbefugnissen zu sehen. Dies kann dazu führen, daß sich die Koordination mit Hilfe von Gesprächskreisen unter Umständen sehr zeitaufwendig gestaltet. In jedem Fall sollte dafür Sorge getragen werden, daß die Einberufung einer Sitzung des Gesprächskreises in enger zeitlicher Verknüpfung mit dem Auftreten von Problemen möglich ist, um die marktliche Flexibilität sicherzustellen (vgl. Raffeé/Kreutzer 1986, S. 13).

Globale Koordinationsgruppen stellen in gewisser Weise eine Weiterentwicklung der regelmäßigen Gesprächskreise dar. Kennzeichnendes Charakteristikum ist neben der an Aufgabenbereichen orientierten Definition der Gruppen ihre Umsetzungskompetenz. So sind globale Koordinationsgruppen im Gegensatz zu den Gesprächskreisen nicht nur mit der Planung von Konzeptionen, sondern auch mit der Koordination im Rahmen der Realisierung betraut. Den Gruppen gehören dabei sowohl Vertreter der Zentrale als auch Delegierte der Ländergesellschaften an. Welche Aufgabenbereiche im Hinblick auf die internationale Ausgestaltung einem besonderen Koordinationsbedarf unterliegen, ist in Abhängigkeit von den spezifischen Branchenbedingungen zu ermitteln. Ausgehend von den Antworten auf diese Fragestellung können Koordinationsgruppen installiert werden, die beispielsweise die Formulierung strategischer

Vorgaben übernehmen, die Entwicklung einer länderübergreifenden Kommunikations-Konzeption zur Aufgabe haben oder die Bereiche Forschung und Entwicklung bzw. die Personalpolitik des Unternehmens koordinieren. Bei der Verwendung von Koordinationsteams ist darauf zu achten, daß die Gruppenmitglieder einerseits keine zu große Distanz zum Tagesgeschäft in den einzelnen Länderniederlassungen entwickeln und daß andererseits dem grundsätzlich gegebenen Routinisierungsrisiko begegnet wird (vgl. Raffeé/Kreutzer 1986, S. 13 ff.).

Im Rahmen einer empirischen Studie, die sich auf europäische und US-amerikanische Unternehmen bezieht, stellt Egelhoff (1982) fest, daß bei der Anpassung der Organisationsstrukturen an die strategische Ausrichtung des Unternehmens häufig erhebliche zeitliche Verzögerungen eintreten. Dies kann unter anderem darauf zurückgeführt werden, daß die Realisierbarkeit von organisatorischen Entwicklungsmaßnahmen in der Praxis von der Kompatibilität mit den bisherigen Organisationsstrukturen abhängt (vgl. Rall 1991, S. 429). Beispielsweise entsteht im Zuge der Entwicklung von einem multinationalen zu einem globalen Unternehmen vor dem Hintergrund der Zielsetzung, eine gewisse Organisationskontinuität zu garantieren, häufig ein time lag bei der Anpassung der Organisationsstruktur an eine neue strategische Ausrichtung des Unternehmens.

Im Idealfall sollte eine synchrone Entwicklung eingeleitet werden, um den Interdependenzen zwischen der erfolgreichen Umsetzung internationaler Strategien und der Schaffung entsprechender organisatorischer Voraussetzungen Rechnung zu tragen. Andernfalls besteht das Risiko, daß organisatorische Begrenzungen die Reaktionsmöglichkeiten im Hinblick auf strategische Herausforderungen determinieren (vgl. Bartlett/Ghoshal 1987, S. 7; Macharzina 1993b, S. 51 f.).

Unter Berücksichtigung der oben formulierten Kernanforderungen an Steuerungssysteme ist festzustellen, daß die vorgestellten Ansätze zur Gestaltung der Organisationsstruktur nicht in jedem Fall eine hohe Transparenz oder eine motiv- und situationskongruente Gestaltung garantieren können. Allen drei Anforderungen kann aufgrund der begrenzten Flexibilität und der teilweise fehlenden Transparenz struktureller Steuerungssysteme nicht hinreichend Rechnung getragen werden. Generell ist daher davon auszugehen, daß strukturelle Lösungsansätze durch eine entsprechende Unternehmenskultur ergänzt werden müssen.

Die Bedeutung der Unternehmenskultur in diesem Zusammenhang soll an einem kurzen Beispiel exemplifiziert werden.

Mit Blick auf die zeitliche Verzögerung bei der Anpassung der Organisationsstrukturen an die strategische Ausrichtung des Unternehmens wird die Problematik der situationskongruenten Gestaltung eines Steuerungssystems deutlich. Während Strategien vor dem Hintergrund veränderter Umfeldbedingungen relativ kurzfristig variiert werden können, besteht hinsichtlich der Organisationsstruktur häufig ein starkes Beharrungsvermögen, welches in hohem Maße durch die Kultur eines Unternehmens determiniert wird. Ulrich/Fluri (vgl. 1984, S. 112) weisen darauf hin, daß es in der Regel leichter ist, die Strategieformulierung an der bestehenden Unternehmenskultur auszurichten, als diese selbst zu ändern. Dies ist darauf zurückzuführen, daß bei Veränderungen der strategischen Ausrichtung das interne Anpassungspotential häufig nur im Rahmen eines langfristigen Prozesses entwickelt werden kann (vgl. Bartlett/Ghoshal 1990, S. 56; Frese 1992, S. 201).

6.3. Die Bedeutung der Unternehmenskultur

Mit dem Begriff Organisations- oder Unternehmenskultur werden gemeinsame Werte und Orientierungen von Mitarbeitern umschrieben, die das individuelle Handeln prägen und damit dafür verantwortlich sind, daß das organisatorische Handeln bis zu einem bestimmten Grade einheitlich und kohärent ist (vgl. Heinen 1986, S. 516; Hinterhuber 1990, S. 77; Steinmann/Schreyögg 1990, S. 533; Probst 1992, S. 195). Dieser Aspekt gewinnt vor dem Hintergrund der steigenden Komplexität von Problemzusammenhängen und der sinkenden Reaktionszeit aufgrund einer wachsenden Umfelddynamik an Bedeutung. Bezugnehmend auf diese Problematik weist Bleicher (vgl. 1990b, S. 154) auf die zunehmende Inadäquanz der bisher dominierenden technokratischen Koordinationsinstrumente[22] hin und betont die gestiegene Bedeutung der Problemlösungskompetenz der Mitarbeiter.

---

22 Technokratische Koordinationsinstrumente betonen die Regelgebundenheit bei der Durchführung unterschiedlicher Aktivitäten, indem vorab festgelegte und offiziell legitimierte Regeln die Handlungsabläufe steuern. Die Voraussetzung für den Einsatz dieser Koordinationsinstrumente ist in einer gewissen Gleichartigkeit der Aufgaben zu sehen (vgl. Macharzina 1993, S. 35)

Wie bereits ausgeführt wurde, stellt die Planung ein zentrales Koordinationsinstrument dar. Aufgrund der hohen Komplexität der Planungsaufgabe ist zur Sicherung einer hinreichenden Flexibilität in den regionalen Einheiten häufig eine Dezentralisierung von Entscheidungskompetenzen erforderlich, da zentralistische Strukturen die Flexibilität des Unternehmens einschränken und damit Probleme aufwerfen (vgl. Gälweiler 1987, S. 284). Um zu gewährleisten, daß die Planungsergebnisse in den einzelnen Ländereinheiten nicht in Widerspruch zu den Gesamtunternehmensinteressen steht, sollte die Dezentralisierung von Entscheidungskompetenzen allerdings durch eine Koordination der Entscheidungsergebnisse ergänzt werden. Die auf strukturellen Ansätzen basierenden Koordinationsbemühungen stoßen damit jedoch an ihre Grenzen. Grundsätzlich kann davon ausgegangen werden, daß eine effiziente Koordination der internationalen Geschäftstätigkeit nur auf der Basis eines von allen Mitarbeitern geteilten Wertesystems möglich ist (vgl. Ohmae 1989b, S. 49).

Die Organisationskultur kann im Rahmen der Strategierealisierung, aber auch im Hinblick auf die Planung als unsichtbare Steuerungsgröße gelten (vgl. Steinmann/Schreyögg 1990, S. 197). Die Mitarbeiter eines Unternehmens können ihre Aktivitäten auch unter Verzicht auf entsprechende strukturelle Vorgaben abstimmen, wenn sie einheitliche Werte und Normen verinnerlicht haben und sich mit diesen identifizieren (vgl. Bourgeois/Brodwin 1984, S. 250; Kieser/Kubicek 1992, S. 118). Allgemein können folgende zentrale Funktionen einer Unternehmenskultur unterschieden werden (vgl. Ulrich 1984, S. 312 f.):

- Die *Identifikationsfunktion* stellt vor allem auf die Schaffung eines Wir-Gefühls ab, die Kultur konstituiert eine kulturelle Identität des Unternehmens.

- Die *Motivationsfunktion* entfaltet sich, indem Unternehmensmitgliedern der Sinn unternehmerischen Handelns vermittelt wird. Die Kultur wirkt somit motivationsfördernd nach innen und handlungslegitimierend nach außen.

- Die *Integrationsfunktion* ergibt sich durch die Schaffung eines Basiskonsenses über normative Grundfragen, womit die Konsensfindung in Konfliktsituationen erleichtert wird.

- Die *Koordinationsfunktion* basiert auf den gemeinsam geteilten Werten und Normen, die handlungskoordinierend wirken.

Die Wertvorstellungen und Verhaltensnormen der Mitarbeiter und damit auch das Handeln in den einzelnen Landesniederlassungen werden in starkem Maße durch die jeweilige nationale Kultur geprägt (vgl. Scott 1986, S. 228-233). Während im Rahmen einer inlandsorientierten Betrachtung von einer relativen Konstanz des sozio-kulturellen Bedingungsrahmens und des daran anknüpfenden rechtlich-politischen Normensystems ausgegangen werden kann, ist die Internationalisierung eines Unternehmens mit einem prinzipiellen Situationswandel verbunden. Das kulturelle Umfeld weist dabei selbst in industriellen Nachbarländern mit einer ähnlichen Struktur Unterschiede auf (vgl. Dülfer 1982, S. 54 f.; Hofstede 1992, S. 306 ff.).

Gerade die erfolgreichen globalen Unternehmen lassen sich häufig dadurch kennzeichnen, daß die Firmenkultur der Auslandsniederlassungen durch die jeweilige Länderkultur weitgehend unbeeinflußt bleibt. Die Werte des Herkunftslandes der Mitarbeiter werden hier überlagert durch die weltweite Firmenidentität. Eine solche Entwicklung, die zum Verlust der Werte und Verhaltensnormen des Gastlandes bei den Mitarbeitern führt, kann zum einen nur in einem langfristigen Prozeß vollzogen werden und ist zum anderen mit Risiken verbunden. Neben dem Entstehen eines "Multi-Images", das von vielen international agierenden Konzernen gefürchtet wird, ist auch damit zu rechnen, daß den Bedürfnissen und Nutzenerwartungen der Verbraucher in verschiedenen Ländern nicht mehr entsprochen werden kann, da die Marktnähe abnimmt. Dülfer (vgl. 1993, S. 179-183) zeigt anhand einer Vielzahl von Beispielen die Unverzichtbarkeit einer Adaption länderspezifischer Umkulturen im Rahmen einer internationalen Unternehmenstätigkeit.

Vor diesem Hintergrund ist ein Mittelweg in der Entwicklung *synergetischer Unternehmenskulturen* zu sehen. Kulturelle Unterschiede der Tochtergesellschaften werden dabei in einem bestimmten Rahmen akzeptiert bzw. bewußt als wichtige Ressource begriffen (vgl. Meffert 1989, S. 455 f. und in diesem Sinne auch Hinterhuber 1993, S. 164). Steht die Unternehmenskultur nicht in Harmonie mit der sie umgebenden Umkultur des jeweiligen Gastlandes, resultiert häufig ein Unternehmensverhalten, welches dysfunktionale Auswirkungen haben kann (vgl. Bleicher 1990a, S. 858). Somit läßt sich die Forderung nach einer Unternehmenskultur ableiten, die einerseits mit den jeweiligen Umkulturen harmoniert und andererseits auf einer gemeinsamen länderübergreifenden Basis aufbaut.

Staehle (vgl. 1992, S. 481) weist darauf hin, daß sich in Organisationen, die an mehreren Standorten Niederlassungen haben bzw. über eine divisionalisierte, dezentral ausgerichtete Organisationsstruktur verfügen, in der Regel eine Vielzahl von Subkulturen bilden[23]. Die Entwicklung dieser Subkulturen verhindert dabei das Entstehen einer starken homogenen Einheitskultur. Subkulturen können sich untereinander und im Verhältnis zur Unternehmenskultur entweder funktional oder dysfunktional verhalten. Folgende Beziehungsmuster zwischen Subkultur und Unternehmenskultur können damit unterschieden werden (vgl. Bleicher 1990a, S. 860):

- *Komplementäre Beziehungen* bauen darauf auf, daß die subkulturellen Werte die Werte der Unternehmenskultur weitgehend prägen.
- *Indifferente Beziehungen* bezeichnen einen Zustand in dem subkulturelle Werte einerseits voneinander abweichen, sich jedoch andererseits weder fördern noch widersprechen.
- *Substitutive Beziehungen* enden in der Regel in einer konfliktären Situation, da die subkulturellen Werte einander widersprechen und beide durchgesetzt werden sollen.

Idealtypisch repräsentieren die einzelnen länderspezifischen Subkulturen eines internationalen Unternehmensverbandes Werte und Verhaltensnormen, die in Übereinstimmung mit der Umkultur des Gastlandes stehen. Im Hinblick auf den Koordinationsaspekt sollten nach Möglichkeit *komplementäre Beziehungen* zwischen der einzelnen Subkultur und der Unternehmenskultur bestehen. Auch *indifferente Beziehungen* können toleriert werden, wenn sie nur einige wenige Werte betreffen, insgesamt jedoch ein Konsens bezüglich des Wertgefüges besteht. *Substitutive Beziehungen* zwischen den länderspezifischen Subkulturen und der Unternehmenskultur sorgen letztlich dafür, daß der Koordinationsaufwand steigt und häufig ein Konfliktmanagement erforderlich wird (vgl. Bleicher 1991b, S. 780).

---

[23] Die Existenz von verschiedenen Subkulturen in Unternehmen belegt auch eine empirische Studie über japanische Unternehmen (vgl. Deshpandé/Farley/Webster 1993, S. 23-37).

Auch Bendixen (vgl. 1989, S. 207 ff.) weist auf die vielfältigen Probleme hin, die mit dem Bestehen von Dissonanzen zwischen einer weiterwirkenden Lebensweltkultur (Umkultur) und einer zweckrationalen Unternehmenskultur verbunden sind. Im Hinblick auf die Mitarbeiter eines Unternehmens kommt er zu dem Schluß, daß vor dem Hintergrund solcher Dissonanzen die Verankerung von Werten der Unternehmenskultur durch Überzeugung, Manipulation oder Zwang zwar möglich ist, die Übernahme bestimmter Orientierungen mit dem Resultat gelebter, traditionalisierter Handlungen jedoch zweifelhaft bleibt.

Länderspezifischen Subkulturen sollten vor dem Hintergrund dieser Erkenntnisse einerseits den jeweiligen nationalen Rahmenbedingungen Rechnung tragen und andererseits durch Übereinstimmung mit der Unternehmenskultur auf die Unternehmensziele hinführen. Entsprechend bewegt sich ein Kulturmanagement des Unternehmens im Spannungsfeld zwischen *Kontingenz* und *Konsistenz* der Unternehmenskultur. Während die Kontingenz auf die Kompatibilität der regionalen Subkultur mit der Umkultur abstellt, zielt der Begriff Konsistenz auf die Notwendigkeit ab, eine Übereinstimmung der verschiedenen regionalen Subkulturen mit der Unternehmenskultur zu erreichen.

Um die Frage, inwieweit die Unternehmenskultur zum Gegenstand des geplanten Wandels gemacht werden kann, ist inzwischen ein Dogmenstreit zwischen zwei Lagern entstanden. Während die "Kulturingenieure" im Rahmen einer instrumentalistischen Sichtweise davon ausgehen, daß Kulturen analog zu anderen Führungsinstrumenten gezielt einsetzbar und somit planmäßig gestaltbar sind (vgl. z.B. Deal/Kennedy 1987), betrachten die "Kulturalisten" die Unternehmenskultur als organisch gewachsene Lebenswelt, die sich jedem gezielten Beeinflussungsprozeß entzieht (vgl. Matenaar 1983).[24] Das Ansinnen, eine Unternehmenskultur zu *schaffen*, weisen sie als naiv zurück und erheben gegen ein solches Vorhaben auch starke normative Bedenken (vgl. Steinmann/Schreyögg 1990, S. 550).
Jugel, Wiedmann und Kreutzer (vgl. 1987, S. 293 f.) unterscheiden zwischen der Unternehmenskultur, die *"die Verhaltens- und Objektebene und mithin Wertkonkretisierungen erfaßt"* und der Unternehmensphilosophie, die die *"gewünschte Wertbasis unternehmerischen Denkens und Handelns"* zum Ausdruck bringen soll. Die Unternehmensphilosophie

---

[24] Vgl. zur Diskussion, ob man Unternehmenskulturen ändern kann und darf, auch den Beitrag von Schreyögg (1988, S. 155-168).

stellt dabei das Resultat des Kräfteparallelogramms im Unternehmen dar, in dem Personen oder Personengruppen mit den größten Einflußmöglichkeiten ihre Zielsetzungen zum Ausdruck bringen. Da die Akzeptanz der Unternehmensphilosophie durch das einzelne Unternehmensmitglied von zentraler Bedeutung für die Erreichung der gesetzten Ziele ist, wird jedoch deutlich, daß die Interessen aller Unternehmensmitglieder berücksichtigt werden müssen (vgl. Schmidt 1985, S. 404).

Diskrepanzen zwischen dem in der Unternehmensphilosophie festgelegten gewünschten Selbstverständnis und der in der Unternehmenskultur zum Ausdruck kommenden tatsächlichen Identität können nach Ansicht von Jugel, Wiedmann und Kreutzer (1987) mit Hilfe einer Corporate Identity-Strategie minimiert werden. Im Rahmen des Corporate Identity-Mixes, der die Gestaltungselemente Corporate Design, Corporate Communications und Corporate Behaviour umfaßt, kommt nach Auffassung der Autoren dem Bereich des Corporate Behaviour besondere Bedeutung im Hinblick auf die Konkretisierung der Unternehmensphilosophie innerhalb der Unternehmenskultur zu. Während die Faktoren Corporate Design und Corporate Communications häufig auf den Aspekt der Imagegestaltung und damit auf die außengerichtete Wirkung abstellen, zielt das Element Corporate Behaviour auf die schlüssige und widerspruchsfreie Ausrichtung der Verhaltensweisen aller Unternehmensmitglieder im Innen- und Außenverhältnis ab.

Insgesamt stellen die interne Kommunikation und das Unternehmensverhalten, das zum Beispiel im Führungsverhalten oder der Personalpolitik zum Ausdruck kommt, zentrale Elemente einer Corporate Identity-Strategie dar, mit deren Hilfe eine Integration auch in Handlungsbereichen möglich wird, die der formalen Organisation nicht zugänglich sind (vgl. Birkigt/Stadler/Funck 1992, S. 59).

Geht man davon aus, daß die Unternehmenskultur durch eine Corporate Identity-Strategie zumindest langfristig gestaltbar ist, so erscheint eine intensive Diagnose der derzeitigen Unternehmenskultur sowie der jeweiligen Umkulturen in den bearbeiteten Ländermärkten als Grundlage für die Formulierung einer solchen Strategie zweckmäßig. Soll die Schaffung gemeinsamer Werte und das Erarbeiten einer Sinngemeinschaft nicht in einem "Werte-Drill" enden (vgl. Ulrich 1984, S. 318), ist zum einen die Evolution der bestehenden Unternehmenskultur an Stelle einer Kulturrevolution anzustreben. Zum anderen ist eine Berücksichtigung der Umkulturen erforderlich. Besteht eine Unverträglichkeit zentraler Werte und Verhaltensnormen des Unternehmens und dem Wertgefüge eines Landes, so ist zu überlegen, ob ein Markteintritt sinnvoll ist. Hat das Unternehmen in diesem Land bereits eine Marktposition aufgebaut oder ist eine Marktbearbeitung aus strategischer Perspektive angezeigt, kann mit Hilfe geeigneter Organisationsstrukturen versucht werden, das erforderliche Ausmaß an Koordination sicherzustellen.

Insgesamt wurde deutlich, daß organisatorischen Fragen im Rahmen einer internationalen Marktbearbeitung ein großer Stellenwert zukommt. Fragen der organisatorischen Gestaltung bewegen sich dabei im Spannungsfeld zwischen der Notwendigkeit, eine hinreichende Flexibilität mit Hilfe der Dezentralisierung von Entscheidungskompetenzen zu sichern, und der Forderung nach einer zielbezogenen Koordination der Aktivitäten aus Gesamtunternehmensperspektive. Ansätze, die eine Lösung dieses Problems allein mit Hilfe der strukturellen Organisationsgestaltung anstreben, greifen meist zu kurz. Die Unternehmenskultur erscheint besonders geeignet, um unter Wahrung der notwendigen Flexibilität ein Unternehmen zielbezogen zu führen, insbesondere auch mit Blick auf die Forderung nach einer motiv- und situationskongruenten Gestaltung des Steuerungssystems.

Ebers (vgl. 1988, S. 28 f.) weist jedoch darauf hin, daß in der großen Euphorie, die sich um das Konzept der Unternehmenskultur rankt, vielfach übersehen wird, daß sowohl die empirische als auch theoretische Untermauerung wichtiger Annahmen der Unternehmenskulturforschung zumindest ergänzungsbedürftig sind. Insbesondere kritisiert er die fehlende Berücksichtigung möglicher dysfunktionaler Konsequenzen starker Unternehmenskulturen, die ungeprüfte implizite Unterstellung einer Gestaltbarkeit der Unternehmenskultur sowie die Vernachlässigung nicht-kultureller Erfolgsfaktoren in vielen Veröffentlichungen.

IV. Situative internationale Marktbearbeitungsstrategien

1. Der situative Ansatz

1.1. Die Grundstruktur des situativen Ansatzes

Ihren Ursprung fand die situative Denkweise in der Organisationssoziologie und der Managementlehre in den 50er Jahren aufgrund der Kritik an den damals herrschenden Vorstellungen. Grundlegend war die Frage, ob bestimmte Sachverhalte in der Realität nicht in unterschiedlicher Ausprägung auftreten, und ob nicht Faktoren existieren, die solche Unterschiede und Abstufungen erklären können (vgl. Kieser/Kubicek 1992, S. 47). Damit wird der hohe Anspruch einer generellen Gültigkeit allgemeiner Theorien aufgegeben, indem das Ziel verfolgt wird, auf mittlerem Abstraktionsniveau operationale Aussagen über Beziehungsmuster zwischen Situation, Struktur und Verhalten zu formulieren (vgl. Staehle 1991, S. 48). Die zentrale These des situativen Ansatzes[25] kann folgendermaßen formuliert werden:

"Es gibt nicht eine generell gültige optimale Handlungsalternative, sondern mehrere situationsbezogen angemessene. Die Aufgabenstellung des situativen Ansatzes besteht folglich darin, alternative Handlungen und Strukturen zu entwerfen, in ein Entscheidungsmodell einzubringen und aus der Fülle der logisch denkbaren Alternativen diejenigen auszuwählen, die unter genau zu spezifizierenden Bedingungen (Situationen) z.B. erfolgreicher (effizienter) sind als andere" (vgl. Staehle 1976, S. 36).

Inzwischen fand der situative Ansatz auch in vielen anderen Bereichen der Betriebswirtschaft Eingang in die Forschungsansätze[26]. Während klassischerweise die Beziehungen zwischen Umwelt und Organisationsstruktur und zwischen Struktur und Strategie untersucht wurden, betonen

---

[25] In der Literatur wird häufig auch von "situational approach", "Kontingenzansatz" oder generell von "kontextuellen Erklärungsansätzen" gesprochen. Da alle Begriffe auf dieselbe inhaltliche Grundannahme rekurrieren, können sie synonym verwendet werden (vgl. Kieser/Kubicek 1992, S. 46).

[26] Zeithaml/Varadarajan/Zeithaml (1988) nennen drei Erkenntnisbereiche, die für die Anwendung des situativen Ansatzes grundlegend geeignet sind: Die Gestaltung von Strukturen und Prozessen (Organisationsforschung), die Gestaltung des Verhaltens in Organisationen (Führungsforschung) sowie die Gestaltung der Unternehmens-Umwelt-Beziehungen (Unternehmensplanung).

Miller/Friesen (vgl. 1982, S. 230) die Notwendigkeit, Zusammenhänge zwischen der Umweltsituation und der Strategieformulierung zu berücksichtigen. Basierend auf der Annahme einer grundsätzlichen Eignung des situativen Ansatzes für die Marketingforschung (vgl. Day/Wensley 1983) stützen sich daher vor allem Untersuchungen, die auf die strategische Unternehmens- und Marketingplanung, d.h. auf die Gestaltung der Unternehmens-Umwelt-Beziehung, abstellen, häufig auf situativen Forschungsdesigns (vgl. Köhler 1984, S. 582 f.; Raffée 1989, S. 37; Tomczak 1989, S. 8 und die dort angegebene Literatur). Dabei ist von der Annahme auszugehen, daß Planungsentscheidungen von situativen Bedingungen abhängig bzw. durch sie bedingt sind (vgl. Scott 1986, S. 163). Grundsätzlich liegt dem situativen Ansatz ein Forschungsgerüst zugrunde, welches sich aus drei Teilkomponenten zusammensetzt (vgl. Staehle 1976, S. 36-38; Zeithaml/Varadarajan/Zeithaml 1988, S. 40; Lehner 1990, S. 129):

1. *Kontextvariablen* beschreiben die Situation, in der Entscheidungen getroffen werden. Diese Variablen sind in der Regel durch den Entscheider nicht oder nur in begrenztem Maße zu beeinflussen, daher werden sie häufig auch als unabhängige Variablen bezeichnet (vgl. Hambrick/Lei 1985, S. 768).

2. *Gestaltungsvariablen* bilden das Entscheidungskalkül ab, das der jeweils untersuchten Problemstellung zugrundeliegt (z.B. die Wahl von Strategien).

3. *Erfolgsvariablen* können als die eigentliche abhängige Variable in situativen Modellen gelten. Häufig werden sie durch Effizienz- oder Effektivitätskriterien repräsentiert, die im Hinblick auf das Untersuchungsobjekt geeignet erscheinen.

Das Forschungsinteresse in situativen Ansätzen konzentriert sich auf die Fragestellung, welche Auswirkungen die inhaltliche Festlegung der Gestaltungsvariablen vor dem Hintergrund einer gegebenen Konstellation der Kontextvariablen auf die Erfolgsvariable hat (vgl. Ginsberg/ Venkatraman 1985, S. 423; Conant/Mokwa/Varadarajan 1990, S. 366). Anders formuliert besteht das Ziel des situativen Denkens darin, Aussagen in folgender Form zu gewinnen: In der Situation X (bzw. Y) ist die Maßnahme A (bzw. B) am besten geeignet, das gesteckte Ziel zu erreichen (vgl. Ulrich/Fluri 1984, S. 19).

Somit lassen sich verschiedene, stufenförmig geordnete Ansatzpunkte für die Ableitung von Hypothesen in der Form von Wenn-Dann-Aussagen unterscheiden. Die erste Gruppe von Hypothesen versucht, Zusammenhänge zwischen den Gestaltungsvariablen und den relevanten Kontextfaktoren festzustellen. Mit der zweiten Gruppe von Hypothesen wird das Ziel verfolgt, Zusammenhänge zwischen der Gestaltungsvariablen und der Erfolgsvariablen zu untersuchen. Während die Gestaltungsvariable im ersten Schritt die abhängige Variable repräsentiert, dient sie in der zweiten Hypothesengruppe als unabhängige Variable (vgl. Staehle 1976, S. 37). Mit der dritten Hypothesengruppe werden die Kontext-, Gestaltungs- und Erfolgsvariablen verknüpft, indem der Frage nachgegangen wird, welchen Erfolgsbeitrag bestimmte Gestaltungsformen vor dem Hintergrund eines spezifischen Kontextes leisten können (vgl. Prescott 1986, S. 330).

Bei der Konstruktion eines situativen Forschungsdesigns kommt es nun entscheidend auf die Anzahl der Variablen an, die Eingang in das Modell finden sollen. Simon (vgl. 1986, S. 208) weist in diesem Zusammenhang auf das Problem des Marketingforschers hin, abhängige Variablen aufgrund fehlender Daten häufig auf der Basis einer begrenzten Zahl unabhängiger Variablen erklären zu müssen, wobei er in diesem Zusammenhang jedoch auch betont, daß ein umfassenderer Ansatz die Komplexität des Modells sehr schnell erhöht und damit die Akzeptanz in der unternehmerischen Praxis senkt. Zurückzuführen ist dies darauf, daß mit zunehmender Realitätstreue des Modells der Informationsbedarf sowie die kognitiven, technologischen und zeitlichen Anforderungen an den Entscheider steigen (vgl. Bäuerle 1989, S. 178). Wird eine Vielzahl von unabhängigen Variablen mit den jeweils möglichen Ausprägungen berücksichtigt, so ist die Wahrscheinlichkeit relativ hoch, daß alle für die jeweilige Problematik relevanten Faktoren berücksichtigt wurden. Andererseits geht hiermit eine so starke situationsspezifische Relativierung einher, daß die Aussagen, die gewonnen werden, sich letztlich nur auf einen konkreten Einzelfall beziehen. Eine solche Vorgehensweise entspricht der qualitativen oder auch Fallstudien-Forschung, die mit Hilfe des Induktionsprinzips den Nachweis von Gesetzmäßigkeiten erbringen möchte (vgl. Tomczak 1992, S. 77). Als Nachteil der Fallstudienmethode ist die fehlende Verallgemeinerungsmöglichkeit der Forschungsergebnisse zu nennen, da diese sich in der Regel auf die spezifische Situation eines Unternehmens beziehen (vgl. Harrigan 1983, S. 399).

Das Gegenstück hierzu repräsentiert die quantitative Forschung, die im Extremfall allgemeingültige Aussagen treffen möchte und diese dem

Deduktionsprinzip folgend auf den konkreten Einzelfall überträgt (vgl. Schöllhammer 1973, S. 20). Harrigan (vgl. 1983, S. 399) vertritt die Ansicht, daß diese Methode eher eine Verallgemeinerung der Untersuchungsergebnisse zuläßt. Überdies weist die Autorin auf den Vorteil der besseren Vergleichbarkeit zwischen verschiedenen Studien durch die klare Abgrenzbarkeit der zugrundeliegenden Datenbasis hin, während sie den Nachteil dieser Methode in der fehlenden Möglichkeit sieht, interessante Einzelaspekte zu berücksichtigen.

Der situative Ansatz ist zwischen den beiden beschriebenen Extrempositionen anzusiedeln. Hier sollen Erkenntnisse gewonnen werden, die zwar für eine Mehrheit von Fällen zutreffend sind, aber die Gültigkeit der Aussagen in Beziehung zu einem spezifischen Kontext setzen. Durch die Reduktion auf eine überschaubare Zahl komprimierter Variablen sollen - im Vergleich zum qualitativen Forschungsansatz - Erkenntnisse mit einer höheren Generalisierbarkeit abgeleitet werden (vgl. Bourgeois 1980, S. 29). Insofern kann dieser Forschungsmethode auch ein mittlerer Differenzierungsgrad attestiert werden (vgl. Hambrick 1982, S. 511; Hambrick 1983, S. 214; Zeithaml/Varadarajan/Zeithaml 1988, S. 57).

Das mittels eines solchen Forschungsansatzes verfolgte Ziel kann in der Entscheidungsunterstützung bei der Lösung praxisrelevanter Problemstellungen gesehen werden. Basierend auf einer Analyse der Situation werden Erkenntnisse über die unternehmensspezifischen Stärken und Schwächen sowie die aus der Umweltentwicklung resultierenden Chancen und Risiken abgeleitet, die die Grundlage für die Formulierung situationsadäquater Strategien bilden (vgl. Day 1986, S. 6). Der situative Ansatz zielt somit darauf ab, Empfehlungen für das Management abzuleiten, die der jeweiligen Situation angemessen sind (vgl. Kast/Rosenzweig 1985, S. 116). Dabei liegt die Konzentration auf der Ermittlung von gewissen Regelmäßigkeiten, während die im Rahmen einer kasuistischen Betrachtungsweise mögliche Analyse von interessanten Einzelfällen unterbleibt. Kritiker halten der Methode daher entgegen, daß die mit ihrer Hilfe gewonnenen Forschungsergebnisse nicht selten als "richtige" Handlungsempfehlungen dargestellt werden (vgl. Schreyögg 1978, S. 236 ff.). Bezugnehmend auf dieses Problem weist Hofer (vgl. 1975, S. 807) darauf hin, daß die Erkenntnisse, die mit Hilfe situativer Forschung gewonnen werden, Entscheidungen, die ihrerseits das Ergebnis sorgfältiger Analyse und Planung sind, nicht ersetzen können. Häufig müssen individuelle situative Voraussetzungen, die Einfluß auf den Erfolg bestimmter Verhaltensweisen haben, berücksichtigt werden. Den Nutzen situativ relativierter Erkenntnisse sieht er vielmehr in der Entscheidungsunterstützung, indem die Plausibilität eigener Planungsergebnisse mit ihrer Hilfe überprüft werden können.

Die Bedeutung individueller situativer Faktoren, die auf das Unternehmen einwirken, unterstreicht letztlich die begrenzte Aussagekraft situativer Forschungsergebnisse. Wie oben bereits angedeutet, ist die Zahl der unabhängigen Variablen, die Eingang in ein situatives Forschungsdesign finden können, begrenzt. Mit Blick auf die Notwendigkeit einer Komplexitätsreduktion sieht sich allerdings auch der Entscheidungsträger in der Unternehmenspraxis mit der Selektionsproblematik konfrontiert (vgl. Day 1986, S. 7). Da die Umwelt des Unternehmens ein unüberschaubares Ganzes darstellt, wird die Ausblendung unwichtiger Bestandteile und die Konzentration auf die relevanten Faktoren notwendig. Die Entscheidung über den verwendeten Selektionsfilter muß allerdings als Entscheidung unter Risiko gelten, d.h. sie ist nicht irrtumsfrei (vgl. Schreyögg/Steinmann 1985, S. 394). Gleiches gilt auch für die Entscheidung, die die Auswahl der unabhängigen Variablen für ein situatives Forschungsdesign betrifft. Bei der Konstruktion eines situativen Bezugsrahmens, der darauf abzielt, das Verhalten von Entscheidungsträgern in bestimmten Handlungssituationen verständlich zu machen, ist also eine Entscheidung darüber zu treffen, welche Elemente als wesentlich für die Abbildung einer typisierten Entscheidungssituation gelten können (vgl. Staehle 1977, S. 108).

1.2. Der verhaltenswissenschaftlich-situative Ansatz

Das Ziel, bei gegebenem Kontext mit Hilfe der Gestaltungsvariablen den Erfolg zu steigern und die Annahme einer Kausalität zwischen unabhängigen und abhängigen Variablen führen dazu, daß gegenüber dem klassischen situativen Ansatz häufig der Vorwurf des situativen Determinismus erhoben wird. Da unter Effizienzgesichtspunkten letztlich nur eine situationsgerechte Gestaltungsalternative verbleibt, würde sich das Handeln der Entscheidungsträger auf ein quasi-mechanistisches Anpassen an Veränderungen des Bedingungsrahmens reduzieren (vgl. Kieser/Segler 1981, S. 178; Kropfberger 1984, S. 604; Staehle 1991, S. 49 f.).

Als Reaktion auf die Kritik am klassisch-situativen Ansatz ist die Entwicklung des verhaltenswissenschaftlich-situativen Ansatzes zu sehen, der dem Entscheider, angelehnt an die Realität wirtschaftlichen Handelns, ein absichtsgeleitetes Verhalten zubilligt[27]. Hierbei existieren strategische Wahlmöglichkeiten, zumal die Einflußgrößen auf strategische Entscheidungen vom Entscheider nach subjektivem Ermessen selektiert werden (vgl. Bourgeois 1984, S. 551 ff.; Kropfberger 1984, S. 605). Dem Vorwurf des Voluntarismus steht hier die Verfolgung bestimmter Absichten oder Ziele entgegen, die wiederum den Handlungsspielraum des Entscheidungsträgers bei der Planung der Gestaltungskomponente begrenzen. Der Alternativenraum sinnvoller strategischer Verhaltensoptionen wird somit durch eine bestimmte Konstellation der Kontextfaktoren limitiert (vgl. Segler 1981, S. 247).

Generell wird durch die Berücksichtigung des Umstands, daß Situationen von Entscheidungsträgern subjektiv bewertet werden, dem Determinismusvorwurf entgegengewirkt. So ist im Rahmen eines situativen Forschungskonzepts davon auszugehen, daß nicht nur eine Selektion von Kontextfaktoren stattfindet, sondern die Kontextfaktoren von den Entscheidungsträgern auch subjektiv wahrgenommen werden (vgl. Bourgeois 1980, S. 33). Einerseits wird also nur ein bestimmter Ausschnitt des Bedingungsrahmens wahrgenommen und der Entscheidungsfindung zugrunde gelegt (vgl. Hambrick/Snow 1977, S. 110; Dickson 1992, S. 75). Die unterschiedliche Perzeption objektiv gleicher situativer Gegebenheiten aufgrund individueller Prädispositionen führt andererseits dazu, daß verschiedene Führungskräfte in derselben Situation unterschiedliche Ziele formulieren bzw. abweichende Verhaltensweisen (Strategien) zur Erreichung von Zielen für geeignet halten (vgl. Dülfer 1981, S. 22; Dess 1987, S. 265). Der Handlungsspielraum der Entscheidungsträger ist hier also nicht objektiv vorgegeben, sondern wird von diesen subjektiv wahrgenommen (vgl. Anderson/Paine 1975, S. 811). Burke (vgl. 1984, S. 346) weist in diesem Zusammenhang darauf hin, daß Lösungsansätze von Entscheidungsträgern in bestimmten Problemsituationen stark von Entscheidungen, die in der Vergangenheit getroffen wurden und in einem darwinistischen

---

[27] Allgemein ist dem Determinismusvorwurf entgegenzuhalten, daß in der Planungsrealität der Zielsetzungsprozeß nicht Extremierungs- sondern Satisfizierungsvorstellungen folgt. Vor diesem Hintergrund ist davon auszugehen, daß in der Regel nicht nur eine Gestaltungsalternative die Zielerreichung gewährleistet. Die Zielerreichung ist also nicht allein mit Hilfe des _one best way_ möglich, sondern es existieren auch noch _zweitbeste_ oder _befriedigende_ Alternativen zur Zielerreichung (vgl. Schmidt/Schirrmeister 1989, Sp. 1481).

Sinne erfolgreich waren, determiniert werden. Mit Blick auf die dieser Arbeit zugrundeliegende Problemstellung ist auch die Annahme von Interesse, daß die strategische Entscheidungsfindung vom nationalen Wertgefüge der Führungskräfte eines Landes geprägt wird (vgl. Clark 1990, S. 71).

Die individuellen Entscheidungs- und Verhaltensmuster stellen zwar nicht die eigentliche Ursache für die Ausprägung der abhängigen Variablen dar, sie moderieren jedoch den Wirkungszusammenhang zwischen unabhängigen und abhängigen Variablen (vgl. Prescott 1986, S. 331). Die Integration der intervenierenden Variablen in die Modellstruktur unterscheidet den klassisch-situativen vom verhaltenswissenschaftlich-situativen Ansatz. Die Grundstruktur des verhaltenswissenschaftlich-situativen Ansatzes ist in *Abbildung 18* im Überblick dargestellt.

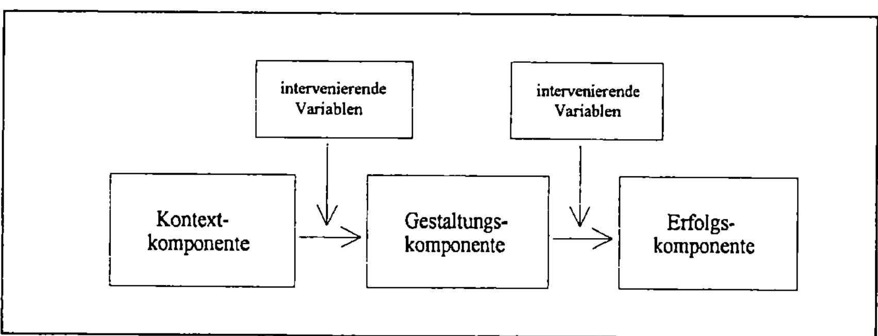

*Abbildung 18: Grundstruktur des verhaltenswissenschaftlichen
situativen Ansatzes*

1.3. Die situative Gestaltung internationaler Marktbearbeitungs-strategien

Gerade die wissenschaftliche Auseinandersetzung mit der internationalen Unternehmenstätigkeit ist geprägt von kontextabhängigen Forschungsansätzen. So wird beispielsweise das Gebiet des *Comparative Management* von der Annahme geprägt, daß Analogien und Unterschiede im Rahmen des Handelns von Entscheidungsträgern in Abhängigkeit von Ländern und Regionen auftreten, und Wirkungszusammenhänge zwischen Umwelteinflüssen und der Effizienz von Managementprozessen bestehen (vgl. Macharzina 1981, S. 37; von Keller 1989, Sp. 232). In bezug auf das Marketing ist im Rahmen klassifizierender und generalisierender Analysen nach Erklärungen zu suchen, *wie, warum* und *unter dem Einfluß welcher Umweltdeterminanten* die konstitutiven Bestandteile von Marketing-systemen in einzelnen Regionen zu einem unterschiedlichen Mix von Marketingfunktionen, -prozessen, -strukturen und -akteuren kombiniert werden (vgl. Soldner 1983, S. 140).

Der prinzipielle Situationswandel, der mit der Bearbeitung verschiedener Ländermärkte verbunden ist, kann als konstitutives Merkmal der Inter-nationalisierung eines Unternehmens gelten (vgl. Dülfer 1982, S. 55). Die Beschäftigung mit Fragen des internationalen Managements zielt dann auch in erster Linie darauf ab, die Auswirkungen unterschiedlicher und dynamischer Umweltbedingungen auf das Unternehmen und die Unter-nehmenspolitik zu untersuchen (vgl. Dülfer 1981, S. 6 f.). In dieser Tradition stehen auch die Forschungskonzeptionen, die - basierend auf dem situativen Ansatz - davon ausgehen, daß Unterschiede im Standardi-sierungsgrad der Marketingpolitik eines internationalen Unternehmens auf die Verschiedenartigkeit der ausgewählten Situationsvariablen zurückzu-führen sind (vgl. z.B. Mühlbacher/Beutelmeyer 1984).

Mit Blick auf die internationalen Marktbearbeitungsstrategien kann die zentrale Problemstellung in der Frage zusammengefaßt werden, unter welchen situativen Bedingungen eine Standardisierung bzw. eine Differenzierung der Marktbearbeitungsstrategie erfolgversprechend ist. Ziel der weiteren Überlegungen ist der Entwurf eines analytischen Bezugsrahmens, der für die Analyse internationaler Marktbearbeitungs-strategien heuristischen Wert besitzt. Zunächst sollen daher die ver-schiedenen Komponenten eines solchen Modells charakterisiert werden.

- Die *Kontextkomponente* des situativen Forschungskonzeptes beinhaltet die für die Strategieformulierung relevanten internen und externen Variablen. Hier sind nach Möglichkeit jene Situationsdimensionen aus-zuwählen, die die Gestaltung der internationalen Marktbearbeitungs-strategie nachhaltig beeinflussen. Die Situation wird dabei durch die Differenz in der Ausprägung der Kontextvariablen zwischen ver-schiedenen Ländermärkten beschrieben.

- Die *Gestaltungskomponente* zielt im Rahmen des vorliegenden situa-tiven Forschungskonzeptes auf jene Variablen ab, die die Optionen des Entscheiders bei der Formulierung der Marktbearbeitungsstrategie beschreiben. Dabei wird der Standardisierungsgrad durch einen Vergleich der Marktbearbeitungsstrategie zwischen verschiedenen Ländermärkten und durch die Ermittlung der bestehenden Differenz erhoben.

- Die *Erfolgskomponente* beschreibt den Erfolg, der auf einem Ländermarkt mit Hilfe der jeweiligen Marktbearbeitungsstrategie erzielt werden konnte.

Orientiert am Grundmodell des verhaltenswissenschaflichen-situativen Ansatzes müssen in einem nächsten Schritt die *intervenierenden Variablen* bestimmt werden. Angelehnt an die obigen Ausführungen kann die individuelle Prädisposition des Entscheidungsträgers als intervenierende Variable angesehen werden. Hier spielen beispielsweise - wie oben bereits beschrieben - sowohl die Selektion kontextueller Einflußfaktoren als auch die subjektive Einschätzung von Ausprägungen im Bereich der Kontextkomponenten eine Rolle. Somit entfaltet die Prädisposition bei der Festlegung der Marktbearbeitungsstrategie vor dem Hintergrund eines gegebenen Bedingungsrahmens eine moderierende Wirkung. Im Hinblick auf den Zusammenhang zwischen Gestaltungs- und Erfolgsvariablen ist davon auszugehen, daß die Wahl bzw. die Erfolgsträchtigkeit einer Strategie neben der kontextuellen Stimmigkeit u.a. von den organisatorischen Möglichkeiten der Umsetzung und von Aspekten des Führungssystems abhängig ist (vgl. Bartlett/Ghoshal 1990, S. 37). Das organisatorische Umsetzungspotential und die Eignung des Führungssystems sind infolgedessen als intervenierende Variablen zu charakterisieren, die auf die · Beziehung zwischen Marktbearbeitungsstrategie und Markterfolg einwirken.

Die individuelle Prädisposition des Entscheidungsträgers wird dabei in dem Forschungsdesign, das dieser Arbeit und damit der empirischen Studie zugrundeliegt, nicht berücksichtigt. Zum einen ist dies auf erhebungstechnische Gründe zurückzuführen. Entscheidungen über Marktbearbeitungsstrategien - zumal wenn sie sich auf mehrere Ländermärkte beziehen - sind ihrem Charakter nach multipersonale Entscheidungen. Da die Datengenerierung auf der Basis persönlich-mündlicher Interviews erfolgte, wäre eine Terminabsprache mit allen Unternehmensangehörigen, die an der Formulierung der Marktbearbeitungsstrategie beteiligt sind, erforderlich gewesen. Zum anderen spielt hier auch die mit dieser Arbeit verbundene Zielsetzung eine Rolle. Kieser/Kubicek (vgl.

1992, S. 56 ff.) unterscheiden mit Blick auf die Zielsetzung von Forschungsprojekten zwischen der analytischen und der pragmatischen Variante des situativen Ansatzes. Während das analytische Grundmodell dem theoretischen Wissenschaftsziel folgend, die Frage zu beantworten sucht, *warum* Individuen in einer gegebenen Situation ein bestimmtes Verhalten zeigen, ist im Rahmen des pragmatischen Grundmodells die Frage, *wie* sich Individuen in einer bestimmten Situation verhalten, erkenntnisleitend[28]. Da es das Anliegen dieser Arbeit ist, Gestaltungsempfehlungen für eine Problemstellung in der Praxis abzuleiten, wird deutlich, daß das eigentliche Erkenntnisinteresse in der Frage zu suchen ist, wie der Handlungsspielraum in einer bestimmten Situation auszugestalten ist und daß es nicht darum geht, nachzuvollziehen, warum bestimmte Strategien gewählt wurden.

Auch die Organisationsstruktur sowie das Führungssystem als intervenierende Variablen werden bei der Gestaltung des Forschungsdesigns nicht berücksichtigt. Der Grund hierfür ist in dem Bestreben zu sehen, die Komplexität des Modells zu beschränken, die durch eine Berücksichtigung dieser Aspekte mit den jeweiligen Ausprägungsmöglichkeiten stark angestiegen wäre. Die Beschränkung der Anzahl der berücksichtigten Variablen ist mit Blick auf die Handhabung des Modells notwendig (vgl. Macharzina 1982, S. 133). Überdies ist darauf hinzuweisen, daß die Eignung bestimmter Lösungen hinsichtlich organisatorischer Gestaltungsmerkmale sowie verschiedener Führungssysteme in einem gegebenen Kontext selbst Gegenstand intensiver wissenschaftlicher Diskussionen und entsprechender Forschungsarbeiten sind (vgl. Staehle 1991, S. 321).

Insofern erscheint es sinnvoll, den Erfahrungsgegenstand zu begrenzen, zumal es sich bei internationalen Marktbearbeitungsstrategien um ein bislang kaum untersuchtes Problemfeld handelt, die Forschung mithin explorativen Charakter aufweist. Die primäre Zielsetzung der vorliegenden Arbeit besteht darin, ein Entscheidungsmodell für die Planung internationaler Marktbearbeitungsstrategien zu entwickeln. Im Rahmen eines solchen Modells wird eine Zielfunktion mit verschiedenen Handlungsalternativen in Beziehung gesetzt, um für bestimmte Situationen die Zielwirkungen deduktiv zu ermitteln (vgl. Hill/Fehlbaum/Ulrich 1981/I, S.

---

[28] Vgl. zur Unterscheidung zwischen dem theoretischen und dem pragmatischen Wissenschaftsziel auch Heinen (1982, S. 24 ff.) und Hill/Fehlbaum/Ulrich (1981, S. 34).

42). Ein solches Entscheidungsmodell kann jedoch auch als Erklärungsmodell und damit der Theoriebildung dienen (vgl. Wild 1966, S. 27). Damit ist die Arbeit auch als Bestandteil eines Forschungsprozesses zu sehen, bei dem die empirische Forschung zur Konstruktion und Weiterentwicklung von Theorien eingesetzt wird (vgl. Kubicek 1977, S. 13). Auf der Basis der gewonnenen Theorien, die sich auf einen spezifischen Erkenntnisgegenstand - die internationale Marktbearbeitungsstrategie - beziehen, kann in einem nächsten Schritt die Integration weiterer Perspektiven und eine sich hieran anschließende empirische Überprüfung erfolgen. Im folgenden sollen nun die Variablen vorgestellt werden, mit deren Hilfe die einzelnen Komponenten des skizzierten Forschungsdesigns beschrieben werden.

2. Komponenten des situativen Forschungsdesigns

Im folgenden sollen die Kontext-, Gestaltungs- und Erfolgskomponenten, die das Grundgerüst des vorliegenden situativen Forschungskonzepts bilden, abgeleitet werden. In diesem Zusammenhang ist die Bewältigung von zwei Problemen erforderlich. Im ersten Schritt ist die Frage zu klären, welche theoretischen Konstrukte für die Beschreibung der einzelnen Komponenten relevant sind. Damit erfolgt die *Konzeptualisierung* der Komponenten des Forschungskonzepts. In einem zweiten Schritt ist festzulegen, mit Hilfe welcher Eigenschaften oder Merkmale die theoretischen Konstrukte erfaßt werden können[29]. Damit wird die Frage der *Operationalisierung* der Komponenten des Forschungskonzeptes angeschnitten (vgl. Schnell/Hill/Esser 1989, S. 119-131). Da die Angabe empirisch wahrnehmbarer Merkmale, mit deren Hilfe ein theoretisches Konstrukt erfaßt werden kann[30], unmittelbar mit der Frage verknüpft ist, wie diese Merkmale im einzelnen gemessen werden können und wie hieraus ein Meßwert für das theoretische Konstrukt ermittelt werden kann (vgl. Böhler 1985, S. 94-96), soll die Beschreibung des Meßprozesses jeweils im Rahmen der Operationalisierung erfolgen.

2.1. Die Kontextkomponente

2.1.1. Überblick

Allgemein kann bei der Beschreibung der Kontextkomponente zwischen einer *unternehmensexternen* und einer *unternehmensinternen Kontextkomponente* unterschieden werden. Beide Bereiche beeinflussen die Formulierung von Marktbearbeitungsstrategien in gleichem Maße. Der unternehmensinterne Bedingungsrahmen beschreibt die unternehmensindividuellen Voraussetzungen für die Marktbearbeitung. Die glaubwürdige

---

[29] Bei der Operationalisierung theoretische Konstrukte ergibt sich im Regelfall ein Auswahlproblem, da die Menge aller Merkmale, mit deren Hilfe sich ein Konstrukt erfassen läßt, häufig nicht genau abgegrenzt werden kann oder weil beispielsweise aus erhebungstechnischen Gründen eine Begrenzung erfolgen muß. Um die Validität gewährleisten zu können, sollten jedoch in jedem Fall mehrere Merkmale zur Operationalisierung eines theoretischen Konstruktes herangezogen werden.

[30] Empirisch wahrnehmbare Merkmale werden auch als manifeste Variablen oder Indikatoren bezeichnet, während theoretische Konstrukte, die einer direkten Messung nicht zugänglich sind, als latente Variablen bezeichnet werden.

Umsetzung strategischer Konzepte erfordert daher die Berücksichtigung der Gegebenheiten im Unternehmen.

Die Formulierung einer Marktbearbeitungsstrategie muß ebenfalls mit den Entwicklungen in der Unternehmensumwelt korrespondieren. Die Umweltberücksichtigung kann vor diesem Hintergrund als ein Kernproblem des internationalen Managements gelten (vgl. Dülfer 1981, S. 6 f.). Betrachtet man Unternehmen als offene sozio-technische Systeme, so ergeben sich Beziehungszusammenhänge zwischen Unternehmen und Umwelt, die bei der Planung der Gestaltungskomponente zu berücksichtigen sind. In der Unternehmensumwelt werden Bedingungen geschaffen, die durch das Unternehmen zum Teil nicht beeinflußt und im Fall einer hohen Umweltdynamik häufig nicht einmal in vollem Umfang prognostiziert werden können (vgl. Staehle 1991, S. 384 ff.).

Der umweltbezogene Bedingungsrahmen birgt aus Sicht des einzelnen Unternehmens Chancen und Risiken im Hinblick auf die Erreichung der Unternehmensziele. Wird die Aufgabe einer Strategie allgemein darin gesehen, das Unternehmen in Bezug zu seiner Umwelt zu setzen, indem langfristige Verhaltensrichtlinien gegenüber der Umwelt festgelegt werden, so wird deutlich, daß der Formulierung von Strategien die Analyse der Umwelt vorauszugehen hat. Eine große Hetrogenität der Umwelt des Unternehmens in verschiedenen Ländermärkten bedingt grundsätzlich die Notwendigkeit bzw. Vorteilhaftigkeit einer strategischen Anpassung an den veränderten Bedingungsrahmen (vgl. Morrison/Roth 1989, S. 35).

Eine Strategie bzw. hier die Standardisierung der Strategie kann daher nicht per se als wirksam oder unwirksam qualifiziert werden, die Wirkung ist vielmehr weitgehend von den situativen Umwelteinflüssen abhängig. Die Unternehmensumwelt als ein äußerst komplexes Gebilde kann dabei praktisch in unendlich viele Eigenschaften oder Dimensionen unterteilt werden. Vor dem Hintergrund einer konkreten Problemstellung ist allerdings im Regelfall davon auszugehen, daß jeweils nur ein begrenzter Ausschnitt der Unternehmensumwelt von Bedeutung ist.

Die Strukturierung der Umwelt kann unter Rückgriff auf den interaktionstheoretischen Ansatz erfolgen. Unter dem Begriff Umwelt wird dabei die Ganzheit aller sozio-technischen Systeme verstanden, mit denen das

Unternehmen Interaktionsbeziehungen unterhält (vgl. Dülfer 1992a, S. 188-191). Zur Erfassung der Interaktionspartner des Unternehmens wird häufig das Stakeholder-Konzept herangezogen. Damit wird auf Handlungsträger abgestellt, die für das Unternehmen relevant sind, weil sie über die erforderlichen Machtgrundlagen verfügen, um ihre Interessen in Austauschbeziehungen mit dem Unternehmen durchzusetzen (vgl. Freeman/Reed 1983, S. 91). Mit dem Begriff der entscheidungsrelevanten Umwelt werden dabei nicht nur unternehmensexterne Gruppen sondern auch unternehmensinterne Interessengruppen erfaßt, da dem Umweltbegriff die betrieblichen Entscheidungsträger als Bezugspunkt zugrundegelegt werden (vgl. Jeschke 1993, S. 19).

Einen ersten Ansatzpunkt für eine Annäherung bietet hier die Differenzierung zwischen den Umfeldern, denen Anspruchsgruppen entstammen können. Haedrich/Jeschke (vgl. 1992, S. 173) treffen gemäß der funktionalen Beziehung zum Unternehmen eine Unterscheidung zwischen vier Umfeldern:

- Dem *internen Umfeld* sind Personengruppen zuzuordnen, die mit dem Unternehmen durch ein Angestellten- oder Eigentumsverhältnis verbunden sind.
- Dem *marktlichen Umfeld* gehören Personengruppen und Institutionen an, die über Markttransaktionen mit dem Unternehmen verbunden sind.
- Dem *gesellschaftlichen Umfeld* gehören Personengruppen und Institutionen an, deren Ansprüchen an das Unternehmen gesellschaftliche Austauschbeziehungen zugrundeliegen.
- Dem *politischen Umfeld* können Personengruppen und Institutionen zugeordnet werden, die stellvertretend für Dritte gesellschaftliche Belange thematisieren.

Stakeholder, die den einzelnen Umfeldern zuzuordnen sind, verfolgen in der Regel sehr unterschiedliche Interessen und interagieren dabei mit den verschiedensten Subsystemen des Unternehmens. Im Hinblick auf den vorliegenden Forschungsansatz sollen diejenigen Umweltfaktoren identifiziert werden, die für die Formulierung von Marktbearbeitungsstrategien von Bedeutung sind.

Als grobe Einteilung der Unternehmensumwelt kann auch die Unterscheidung zwischen der *globalen Umwelt* und der *Aufgabenumwelt* des Unternehmens gelten. Die globale Umwelt läßt sich in eine ökonomische, technologische, rechtlich-politische und sozio-kulturelle Komponente unterteilen[31] (vgl. Aguilar 1967, S. 11; Kreilkamp 1987, S. 71; Steinmann/ Schreyögg 1990, S. 138). Als Komponenten der Aufgabenumwelt lassen sich alle Elemente charakterisieren, mit denen das Unternehmen zur Erreichung seiner Sachziele interagiert (vgl. Kubicek/Thom 1976, Sp. 3992).

Die Komponenten der globalen Umwelt werden meist nicht als relevante Kontextdimensionen bei der Formulierung von Strategien auf Geschäftsfeldebene eingeschätzt, da es sich hier um überbetriebliche Phänomene handelt und im Hinblick auf verschiedene Unternehmen bzw. Produkte bei statischer Betrachtung keine Unterschiede in der Ausprägung bestehen. Im Rahmen einer geographischen Ausdehnung der Aktivitäten muß diese Argumentation allerdings einer eingehenderen Überprüfung unterzogen werden. Neben dem mit der Bearbeitung ausländischer Märkte verbundenen Aspekt des grundsätzlichen Wandels, der sich auch auf die globale Umwelt des Unternehmens bezieht und somit einen differierenden Bedingungsrahmen impliziert, können einzelne Komponenten auch einen unterschiedlichen Stellenwert in den jeweiligen Ländern aufweisen (vgl. Dyllick 1986, S. 373 f.) . Dülfer (vgl. 1982, S. 56) weist darauf hin, daß staatliche Stellen und halbstaatliche Institutionen, aber auch bestimmte soziale Gruppierungen vor allem in Entwicklungsländern an Relevanz gewinnen. Generell ist jedoch davon auszugehen, daß sich Unterschiede im Rahmen der globalen Umweltkomponenten über vielfältige Diffusionsprozesse im Verhalten der marktlichen Interaktionspartner des strategischen Geschäftsfeldes niederschlagen (vgl. Kubicek/Thom 1976, Sp. 3990 ff.; Fahey/Narayanan 1986, S. 190).

Die Erfassung der globalen Umwelt des Unternehmens kann vor allem mit Blick auf den geringen Institutionalisierungsgrad ihrer einzelnen Komponenten als komplexes Problem gelten. Eine Komplexitätsreduktion tritt ein, wenn der Abgrenzung relevanter Umweltbereiche eine entscheidungsorientierte Betrachtungsweise zugrundegelegt wird. Insgesamt ist festzustellen, daß Unterschiede in der globalen Umwelt im Ländervergleich eher für die Marktwahlentscheidung (Entscheidungen auf Unternehmensebene) und weniger im Hinblick auf die Planung von Marktbearbeitungsstrategien (Entscheidungen auf Geschäftsfeldebene) relevant sind (vgl. Bourgeois 1980, S. 26). Informationen aus der Umwelt des Unternehmens sollten

---

[31]　Eine Skizzierung verschiedener aus Unternehmenssicht relevanter Entwicklungen in diesen Bereichen findet sich bei Wiedmann (vgl. 1985, S. 150).

daher im Hinblick auf das jeweilige Entscheidungsfeld selektiert werden (vgl. Aguilar 1967, S. 6). Spezifische Teilaspekte, die für Entscheidungen auf Geschäftsfeldebene von Bedeutung sind, können vor dem Hintergrund der zu treffenden strategischen Entscheidungen auch konkreten Akteuren in der Unternehmensumwelt zugeordnet werden.

Kreilkamp (vgl. 1987, S. 71 ff.) unterteilt basierend auf einer Literaturauswertung die Aufgabenumwelt weiter in ein *marktliches Umfeld* und *regulative Gruppen*. Während die Interaktionspartner aus dem marktlichen Umfeld des Unternehmens mit diesem durch Markttransaktionen auf der Beschaffungs- oder Absatzseite verbunden sind, haben regulative Gruppen - wie Kapitalgeber, Gewerkschaften, staatliche Institutionen, Verbände etc. - keinen direkten Einfluß auf die Produkt-Markt-Beziehung des Unternehmens, wiewohl sie in direkter Interaktion mit dem Unternehmen stehen.

Bezogen auf die Planung der Marktbearbeitungsstrategie kann festgestellt werden, daß dieses auf Geschäftsfeldebene angesiedelte Entscheidungsfeld in erster Linie durch das marktliche Umfeld beeinflußt wird (vgl. Hofer/Schendel 1978, S. 56), während regulative Gruppen ihre Ansprüche eher im Hinblick auf das gesamte Unternehmen formulieren und Entscheidungen auf Geschäftsfeldebene somit nur mittelbar beeinflussen. Für eine weitergehende Betrachtung scheint daher in erster Linie die marktliche Umwelt relevant zu sein. Steinmann/Schreyögg (1990, S. 144) bezeichnen diesen aus Sicht eines strategischen Geschäftsfeldes relevanten Ausschnitt der Unternehmensumwelt als die *engere ökonomische Umwelt* und schlagen für eine differenzierte Analyse dieses Bezugsobjektes die Verwendung des Branchenstruktur-Ansatzes nach Porter (1990b) vor. Dabei wird die relevante Umwelt mit dem Begriff der Branche gleichgesetzt. Das aus Sicht eines strategischen Geschäftsfeldes relevante Umfeld und die zugrundeliegenden Beziehungen sind in *Abbildung 19* dargestellt.

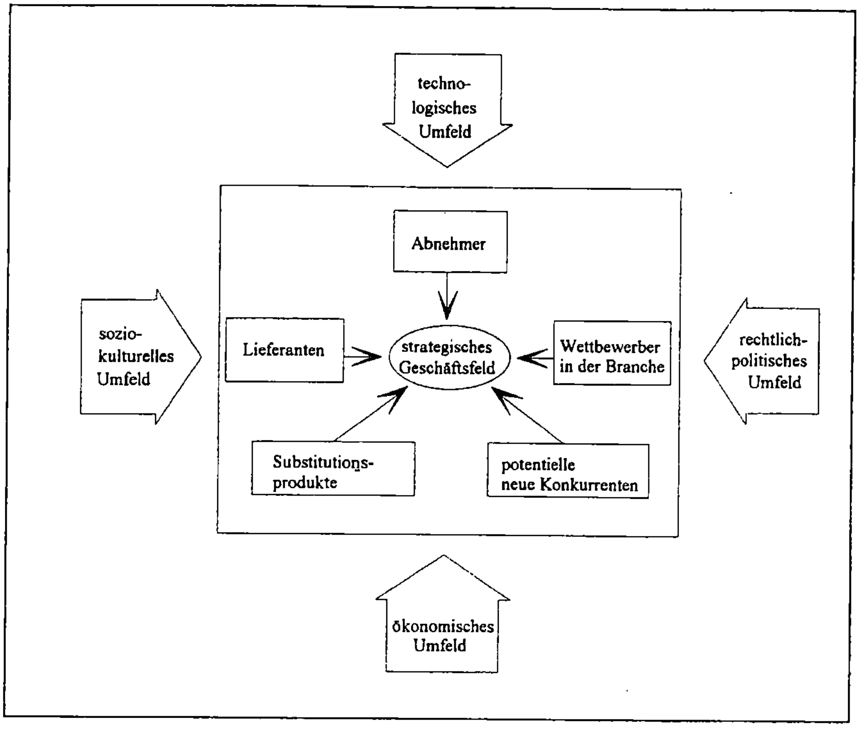

Abbildung 19: Das Aufgabenumfeld des strategischen Geschäftsfelds
(in Anlehnung an Porter 1990b)

Im folgenden Abschnitt sollen nun die Kontextdimensionen abgeleitet werden, die für das zugrundeliegende Erkenntnisobjekt von Relevanz sind und geeignet erscheinen, die Situation eines strategischen Geschäftsfeldes, das einer bestimmten Branche zuzurechnen ist, abzubilden.

2.1.2. Konzeptualisierung der Kontextkomponente

Zur Konzeptualisierung der Kontextkomponente müssen relevante Kontextdimensionen für die hier interessierende Problemstellung identifiziert werden. Eine Kontextdimension bzw. situative Variable kann dann als relevant bezeichnet werden, wenn Ausprägungen oder Eigenschaften dieser Dimension die Entscheidungen oder Entscheidungsergebnisse der betrachteten Organisationseinheit beeinflussen (vgl. Frese 1992, S. 145). Unter Bezugnahme auf den situativen Ansatz können Kontextdimensionen genau dann als relevant angesehen werden, wenn entweder Unterschiede im Hinblick auf die betrachtete Variable bei gleicher Ausprägung der Gestaltungsdimension ein unterschiedliches Ausmaß an Erfolg bedingen oder Unterschiede im Rahmen der Kontextdimension eine differierende Ausprägung der Gestaltungsdimension erfordern, um ein vergleichbares Erfolgspotential realisieren zu können. Die folgenden Ausführungen zielen also darauf ab, diejenigen Kontextdimensionen zu identifizieren, die für die Formulierung internationaler Marktbearbeitungsstrategien auf der Ebene strategischer Geschäftsfelder beachtet werden müssen.

2.1.2.1. Konzeptualisierung der externen Kontextkomponente

Den Überlegungen zur Konzeptualisierung der Kontextkomponente liegt eine gedankliche Strukturierung des Gegenstandsbereichs zugrunde, die der Prämisse folgt, daß das Untersuchungsobjekt nicht in seiner Gesamtheit erfaßt werden kann. Daher ist eine Auswahl der Konstrukte im Hinblick auf ihre Relevanz für die Fragestellung erforderlich (vgl. Kromrey 1980, S. 97-101). Generell wird die Auswahl dabei von der Annahme geleitet, daß eine homogene Ausprägung der externen und internen Kontextfaktoren in verschiedenen Ländern eher eine erfolgreiche Standardisierung der Marktbearbeitungsstrategien ermöglichen sollte als eine heterogene Ausprägung des Bedingungsrahmens (vgl. Meffert/Althans 1982, S. 108).

2.1.2.1.1. Die Wettbewerbsintensität

Vor dem Hintergrund einer Marktsättigung in vielen Produktmärkten sind heute vor allem in den Industrienationen Tendenzen einer strukturellen Marktstagnation zu beobachten. Unternehmen, die von diesen Entwicklungen betroffen sind, werden dadurch unmittelbar in der Erreichung der Unternehmensziele beeinträchtigt. Erklärt werden kann dies durch die tendenziell steigende *Wettbewerbsintensität* in stagnierenden Märkten, in denen der Wettbewerb den Charakter eines Konstant-Nullsummenspiels annimmt (vgl. Meffert 1985c, S. 476-478). Auch mit Blick auf die Geschäftsfeldebene ist davon auszugehen, daß die Wettbewerbsintensität in einer Branche die Ertragschancen eines strategischen Geschäftsfeldes erheblich beeinflußt (vgl. Ohlsen 1985, S. 135-137).

Aufgrund des zunehmenden Verdrängungswettbewerbs kommt es im Zuge des Kampfes um Marktanteile häufig zu aggressiven Preisauseinandersetzungen zwischen den Wettbewerbern in der Branche (vgl. Simon 1993,

Sp. 4689 f.). Eine Möglichkeit dem intensiven Preiswettbewerb zu entgehen, besteht für die Wettbewerber der Branche darin, den Markt weiter zu segmentieren und die Erzielung von Wettbewerbsvorteilen mit Hilfe einer Angebotsdifferenzierung anzustreben bzw. die Austauschbarkeit ihrer Produkte zu reduzieren (vgl. Kroeber-Riel 1984b, S. 210; Webster 1986, S. 94-97; Kreilkamp 1987, S. 162 f.; Tomczak/Belz 1993b, S. 17). Da sich sowohl eine Profilierung über den Preis als auch über eine Produktdifferenzierung auf die Strategien der Wettbewerber in einer Branche auswirkt, wird deutlich, daß die Wettbewerbsintensität Einfluß auf die Gestaltungskomponente im situativen Forschungsdesign hat (vgl. hierzu auch Brockhoff 1986, S. 515). Dieser Einfluß kann auch mit Blick auf die Notwendigkeit einer Anpassung des Zielsystems an die Wettbewerbsintensität begründet werden (vgl. Meffert 1985c, S. 478 f.). Strategien, die als grundsätzliche Wege zur Erreichung vorgegebener Ziele gelten können, werden von der Wettbewerbsintensität in einer Branche mittelbar über die Beeinflussung der Zielsetzung tangiert.

Porter (vgl. 1990b, S. 25-61) faßt, wie oben bereits dargelegt wurde, den Wettbewerbsbegriff wesentlich weiter und unterscheidet zwischen fünf Wettbewerbsdeterminanten, die zusammengenommen die Wettbewerbsintensität in einer Branche bestimmen. Je stärker die Wettbewerbskräfte auf die strategischen Geschäftsfelder in einer Branche einwirken, desto stärker ist die Wettbewerbsintensität ausgeprägt. Vor allem die Konkurrenten werden im Rahmen der Branchenstrukturanalyse im Vergleich zu alternativen Systematisierungsansätzen der Unternehmensumwelt einer äußerst differenzierten Betrachtung unterzogen. Unterschieden wird dabei zwischen den Wettbewerbern in der Branche, potentiellen neuen Konkurrenten und Substitutionsprodukten (vgl. Tomczak 1989, S. 84 f.). Die Berücksichtigung der Bedrohung durch neue Konkurrenten sowie durch Ersatzprodukte oder -dienste erscheint hier insofern notwendig, als beide Komponenten sowohl auf die Rentabilität als auch auf den strategischen Handlungsspielraum einwirken.

Als weitere Wettbewerbskräfte werden die Lieferanten und die Abnehmer unterschieden. Die Stärke, mit der diese beiden Gruppen auf den Wettbewerb einwirken, läßt sich dabei durch die Ermittlung ihrer Verhandlungsmacht gegenüber den Unternehmen in der betrachteten Branche messen. Beispielsweise können Lieferanten mit einer monopolartigen Stellung ihre Verhandlungsstärke ausspielen, indem sie die Preise erhöhen und damit die Wettbewerbsintensität bzw. die Rentabilität in der Branche beeinflussen (vgl. Porter 1991b, S. 54).

Mit Blick auf die Bedingungen in der Konsumgüterindustrie wird deutlich, daß analog zu der eingehenderen Betrachtung der Wettbewerber auch die Wettbewerbskraft 'Abnehmer' einer differenzierteren Analyse unterzogen werden sollte. Sowohl der anhaltende Konzentrationsprozeß als auch die Veränderung bzw. Zentralisation der Entscheidungsstrukturen im Handel bilden die Grundlage dafür, daß von einer absatzpolitischen Emanzipation des Handels gesprochen werden kann. Der Handel dient heute nicht mehr als distributionspolitischer Erfüllungsgehilfe der Hersteller, sondern er setzt ein eigenes Marketing-Instrumentarium ein[32]. Dieser Wandel auf Seiten des Handels findet seinen Ausdruck nicht zuletzt im Vertrieb preisgünstiger Eigenmarken. Somit resultiert in vielen Branchen ein verschärfter Wettbewerb aus der zunehmenden Emanzipation sowie der gewachsenen Macht des Handels (vgl. Westphal 1991, S. 38-43). Irrgang (vgl. 1989, S. 2) weist darauf hin, daß vor allem der intensive vertikale Wettbewerb in vielen Branchen zu einem Schrumpfen der Umsatzrendite geführt hat. Überdies beeinflußt die Ausgestaltung der Hersteller-Handels-Beziehung den strategischen Handlungsspielraum des Herstellers in erheblichem Ausmaß (vgl. Tomczak/Gussek 1992, S. 786).

Vor diesem Hintergrund erscheint es sinnvoll, bei der Analyse der Abnehmer zwischen Absatzmittlern und Konsumenten zu differenzieren. Somit wird das Modell der Branchenstrukturanalyse um eine sechste strukturelle Determinante erweitert (vgl. Tomczak 1989, S. 86) und umfaßt nun die folgenden Wettbewerbskräfte:

- Konsumenten,
- Absatzmittler,
- etablierte Konkurrenten,
- potentielle neue Konkurrenten,
- Substitutionsprodukte und
- Lieferanten.

---

[32] Der Einsatz eines eigenständigen Marketing-Instrumentariums stützt sich auf die jeweils verfolgten Marketing-Ziele sowie die hieraus abgeleiteten Strategien. Gerade hinsichtlich des Zielsystems im Hersteller- und Handelsmarketing bestehen erhebliche Konfliktpotentiale (vgl. Haedrich/Kreilkamp 1984; Haedrich/Tomczak 1988a).

Der Ermittlung der Wettbewerbsintensität kommt insofern ein zentraler Stellenwert zu, als die Branchencharakteristik - und hier vor allem die Rentabilität der Branche - in starkem Maße durch die Wettbewerbsintensität determiniert wird. Vor diesem Hintergrund ist davon auszugehen, daß die Strategien, die mit einem Geschäftsfeld verfolgt werden, an den Wettbewerbskräften, die auf die Branche einwirken, ausgerichtet werden müssen. Von besonderer Bedeutung ist in diesem Zusamenhang die Wettbewerbskraft, die am stärksten auf den Wettbewerb einwirkt.

In einer breit angelegten empirischen Studie gelang es Gussek (vgl. 1992, S. 215; 239) nachzuweisen, daß der Grad der Wettbewerbsintensität in einer Branche die Strategiewahl beeinflußt. Bestehen im Ländervergleich Unterschiede in der Wettbewerbssituation, liegt daher die Vermutung nahe, daß eine Anpassung der strategischen Ausrichtung des Unternehmens mit Blick auf die Erfolgsaussichten wünschenswert erscheint (vgl. Douglas/Wind 1987, S. 26). Insofern kann die These aufgestellt werden, daß eine unterschiedliche Wettbewerbsintensität die Effizienz von Marktbearbeitungsstrategien beeinflußt. Die Wettbewerbsintensität kann somit als erste Kontextvariable des situativen Forschungsdesigns abgeleitet werden.

Obwohl die Absatzmittler und die Endabnehmer im Rahmen der Ermittlung der Wettbewerbsintensität implizit berücksichtigt werden, soll die Konsumenten- und Handelsituation im folgenden einer eingehenderen Betrachtung unterzogen werden. Die beiden Konstrukte werden - neben anderen Situationsvariablen - als weitere eigenständige Kontextdimensionen abgeleitet. Begründen läßt sich dies mit der besonderen Bedeutung dieser beiden Bereiche für die Formulierung der Gestaltungskomponente, die eine differenziertere Analyse der jeweiligen Situation sinnvoll erscheinen läßt. Die alleinige Betrachtung der Verhandlungsmacht dieser beiden Wettbewerbskräfte gibt nur bedingt Aufschluß über die Ausprägung dieser Kontextfaktoren. Bezogen auf die Konsumenten lassen sich mit Hilfe dieses Indikators beispielsweise keine Einblicke in die Homogenität der Bedürfnisstruktur in verschiedenen Ländermärkten gewinnen.

2.1.2.1.2. Die Konsumentensituation

Setzt man die Marketingkonzeption mit einer Kundenorientierung des Unternehmens gleich, bedeutet dies, daß die Probleme und Bedürfnisse der Verbraucher am Anfang und im Mittelpunkt der unternehmerischen Aktivitäten stehen (vgl. Hansen/Stauss 1983, S. 78; Kohli/Jaworski 1990, S. 3). Überlegungen, die auf die Formulierung der Marketingstrategie gerichtet sind, sollten daher dem Umstand Rechnung tragen, daß zumindest die Erreichung der langfristigen Unternehmensziele die dauerhafte Befriedigung der Kundenbedürfnisse voraussetzt (vgl. Meffert 1986a, S. 31). Wenngleich heute zunehmend die Bedeutung der Wettbewerbsorientierung betont wird (vgl. Day/Wind 1980, S. 8; Day/Wensley 1983), so gilt dennoch, daß die Standardisierungsmöglichkeiten im Marketingbereich ganz wesentlich von der Uniformität bzw. Homogenität der Verbraucherbedürfnisse und des Kaufverhaltens abhängig sind (vgl. Böcker 1990, S. 671). Die Ausrichtung an den Wettbewerbern sollte nicht dazu führen, daß dieser Aspekt allein in den Mittelpunkt der Überlegungen gerückt wird. Beide Komponenten müssen bei der Formulierung einer Marketingstrategie hinreichend berücksichtigt werden (vgl. Kotler/Bliemel 1992, S. 357). Wird die Leitidee der Kundenorientierung nicht zu eng interpretiert, umfaßt sie allerdings implizit auch die Idee der Wettbwerbsorientierung, da das Ziel verfolgt wird, Kundenbedürfnisse besser zu befriedigen als es durch die Wettbewerber geschieht (vgl. Fritz 1992, S. 34).

Als weitere externe Kontextvariable soll somit im Rahmen des vorliegenden Forschungsansatzes die *Konsumentensituation* berücksichtigt werden. Obwohl die Endabnehmer bereits als spezieller Teilaspekt im Modell der Branchenstrukturanalyse zur Messung der Wettbewerbsintensität Berücksichtigung finden, soll der Konsumentenbereich differenziert untersucht werden. Allein die Berücksichtigung der Stärke, mit der die Konsumenten auf den Wettbewerb in einer Branche einwirken, ermöglicht es nicht, die Situation und damit einhergehend die Unterschiede auf Konsumentenebene zwischen zwei Ländermärkten hinreichend exakt abzubilden. Begründet werden kann ein solches Vorgehen auch mit der zentralen Bedeutung, die beispielsweise die Annahme einer zunehmenden Konvergenz des Verbraucherverhaltens für die Standardisierungsdiskussion hat (vgl. Abschnitt II. 2.2. der Arbeit).

2.1.2.1.3. Die Handelssituation

Der Handelsbereich wird in den letzten Jahren von dynamischen Entwicklungen geprägt, die sich in qualitativen und quantitativen Veränderungen niederschlagen. In quantitativer Hinsicht kann auf die zunehmende Reduzierung der Zahl der Verkaufsstellen (Selektionsprozeß) und der Zahl der Entscheidungsstellen (Konzentrationsprozeß) verwiesen werden. In qualitativer Hinsicht ist eine zunehmende Entscheidungszentralisierung zu konstatieren (vgl. Zentes 1986, S. 22 f.). Die durch diese Entwicklungen gestiegene Handelsmacht führt vor allem aus Sicht von Unternehmen der Konsumgüterindustrie dazu, daß der Handlungsspielraum bei der Formulierung von Marktbearbeitungsstrategien in zunehmendem Maße durch die Anforderungen und Erwartungen des institutionellen Handels beeinflußt wird. Durch die Austauschbarkeit vieler Marken aus Sicht der Konsumenten verschärfen sich die Probleme für den Hersteller, da diese Marken nicht geeignet sind, einen Beitrag zur Profilierung des Handels zu leisten.

Vor dem Hintergrund der beschriebenen Entwicklungen soll die *Handelssituation* analog zur Konsumentensituation näher analysiert werden. Eine solche Vorgehensweise läßt sich auch mit Blick auf die Emanzipation des Handelsmarketing sowie das vielschichtige Beziehungsgeflecht zwischen Herstellern und Handelsunternehmen begründen. Entscheider auf Herstellerseite müssen die Handelssituation bei der Planung von Marktbearbeitungsstrategien berücksichtigen, wobei der Einfluß der Handelssituation auf zwei Ebenen wirksam werden kann. Zum einen müssen direkte Verhaltensrichtlinien im Hinblick auf den Handel formuliert werden, die auf die Sicherung der Präsenz im Absatzkanal abzielen. Zum anderen kann die Handelssituation auch Auswirkungen auf die Beziehung zu den Wettbewerbern und zu den Verbrauchern haben. Dies soll kurz an zwei Beispielen illustriert werden. Ein Unternehmen, das sich aufgrund der Situation im traditionellen Absatzkanal seiner Branche gezwungen sieht, mittels eines Direktvertriebs eine Umgehungsstrategie[33] zu verfolgen (vgl. Diller 1989, S. 217 f.), entwickelt sich damit häufig automatisch zu einem Marktnischenbearbeiter. Eine Marke hingegen, mit der eine Differenzierungsstrategie verfolgt wird, kann durch eine permanente Niedrigpreis-Vermarktung des Handels in ihrem Image so schwer geschädigt werden,

---

[33] Als Beispiele können hier Tupper-Ware, Avon-Kosmetik, aber auch die Heimdienste im
      Markt für Tiefkühlkostprodukte angeführt werden.

daß das vom Hersteller langfristig angestrebte Präferenzniveau nicht erreicht werden kann.

2.1.2.1.4. Der Branchentyp

Wie in den Ausführungen zu Abschnitt II. 3.2. der Arbeit zum Ausdruck gekommen ist, muß die Notwendigkeit oder Vorteilhaftigkeit einer Internationalisierung bzw. einer Standardisierung in Abhängigkeit von den herrschenden Branchenbedingungen beurteilt werden. So existieren auf der einen Seite Branchen in denen eine internationale Marktbearbeitung die zentrale Voraussetzung für eine erfolgreiche Geschäftstätigkeit darstellt (*globaler Branchentyp*). Auf der anderen Seite können Branchen identifiziert werden, in denen der Unternehmenserfolg nicht in dem beschriebenen Ausmaß von der geographischen Streuung der Aktivitäten abhängig ist (*lokaler Branchentyp*).

Die Analyse der Branche im Hinblick auf ihren Globalisierungsgrad stellt damit die Angebotsseite in den Mittelpunkt der Betrachtungen und kann somit als Pendant zur Analyse der Verbraucherbedürfnisse gelten (vgl. Hout/Porter/Rudden 1982, S. 103). Die Ermittlung des Branchentyps soll vor diesem Hintergrund orientiert an einer Betrachtung des Internationalisierungsgrades in der Branche sowie der angebotsseitigen Rahmenbedingungen erfolgen. Explizit ausgeklammert werden dabei - wie angedeutet - verbraucherspezifische Aspekte.

Obwohl die Globalisierung nicht mit einer Standardisierung gleichgesetzt werden kann, ist davon auszugehen, daß in globalen Branchen eine erfolgreiche Standardisierung eher möglich ist als in lokalen Branchen. Grundsätzlich kann dies mit einer homogeneren Wettbewerberstruktur begründet werden. Da das Unternehmen in globalen Branchen weltweit auf dieselben Konkurrenten trifft, ist zu vermuten, daß die Profilierung im Wettbewerb hier eher mit einer standardisierten Strategie möglich ist als in lokalen Branchen. Somit wird deutlich, daß der **Branchentyp** als wichtiger Kontextfaktor im Hinblick auf die Erfolgsträchtigkeit der Standardisierung oder Differenzierung gelten kann.

Vor dem Hintergrund dieser Argumentation ist davon auszugehen, daß mit der Unterscheidung zwischen den beiden skizzierten Branchentypen eine relevante Kontextdimension im Hinblick auf die Gestaltungskomponente abgeleitet wurde. Dennoch kann die Annahme vertreten werden, daß innerhalb der beiden Kategorien - globaler vs. lokaler Branchentyp - ein breites Spektrum von Branchen mit unterschiedlichem Standardisierungs-potential existiert. Zur Erfassung und weiteren Klassifizierung der betrachteten Produkte bzw. Produktprogramme soll deshalb als weitere externe Kontextdimension die Produktkategorie herangezogen werden.

2.1.2.1.5 Die Produktkategorie

Die Annahme, daß die Standardisierbarkeit der Marketinginstrumente bzw. der Marketingkonzeption in hohem Maße von produktspezifischen Faktoren abhängt, wird in einer Vielzahl von Veröffentlichungen zum internationalen Marketing vertreten. Da eines der zentralen Probleme im Rahmen der internationalen Vermarktung von Produkten in der Existenz von kulturellen Barrieren zwischen verschiedenen Ländern und ins-besondere zwischen verschiedenen Kulturkreisen zu sehen ist, wird häufig der Schluß gezogen, daß die Möglichkeit einer standardisierten Ver-marktung von Produkten in hohem Maße von der Kulturgebundenheit der Produkte abhängt (vgl. Quelch/Hoff 1986, S. 12 f.).

Kulturgebundene Produkte, deren Eigenschaften und Nutzen eng mit den Konsumgewohnheiten und Lebensformen eines Landes verknüpft sind, lassen sich demnach kaum oder nur mit großen Schwierigkeiten standardisiert vermarkten, während dies bei *kulturfreien Produkten* grund-sätzlich möglich ist, da ihr Ge- oder Verbrauch nicht durch kulturelle Verhaltensnormen tangiert wird (vgl. Althans 1982, S. 129). Der vor-gestellten Klassifizierung folgend finden sich in der Literatur zu diesem Themenbereich Beispiele für einzelne Güter, die der einen oder anderen Kategorie zuzuordnen sind. Zu den kulturfreien Produkten werden bei-spielsweise Batterien, Seifen, Taschenrechner, Parfums, Personal-computer, Kreditkarten und Werkzeugmaschinen gezählt, während als Beispiele für kulturgebundene Güter Schallplatten, Körperhygiene-produkte, Nahrungs- und Arzneimittel sowie Süßigkeiten und Kleidung genannt werden (vgl. Steffens 1982, S. 82 f.; Holzmüller 1986, S. 49; van Mesdag 1987, S. 12; Kreutzer 1989, S. 189 f.).

Trotz der Plausibilität, die einer solchen Klassifizierung auf den ersten Blick zugeschrieben werden muß, ist festzustellen, daß nicht nur die empirische Bestätigung für die Richtigkeit dieser Annahmen fehlt, sondern sich überdies in der Realität Beispiele finden lassen, die in klarem Widerspruch zu der angenommenen Abhängigkeit der Standardisierbarkeit von dem Grad der Kulturbindung der Produkte stehen. So existieren beispielsweise Arzneimittel, Artikel der Körperhygiene oder auch Bekleidungsmarken, die mit Hilfe eine standardisierten Marketingkonzeption weltweit erfolgreich vermarktet werden. Darüber hinaus verfügen manche Produkte gerade aufgrund ihrer starken Kulturbindung über ein hohes Standardisierungspotential[34]. Ferner ist davon auszugehen, daß die Bindung von Produkten an kulturelle Normen im Zeitablauf Änderungen unterliegt bzw. durch die Marketingmaßnahmen einzelner Hersteller veränderbar ist (vgl. Kreutzer 1989, S. 190 f.). Resümierend kann somit festgestellt werden, daß dem Grad der Kulturgebundenheit eines Produktes weder ein prognostischer noch ein normativer Charakter bei der Frage der Vereinheitlichung der internationalen Vermarktungskonzeption zukommt.

Ein weiterer Ansatz, um den produktspezifischen Einfluß auf das Standardisierungspotential zu ermitteln, besteht in der Unterscheidung zwischen *Konsum- und Investitonsgütern*. Investitionsgütern wird dabei eine grundsätzlich bessere Standardisierbarkeit attestiert als Konsumgütern, da das Kaufverhalten hier eher rational ausgerichtet ist, während mit Konsumgütern eine breite Käuferschicht mit einem stärker in den Werten und Normen der jeweiligen Kultur verhafteten Kaufverhalten angesprochen wird (vgl. Kreutzer 1989, S. 192). Innerhalb der Klasse der Konsumgüter kann zwischen Ge- und Verbrauchsgütern differenziert werden. Gebrauchsgüter scheinen hier ad hoc eine bessere Grundlage für eine Standardisierung zu bieten, da Verbrauchsgüter in engerer Beziehung zum Geschmack sowie zu den Gewohnheiten der Verbraucher stehen, diese jedoch von Land zu Land sehr unterschiedlich ausgeprägt sind (vgl. Jain 1989b, S. 74). Gestützt wird die Annahme teilweise durch die Ergebnisse einer empirischen Studie von Boddewyn, Soehl und Picard (vgl. 1986, S. 71), die für Investitionsgüter einen höheren Standardisierungsgrad der marketingpolitischen Instrumente ermitteln konnten als

---

34 Beispielsweise werden viele Produkte basierend auf dem Image des American Way of Live weltweit standardisiert vermarktet.

für Gebrauchsgüter. Diese wiesen ihrerseits einen höheren Standardisierungsgrad auf als die betrachteten Verbrauchsgüter.

Allerdings sind diese empirischen Ergebnisse nicht in bezug auf alle untersuchten Komponenten der Marketing-Mixes eindeutig, so daß eine Generalisierung nicht möglich ist. Insgesamt kann daher auch dieser Ansatz im Hinblick auf die Ermittlung des Standardisierungspotentials für einzelne Produkte keinen entscheidenden Beitrag leisten, da die Unterscheidung relativ grob ist und eine Vielzahl heterogener Produkte in jeweils einer Kategorie zusammengefaßt werden.

Die Annahme, daß die Marktbearbeitung ganz wesentlich von den Produkteigenschaften abhängig ist, liegt auch dem in der USA entwickelten *waren-analytischen Ansatz* (vgl. z.B. Copeland 1924; Aspinwall 1962) zugrunde, der auch in der deutschen Absatzlehre auf eine gewisse Tradition zurückblicken kann (vgl. z.B. Schäfer 1950; Knoblich 1969; Koppelmann 1974 und 1978 sowie im Überblick Becker 1992, S. 491). In Abhängigkeit von der Ausprägung verschiedener Produktcharakteristika, die zusammengefaßt die *Produktkategorie* abbilden, können im Rahmen dieses Ansatzes erste Gestaltungsempfehlungen für die Planung des Marketing-Mix abgeleitet werden. Da hiervon auch die vorgelagerte Planung der Marketing-Grundsatzstrategie tangiert wird, soll dieser Ansatz der Erfassung der Produktkategorie zugrundegelegt werden.

Die Existenz produktspezifischer Unterschiede hinsichtlich des Standardisierungspotentials belegt auch eine Studie von Berekoven (1978) über die internationale Verbrauchsangleichung, die zu dem Ergebnis führt, daß sowohl Ausmaß als auch Tempo der Angleichung des Verbraucherverhaltens bei den im Rahmen der Studie betrachteten Produkten sehr unterschiedlich sind. Da ein konvergierendes Verbraucherverhalten als zentrale Voraussetzung für die Standardisierung von Produkten anzusehen ist, wird deutlich, daß die Standardisierbarkeit der Marketingstrategie in enger Abhängigkeit von der Produktkategorie zu sehen ist.

Mit Blick auf die Kontextkomponente des Forschungskonzeptes können nun die externen Kontextdimensionen, die für Entscheidungen im Rahmen der Gestaltungskomponente von Bedeutung sind, im Überblick dargestellt werden. Im einzelnen sind dies

- **die Wettbewerbsintensität,**
- **die Konsumentensituation,**
- **die Handelssituation,**
- **der Branchentyp und**
- **die Produktkategorie.**

Die beschriebenen externen Kontextvariablen lassen sich dadurch charakterisieren, daß sie aus Unternehmenssicht Daten darstellen, die de facto kaum gestalt- oder veränderbar sind. Nach dem Kriterium der Beeinflußbarkeit kann neben der externen Komponente auch eine interne Komponente identifiziert werden, die die Situation eines strategischen Geschäftsfeldes determiniert (vgl. Hambrick/Lei 1985, S. 768; Kieser/Kubicek 1992, S. 208). Douglas/Wind (vgl. 1987, S. 24 f.) weisen darauf hin, daß der Handlungsspielraum bei der Entwicklung und Implementierung einer international standardisierten Strategie nicht nur durch externe Faktoren, sondern auch durch die interne Situation des Unternehmens begrenzt wird. Die interne Situation wird dabei durch jene Variablen repräsentiert, die durch die Entscheidungsträger im Unternehmen entweder unmittelbar beeinflußbar sind oder zumindest das Resultat in der Vergangenheit getroffener Entscheidungen darstellen.

2.1.2.2. Konzeptualisierung der internen Kontextkomponente

Als interner Einflußfaktor für die Formulierung internationaler Marktbearbeitungsstrategien soll die *Wettbewerbsposition* des strategischen Geschäftsfeldes in die Untersuchung einbezogen werden. Sie erfüllt die oben formulierten Anforderungen, d.h. die Wettbewerbsposition ist das Ergebnis absichtsgeleiteten Handelns und somit durch das Unternehmen selbst beeinflußbar (vgl. Pümpin 1986, S. 32) oder stellt zumindest das Resultat in der Vergangenheit getroffener Entscheidungen dar. Somit wird das Spektrum der strategischen Wahlmöglichkeiten durch die Wettbewerbsposition eingeschränkt (vgl. Buzzell/Gale 1989, S. 20). Die zentrale Bedeutung, die der Wettbewerbsposition für die Formulierung von Marktbearbeitungsstrategien auf Geschäftsfeldebene zukommt[35], findet ihre Begründung in dem Umstand, daß es in gesättigten Märkten, in denen die

---

[35] Die Bedeutung der Wettbewerbsposition für die Formulierung von Marktbearbeitungsstrategien wird nicht zuletzt durch die positive Korrelation zwischen Unternehmenserfolg und Wettbewerbsposition unterstrichen, die inzwischen auch als empirisch bestätigt gelten kann (vgl. Raffée/Fritz 1991, S. 1214).

Bedürfnisse der Konsumenten von mehreren Anbietern befriedigt werden, entscheidend darauf ankommt, Wettbewerbsvorteile aufzubauen und zu erhalten (vgl. Henderson 1983, S. 8). Zur Erzielung von Wettbewerbsvorteilen muß ein Unternehmen darauf bedacht sein, eine spezifische Kompetenz im Wettbewerb zu entwickeln (vgl. Meffert 1985a, S. 17).

In der Praxis kann die Ermittlung der Wettbewerbsposition einer Marke erfolgen, indem ein auf alle Aktivitäten der Leistungserstellung bezogener Vergleich eigener Stärken und Schwächen mit den Stärken und Schwächen der Konkurrenz angestellt wird (vgl. z.B. Aaker 1989, S. 98 f.; Haedrich/Tomczak 1990, S. 59; Slocum/Lei 1992, S. 87). Als methodisches Instrument zur differenzierten Ermittlung der relativen Stärken und Schwächen kann die Wertkette dienen (vgl. Kreilkamp 1987, S. 191). Werden mit den Stärken, über die ein Unternehmen im Vergleich zu den Wettbewerbern verfügt, relevante Bedürfnisse der Verbraucher befriedigt, so kann von einem strategischen Erfolgsfaktor gesprochen werden (vgl. Bleicher 1991a, S. 200).

Somit kommt es aus Sicht des Unternehmens in einem ersten Schritt darauf an festzustellen, welche Faktoren eines Produktes in den Augen der Konsumenten von Bedeutung sind (vgl. Aaker 1989, S. 97). In einem zweiten Schritt sollte der Versuch unternommen werden, in den identifizierten Bereichen relative Stärken gegenüber den Wettbewerbern aufzubauen. Die Identifikation der strategischen Erfolgsfaktoren einer Marke bildet die Grundlage für die Formulierung der Strategie. Das Ziel eines Unternehmens besteht also darin, einen Fit zwischen den gegebenen strategischen Erfolgsfaktoren und der Marktbearbeitungsstrategie herzustellen (vgl. Mascarenhas/Aaker 1989, S. 476). Somit wird deutlich, daß Unterschiede im Hinblick auf die Wettbewerbsposition einer Marke in verschiedenen internationalen Märkten im Regelfall zu einer Anpassung der Strategie und damit zu einer Differenzierung der jeweiligen Marktbearbeitungsstrategie führen (vgl. Jain 1989b, S. 76)[36]. Während allgemein davon auszugehen ist, daß eine starke Wettbewerbsposition die Erfolgsaussichten der Marke positiv beeinflußt (vgl. Porter 1990b, S. 62), ist zu vermuten, daß die Formulierung adäquater, an der Wettbewerbsposition

---

[36] Jain (vgl. 1989a, S. 82 f.) schlägt vor, nicht nur die Marktbearbeitungsstrategien in Abhängigkeit von den relativen Stärken und Schwächen des Unternehmens zu formulieren, sondern bereits die Marktauswahlentscheidung mit Blick auf die erreichbare Wettbewerbsposition in einem Markt zu treffen.

der Marke orientierter Marktbearbeitungsstrategien das Erfolgspotential noch erhöht.

Mit der Ableitung der Wettbewerbsposition als interne Kontextdimension ist die Konzeptualisierung der Kontextkomponente abgeschlossen. Insgesamt wurden, wie in *Abbildung 20* nochmals im Überblick dargestellt, sechs Dimensionen identifiziert, die für die Formulierung von internationalen Marktbearbeitungsstrategien und hier vor allem für die Möglichkeit der Standardisierung von Bedeutung sind.

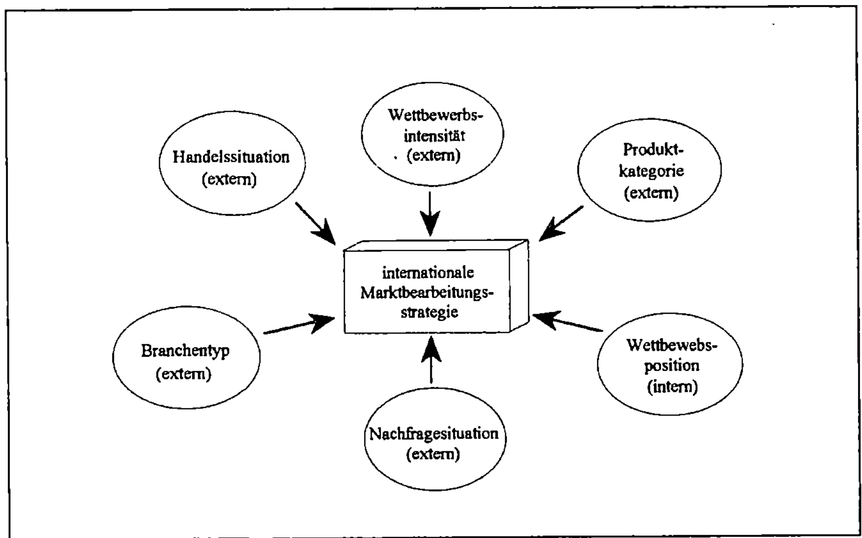

Abbildung 20: Relevante Kontextfaktoren für die Formulierung einer internationalen Marktbearbeitungsstrategie

2.1.3. Operationalisierung der Kontextkomponenten

2.1.3.1. Überblick

Das Ziel bei der Operationalisierung der Kontextkomponenten besteht darin, eine Verbindung zwischen der begrifflichen Ebene und der Beobachtungsebene herzustellen (vgl. Friedrichs 1973, S. 79). Zur Erreichung dieses Ziels sind die im vorhergehenden Punkt abgeleiteten Kontextdimensionen zur Beschreibung der Kontextkomponente in (manifeste) Variablen zu überführen. Solche manifesten Variablen werden auch als Indikatoren bezeichnet (vgl. Benz 1990, S. 241). Im Rahmen der Operationalisierung der Kontextdimensionen müssen einerseits Entscheidungen über den Differenzierungsgrad der erforderlichen Informationen (Anzahl der Indikatoren) getroffen werden (vgl. Kromrey 1980, S. 100). Eine Beschränkung der Anzahl der Indikatoren erscheint häufig aus forschungspragmatischer Sicht geboten. Andererseits ist eine Entscheidung darüber zu treffen, welche Indikatoren zur Messung einer latenten Variablen herangezogen werden sollen. Bezogen auf diese Problemstellung kann generell die Forderung formuliert werden, daß Indikatoren aus der Theorie des Objektbereiches abgeleitet werden müssen (vgl. Friedrichs 1973, S. 80). *Abbildung 21* zeigt den Prozeß der Ableitung von Indikatoren zur Messung eines übergeordneten Konstruktes im Überblick.

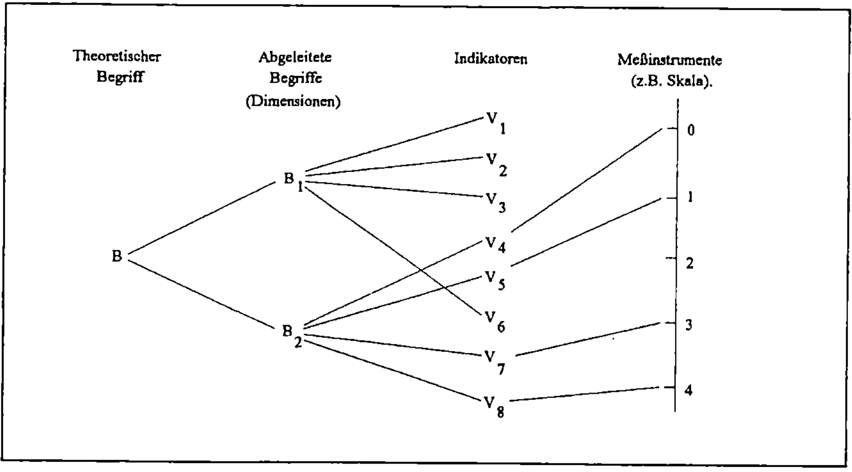

Abbildung 21: Ableitung von Indikatoren

Die Operationalisierung von Konstrukten geht, wie in *Abbildung 21* bereits angedeutet, häufig mit der Festlegung des Meßvorgangs Hand in Hand. Beispielsweise kann die Ausprägung von Indikatoren in Form eines numerischen Ratings auf einer Skala operational definiert werden (vgl. Green/Tull 1982, S. 152). Somit können im Rahmen der Operationalisierung der Kontextkomponente drei Schritte voneinander abgegrenzt werden. In einem ersten Arbeitsschritt sind die Indikatoren, mit deren Hilfe die theoretischen Konstrukte beschrieben werden, abzuleiten (vgl. Churchill 1987, S. 378). In einem zweiten Arbeitsschritt ist festzulegen, wie die einzelnen Merkmale gemessen werden sollen. Da zur Messung der theoretischen Konstrukte ohne Ausnahme mehrere Indikatoren herangezogen werden, ist anschließend in einem dritten Schritt zu entscheiden, wie die Meßwerte zu einem Gesamtwert verdichtet werden sollen, der die Ausprägung der Kontextdimension wiedergibt (vgl. Brockhoff 1977, S.

88). Grundsätzlich handelt es sich damit nicht mehr um ein Selbsteinstufungs-, sondern um ein Fremdeinstufungsverfahren, d.h. die Ausprägung des interessierenden Sachverhalts wird nicht direkt abgefragt. Vielmehr wird die eigentliche Meßskala mit Hilfe unterschiedlicher, in der Form von Skalenfragen erhobener Items konstruiert, um anschließend den interessierenden Sachverhalt darauf abzubilden (vgl. Berekoven/Eckert/ Ellenrieder 1991, S. 69-74).

Die Messung der Ausprägung der einzelnen Indikatoren erfolgt mit Hilfe eines Items. Müssen mehrere Meßwerte verschiedener Items zu einem Gesamtwert zusammengefaßt werden, um Auskunft über die Eigenschaften des interessierenden Konstruktes zu geben, können zwei Verfahren im Rahmen dieser Problemstellung Verwendung finden: die *Indexbildung* und das *Skalierungsverfahren* (vgl. Nieschlag/Dichtl/Hörschgen 1988, S. 645). Der Begriff der Indexbildung beschreibt die Zusammenfassung von mehreren Einzelitems zu einer Variablen. Die Notwendigkeit, mehrere Indikatoren zu definieren, die im Hinblick auf den interessierenden Sachverhalt nicht miteinander korrelieren, ergibt sich aus der Mehrdimensionalität eines Konstruktes (vgl. Berekoven/Eckert/Ellenrieder 1991, S. 74). Die Verwendung der mit diesem Verfahren gebildeten Indices ist insofern mit gewissen Problemen behaftet, als die Auswahl der Indikatoren und die Festlegung der Verknüpfungsregel, mit deren Hilfe mehrere Merkmale zu einem Index zusammengefaßt werden, immer mit einer gewissen Willkür verbunden ist. Die Legitimierung eines verwendeten Indices kann daher allein durch die Überprüfung seiner theoretischen Substanz erfolgen (vgl. Kromrey 1980, S. 118 f.; Schnell/Hill/Esser 1989, S. 169).

Eine weitere Möglichkeit der Zusammenfassung mehrerer Meßwerte verschiedener Items zu einem Gesamtwert, die neben dem Verfahren der Indexbildung im Rahmen des vorliegenden Forschungsansatzes Anwendung finden soll, stellt das Skalierungsverfahren dar[37]. Die zentrale Voraussetzung für eine Verwendung dieses Verfahrens ist in der Existenz einer monotonen Itemcharakteristik zu sehen, d.h. mit einem Anstieg des Wertes für ein Merkmal nimmt die Wahrscheinlichkeit eines steigenden Wertes für jeden Indikator zur Erfassung des Konstruktes zu (vgl. Opitz/ Hansohm 1980, S. 14). Die Frage, ob mittels eines Indikators ein theore-

---

[37] Der Einsatz des Skalierungsverfahrens kann bei der Operationalisierung der Kontextdimension Produktkategorie erfolgen

tisches Konstrukt erfaßt wird, kann im Rahmen dieses Verfahrens auch einer empirischen Prüfung unterzogen werden. Damit ist eine Kontrolle der Validität des Indikators möglich, d.h. es kann überprüft werden, inwieweit ein Indikator zur Abbildung eines Konstruktes, zu dessen Erfassung er abgeleitet wurde, geeignet ist (vgl. Bagozzi 1984, S. 14). Die Werte der einzelnen Indikatoren einer Kontextdimension müssen mit dem jeweiligen Summenwert korrelieren. Wird die Monotoniebedingung von einem Indikator nicht erfüllt, ist davon auszugehen, daß er zur Messung des Konstruktes (der Kontextdimension) ungeeignet, d.h. nicht valide ist (vgl. Schnell/Hill/Esser 1989, S. 181-183). Der entsprechende Indikator sollte bei der Konstruktion der Skala nicht berücksichtigt werden.

Während die Verwendung des Skalierungsverfahrens voraussetzt, daß die einzelnen Indikatoren das zugrundeliegende Konstrukt repräsentieren, können sie im Rahmen der Indexbildung als unabhängige Merkmale charakterisiert werden, die als unterschiedliche Beeinflussungsquellen zusammengefaßt zu einem Index die Ausprägung eines übergeordneten theoretischen Konstruktes abbilden[38].

Im vorangehenden Abschnitt wurden die relevanten Kontextdimensionen für die Formulierung internationaler Marktbearbeitungsstrategien identifiziert. Im folgenden soll durch die Ableitung manifester Variablen die Grundlage für die empirische Erfassung bzw. Messung geschaffen werden. Vor der Operationalisierung der einzelnen Kontextdimensionen sollen jedoch noch einige grundsätzliche Erläuterungen zur Messung der interessierenden Konstrukte gegeben werden. Mittels des vorliegenden Forschungsansatzes wird allgemein formuliert das Ziel verfolgt, den Gestaltungsspielraum von Entscheidungsträgern bei der Formulierung internationaler Marktbearbeitungsstrategien situativ zu relativieren. Konkret wird der Frage nachgegangen, in welcher Situation eine Standardisierung bzw. eine Differenzierung der Marktbearbeitungsstrategie zu empfehlen ist. Die Situation wird dabei durch die gleichartige bzw. unterschiedliche Ausprägung der identifizierten Kontextkomponenten in verschiedenen Ländermärkten beschrieben. Legt man der Betrachtung jeweils zwei verschiedene Ländermärkte zugrunde, so ergeben sich zwei Möglichkeiten, mit Hilfe der verschiedenen Indikatoren die Gleichartigkeit der Ausprägung der Kontextkomponenten zu überprüfen. Zum einen kann dies auf

---

[38] Eine Indexbildung wird bei den Kontextdimensionen *Wettbewerbsintensität, Handelssituation, Konsumentensituation, Branchentyp* und *Wettbewerbsposition* durchgeführt.

direktem Wege erfolgen, indem die befragten Entscheidungsträger die Unterschiedlichkeit der Situation in den zum Vergleich herangezogenen Ländern direkt beurteilen. Zum anderen kann eine indirekte Messung vorgenommen werden. Hier werden die Indikatoren jeweils für beide Ländermärkte einzeln abgefragt. Anschließend wird die Differenz in der Ausprägung ermittelt, um so auf indirektem Wege Unterschiede bzw. Gemeinsamkeiten erkennen zu können.

Im vorliegenden Forschungsansatz soll auf die indirekte Methode zurückgegriffen werden. Eine indirekte Befragung bietet immer dann Vorteile, wenn entweder der erforderliche Bewußtseinsgrad oder die entsprechende Einsicht in die unmittelbaren Tatbestände seitens des Befragten nicht zu erwarten sind. Entsprechend sind indirekte Fragen in besonderer Weise geeignet, eine begrenzte Aussagefähigkeit der befragten Personen zu umgehen (vgl. Berekoven/Eckert/Ellenrieder 1991, S. 97). Bei der Konstruktion des Forschungsdesigns wurde davon ausgegangen, daß den Interviewpartnern die jeweilige Beurteilung der Situationsfaktoren in einem Land leichter fällt als die Beurteilung der Situationsfaktoren im Vergleich zwischen zwei Ländern. Überdies bieten die auf diese Weise ermittelten Ergebnisse eine höheren Informationsgehalt. Dies soll kurz an einem Beispiel illustriert werden:

> Wird die Differenz zwischen zwei Ländermärkten in bezug auf einen Indikator mit einer Skalafrage direkt ermittelt, muß beispielsweise bei der Evaluierung der Differenz der Verhandlungsmacht der Lieferanten zwischen zwei Märkten die Fragestellung unmittelbar auf diesen Aspekt abzielen. Die Frage könnte dann folgendermaßen formuliert werden: *Ist nach ihrer Einschätzung die Verhandlungsmacht der Lieferanten in bezug auf die Wettbewerber in ihrer Branche in Markt A höher oder geringer als in Markt B?* Wird die Differenz der Verhandlungsmacht der Lieferanten indirekt ermittelt, würde die Frage wie folgt lauten: *Wie schätzen Sie die Verhandlungsmacht der Lieferanten in bezug auf die Wettbewerber in Ihrer Branche ein?* Die entsprechende Skala würde die beiden Extrempunkte 'sehr hohe Verhandlungsmacht' und 'sehr niedrige Verhandlungsmacht' aufweisen und der Analyse von Markt A und Markt B zugrundegelegt. Während man mittels einer direkten Befragung ausschließlich Erkenntnisse über die Differenz gewinnt, eröffnet eine indirekte Befragung darüber hinaus auch Einsichten im Hinblick auf die absolute Ausprägung des Merkmals im jeweiligen Markt.

Die beschriebene Methode der indirekten Messung des eigentlich interessierenden Sachverhalts soll unter Berücksichtigung der dargelegten Argumente bei allen Kontextdimensionen mit Ausnahme der Ermittlung des Branchentyps und der Produktkategorie Anwendung finden. Während im Rahmen der übrigen Kontextdimensionen die Frage erkenntnisleitend ist, welche Unterschiede die einzelnen Kontextdimensionen in verschiedenen

Ländern aufweisen, soll die Messung des Branchentyps und der Produktkategorie zeigen, welche Charakteristika die Branche aus länderübergreifender Sicht aufweist bzw. um welche Art von Produkten es sich hier handelt. Daher können die Ausprägungen dieser Kontextdimensionen mit Hilfe einer direkten Befragungstaktik ermittelt werden.

Nachdem nunmehr die Meßvorschriften festgelegt wurden, können im folgenden Abschnitt die im Rahmen der Konzeptualisierung abgeleiteten theoretischen Konstrukte in Indikatoren überführt werden, die wiederum die Grundlage für die Messung darstellen.

2.1.3.2. Operationalisierung der externen Kontextkomponenten

2.1.3.2.1. Die Wettbewerbsintensität

Wie bei der Konzeptualisierung der Wettbewerbsintensität angedeutet wurde, können grundsätzlich zwei verschiedene Ansätze unterschieden werden, die zur Messung dieses Konstruktes geeignet erscheinen. Zum einen kann das Marktwachstum in einer Branche herangezogen werden, da die Stagnation oder das Schrumpfen eines Marktes die Wettbewerbsintensität tendenziell erhöht. Zum anderen läßt sich die Wettbewerbsintensität mit Hilfe des Modells der Branchenstrukturanalyse ermitteln, indem die kumulierte Stärke, in der die einzelnen Wettbewerbskräfte auf die Unternehmen oder Geschäftsfelder in einer Branche einwirken, gemessen wird. Es bedarf dabei keiner weiteren Erläuterung, daß der zweite Ansatz sehr viel differenziertere Einsichten in die strukturellen Wettbewerbsbeziehungen in einer Branche ermöglicht.

Zur Messung der Wettbewerbsintensität mit Hilfe der Branchenstrukturanalyse müssen Merkmale identifiziert werden, die über die Stärke der einzelnen Wettbewerbskräfte Aufschluß geben. Auf verschiedenen Aggregationsebenen benennt Porter (vgl. 1990b, S. 29-55) für die von ihm differenzierten fünf Wettbewerbskräfte eine Vielzahl von Merkmalen, mit deren Hilfe die Stärke, in der sie auf den Wettbewerb einwirken, ermittelt werden kann. Allerdings sollte im Rahmen der empirischen Untersuchung aus erhebungstechnischen Gründen die Zahl der abgefragten Items möglichst überschaubar gehalten werden.

Abbildung 22 zeigt die Operationalisierung der Stärke der einzelnen Wettbewerbskräfte. Die Stärke von fünf Wettbewerbskräften kann mit Hilfe der von Porter (1990b) abgeleiteten Variablen abgefragt werden. Allein der Rivalitätsgrad in der Branche erscheint im Hinblick auf die Beurteilung durch die befragten Manager wenig operational. Daher wird diese Wettbewerbskraft zur Bestimmung ihrer Stärke in drei meßbare Indikatoren transformiert. Die Ausprägungen dieser Indikatoren werden im Anschluß additiv zu einem Index verdichtet, der den Rivalitätsgrad in der Branche abbildet.

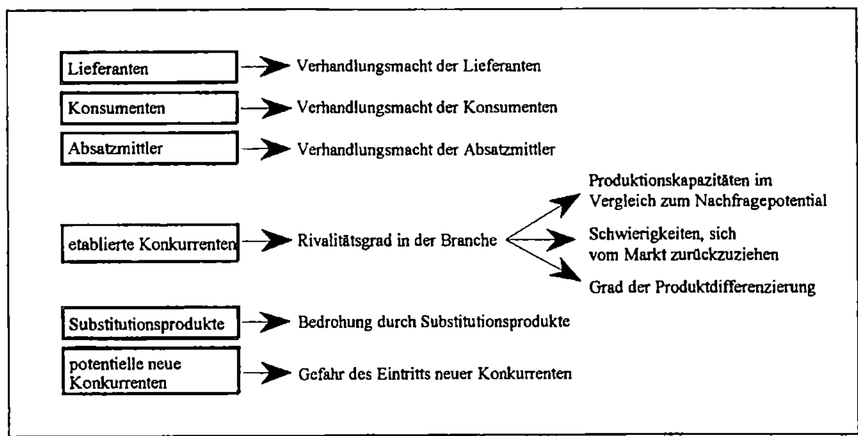

Abbildung 22: Transformation der Wettbewerbskräfte in meßbare Variablen

Unter Zugrundelegung der in *Abbildung 22* bezeichneten Variablen kann die Wettbewerbsintensität in einer Branche empirisch gemessen werden, indem die Stärke der einzelnen Wettbewerbskräfte ermittelt und anschließend mit Hilfe einer additiven Verknüpfung zu einem Indexwert verdichtet wird. Für die Messung werden jeweils verbale bipolare Intervallskalen verwendet.

2.1.3.2.2. Die Konsumentensituation

Die vergleichende Analyse der Konsumentenbedürfnisse und des Kaufverhaltens ist im Rahmen einer quantitativ ausgerichteten branchenübergreifenden Studie insofern mit Schwierigkeiten verbunden, als eine sachlich inhaltliche Ausgestaltung und Erfassung dieser Parameter im

Gegensatz zur qualitativen Forschung nicht möglich ist[39]. Die Beschreibung der Situation ist daher nur auf einer höheren Aggregationsebene unter Verwendung strukturbeschreibender Eigenschaften des Marktes möglich. Als strukturbeschreibende Eigenschaft eines Marktes kann beispielsweise der *Segmentierungsgrad* gelten, der sich in der Zahl der unterscheidbaren Marktsegmente manifestiert. Unter Marktsegmenten werden homogene Teilmärkte bzw. Zielgruppen verstanden, die eine einheitliche Reaktion auf den Einsatz des Marketing-Instrumentariums zeigen (vgl. Freter 1983, S. 18). Im Regelfall hat die durch die Anzahl der differenzierbaren Marktsegmente charakterisierte Marktkonstellation Auswirkungen auf die Marktbearbeitungsstrategie (vgl. Meffert 1986a, S. 103 f.).

Die Segmentierung von Märkten gewinnt insbesondere vor dem Hintergrund einer zunehmenden Marktsättigung in den Industrienationen an Bedeutung. Der mit den Sättigungserscheinungen verbundene verschärfte Wettbewerb führt zu teilweise ruinösen Preiskämpfen. Unternehmen, die diesen Entwicklungen ausweichen wollen, setzen häufig auf qualitatives Wachstum, indem sie versuchen, durch die Bearbeitung eines Teilmarktes eine Komplexitätsreduktion in der Beziehung zwischen Anbietern, Gütern und Nachfragern herbeizuführen und im Hinblick auf ihre jeweilige Zielgruppe einen höheren Grad an Bedürfnisentsprechung zu erzielen (vgl. Bauer 1989, S. 30).

Allerdings basiert der Grundgedanke der Marktsegmentierung nicht allein auf einer angebotsseitig induzierten Differenzierung der Produkte, sondern stützt sich in erster Linie auf eine Differenzierung der Nachfrage. Da Grundbedürfnisse heute in hohem Maße gesättigt sind und die objektive und funktionale Qualität vieler Produkte austauschbar ist (vgl. Kroeber-Riel 1990b, S. 20), entsteht in vielen Branchen die Notwendigkeit, differenzierte Zusatzbedürfnisse zu befriedigen. Zusatzbedürfnisse weisen in der Regel eine individuellere Ausprägung auf. Daher muß das Unternehmen, um einen höheren Grad an (Zusatz-) Bedürfnisentsprechung leisten zu können, seine Bemühungen auf einen genau spezifizierten Teilmarkt konzentrieren (vgl. Becker 1992, S. 222). Die nachfrageinduzierte Segmentierung des Marktes schafft insofern die Grundlage für eine differenzierte Marktbearbeitung (vgl. Bruhn 1990, S. 55).

---

[39]   Bartlett/Ghoshal (vgl. 1990, S. 38 f.) beschreiben mit Hilfe der Fallstudien-Methode am Beispiel der Waschmittelbranche konkrete länderspezifische Unterschiede im Hinblick auf Konsumentenbedürfnisse und -verhalten sowie die jeweiligen Hintergründe.

Existieren zwischen verschiedenen nationalen Märkten Unterschiede bezüglich der Segmentierung des Marktes, ergeben sich für das Unternehmen zum Teil erhebliche Konsequenzen. Während der Anteil einer Zielgruppe am Gesamtmarkt in einem homogenen Markt relativ groß sein kann, ist ihr Anteil in einem äußerst heterogenen Markt unter Umständen nur sehr klein. Im Extremfall kann dies dazu führen, daß ein Unternehmen unter Beibehaltung der Zielgruppe in einem Markt als Marktführer agiert, während es in einem anderen Markt nur eine Marktnische bearbeitet (vgl. hierzu auch die Ausführungen in Abschnitt II. 3.1. der Arbeit).

Während der Begriff des Grundnutzens eher auf den stofflich-technischen Nutzen eines Produktes abstellt, beschreibt der Zusatznutzen eher den psychologischen Nutzen (vgl. Meffert 1986a, S. 396; Becker 1992, S. 133). Zerfällt ein Markt in viele Teilsegmente, ist davon auszugehen, daß differenzierten Zusatzbedürfnissen aus Sicht des Konsumenten kaufentscheidende Bedeutung zukommt. Sachlogisch müßte insofern auch der Umkehrschluß gelten, als eine hohe Bedeutung von Zusatzbedürfnissen für die Kaufentscheidung des Konsumenten eine starke Segmentierung des Gesamtmarktes impliziert. Da hierin jedoch keine Gesetzmäßigkeit zu sehen ist, soll neben der Zahl der unterscheidbaren Marktsegmente auch die *Bedeutung der Grund- und Zusatznutzenbedürfnisse* für die Kaufentscheidung als weiteres Merkmal zur Beschreibung der Marktstruktur herangezogen werden. Die Bedeutung unterschiedlicher Nutzenerwartungen der Konsumenten für die Marketingstrategie soll an einem Beispiel dargestellt werden. Wird die Positionierung des Angebots auf einem relativ homogenen Heimatmarkt mit einheitlichen (Grund-)nutzenbedürfnissen den differenzierten (Zusatz-)nutzenerwartungen der Konsumenten in einem stark segmentierten Auslandsmarkt nicht gerecht, ergibt sich häufig die Notwendigkeit einer Um- oder Neupositionierung.

Ebenfalls im Zusammenhang mit dem Grad der Marktsegmentierung sowie der Bedeutung von Grund- und Zusatznutzenbedürfnissen steht der Begriff der *Markentreue*. Kuß (vgl. 1991, S. 85) bezeichnet dieses für die Marketing-Praxis relevante Konzept als Sonderform des habitualisierten Kaufverhaltens. Die Unterscheidung der Markentreue von anderen Formen des habitualisierten Kaufverhaltens kann anhand einer Definition von Jacoby/Chestnut (vgl. 1978, S. 80 f.) getroffen werden, die Markentreue als tendenzielles Verhalten charakterisieren, das sich als Funktion von Bewertungs- und Entscheidungsprozessen ergibt. In der Folge entwickeln Konsumenten eine starke, teilweise auch emotional geprägte Bindung zu einer Marke, die sie dann regelmäßig erwerben. Andere Autoren fassen den Begriff der Markentreue weiter, indem sie auch Gewohnheitsentscheidungen, bei denen der Konsument eingefahrenen Einkaufsschemata folgt, ohne über die Auswahl nachzudenken oder sich emotional zu erwärmen[40], mit einbeziehen (vgl. Kroeber-Riel 1990a, S. 380). Die Gründe für ein solches habitualisiertes Kaufverhalten sind im Wunsch des Verbrauchers nach einer kognitiven Vereinfachung von Kauf-entscheidungen sowie einer Minderung des mit dem Erwerb von Pro-dukten verbundenen subjektiven Risikos zu suchen (vgl. Kuß 1991, S. 82).

Die Unterschiede zwischen den beschriebenen beiden Kaufsituationen können u.a. auf das Involvement der Verbraucher zurückgeführt werden. Ist der Verbraucher stark involviert und hat eine starke Präferenz für eine Marke, so wird diese häufig zu einem Bestandteil seiner Identität, während der regelmäßige Erwerb einer Marke unter Low-Involvement Bedingungen keine wirkliche Präferenz für die Marke voraussetzt (vgl. Assael 1984, S. 75). Haedrich/Tomczak (vgl. 1988b, S. 36) bezeichnen den regelmäßigen Wiederkauf einer Marke bei gleichzeitigem Low Involvement auch mit dem Begriff *'unechte'* Markentreue.

Betrachtet man die Markentreue als Eigenschaft, die in gradueller Aus-prägung existiert und auf einem Kontinuum mit den Extrempunkten sehr schwache Markentreue und sehr starke Markentreue abgebildet werden kann (vgl. Peter/Olson 1987, S. 519 f.), so wird deutlich, daß Markentreue bei Low-Involvement-Produkten gleichbedeutend mit einer Position auf der unteren Halbdistanz dieses Kontinuums ist. Begründet werden kann dies mit dem Umstand, daß eine starke Markentreue die Bildung einer positiven Einstellung zu der Marke voraussetzt (vgl. Engel/Blackwell 1982, S. 569 f.). Gewohnheitskäufen einer Marke mit geringem Involve-ment liegt zwar ebenfalls eine (schwache) Einstellung zugrunde, da keine gedankliche Kontrolle erfolgt, wird das Kaufverhalten hiervon jedoch häufig nicht berührt (vgl. Kroeber-Riel 1990a, S. 169; Trommsdorff 1993, S. 48 f.). Ein niedriges Involvement der Verbrauchers ist mit einer eher oberflächlichen, nicht auf einer gedanklichen Verarbeitung aufbauenden Markentreue verknüpft, die durch Preisaktionen oder durch einen innova-

---

[40] Als Beispiel für Produkte, denen ein solches Einkaufsschemata zugrundeliegt, können Zigaretten oder auch Bier gelten.

tiven Werbeauftritt der Wettbewerber aufgebrochen werden kann (vgl. Robertson/Zielinski/Ward 1984, S. 130; Kahn/Meyer 1990, S. 231 f.).

Gerade die zunehmende Angleichung und Austauschbarkeit vieler Produkte führt zu einer Verringerung des Kaufrisikos und somit zu einer Entproblematisierung dieser Güter für den Konsumenten, so daß ihr Erwerb mit geringem Involvement stattfindet (vgl. Kroeber-Riel 1990a, S. 123). Zur Profilierung von Produkten und zur Erhöhung des Marken-Involvement wird häufig eine emotionale Produktdifferenzierung (Erlebnis-Marketing) eingesetzt (vgl. Haedrich/Tomczak 1988b, S. 38; Kroeber-Riel 1990a, S. 124). Eine emotionale Produktdifferenzierung ist in erster Linie mit Hilfe des Zusatznutzens möglich, der wie bereits oben angedeutet auf den psychologischen Nutzen eines Produktes abstellt. Da die beschriebenen Zusammenhänge als wesentliche Rahmenbedingungen für die Formulierung von Marktbearbeitungsstrategien angesehen werden können soll der Aspekt der Markentreue als weiteres Element zur Abbildung der Nachfragestruktur herangezogen werden.

Zusammenfassend sollen die Indikatoren zur Erfassung der Konsumentensituation als zweite Kontextdimension nochmals im Überblick dargestellt werden:

- Grad der Marktsegmentierung,
- Bedeutung von Grund- und Zusatznutzen,
- Grad der Markentreue.

Die genannten drei Indikatoren werden mit Hilfe der bereits zur Messung der Wettbewerbsintensität verwendeten verbalen bipolaren Intervallskalen erfaßt. Die einzelnen Meßwerte werden im Anschluß durch additive Verknüpfung zu einem Indexwert zusammengefaßt.

2.1.3.2.3. Die Handelssituation

Analog zur Erfassung der Konsumentensituation erscheint die alleinige Konzentration auf den Parameter *Verhandlungsmacht des Herstellers gegenüber dem Handel*, wie sie bei der Ermittlung der Wettbewerbsintensität erfolgt, zwar notwendig, aber nicht hinreichend zur Erfassung der Hersteller-Handels-Beziehung. Aufgrund der begrenzten Aufnahmekapazität des Handels und der großen Zahl konkurrierender Produkte kommt es in vielen Branchen zu einem *Regalplatzwettbewerb* der Hersteller (vgl. Ahlert 1985, S. 139 f.). Häufig ist der *Zugang zu den üblichen Vertriebskanälen* der Branche im Rahmen von Produktneueinführungen, aber auch für neue Wettbewerber mit großen Schwierigkeiten verbunden. Expandiert ein Unternehmen in einen Auslandsmarkt, kann der Zugang zu den üblichen Vertriebskanälen zu einem zentralen Problem werden. Sind die Handelsunternehmen nicht bereit, die neue Marke zu listen, da mit einer solchen Maßnahme die Attraktivität des Sortiments nicht gesteigert werden kann, wird der Hersteller gezwungen, eine konzeptionelle Änderung der Strategie in Erwägung zu ziehen.

Die Bereitschaft für eine Änderung der konzeptionellen Ausrichtung der Marketingstrategie ist in der Regel immer dann gegeben, wenn der *Konzentrationsgrad des Handels* in dem betrachteten Ländermarkt vergleichsweise hoch ist. Dies ist gleichbedeutend mit dem Verlust eines beträchtlichen Marktpotentials, wenn die Marke von einem bedeutenden Handelsunternehmen nicht gelistet wird[41]. Ein hoher Konzentrationsgrad löst jedoch in jedem Fall - unabhängig von der Listungsentscheidung - Handlungsbedarf auf Seiten des Herstellers aus, da mit zunehmender Konzentration der Druck auf die Abgabepreise und Konditionen wächst (vgl. Gaitanides/Diller 1989, S. 185). Eine Reaktion des Herstellers auf den wachsenden Druck kann u.U. in der Änderung der Marktbearbeitungsstrategie bestehen. Vor dem Hintergrund des internationalen Fokus dieser Untersuchung sind dabei die starken Unterschiede bezüglich der Handelskonzentration in verschieden Ländermärkten, wie sie in *Abbildung 23* dargestellt sind, von Bedeutung.

---

[41] In bezug auf den deutschen Markt konnte empirisch ermittelt werden, daß immerhin ca. 84% der Hersteller in der Lebensmittelindustrie eine möglichst hohe Marktabdeckung - d.h. einen maximalen gewichteten Distributionsgrad - anstreben (vgl. Diller 1989, S. 216).

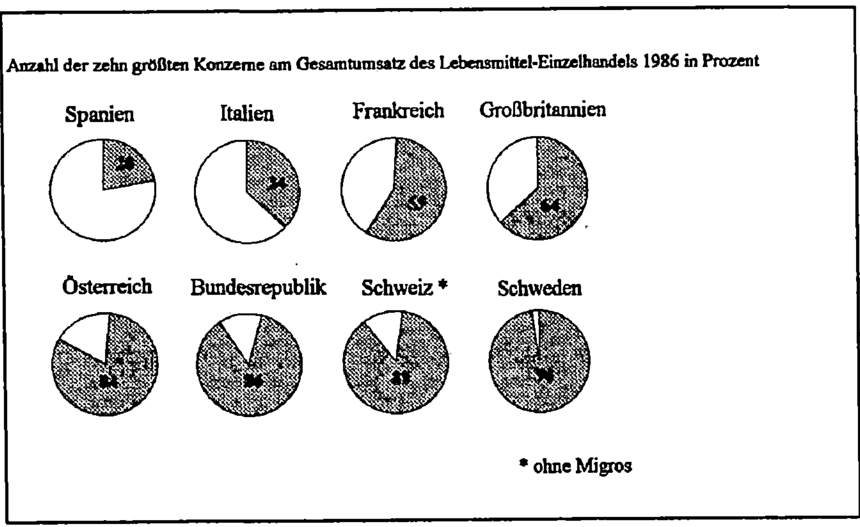

Abbildung 23: Konzentrationsgrad des Handels in der EG
(vgl. Patt 1990, S. 267)

Als weiterer Parameter zur Beschreibung der Hersteller-Handels-Beziehung soll die *Möglichkeit der Einflußnahme auf die Marketingstrategie* der Hersteller durch die Absatzmittler berücksichtigt werden. Diese Möglichkeit besteht - wie bereits beschrieben - zum einen mittelbar, indem der Absatzmittler auf den Hersteller einwirkt, eine von ihm gewünschte Marketingstrategie zu verfolgen, um sich in sein Sortiment einzufügen. Zum anderen besteht häufig auch die Möglichkeit einer unmittelbaren Einflußnahme, da der Handel die Leistung physisch und kommunikativ präsentiert und beispielsweise die Plazierung, das Umfeld der Plazierung sowie Form und Umfang der Beratung in der Regel eigenverantwortlich festlegt (vgl. Tomczak/Gussek 1992, S. 784). Die unmittelbare Einflußnahme des Absatzmittlers auf die Marketingstrategie des Herstellers kann dazu führen, daß dessen Bemühungen, eine bestimmte Positionierung in der Wahrnehmung der Verbraucher zu erreichen, durch die Maßnahmen des Handel unterlaufen werden. Das Ziel des Herstellers besteht somit darin, die manipulative Einwirkung der jeweiligen Absatzmittler auf die Umsetzung der eigenen Marketingstrategie zu beschränken. Die Gestaltung der Marktbearbeitungsstrategie sollte dieser Zielsetzung Rechnung tragen, indem eine Strategie gewählt wird, die gegenüber dem Handel durchgesetzt werden kann oder zumindest an den Interessen des Handels ausgerichtet ist.

Die Beschreibung der Handelssituation kann somit mit Hilfe der im folgenden nochmals im Überblick aufgeführten Parameter erfolgen:

- Verhandlungsmacht des Handels,
- Problem des Zugangs zu den üblichen Vertriebskanälen,
- Konzentrationsgrad des Handels,
- Möglichkeit der Einflußnahme auf die Marketingstrategie des Herstellers.

Die Messung der Indikatoren erfolgt wiederum anhand verbaler bipolarer Intervallskalen. Der Index für die Dimension Handelssituation wird durch die additive Verknüpfung der Einzelmessungen gebildet.

2.1.3.1.4. Der Branchentyp

Im Rahmen der Konzeptualisierung wurde bezüglich des Branchentyps zwischen globalen und lokalen Branchen unterschieden. Als Indikator zur Differenzierung zwischen globalen und lokalen Branchen sollen in einem ersten Schritt die politischen und rechtlichen Rahmenbedingungen im Hinblick auf eine internationale Vermarktungsstrategie erfaßt werden. Porter (vgl. 1989b, S. 52) verwendet im Zusammenhang mit Länder-märkten, die durch *politische und rechtliche Beschränkungen* regle-mentiert werden, den Terminus *geschützte Märkte*. Branchen, die im Hinblick auf ihre Beschaffenheit eigentlich eine globale Charakteristik aufweisen, können sich durch die staatliche Zielsetzung, die im Land ansässigen Unternehmen vor dem globalen Wettbewerb zu schützen, zu lokalen Branchen entwickeln. Regelungen, die beispielsweise das Volu-men der Importe wert- oder mengenmäßig kontingentieren, einen hohen lokalen Fertigungsanteil festschreiben oder mit Hilfe von Vorschriften und Normen[42] eine starke Adaption des Produktes an länderspezifische Bedingungen erfordern, stehen einer globalen Standardisierung und Rationalisierung entgegen und bedingen häufig Direktinvestitionen in den entsprechenden Ländermärkten (vgl. Douglas/Wind 1987, S. 25).

---

[42] Allein in der EG wird die Zahl der Industrienormen auf 50.000 geschätzt, wobei ein Viertel der in der Bundesrepublik gültigen Normen jährlich überarbeitet oder geändert wird (vgl. Schultz 1985, S. 42).

Ziel solcher Maßnahmen ist der Schutz sowohl sensibler Importbranchen, wie beispielsweise der Automobil- oder Textilindustrie, als auch strategischer Exportbranchen, die im Rahmen der staatlichen Technologie- und Industriepolitik von Bedeutung sind (vgl. Lorenz 1988, S. 44). Im Rahmen einer solchen strategischen Handelspolitik des Staates sollen durch strategische wirtschaftspolitische Maßnahmen nationale Wohlfahrtsgewinne herbeigeführt werden (vgl. Stegemann 1988, S. 4 f.). Da vor dem Hintergrund dieser Bemühungen in der Regel eine Adaption des Produktes an länderspezifische. Vorgaben erforderlich ist und teilweise lokale Fertigungsstätten errichtet werden müssen, verringern sich zumindest die mit einer Erhöhung der Produktionsmenge verbundenen Kostenvorteile. Infolgedessen haben in lokalen Branchen Unternehmen mit einer internationalen Ausrichtung im Hinblick auf die Kosten per se keinen Vorteil gegenüber Anbietern, die nur in einem Ländermarkt tätig sind.

Als weiterer Parameter zur Beschreibung der Branche kann die *Höhe der Aufwendungen für Forschung und Entwicklung* herangezogen werden (vgl. zu den folgenden Ausführungen auch Abschnitt II. 3.2. der Arbeit). Hohe Aufwendungen in diesem Bereich lassen eine internationale Vermarktung günstiger erscheinen, da die Stückkosten durch das tendenziell höhere Produktionsvolumen sinken und häufig nur noch international agierende Unternehmen mit entsprechendem Produktionsvolumen in der Lage sind, die Entwicklung neuer Technologien zu finanzieren. Die Länge des Produktlebenszyklus ist in diesem Zusammenhang ebenfalls von Bedeutung. Aus der zunehmenden *technologischen Dynamik* resultiert im Regelfall eine extreme Verkürzung der Amortisationszeiträume. Vor diesem Hintergrund gelingt es häufig nur noch Unternehmen, die gleichzeitig in mehreren Ländermärkten vertreten sind, die hohen Investitionen in neue Technologien zu tragen. International operierende Anbieter verfügen daher in Branchen mit einer hohen technologischen Dynamik über ein wesentlich größeres Erfolgspotential.

Eine internationale Marktbearbeitung erscheint vor allem auch in Branchen vorteilhaft, in denen sich durch eine Erhöhung der Produktionsmenge bedeutende *Stückkostensenkungspotentiale* erschließen lassen, der Erfahrungskurveneffekt also unverzerrt wirkt. Die Möglichkeit der Nutzung von Stückkostensenkungspotentialen ist aufgrund einer Vielzahl von Einflußfaktoren in einzelnen Branchen unterschiedlich ausgeprägt (vgl. Morrison/ Roth 1989, S. 42). Vor allem in Branchen mit hohen

Stückkostensenkungspotentialen resultieren aus einer Erhöhung des Produktionsvolumens, das in der Regel mit einer internationalen Vermarktungsstrategie korrespondiert, niedrigere Stückkosten. Vorteile für internationale Anbieter ergeben sich auch im Hinblick auf Branchen, in denen die Beschränkung des Absatzgebietes auf einen nationalen Markt aufgrund des begrenzten Marktvolumens die Erzielung von Erfahrungskurveneffekten nicht zuläßt.

Ein letzter Parameter zur Erfassung der Branchenstruktur ist die *Bedeutung international operierender Anbieter*. Wird die Branche von Anbietern geprägt, die ihre Produkte international vermarkten, befinden sich nationale Anbieter im Nachteil. Da internationale Wettbewerber in der Lage sind, einen kalkulatorischen Länderausgleich vorzunehmen, können sie ihre Geschäftstätigkeit in einzelnen Ländermärkten mit Hilfe der Erlöse in anderen Märkten subventionieren. Die Wettbewerbsposition auf einem Markt wird daher in der Regel von der Position auf anderen Märkten beeinflußt. Infolgedessen ist eine Internationalisierung der Geschäftstätigkeit in Branchen, die durch internationale Anbieter geprägt werden, als Voraussetzung für dauerhaften Erfolg zu werten.

In *Abbildung 24* wird der globale Branchentyp dem lokalen Branchentyp gegenübergestellt und zur besseren Kennzeichnung im Hinblick auf die abgeleiteten fünf Parameter charakterisiert.

Der globale Branchentyp	der lokale Branchentyp
- geringe politische und rechtliche Beschränkungen	- starke politische und rechtliche Beschränkungen
- hohe Aufwendungen für Forschung und Entwicklung	- geringe Aufwendungen für Forschung und Entwicklung
- hohe technologische Dynamik	- geringe technologische Dynamik
- hohes Stückkostensenkungspotential	- geringes Stückkostensenkungspotential
- hohe Bedeutung international operierender Anbieter	- geringe Bedeutung international operierender Anbieter

Abbildung 24: Gegenüberstellung von globalem und nationalem Branchentyp

Die Unterscheidung zwischen globalen und lokalen Branchen hat keinen dichotomen Charakter; vielmehr handelt es sich in der jeweils extremen Ausprägung um Endpunkte auf einem Kontinuum möglicher Branchentypen. Die Zuordnung zu einem der beiden Branchentypen gibt zwar Aufschluß über die Vorteilhaftigkeit einer internationalen Ausdehnung der Geschäftstätigkeit, doch können zumindest auf den ersten Blick keine Rückschlüsse über die Vorteilhaftigkeit einer Standardisierung gezogen werden, da auch im Rahmen einer Differenzierung der internationalen Marktbearbeitung zumindest die Durchführung eines kalkulatorischen Länderausgleichs möglich ist.

Generell ist jedoch davon auszugehen, daß Unternehmen versuchen, möglichst viele Aktivitäten der Wertkette zu standardisieren, um die hiermit verbundenen Kostenvorteile auszuschöpfen. So können beispielsweise Stückkostensenkungspotentiale am ehesten mit Hilfe einer Standardisierung erschlossen werden. Auch kurze Produktlebenszyklen unterstreichen die Vorteilhaftigkeit einer standardisierten Vermarktung von Produkten, da eine Differenzierung und Anpassung an länderspezifische Gegebenheiten teilweise mit einem erheblichen zeitlichen Aufwand verbunden ist. Wird der Markt von internationalen Anbietern dominiert, ist davon auszugehen, daß diese das Ziel verfolgen, standardisierte Produkte weltweit mit einer einheitlichen Strategie zu vermarkten. Überdies besteht in globalen Branchen nicht die Notwendigkeit einer Differenzierung gegenüber lokalen Wettbewerbern, die basierend auf einer starken Marktposition internationale Anbieter dazu veranlassen können, eine länderspezifische Änderung der Strategie vorzunehmen.

Branchen, in denen die Aufwendungen für Forschung und Entwicklung hoch sind, lassen sich häufig durch eine relativ starke Produktdifferenzierung charakterisieren. Bestehen große technisch-funktionale Unterschiede zwischen verschiedenen Produkten, spielt der Grundnutzen bei der Kaufentscheidung des Verbrauchers eine bedeutende Rolle. Die Grundnutzenbedürfnisse der Verbraucher sind länderübergreifend in der Regel homogener ausgeprägt als die Zusatznutzenbedürfnisse. Daher läßt sich eine Standardisierung mit Blick auf die Verbraucher eher in Branchen durchsetzen, die durch hohe Aufwendungen für Forschung und Entwicklung und eine starke Produktdifferenzierung geprägt werden. Das Fehlen einschlägiger rechtlicher und politischer Vorschriften, die eine Differenzierung erzwingen, kann allgemein als Voraussetzung für eine Standardi-

·sierung gelten. Obwohl die Globalisierung nicht mit einer Standardisierung gleichgesetzt werden kann, ist davon auszugehen, daß in globalen Branchen eine erfolgreiche Standardisierung eher möglich ist als in lokalen Branchen.

Die Ausführungen haben verdeutlicht, daß auch bei der Operationalisierung der Kontextvariablen Branchentyp mehrere Indikatoren herangezogen werden und somit die Konstruktion eines Indices erforderlich wird. Analog zur Vorgehensweise bei der Operationalisierung der Wettbewerbsintensität und der Handelssituation soll eine additive Verknüpfung der Ergebnisse der Einzelmessungen erfolgen. Die Messung wird wieder mit Hilfe der verbalen bipolaren Intervallskalen durchgeführt.

2.1.3.2.5. Die Produktkategorie

Als weitere externe Kontextdimension wurde im Rahmen der Konzeptualisierung die Produktkategorie identifiziert. Die Diskussion verschiedener Konzepte, mit deren Hilfe eine Systematisierung von Produkten im Hinblick auf ihr Standardisierungspotential ermöglicht werden soll, hat die Problematik verdeutlicht, allgemeingültige Aussagen über das Standardisierunspotential der Marktbearbeitungsstrategie in Abhängigkeit von der Produktart abzuleiten. Miracle (vgl. 1965, S. 19 f.) stellt bezugnehmend auf dieses Problem fest, daß ein enger Zusammenhang zwischen Verbraucher-, Markt- und Produktmerkmalen besteht. In der Tradition des waren-analytischen Ansatzes unterscheidet er die folgenden neun Produktcharakteristika, mit deren Hilfe Rückschlüsse auf eine sinnvolle Ausgestaltung der Instrumentalbereiche gezogen werden können:

- objektiver Wert der Produkteinheit,
- subjektive Bedeutung jedes einzelnen Kaufs für den Verbraucher,
- für den Kauf aufgewendete Zeit und Mühe,
- Häufigkeit der technischen und modischen Änderungen,
- technische Komplexität,
- Servicebedürftigkeit,
- Kaufhäufigkeit,
- Schnelligkeit des Ge(Ver-)brauchs und
- Ausdehnung der Nutzung (Anzahl und Bandbreite der Käufer sowie verschiedene Verwendungsmöglichkeiten).

Bei verschiedenen Produkten ist eine unterschiedliche Ausprägung der Produktcharakteristika zu erwarten. Miracle selbst bildet fünf Produktgruppen, die sich im Hinblick auf die Ausprägung der genannten neun Produktcharakteristika unterscheiden (vgl. *Abbildung 25* und *Abbildung 26*). Zur Verdeutlichung des zugrundeliegenden Sachverhaltes sollen die Unterschiede zwischen den beiden Extremgruppen I und V kurz skizziert werden (vgl. Rosenberg 1977, S. 314).

Produkte, die der Gruppe I angehören, erfordern vergleichsweise geringe Investitionen in der Produktentwicklung. Es handelt sich in der Regel um Massenprodukte, die mit Blick auf eine breite Zielgruppe konzipiert wurden. Das zentrale Ziel des Herstellers besteht darin, die Ubiquität des Produktes sicherzustellen und es mit Hilfe einer starken Endverbraucherwerbung *vorzuverkaufen.*

Produkte, die der Gruppe V angehören, sind demgegenüber durch eine starke Betonung des persönlichen Verkauf gekennzeichnet. Der Hersteller entscheidet sich häufig für den direkten Vertriebsweg, da die Produkte oftmals eine individuelle kundenspezifische Gestaltung erfahren. Auch die Preispolitik spielt hier eine bedeutende Rolle, da eine individuelle Aushandlung des Preises für diese Produkte charakteristisch ist.

Produkt-Charakteristika	*Gruppe I*	*Gruppe II*	*Gruppe III*	*Gruppe IV*	*Gruppe V*
Objektiver Wert einer Produkteinheit	sehr gering	gering	mittel bis hoch	hoch	sehr hoch
Subjektive Bedeutung jedes einzelnen Kaufs für den Verbraucher	sehr gering	gering	mittel	hoch	sehr hoch
Für den Kauf aufgewendete Zeit und Mühe	sehr gering	gering	mittel	hoch	sehr hoch
Häufigkeit von technischen und modischen Änderungen	sehr gering	gering	mittel	hoch	sehr hoch
Technische Komplexität	sehr gering	gering	mittel bis hoch	hoch	sehr hoch
Servicebedürftigkeit	sehr gering	gering	mittel	hoch	sehr hoch
Kaufhäufigkeit	sehr hoch	mittel bis hoch	gering	gering	sehr gering
Schnelligkeit des Ver(Ge-)brauchs	sehr hoch	mittel bis hoch	gering	gering	sehr gering
Ausdehnung der Nutzung	sehr hoch	hoch	mittel bis hoch	gering bis mittel	sehr gering

Abbildung 25: Produktcharakteristika für fünf Produktgruppen
(vgl. Miracle 1965, S. 20)

Gruppe I	Gruppe II	Gruppe III	Gruppe IV	Gruppe V
Zigaretten	Lebensmittel (Trocken- sortiment)	Radio- und Fernsehgeräte	Qualitätskameras	Elektronische Büromaschinen
Süßwaren-Riegel	Arzneimittel	Haushalts- großgeräte	Landmaschinen	Elektrische Generatoren
Rasierklingen	Haushaltswaren	Damen- bekleidung	Personen- kraftwagen	Dampfturbinen
Alkoholfreie Erfrischungs- getränke	industrielle Betriebsstoffe	Reifen und Schläuche Sport- ausrüstungen	Qualitätsmöbel	Spezial- werkzeuge

Abbildung 26: Produkt-Beispiele für die fünf Produktgruppen
(vgl. Miracle 1965, S. 20)

An der beschrieben Vorgehensweise kann vor allem kritisiert werden, daß
die Abgrenzung zwischen den fünf Produktgruppen relativ willkürlich erscheint (vgl. Becker 1992, S. 494). Lipson/Darling/Reynolds (1970)
entwickeln vor dem Hintergrund dieser Kritik den waren-analytischen
Ansatz weiter zur waren-analytischen Analogiemethode. Dabei lösen sie
sich von der Einteilung in fünf Produktkategorien, indem sie eine Punkte-
skala einführen. Während das eigentliche Ziel der Autoren darin besteht,
ausgehend von der Skalaposition Gestaltungsempfehlungen für die vier
Instrumentalbereiche abzuleiten (vgl. hierzu auch Lipson/Darling 1971, S.
612 f.), kann festgestellt werden, daß mit Hilfe dieser Vorgehensweise
grundsätzlich auch eine differenziertere Ermittlung und Kategorisierung
der Produktkategorie möglich ist.

Die auf der Basis der neun Produktcharakteristika nach Miracle (1965)
ermittelte Produktkategorie soll als weitere externe Kontextdimension in
das situative Forschungsdesign integriert werden. Mit Hilfe der Klassifizierung von Branchen nach Produkteigenschaften wird die grobe Unterscheidung zwischen globalen und lokalen Branchen verfeinert. Eine
Standardisierung der Marktbearbeitungsstrategie erscheint vor allem dann
möglich, wenn der zentrale Ansatzpunkt für eine Differenzierung gegenüber den Wettbewerbern im produktpolitischen Bereich liegt, also auf den
Grundnutzen des Produktes abstellt oder ein direktes Vertriebssystem gewählt wird. Diese Voraussetzungen werden tendenziell eher von Produkten erfüllt, die einer hohen Produktkategorie zuzuordnen sind. Wird
die Differenzierung gegenüber den Wettbewerbern in erster Linie mit
kommunikativen Mitteln erreicht und erfolgt beispielsweise der Vertrieb

indirekt, muß sich der Hersteller an den eher divergierenden Zusatznutzenansprüche in verschiedenen Ländermärkten bzw. an einer differierenden Handelssituation orientieren. Damit wird häufig eine Anpassung oder Differenzierung der Strategie erforderlich. Die genannten Charakteristika beschreiben vor allem Produkte, die einer niedrigen Produktkategorie zuzuordnen sind.

Die Ermittlung der Produktkategorie erfolgt wieder mit Hilfe der mehrfach bezeichneten verbalen bipolaren Intervallskalen. Der Messung liegen dabei die vorgestellten neun Produktcharakteristika nach Miracle (1965) zugrunde. Hier kann unterstellt werden, daß die Ergebnisse der Messung eines einzelnen Items sowohl mit den Meßergebnissen der anderen Einzelitems als auch mit dem Merkmalswert signifikant korrelieren. Die angenommene monotone Itemcharakteristik erlaubt somit die Verwendung des Skalierungsverfahrens zur Evaluierung der Produktkategorie.

2.1.3.3. Operationalisierung der internen Kontextkomponente

Im Rahmen der Konzeptualisierung der internen Kontextkomponente wurde die Bedeutung der Wettbewerbsposition für die Formulierung von Marktbearbeitungsstrategien hervorgehoben. Allgemein ist davon auszugehen, daß sich Ansatzpunkte für Wettbewerbsvorteile aus überlegenen Fähigkeiten und/oder Ressourcen ergeben. Können diese Wettbewerbsvorteile im Markt so umgesetzt werden, daß sich aus Sicht der Konsumenten entweder eine höhere Wertigkeit der eigenen Produkte oder niedrigere relative Kosten und damit niedrigere Preise gegenüber den Konkurrenzprodukten ergeben, resultiert für die Marke ein Positionsvorteil (vgl. Day/ Wensley 1988, S. 2 f.).

Aus Sicht des Unternehmens ist in einem ersten Schritt zu ergründen, ob die Profilierung der Produkte in einer Branche in erster Linie durch eine Differenzierung oder eher durch die Erzielung von Kosten- und Preisvorteilen erfolgt. Entsprechend sollte die Wertkette als Analyseinstrument dazu eingesetzt werden, entweder über die Kostenstruktur oder über den Wertschöpfungsanteil einzelner Aktivitäten aus Sicht des Konsumenten Aufschluß zu geben (vgl. Kogut 1985, S. 16; Cravens 1991, S. 34 f.). Verfügt ein Unternehmen nicht über die relevanten Fähigkeiten oder Ressourcen, die den Erfolg in einer Branche determinieren, beeinflußt dies den Erfolg des Unternehmens unmittelbar (vgl. Aaker 1989, S. 93).

Die Zusammenhänge zwischen den einzelnen Faktoren, die den Erfolg beeinflussen, sind in *Abbildung 27* im Überblick dargestellt.

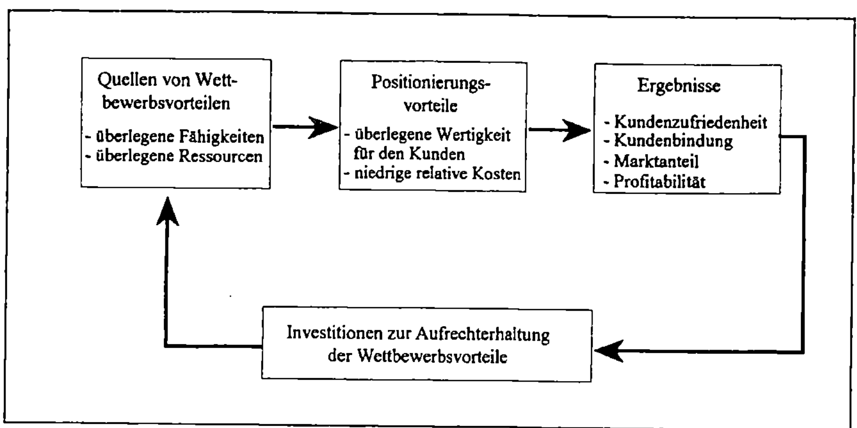

Abbildung 27: Die Elemente von Wettbewerbsvorteilen
(vgl. Haedrich/Tomczak 1990, S. 14)

Faktoren, die den Erfolg beeinflussen, werden gemeinhin auch mit dem Begriff *strategischer Erfolgsfaktor* bezeichnet. Ein Wettbewerbsvorteil kann immer dann als strategischer Erfolgsfaktor gelten, wenn er eine gewisse Langfristigkeit impliziert. In diesem Zusammenhang sind zwei Aspekte von zentraler Bedeutung. Zum einen müssen die Stärken und Schwächen des Unternehmens in bezug zu den spezifischen Chancen und Risiken des Marktes gesetzt werden (vgl. Ulrich/Fluri 1984, S. 101; Welge 1985, S. 322). Die Analyse der Chancen und Risiken in einer Branche stellt auf die Frage ab, welche Einflußgrößen für den zukünftigen Erfolg eines Unternehmens in einer Branche verantwortlich sind und welche Entwicklungen in der Branche dazu führen, daß sich die Wett-bewerbsposition anderer Unternehmen verschlechtert (vgl. Hinterhuber 1989/I, S. 84). Von elementarer Bedeutung sind hier beispielsweise die Bedürfnisse der Verbraucher, die im Zeitablauf häufig Veränderungen unterliegen und damit den Hintergrund für eine Positionsverschlechterung der eigenen Marke bilden können (vgl. Ghemawat 1986, S. 53). Zum anderen muß der Hersteller über die Möglichkeit verfügen, den Wett-bewerbsvorteil gegenüber den konkurrierenden Anbietern auch unter Zu-grundelegung einer längerfristigen Perspektive verteidigen zu können, d.h. der Vorteil darf durch die Wettbewerber nicht leicht nachzuahmen sein (vgl. Pümpin 1986, S. 34; Day/Wensley 1988, S. 4; Cravens 1991, S. 35 f.; Bharadwaj/Varadarajan/Fahy 1993, S. 84).

Zusammenfassend können die folgenden drei Anforderungen formuliert werden, die ein Wettbewerbsvorteil in der Regel erfüllen muß, um als strategischer Erfolgsfaktor gelten zu können (vgl. Meffert 1985a, S. 14; Simon 1987, S. 368; Haedrich/Tomczak 1990, S. 58-62; Simon 1993, Sp. 4693):

- Der strategische Erfolgsfaktor muß die Basis darstellen, um für die eigene Marke eine vom Wettbewerb langfristig abgrenzende Alleinstellung (*unique selling proposition*) aufzubauen. Hierzu ist es erforderlich, daß eigene Stärken mit Schwächen der Wettbewerber korrespondieren.

- Der strategische Erfolgsfaktor muß spezifische Kundenbedürfnisse erfüllen; die eigene relative Stärke muß mit anderen Worten bei der Zielgruppe einen relevanten Nutzen stiften.

- Der Wettbewerbsvorteil muß auf spezifischen Fähigkeiten und Ressourcen des Unternehmens aufbauen, die mit Blick auf die Wettbewerber einzigartig und durch diese nicht oder nur schwer nachzuahmen sind.

Unterschiede hinsichtlich der Wettbewerbsposititon einer Marke in verschiedenen Märkten können somit auf verschiedene Ursachen zurückgeführt werden. So können die eigenen Ressourcen oder Fähigkeiten und damit die Stärken und Schwächen im Vergleich zwischen verschiedenen Märkten erhebliche Differenzen aufweisen. Auch Unterschiede bei den in der Unternehmensumwelt anzusiedelnden Chancen und Risiken können die Wettbewerbsposition einer Marke beeinflussen (vgl. Meissner/ Auerbach 1992, S. 424). Nicht zuletzt determinieren die spezifischen Stärken und Schwächen der Wettbewerber vor dem Hintergrund unterschiedlicher Anbieterkonstellationen in verschiedenen Ländermärkten die Existenz und Struktur strategischer Erfolgsfaktoren (vgl. Jain 1989b, S. 74; Diller 1992, S. 239).

Im Rahmen der obigen Ausführungen wurde bereits deutlich, daß die strategischen Erfolgsfaktoren einer Marke die Beziehung zwischen der Formulierung von Marktbearbeitungsstrategien und dem Erfolg einer Marke unmittelbar beeinflussen sollten. Allgemein wird im Hinblick auf das Konzept der strategischen Erfolgsfaktoren die Ansicht vertreten, daß ungeachtet der Mehrdimensionalität und Multikausalität des Unternehmenserfolges einige wenige Parameter für den Erfolg oder Mißerfolg ausschlaggebend sind. Unternehmen werden demgemäß dann erfolgreich sein, wenn sie bezogen auf die zentralen Erfolgsfaktoren in ihrer Branche Wettbewerbsvorteile erringen können (vgl. Adamer/ Hinterhuber/Kaindl 1993, S. 457).

Fritz (vgl. 1990, S. 105) stellt im Rahmen einer Literaturanalyse fest, daß die empirische Erfolgsfaktorenforschung noch erhebliche Defizite aufweist und sich insgesamt in einem wenig ausgereiften Entwicklungsstadium befindet. Bemerkenswert ist in diesem Zusammenhang vor allem die überaus große Zahl an Erfolgsfaktoren, die im Rahmen der Auswertung von vierzig Studien ermittelt werden konnten. Zurückzuführen ist dies unter anderem auf die Heterogenität des Untersuchungsobjektes (Unternehmens- vs. Geschäftsfeldebene) welches den einzelnen Studien zugrundeliegt. Ein weiteres Motiv für die häufige Verwendung des Begriffes ist sicherlich auch in der Faszination zu sehen, die sich mit der strategischen Erfolgsfaktorenforschung verbindet. Vor dem Hintergrund des pragmatischen Wissenschaftsziels wird hier ein Kernanliegen der Betriebswirtschaftslehre gestreift, indem Faktoren identifiziert werden, die den Erfolg direkt beeinflussen und somit für die Praxis von elementarer Bedeutung sind.

Faßt man die Ergebnisse der Literatursynopse von Fritz (vgl. 1990, S. 103-105) zusammen, kann festgehalten werden, daß zur Erklärung des Unternehmenserfolges außer den Marketingvariablen eine Reihe weiterer Faktoren heranzuziehen sind. Neben methodischen Problemen, die aus einem geringen Stichprobenumfang oder fehlenden Validitätsnachweisen resultieren, stellt vor allem auch der unterschiedliche Branchenbezug der verschiedenen Studien ein Problem dar. Hinzuweisen ist in diesem Zusammenhang auf die Notwendigkeit, situative Bedingungsfaktoren zu identifizieren, die die Beziehung zwischen Erfolgsfaktoren und dem Unternehmenserfolg in Konsumgütermärkten beeinflussen. Beispielsweise ist unmittelbar einsichtig, daß sich die strategischen Erfolgsfaktoren eines Herstellers von Kraftwerken substantiell von den strategischen Erfolgsfaktoren eines Glühbirnenproduzenten unterscheiden. Generell kann festgestellt werden, daß in verschiedenen Branchen häufig unterschiedliche Erfolgsfaktoren von Bedeutung sind (vgl. Gerl/Roventa 1981, S. 852 f.; Aaker 1989, S. 93; Adamer/Hinterhuber/Kaindl 1993, S. 459). Wie bereits an früherer Stelle der Arbeit ausgeführt wurde, sind die Produkte in vielen Konsumgütermärkten im Hinblick auf ihre objektive Qualität relativ austauschbar, weshalb sich in diesen Märkten strategische

Erfolgsfaktoren vor allem im Bereich der absatzgerichteten Aktivitäten identifizieren lassen (vgl. Homburg/Sütterlin 1992, S. 643).

Ein weiteres Problem ist darin zu sehen, daß mit dem Begriff 'strategischer Erfolgsfaktor' stark differierende Vorstellungen verbunden werden. Weitgehende Einigkeit besteht darüber, daß mit diesem Begriff jene Variablen bezeichnet werden sollen, die direkten Einfluß auf Erfolg oder Mißerfolg des Erkenntnisobjektes haben (vgl. z.B. Lange 1982, S. 27; Leidecker/ Bruno 1984, S. 23; Meffert 1985b, S. 5; Hoffmann 1986, S. 832) und durch die Entscheidungsträger jeweils direkt beeinflußbar sind (vgl. Hofer/Schendel 1978, S. 77). Damit wird deutlich, daß je nach Erkenntnisobjekt unterschiedliche Variablen identifiziert werden können. Beispielsweise können Entscheidungsträger auf Geschäftsfeldebene die Qualität der Human-Ressourcen oder Merkmale des Investitions- und Finanzierungsverhaltens, der Personalführung, der Organisationsstruktur und -kultur sowie der Produktion, die häufig als strategische Erfolgsfaktoren identifiziert werden (vgl. Fritz 1990, S. 103 ff.; Welge/Al-Laham 1993, S. 199), nicht oder nur in geringem Maße beeinflussen.

Wie bereits mehrfach ausgeführt wurde, setzt die vorliegende Arbeit auf der Geschäftsfeldebene an. Die Ermittlung des Erfolges orientiert sich daher an den strategischen Geschäftsfeldern als autonome Planungseinheiten mit eigenständigen Erfolgsfaktoren. Strategische Erfolgsfaktoren bauen dabei nicht auf objektiv gegebenen, sondern vom Verbraucher subjektiv wahrgenommenen Positionierungsvorteilen auf (vgl. Simon 1988, S. 474). Grundlage des Erfolges sind in diesem Zusammenhang die aus Sicht des Konsumenten erzielten nachhaltigen Wettbewerbsvorteile, die darin bestehen, in den für die Kunden wichtigen Leistungsmerkmalen besser zu sein als die Wettbewerber (vgl. Esser 1989, S. 192).

Die oben aufgeführten Erfolgsfaktoren üben auf Geschäftsfeldebene keinen unmittelbaren Einfluß auf den Erfolg oder Mißerfolg aus, da sie nicht direkt auf Verbraucherbedürfnisse abstellen und somit keinen direkten Beitrag zur Profilierung der Marke beim Verbraucher leisten können. Faktoren wie die Personalführung oder die Organisationskultur stellen die Grundlage für eine Profilierung der Marke beim Verbraucher dar, wenn hieraus beispielsweise ein überlegener Service resultiert. Häufig besteht allerdings ein zentrales Problem für viele Unternehmen darin, Wettbewerbsvorteile in Form überlegener Ressourcen oder Fähigkeiten am Markt um- und durchzusetzen und somit strategische Erfolgsfaktoren zu schaffen (vgl. Kotler/Fahey/Jatusripitak 1986, S. 275; Simon 1988, S. 461 f.). Für den Konsumenten ist der resultierende Output in Form eines höheren Wertes oder einer vergleichbaren Leistung zu niedrigeren Kosten jedoch ungleich wichtiger als der innerbetriebliche Prozeß der Leistungserstellung (vgl. Esser 1989, S. 192).

Zur besseren Unterscheidung sollen die zentralen Fähigkeiten und Ressourcen im Unternehmen, die langfristig den Erfolg eines Unternehmens beeinflussen, mit dem Begriff *strategische Erfolgspotentiale* bezeichnet werden. Die Fähigkeiten oder Ressourcen, die zum Aufbau strategischer Erfolgspotentiale führen, unterscheiden sich dabei in Abhängigkeit von der Branche. Entscheidungen auf Unternehmensebene stellen vor diesem Hintergrund darauf ab, orientiert an den Entwicklungen sowie den hieraus resultierenden Chancen in der Umwelt und mit Blick auf die derzeitigen Fähigkeiten und Ressourcen strategische Erfolgspotentiale aufzubauen, die ein Bestehen des Unternehmens im Wettbewerb auf den heutigen und zukünftigen Märkten ermöglichen (vgl. Stalk/Evans/Shulman 1992, S. 63; Prahalad/Hamel 1990, S. 79-91). Der Begriff 'strategische Erfolgspotentiale' wird synonym zu dem Begriff *'Kernkompetenzen'* gebraucht, der in der jüngeren Literatur zu dieser Thematik häufig Verwendung findet und auf geschäftsfeldübergreifende Erfolgspotentiale abstellt.

Ansatzpunkte für den Aufbau von Kernkompetenzen, die die Basis für die Ableitung von strategischen Erfolgsfaktoren auf Geschäftsfeldebene darstellen, ergeben sich in diversifizierten Unternehmen beispielsweise auch durch den Transfer von Know-how zwischen verschiedenen Geschäftsfeldern oder durch die Zusammenlegung von einzelnen Aktivitäten der Wertkette verschiedener Geschäftsfelder (vgl. Hitt/Ireland 1985, S. 274). In beiden Fällen kann durch die Nutzung von Synergieeffekten die Basis für eine Senkung der Kosten oder für eine Erhöhung der Wertigkeit des Produktes durch Entscheidungen auf Unternehmensebene geschaffen werden (vgl. Porter 1987, S. 53-57). Auf Geschäftsfeldebene kommt es hingegen entscheidend darauf an, aufbauend auf den unternehmerischen Erfolgspotentialen strategische Erfolgsfaktoren zu entwickeln, die dem Produkt oder der Marke aus Sicht des Verbrauchers einen glaubwürdigen Positionierungsvorteil gegenüber den Wettbewerbern verschaffen.

Kirsch betrachtet es explizit als die Aufgabe der strategischen Unternehmensführung, die Fähigkeiten eines Unternehmens an der Umwelt auszurichten, um entsprechende Erfolgspotentiale aufzubauen (vgl. Kirsch 1993, Sp. 4096; ähnlich auch Henzler 1988, S. 1303f.). Folglich stehen im Rahmen des strategischen Managements nicht mehr operative Größen wie Erfolg oder Liquidität im Mittelpunkt der Betrachtungen, sondern 'Vorsteuergrößen', die die Voraussetzungen für operativen Erfolg darstellen (vgl. Kirsch/zu Knyphausen/Ringlstetter 1989, S. 7).

Damit wird deutlich, daß strategische Erfolgspotentiale die Grundlage für den Aufbau von strategischen Erfolgsfaktoren darstellen. Die Aufgabe der Entscheidungsträger auf Geschäftsfeldebene besteht darin, die Kernkompetenzen in strategische Erfolgsfaktoren umzusetzen. Auf Unternehmensebene muß die Zielsetzung hingegen darin bestehen, basierend auf den Erkenntnissen der strategischen Frühaufklärung die zukünftigen Kernkompetenzen, die für den Aufbau strategischer Erfolgsfaktoren erforderlich sind, zu identifizieren. Dabei kommt es entscheidend darauf an, die Chancen und Risiken in der Unternehmensumwelt mit den unternehmensindividuellen Stärken und Schwächen in Beziehung zu setzen.

Konkret bedeutet dies, daß es die Aufgabe der strategischen Unternehmensführung ist, unter Berücksichtigung möglicher Entwicklungen in der Unternehmensumwelt, die langfristige Wettbewerbsfähigkeit des Unternehmens sicherzustellen. Vor dem Hintergrund der Erkenntnisse, die u.a. mit Hilfe der Szenario-Technik gewonnen werden können, sind die aktuellen Erfolgspotentiale auf ihre zukünftige Bedeutung hin zu überprüfen und gegebenenfalls neue Kernkompetenzen zu identifizieren und aufzubauen. Erscheint der Eintritt grundlegend verschiedener Entwicklungen möglich, müssen unter Umständen sehr unterschiedliche strategische Erfolgspotentiale entwickelt werden. Der Aufbau zukünftiger Kernkompetenzen stellt damit eine Reaktion auf mögliche Entwicklungen in der Unternehmensumwelt dar (vgl. Krystek/Müller-Stevens 1990, S. 348 f.). Die beschriebenen Zusammenhänge sind in *Abbildung 28* graphisch im Überblick dargestellt.

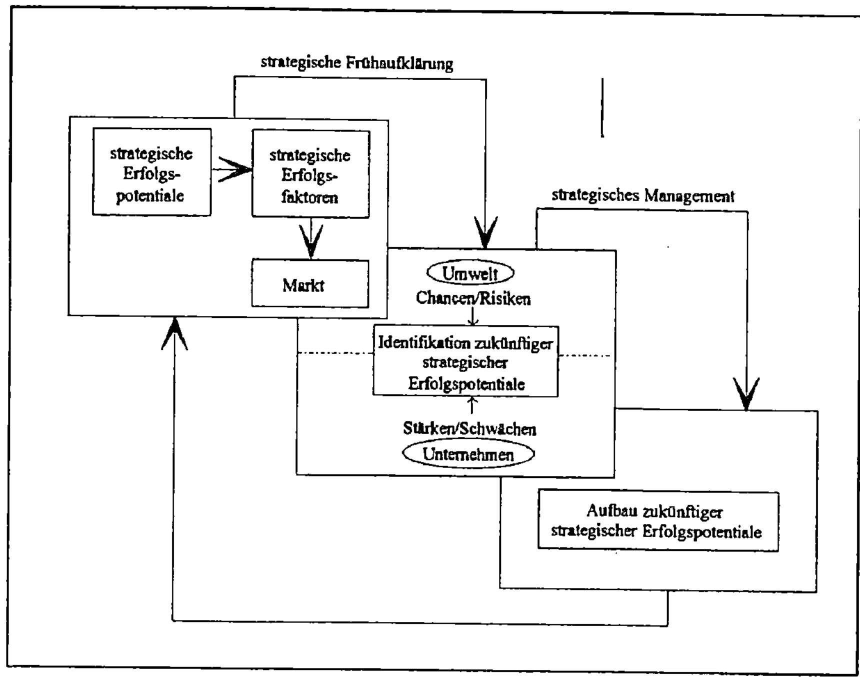

Abbildung 28: Die Stellung strategischer Erfolgspotentiale im System des strategischen Managements

Zusammenfassend können somit die folgenden beiden Anforderungen formuliert werden, die *strategische Erfolgsfaktoren auf Geschäftsfeldebene* zu erfüllen haben:

- Der strategische Erfolgsfaktor muß die Basis für eine unmittelbare Profilierung des Angebots bei den Konsumenten darstellen.

- Der Faktor muß auf Geschäftsfeldebene angesiedelt sein, d.h. die konkrete Ausgestaltung muß im Zuständigkeits- oder Einflußbereich des entsprechenden Entscheidungsträgers liegen.

Basierend auf einer Analyse der von Fritz (1990) im Überblick dargestellten Ergebnisse verschiedener empirischer Untersuchungen zu diesem Gegenstand und mittels heuristisch gestützter Überlegungen können die folgenden Faktoren, die die beiden genannten Bedingungen erfüllen, identifiziert werden:

- Qualität
- Service
- Image
- Preis

- Vertrieb
- Design

In heterogen strukturierten Märkten können strategische Erfolgsfaktoren in Abhängigkeit vom relevanten Markt, den das Unternehmen bearbeitet, identifiziert werden. Während für manche Unternehmen im Hinblick auf die verfolgte Strategie eher die Kosten von Bedeutung sind, stellen für andere Unternehmen in derselben Branche Variablen wie z.B. der Innovationsgrad des Produktes oder der Service strategische Erfolgsfaktoren dar (vgl. Jeannett/Hennessey 1988, S. 263) Orientiert man sich nicht an den Nachfragern, sondern an den Wettbewerbern in einer Branche, können strategische Gruppen zur Unterscheidung herangezogen werden, da die jeweiligen strategischen Geschäftsfelder in der Regel über eigene strategische Erfolgsfaktoren verfügen (vgl. Mascarenhas/Aaker 1989, S. 476).

Die Übertragung erfolgreicher Strategien auf Auslandsmärkte setzt neben vergleichbaren Markt- und Wettbewerbsstrukturen auch die Verfügbarkeit gleicher Ressourcen und Fähigkeiten voraus (vgl. Jeannet/Hennessey 1988, S. 263). Unterschiedliche länderspezifische Kernkompetenzen der Unternehmen, die die Grundlage für den Aufbau strategischer Erfolgsfaktoren darstellen, haben in der Regel einen Einfluß auf die Formulierung von Strategien und auf die Erfolgsträchtigkeit dieser Strategien (vgl. Snow/Hrebiniak 1980, S. 333 f.; Conant/Mokwa/Varadarajan 1990, S. 366). Die relative Wettbewerbsposition der Marke unterliegt somit vor dem Hintergrund der verfügbaren Ressourcen und Fähigkeiten in verschiedenen Märkten Schwankungen (vgl. Simon 1985, S. 952 f.).

Morrison/Roth (vgl. 1992, S. 400) weisen in diesem Zusammenhang darauf hin, daß zwischen den strategischen Erfolgsfaktoren und der Wahl der Positionierung in einzelnen Ländermärkten eine enge Wechselbeziehung besteht. Mit Blick auf die Praxis der internationalen Geschäftstätigkeit ist davon auszugehen, daß die Wettbewerbsposition eines Unternehmens in verschiedenen Märkten häufig unterschiedlich ausgeprägt ist (vgl. DeNero 1990, S. 153). Dies kann auch darauf zurückgeführt werden, daß die Erwartungen und Präferenzen der Konsumenten sich teilweise unterscheiden. Damit differieren die strategischen Ansatzpunkte, um die Marke im Wettbewerb zu profilieren (vgl. Szymanski/Bharadwaj/ Varadarajan 1993, S. 1).

Neben den unterschiedlichen unternehmensinternen und -externen Rahmenbedingungen in den einzelnen Märkten kann beispielsweise auch das Image des Herkunftslandes eine bedeutende Rolle bei der Positionierung spielen. Die Erkenntnis, daß das Image des Herkunftslandes den Markterfolg im internationalen Geschäft zum Teil nicht unerheblich beeinflussen kann, veranlaßt viele Unternehmen, positive Imagedimensionen des Herkunftslandes mit Hilfe von Bezeichnungen wie 'made in Germany' für den Absatz ihrer Produkte zu nutzen (vgl. Kühn 1992, S. 304). Geht man davon aus, daß das 'Made-in-Image' eines Landes das Kaufverhalten bzw. die Produktwahrnehmung der Verbraucher beeinflußt (vgl. Bilkey/ Nes 1982; Han/Terpstra 1988), so wird deutlich, daß sich Veränderungen in bezug auf das Image einer Marke in verschiedenen Ländern ergeben können, die im Rahmen der Formulierung von Marktbearbeitungsstrategien berücksichtigt werden müssen (vgl. Kühn 1993, S. 121).

Deutlich wurde, daß der Ermittlung der Wettbewerbsposition eine verbraucherorientierte Perspektive zugrundegelegt werden muß, die die Berücksichtigung der Bedeutung verschiedener Erfolgsfaktoren in unterschiedlichen Branchen oder relevanten Märkten erlaubt. Folglich ist in einem ersten Schritt die Bedeutung der einzelnen Faktoren aus Sicht der Verbraucher zu ermitteln. In einem zweiten Schritt wird die relative Stellung des Geschäftsfeldes ermittelt. Da die Verbraucher in verschiedenen Ländern aus forschungspragmatischen Gründen nicht selbst befragt werden können, erscheint es zweckmäßig, die Einschätzung der befragten Manager bezüglich der relativen Wettbewerbsposition ihrer Marke bei den Verbrauchern zu ermitteln. Hier wird davon ausgegangen, daß die Auskunftspersonen im Unternehmen über detaillierte Kenntnisse der relativen Stellung ihrer Marke aus Sicht der Verbraucher verfügen. Beide Sachverhalte werden wiederum mit Hilfe der bereits bekannten verbalen bipolaren Intervallskalen gemessen. Die Einzelbewertungen der Erfolgsfaktoren werden mit der gewichteten Bedeutung der einzelnen Faktoren durch Multiplikation verrechnet. Die gewichteten Einzelbewertungen werden anschließend zu einem additiven Index zusammengefaßt, der die relative Wettbewerbsposition der Marke beschreibt.

Somit kann nun für das vorliegende situative Forschungskonzept die vollständige Kontextkomponente mit den Indikatoren, die zur Beschreibung des Bedingungsrahmens dienen, abgeleitet werden (vgl. *Abbildung 29*).

Produktkategorie

- objektiver Wert
- subjektive Bedeutung
- Zeit und Mühe für Kauf
- technische/modische Änderung
- technische Komplexität
- Servicebedürftigkeit
- Kaufhäufigkeit
- Schnelligkeit des Ver(Ge-)brauchs
- Ausdehnung der Nutzung

Branchentyp

- politische und rechtliche Beschränkungen
- Aufwendungen für Forschung u. Entwicklung
- technologische Dynamik
- Stückkostensenkungspotential
- Bedeutung internationaler Anbieter

Wettbewerbsintensität

- Verhandlungsmacht der Lieferanten
- Verhandlungsmacht der Konsumenten
- Verhandlungsmacht der Absatzmittler
- Rivalitätsgrad in der Branche
- Bedrohung durch Substitutionsprodukte
- Gefahr des Eintritts neuer Konkurrenten

Handelssituation

- Verhandlungsmacht der Absatzmittler
- Problem des Zugangs zu den üblichen Vertriebskanälen
- Konzentrationsgrad des Handels
- Möglichkeit der Einflußnahme auf die Marketingstrategie des Herstellers

Konsumentensituation

- Grad der Marktsegmentierung
- Bedeutung von Grund- u. Zusatznutzen
- Grad der Markentreue

Wettbewerbssituation

Vor- u. Nachteile gewichtet nach der jeweiligen Bedeutung

- Qualität
- Service
- Image
- Preis
- Vertrieb
- Design

Abbildung 29: Konstrukte zur Abbildung der Kontextkomponente und Indikatoren zu ihrer Erfassung

Im folgenden soll, basierend auf den in *Abbildung 29* dargestellten Indikatoren zur Erfassung der Kontextdimensionen, die Situationstypologie abgeleitet werden.

2.1.4. Ableitung der Situationstypologie

Die Systematisierung verschiedener Erscheinungsformen eines Objektes läßt sich nach Knoblich (vgl. 1969, S. 26) auf zwei Wegen erreichen: mit Hilfe der *klassifikatorischen Ordnung* oder der *typologischen Ordnung*. Der Unterschied zwischen einer Typenbildung und einer Klassifikation besteht in der Zahl der zur Ordnung herangezogenen Merkmale. Während mit dem Begriff Klassifikation die Systematisierung von Sachverhalten anhand eines einzigen Merkmals zum Ausdruck gebracht wird, stellt der Begriff Typologie auf die Verknüpfung von mindestens zwei Merkmalen ab, die zur Differenzierung des Objektbereiches geeignet erscheinen (vgl. Knoblich 1969, S. 27). Der systematischen Gliederung verschiedener Erscheinungsformen mit Hilfe einer Typologie liegt dabei eine Strukturierung aller Objekte anhand der zugrundeliegenden Merkmale und ihrer Ausprägungen zugrunde (vgl. Friedrichs 1973, S. 73).

Abgegrenzt werden kann der Begriff Typologie auch von dem Begriff Taxonomie. Während Typologien ein theoriegeleitetes Schema repräsentieren, das - wie gezeigt wurde - auf die Kombinationsmöglichkeiten verschiedener Dimensionen mit den zugehörigen Ausprägungen abstellt, basieren Taxonomien auf einem quantitativ-empirisch abgeleiteten Schemata (vgl. Hambrick 1984, S. 28). Der Unterschied zwischen Taxonomien und Typologien liegt in erster Linie darin begründet, daß Typologien - obwohl häufig empirisch-qualitativen Beobachtungen folgend - theoretisch abgeleitet und anschließend auf ihren empirischen Gehalt hin überprüft werden, während die Typenbildung bei der Erstellung einer Taxonomie im Anschluß an die Datenerhebung beispielsweise mit Hilfe einer Faktor- oder Clusteranalyse erfolgt (vgl. Harrigan 1985, S. 58-60; Gussek 1992, S. 14 f.). Typologien werden also im Vorgriff auf eine empirisch gestützte Theoriebildung entwickelt; sie haben in der Regel heuristischen Wert und dienen häufig dem Zweck, die Identifikation von Forschungsproblemen und Erkenntnissen zu stimulieren (vgl. Friedrichs 1973, S. 89).

Der Gruppierung von Objekten mit Hilfe von Typologien wird häufig eine deduktiv abgeleitete *a priori Struktur* zugrundegelegt, d.h. die Charakteristika der differenzierten Typen werden mit Hilfe 'logischer' bzw. theoriegeleiteter Überlegungen entwickelt (vgl. Bunn 1993, S. 39). Zur Analyse dieser Struktur wird dann ein Katalog relevanter Indikatoren erstellt, deren Ausprägungen für alle Objekte zu erheben ist. Das auf diese Weise gewonnene Erhebungsergebnis kann im Anschluß in einer Datenmatrix zusammengefaßt werden (vgl. Opitz/Hansohm 1980, S. 11 f.). In *Abbildung 30* ist der allgemeine Aufbau einer solchen Datenmatrix dargestellt.

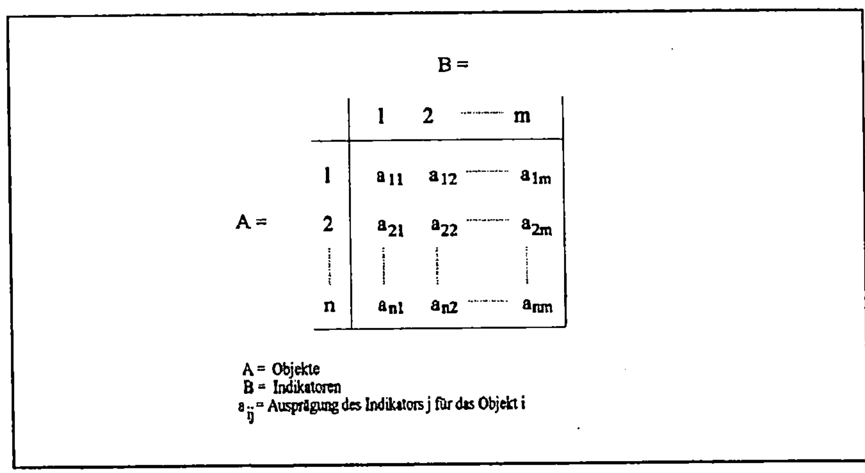

Abbildung 30: Datenmatrix zur Darstellung der Ausprägung verschiedener Indikatoren von untersuchten Objekten (vgl. Opitz/Hansohm 1980, S. 12)

Anhand der abgebildeten Datenmatrix können die untersuchten Objekte durch die entsprechende Zeile der Matrix beschrieben werden, während die Spalten der Matrix die Ausprägung der Indikatoren bei allen Objekten enthalten.

Abschließend sind die erhobenen Indikatoren, deren Ausprägung die Objekte charakterisieren, so zu aggregieren, daß die vorgegebene Struktur der Objektmenge bestmöglichst reproduziert wird. Dieser Vorgang wird auch als Identifikation der Objekte bezeichnet (vgl. Opitz/Hansohm 1980, S. 12). Im Rahmen des vorliegenden situativen Forschungsdesigns steht die Abbildung der Ausgangssituation strategischer Geschäftsfelder mit Hilfe verschiedener Indikatoren im Mittelpunkt des Interesses. Die zugrundeliegende Fragestellung lautet: In welcher Situation können Strategien erfolgreich standardisiert werden bzw. in welcher Situation erscheint eine länderorientierte Differenzierung der Strategie erfolgversprechend. Der Gestaltungsspielraum von Entscheidungsträgern bei der Formulierung internationaler Marktbearbeitungsstrategien soll hier situativ relativiert werden.

Eine a priori Struktur kann gebildet werden, indem zwischen einer homogenen und einer heterogenen Ausprägung der Kontextdimensionen in verschiedenen Ländermärkten unterschieden wird. Im Rahmen dieses Abschnitts wurden geeignete Indikatoren abgeleitet, die zur Situationsanalyse anhand der verschiedenen Kontextdimensionen herangezogen werden sollen. Aufbauend auf den Ergebnissen der Erhebung kann für vier Kontextdimensionen die Situation im Hinblick auf den interessierenden Sachverhalt (Homogenität/Heterogenität) anhand der einzelnen Indikatoren detailliert beschrieben werden[43]. Anschließend sind die Ausprägungen der einzelnen Kontextdimensionen so zu aggregieren, daß die Gesamtsituation des strategischen Geschäftsfeldes bezüglich der zugrundeliegenden Fragestellung beschrieben wird.

Um eine Typologie erstellen zu können, die diesen Überlegungen Rechnung trägt, ist es notwendig, zwei Fragen zu beantworten:

(1.) Wie sollen die jeweiligen Ausprägungen für die sechs abgeleiteten Kontextdimensionen - Wettbewerbsintensität, Konsumentensituation, Handelssituation, Branchentyp, Produktkategorie und Wettbewerbsposition - gebildet werden?

(2.) Wieviele Ausprägungen sollen für jede der sechs Kontextdimensionen zugelassen bzw. analysiert werden?

Der Beantwortung der beiden Fragen sollen einige grundsätzliche Überlegungen vorangestellt werden. Wird beispielsweise die Wettbewerbsintensität in einer Branche analysiert, so ist davon auszugehen, daß unter Berücksichtigung der Marktsättigungstendenzen in den meisten Industrieländern von einem - zumindest wahrgenommenen - hohen Niveau der Wettbewerbsintensität auszugehen ist. Unterschiede in der Wettbewerbsintensität zwischen zwei Ländern bestehen dann aller Wahrscheinlichkeit

---

[43] Der Branchentyp und die Produktkategorie als weitere Kontextfaktoren zielen darauf ab, die generellen Rahmenbedingungen für eine Internationalisierung abzubilden bzw. die Art der Produkte zu beschreiben. Günstige Rahmenbedingungen für eine Internationalisierung (globaler Branchentyp; hohe Produktkategorie) sollen aus Vereinfachungsgründen im Rahmen der folgenden Ausführungen mit einer homogenen Ausprägung gleichgesetzt werden.

nach häufig nur in gradueller Form. Die Situation der verschiedenen Geschäftsfelder würde, wenn sie im Rahmen der Messung der Wettbewerbsintensität auf einer Skala mit den Extrempunkten sehr unterschiedliche und gleiche Wettbewerbsintensität abgebildet wird, mit einer Position auf der oberen Hälfte dieser Skala einhergehen. Hier liegt jedoch die inhaltliche Fragestellung zugrunde, ob die Kontextdimensionen überdurchschnittlich oder unterdurchschnittlich homogen ausgeprägt sind. Es bietet sich daher an, die Hypothesentests auf der Basis standardisierter Variablen durchzuführen, d.h. die Klassifikation wird danach vorgenommen, ob die Einzelmessung im Verhältnis zur Standardabweichung aller Meßwerte überdurchschnittlich oder unterdurchschnittlich ausgeprägt ist (vgl. Gussek 1992, S. 117).

Der bereits mehrfach erwähnte Aspekt des Forschungspragmatismus legt bei der Beantwortung der zweiten Frage eine Beschränkung der Zahl der Situationsvariablen nahe. Wird eine Vielzahl von Ausprägungen je Kontextdimension zugelassen, kann die Situation, in der sich die Geschäftsfelder befinden, sehr differenziert abgebildet werden. Allerdings würde bereits eine Analyse von je vier möglichen Ausprägungen pro Kontextdimension zu 4096 unterscheidbaren Situationen führen, während die Beschränkung auf zwei Ausprägungen die Zahl der unterschiedenen Situationsklassen auf 64 begrenzt. Eine Beschränkung auf zwei mögliche Ausprägungsformen kann überdies auch mit der inhaltlichen Begründung vorgenommen werden, daß nicht die möglichst genaue Abbildung der Situation das Erkenntnisinteresse der Arbeit darstellt, sondern daß der Einfluß verschiedener Situationstypen auf die Erfolgsträchtigkeit von Gestaltungsentscheidungen der Marktbearbeitung untersucht werden soll.

Die mögliche Situation eines strategischen Geschäftsfeldes kann nun im Rahmen der für diesen Forschungsansatz entwickelten Typologie mengenlogisch abgeleitet werden. Für jede Kontextdimension wird, in bezug auf den jeweiligen Mittelwert der Stichprobe, zwischen einer überdurchschnittlichen und unterdurchschnittlichen Ausprägung unterschieden. Somit können 64 (2x2x2x2x2x2) unterschiedliche Situationen abgeleitet werden.

Nachdem nunmehr die *Kontextkomponente* des situativen Forschungsdesigns vollständig erfaßt wurde, steht im folgenden Abschnitt die Konzeptualisierung und Operationalisierung der *Gestaltungskomponente* im Mittelpunkt der Betrachtungen. Die Systematisierung verschiedener Gestaltungsalternativen bildet im Zusammenhang mit der Kontextkomponente die Grundlagen für die Überprüfung der Adäquanz unterschiedlicher Gestaltungskonzepte in bestimmten Situationen.

2.2. Die Gestaltungskomponente

Im Hinblick auf die Konzeptualisierung und Operationalisierung der Gestaltungskomponente kommt es darauf an, eine Systematik von Marktbearbeitungsstrategien zu entwickeln, die den Gestaltungsspielraum des verantwortlichen Entscheiders abbildet und die zur Verfügung stehenden Optionen in ihrer ganzen Bandbreite erfaßt.

Die Strategie-Literatur ist von einer Vielzahl von Ansätzen geprägt, mit denen der Ziel verfolgt wird, strategische Verhaltensoptionen mit Hilfe dominanter Merkmalsausprägungen (Typen) zu charakterisieren. In der Regel wird dabei weniger die vollständige Abbildung aller Facetten des strategischen Verhaltens angestrebt, vielmehr erfolgt eine Konzentration auf typische Aspekte (vgl. Schanz 1993, Sp. 4525). In diesem Zusammenhang können Typologien, die auf Unternehmensebene ansetzen (vgl. z.B. Miles/Snow 1978; Miller/Friesen 1978), von Typologien unterschieden werden, die die Ebene strategischer Geschäftsfelder als Bezugspunkt wählen[44]. Für die hier zugrundeliegende Fragestellung sind allein Konzepte von Bedeutung, die auf die Geschäftsfeldebene abzielen und auf die Marktbearbeitungsstrategie fokussiert sind.

2.2.1. Konzeptualisierung der Gestaltungskomponente

Die Aufgabe von Strategien besteht abstrakt formuliert darin, unternehmerische Aktivitäten zu bündeln und zu steuern (vgl. Bourgeois, 1980, S. 37). Legt man diesen Gedanken der Planung von Marketingstrategien auf Geschäftsfeldebene zugrunde, kann deren Aufgabe darin gesehen werden, das Suchfeld im Rahmen der quantitativen und qualitativen Planung des Marketing-Mix einzugrenzen und somit eine Reduktion der Komplexität

---

[44] Ein Überblick sowie eine knappe Charakterisierung verschiedener Ansätze zur Typologisierung von Strategien auf Geschäftsfeldeben findet sich bei Robinson/Pearce (vgl 1988, S. 45 f.) und Galbraith/Schendel (vgl. 1983, S. 154).

im Rahmen der Instrumentalplanung zu erreichen. Mit Hilfe dieser Strategien werden grundsätzliche Wege aufgezeigt, wie die langfristigen Marketingziele erreicht werden können, indem ein genereller Handlungsrahmen für die Gestaltung der Marketingaktivitäten vorgegeben wird (vgl. Pearce/-Robinson 1985, S. 216). Strategien mit der beschriebenen Funktion werden in der Literatur auch mit dem Begriff Marketing-Grundsatzstrategie oder -Basisstrategie bezeichnet (vgl. Wiedmann 1985, S. 149; Walter 1988, S. 58; Becker 1992, S. 4-5). Haedrich/Tomczak (vgl. 1990, S. 99) sehen die Aufgabe einer Marketing-Grundsatzstrategie ähnlich und fügen hinzu, daß mittels einer Grundsatzstrategie das Verhalten gegenüber den anderen Branchenteilnehmern (Konkurrenten, Absatzmittlern und Konsumenten) festgelegt wird. Somit wird deutlich, daß mit dem Begriff Marketing-Grundsatzstrategie Marktbearbeitungsstrategien auf Geschäftsfeldebene bezeichnet werden, die ihrerseits die Gestaltungskomponente des situativen Forschungskonzeptes darstellen. Daher soll im Rahmen der Beschreibung der Gestaltungskomponente der internationalen Marktbearbeitung der Begriff Marketing-Grundsatzstrategie Verwendung finden.

Mit Blick auf die grundsatzstrategische Komponente im Marketingplanungsprozeß lassen sich vor dem Hintergrund unterschiedlicher Erkenntnisinteressen zahlreiche Konzepte unterscheiden, die jeweils eine spezifische Ausrichtung des marketingstrategischen Verhaltens beleuchten. Da eine Marketing-Grundsatzstrategie, um ihrer oben definierten Aufgabe gerecht werden zu können, in der Regel mehrere Strategiedimensionen umfassen muß, stellt die Systematisierung und Verknüpfung verschiedener Konzepte ein in der Literatur intensiv diskutiertes Problemfeld dar (vgl. z.B. Nieschlag/Dichtl/Hörschgen 1985, S. 823-832; Meffert 1986a, S. 90-114; Walther 1988, S. 59). Zu bemängeln ist an den meisten Systematisierungsansätzen, daß eine empirische Bestätigung der praktischen Relevanz und des Erklärungsgehaltes unterbleibt und die Generalisierbarkeit häufig begrenzt ist (vgl. Walker/Ruekert 1987, S. 16). Haedrich/Tomczak (vgl. 1990, S. 99-122) greifen aus der Vielzahl von Ansätzen, die auf diese Problematik abzielen, sechs originäre grundsatzstrategische Konzepte verschiedener Autoren heraus und entwickeln diese zu einer eigenen Systematik weiter. Im einzelnen handelt es sich dabei um die folgenden Konzepte:

1. marktfeldorientiertes Konzept (Becker)
2. präferenzorientiertes Konzept (Becker)
3. segmentorientiertes Konzept (Becker)
4. rollenorientiertes Konzept (Kotler)
5. wettbewerbsorientiertes Konzept (Porter)
6. präsenzorientiertes Konzept (Meffert/Kimmeskamp; Ahlert)

Auf der Basis dieser Konzepte leiten Haedrich/Tomczak (vgl. 1990, S. 122 f.) insgesamt sechs Dimensionen ab, die im Rahmen der aufgeführten Ansätze Berücksichtigung finden und der Planung einer Marketing-Grundsatzstrategie zugrundeliegen. Die grundsatzstrategischen Dimensionen sind mit den jeweiligen Gestaltungsoptionen in *Abbildung 31* dargestellt.

---

(1) Strategierichtung innerhalb des Marktes

(Beibehaltung der Position/Umpositionierung/Neupositionierung)

(2) Strategiestil

(Marktführer/Marktherausforderer/Marktmitläufer/Marktnischenbearbeiter)

(3) Marktabdeckung

(Gesamtmarkt/Marktsegment)

(4) Differenzierung der Marktbearbeitung

(undifferenziertes/differenziertes Vorgehen)

(5) Marktbeeinflussung

(Präferenz-/Preis-Mengen-Strategie)

(6) Präsenzsicherung

(Anpassung/Konflikt/Kooperation/Umgehung)

Abbildung 31: Grundsatzstrategische Dimensionen und Gestaltungsoptionen

Basierend auf einer inhaltlichen Analyse der sechs Dimensionen stellen Haedrich/Tomczak (vgl. 1990, S. 126-131) fest, daß diese nicht überschneidungsfrei sind. Beispielsweise fokussiert ein Marktnischenbearbeiter seine Absatzbemühungen immer auf ein Marktsegment. Ebenso ist im Regelfall eine differenzierte Marktbearbeitung gleichbedeutend mit der Verfolgung einer Präferenz-Strategie. Zur Konstruktion einer vollständigen und redundanzfreien Grundsatzstrategie aggregieren die Autoren daher die sechs Dimensionen zu einer Entscheidungshierarchie, die sie in vier Ebenen unterteilen (vgl. *Abbildung 32*).

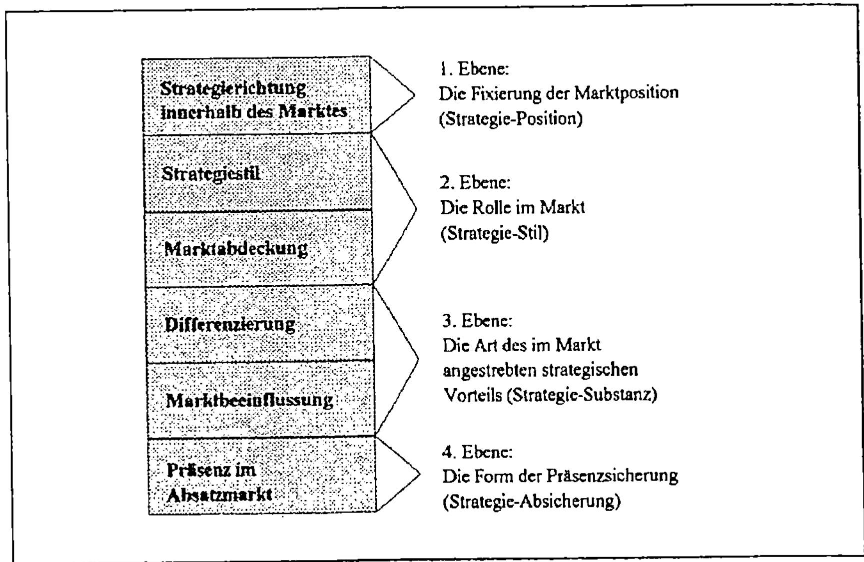

Abbildung 32: Verteilung der sechs Dimensionen einer Grundsatzstrategie auf vier Hierarchieebenen (vgl. Haedrich/Tomczak 1990, S. 130)

Ausgehend von den vier grundsatzstrategischen Hierarchieebenen kann die Stellung eines strategischen Geschäftsfeldes bzw. einer Marke gegenüber Konsumenten, Wettbewerbern und Absatzmittlern festgelegt werden. Damit werden die Aufgaben einer Marketing-Grundsatzstrategie vollständig erfüllt und überdies bestehen keine Redundanzen zwischen den einzelnen Strategieebenen. Zudem hat sich die heuristische Substanz des Ansatzes auch im Rahmen verschiedener empirischer Forschungsarbeiten bewährt (vgl. Tomczak 1989; Gussek 1992). Daher soll die beschriebene Systematik die konzeptionelle Grundlage für die Erfassung der Gestaltungskomponente innerhalb des situativen Forschungsdesigns bilden und im folgenden Abschnitt operationalisiert werden.

2.2.2. Operationalisierung der Gestaltungskomponenten

2.2.2.1. Überblick

Im Rahmen der Operationalisierung des grundsatzstrategischen Modells bzw. der einzelnen Ebenen sind zum einen Indikatoren zu entwickeln, mit deren Hilfe die Merkmalsausprägung der einzelnen Strategieebenen gemessen werden kann. Zum anderen sind die Schritte festzulegen, wie die Meßwerte den vorgegebenen Strategietypen zugeordnet werden sollen. Strategievariablen, die dem grundsatzstrategischen Modell zugrundeliegen, können als diskrete Elemente von Aktivitäten auf Geschäftsfeldebene definiert werden (vgl. Morrison/Roth 1989, S. 31). Die einzelnen grundsatzstrategischen Ebenen werden somit durch verschiedene Ausprägungsformen (Typen) repräsentiert, die einem Geschäftsfeld zuzuordnen sind. Werden diese diskreten Variablen im Rahmen der Befragung verwendet, wird die Zugehörigkeit zu einem Typ unmittelbar abgefragt. Damit bereitet die Zuordnung keine weiteren Probleme. Teilweise erfolgt die Messung des interessierenden Sachverhalts allerdings mit Hilfe der bereits bei der Messung der Kontextfaktoren verwendeten verbalen bipolaren Intervallskala. Das Ergebnis besteht dann in einer stetigen bzw. kontinuierlichen Variablen (vgl. Schnell/Hill/Esser 1989, S. 123).

Beispielsweise wird die Strategie-Substanz mit Hilfe der beschriebenen Skala gemessen. Auf dieser Strategie-Ebene wird eine Unterscheidung zwischen der Präferenz- und der Preis-Mengen-Strategie getroffen. Die beiden strategischen Alternativen stellen dabei auf einen unterschiedlichen Nutzen (Preis und Leistung) ab, der dem Verbraucher geboten werden soll. Demzufolge repräsentieren die jeweils idealtypischen Ausprägungen der Präferenz- und Preis-Mengen-Strategie die Extrempunkte auf einem Kontinuum von Nutzenkombinationen (vgl. Haedrich/Tomczak 1990, S. 108 f.). Durch Verwendung einer Skala zur Messung dieses Sachverhaltes wird der Erkenntnis Rechnung getragen, daß jede Ausprägung auf diesem Kontinuum in der Praxis möglich ist. Da das Merkmal auf dem durch die Skala repräsentierten Intervall jeden beliebigen Wert annehmen kann, handelt es sich de facto um eine stetige Variable (vgl. Bleymüller/Gehlert/ Gülicher 1985, S. 4). Um diese stetige Variable in eine diskrete Variable zu transformieren und somit die ursprünglich vorgegebenen Strategietypen unterscheiden zu können, wird die Variable standardisiert. In Abhängigkeit davon, ob die Ausprägung der Einzelmessung im Verhältnis zum arithmetischen Mittel aller Meßwerte überdurchschnittlich oder unterdurchschnittlich ausgeprägt ist, kann im Anschluß eine Zuordnung des Einzelfalls zu der Präferenz- oder Preis-Mengen-Strategie vorgenommen werden.

Grundsätzlich ermöglicht die beschriebene Vorgehensweise neben der Analyse der verfolgten Strategie auf einem Markt auch die indirekte Messung des Standardisierungsgrades der betrachteten Strategieebene im Vergleich zwischen zwei Märkten. Hierzu ist in einem ersten Arbeitsschritt die Differenz zwischen den Skalenwerten des betrachteten Indikators, die die Strategie auf den beiden Märkten abbilden, zu ermitteln. In einem zweiten Arbeitsschritt wird überprüft, ob ein überdurchschnittlicher oder ein unterdurchschnittlicher Standardisierungsgrad im Verhältnis zum arithmetischen Mittel aller Meßwerte vorliegt. Orientiert an diesen Überlegungen sollen im folgenden die einzelnen Ebenen einer Marketing-Grundsatzstrategie operationalisiert werden.

2.2.2.2. Die Strategie-Position

Ausgehend von den auf Unternehmensebene angesiedelten marktfeldstrategischen Optionen, die sich aus dem Ansoff-Schema (vgl. Ansoff 1966) ergeben[45], leiten Haedrich/Tomczak (vgl. 1990, S. 102-108) die zentrale Fragestellung für die strategische Markenführung auf Geschäftsfeldebene ab. Hier ist eine grundsätzliche Entscheidung darüber zu treffen, ob eine Variation der bisher verfolgten Marketingstrategie aufgrund der Markt- und Wettbewerbssituation erforderlich ist. Ergibt sich die Notwendigkeit einer Änderung der Marktposition, so ist festzulegen, welches Ausmaß der Variation anzustreben ist und wie die inhaltliche Umsetzung der geplanten Variation erfolgen soll. Die grundsätzlichen Optionen bei der Fixierung der angestrebten Marktposition werden nach Ansicht der Autoren durch die folgenden drei Grundformen repräsentiert:

- Beibehaltung der Marktposition,
- Umpositionierung und
- Neupositionierung.

Fragen der Positionierung sind eng an die Zielgruppenproblematik und damit an die Segmentierung gekoppelt, da die Positionierung im Kern

---

    Ansoff (1966) unterscheidet die strategischen Optionen *Marktdurchdringungsstrategie* (gegenwärtiges Produkt im gegenwärtigen Markt), *Marktentwicklungsstrategie* (gegenwärtiges Produkt in einem neuen Markt), *Produktentwicklungsstrategie* (neues Produkt im gegenwärtigen Markt) und *Diversifikationsstrategie* (neues Produkt in einem neuen Markt). Deutlich wird beispielsweise bei der Diversifikationsstrategie, daß es sich hierbei um eine Gestaltungsoption handelt, die auf Unternehmens- und nicht auf Geschäftsfeldebene ansetzt.

darüber Auskunft gibt, wie die Marke beim Verbraucher profiliert werden soll. Hierzu muß im Regelfall die spezifische Bedürfnisstruktur einer bestimmten Zielgruppe bekannt sein (vgl. Cravens/Hills/Woodruff 1987, S. 317 f.). Da die Festlegung der Strategie-Position die oberste Hierarchieebene bei der Planung einer Grundsatzstrategie repräsentiert, wird deutlich, daß Entscheidungen auf dieser Ebene Auswirkungen auf die Ausgestaltung der übrigen drei Ebenen haben. Vor diesem Hintergrund sollen die drei Optionen bei der Fixierung der Strategie-Position im Hinblick auf die beiden genannten Aspekte charakterisiert werden.

Die *Beibehaltung der Marktposition* zielt auf eine Erhaltung der Kernzielgruppe ab. Aus der Entscheidung für eine Beibehaltung der Marktposition ergibt sich - wenn überhaupt - die Notwendigkeit marginaler Änderungen auf instrumenteller Ebene. Die Marketing-Grundsatzstrategie kann daher in der Regel ohne tiefgreifende Änderungen weiterverfolgt werden. Eine *Umpositionierung* der Marke erscheint dann wünschenswert, wenn eine Zielgruppen-Verlagerung bzw. -Erweiterung geplant ist, die eigentliche Kernzielgruppe jedoch erhalten bleiben soll. Hierzu sind häufig auch Änderungen auf grundsatzstrategischer Ebene erforderlich. Die *Neupositionierung* einer Marke ist hingegen mit dem Ziel verbunden, unter Aufgabe der alten Zielgruppe eine völlig neue Zielgruppe anzusprechen. Dabei ist in jedem Falle eine völlig neue grundsatzstrategische Orientierung erforderlich; Beispiele für eine solche Vorgehensweise in der Praxis sind Trading up- und Trading down-Strategien. Generell dürfte deutlich geworden sein, daß die Positionierungsentscheidung nicht nur Auswirkungen auf die instrumentelle Ebene hat, sondern auch die Ausgestaltung der übrigen Ebenen einer Marketing-Grundsatzstrategie beeinflußt.

Während in der vorgestellten Systematik mit Blick auf den Erkenntnisgegenstand - die strategische Markenführung - die Variation der Marketingstrategie in zeitlicher Hinsicht in den Mittelpunkt der Überlegungen gestellt wird, soll im Rahmen des vorliegenden Forschungsprojektes die Bedeutung der einzelnen Gestaltungsalternativen in räumlicher Hinsicht untersucht werden. Dies ergibt sich aus der Intention des Forschungsprojektes, die Auswirkungen einer Variation oder Beibehaltung der Strategie auf den Erfolg vor dem Hintergrund des jeweiligen länderspezifischen Bedingungsrahmens zu untersuchen. Es handelt sich somit nicht um eine Längsschnittuntersuchung, mit der der Frage nachgegangen werden soll, welche im Zeitablauf auftretenden Veränderungen des Bedingungsrahmens eine Variation der Strategie erforderlich machen. Vielmehr sollen die Auswirkung eines länderspezifisch unterschiedlichen Bedingungsrahmens auf das Standardisierungspotential der Marketing-Grundsatzstrategie untersucht werden. Damit wird deutlich, daß es sich bei dem zugrundeliegenden Forschungsprojekt um eine Querschnittstudie handelt.

Mit der Festlegung der Strategie-Position wird die zentrale Frage der Positionierung der Marke angesprochen. In diesem Zusammenhang erfolgt die Festlegung der (sachbezogenen bzw. psychologischen) Eigenschaften, mit deren Hilfe die Befriedigung von Verbraucherbedürfnissen und eine Differenzierung gegenüber den Wettbewerbern erreicht werden soll (vgl. Wind 1982, S. 74 f.; Cravens/Hills/Woodruff 1987, S. 317 f.). Wie bereits in Abschnitt IV. 2.1.2.2. der Arbeit ausgeführt wurde, stellen die auf relativen Stärken in kaufentscheidungsrelevanten Bereichen basierenden strategischen Erfolgsfaktoren die Grundlage für die Positionierung der Marke dar. Ausgehend von den strategischen Erfolgsfaktoren werden die sachbezogenen oder psychologischen Eigenschaften (z.B. eine bestimmte Qualität oder ein bestimmtes Image), mit denen die Marke bei den Verbrauchern profiliert werden soll, festgelegt. Aufbauend auf den Aspekten einer Marke, die diese gegenüber den Wettbewerbsprodukten abgrenzt oder heraushebt, ist eine komplementäre Strategie zu entwickeln, die einen Beitrag zur Profilierung der Marke leistet (vgl. Webster 1986, S. 103; Day 1990, S. 167; Rugman/Verbeke 1990, S. 49).

An dieser Stelle soll nun im Hinblick auf eine internationale Marktbearbeitung die Beziehung zwischen dem Standardisierungsgrad der Strategie-Position und dem Standardisierungsgrad der übrigen Strategieebenen einerseits und den strategischen Erfolgsfaktoren andererseits näher beleuchtet werden. Allgemein dient die Festlegung der Positionierung dazu, das Geschäftsfeld unter Berücksichtigung der länderspezifischen Fähigkeiten und Ressourcen in Beziehung zur marktlichen Umwelt zu setzen. Aufgrund einer unterschiedlichen Ausprägung der Kontextbedingungen ergibt sich dabei häufig die Notwendigkeit, die Positionierung entsprechend anzupassen (vgl. Morrison/Roth 1989, S. 30 f.).

Die Notwendigkeit einer Variation der Strategie-Position kann sich auf Auslandsmärkten entweder durch eine differierende Wettbewerbsposition der Marke oder durch unterschiedliche Verbraucherbedürfnisse ergeben.

Häufig sind bestimmte Marktpositionen in Auslandsmärkten durch starke lokale Wettbewerber besetzt, wodurch die Wettbewerbsposition der Marke tangiert wird (vgl. Buzzell 1968, S. 111). Verfügen die Wettbewerber im Auslandsmarkt über andere relative Stärken und Schwächen als die Wettbewerber im Heimatmarkt, wird im Regelfall eine Um- oder Neupositionierung erforderlich, um die Differenzierung und somit ein erfolgreiches Bestehen im Wettbewerb gewährleisten zu können.

Auch heterogene Verbraucherbedürfnisse können den Ausgangspunkt für die Notwendigkeit einer Um- oder Neupositionierung darstellen, wenn mit der Positionierung im Heimatmarkt sowie den dort zugrundeliegenden strategischen Erfolgsfaktoren im Auslandsmarkt keine relevanten Bedürfnisse abgedeckt werden können. Damit wird deutlich, daß die jeweiligen Faktoren in diesem Fall nicht die Anforderungen erfüllen, denen ein strategischer Erfolgsfaktor entsprechen muß. Die Festlegung einer neuen Marktposition erfordert in jedem Fall die Analyse der relativen Wettbewerbsposition in dem betrachteten Markt, um aufbauend auf der Identifikation strategischer Erfolgsfaktoren eine neue Positionierung festzulegen.

Die Entscheidung über die Strategie-Position setzt, wie oben bereits angedeutet, Richtlinien für die Ausgestaltung der übrigen Strategieebenen (vgl. hierzu Porter 1990a, S. 37; Wind 1990, S. 388; Morwind 1992, S. 87). Häufig wird eine Beibehaltung der Strategie-Position mit einer standardisierten Ausgestaltung der übrigen Dimensionen der Grundsatzstrategie korrespondieren, während eine Variation der Strategie-Position eine modifizierte Ausgestaltung der anderen Dimensionen nach sich zieht. Allerdings kann hieraus keine Regelmäßigkeit abgeleitet werden. Wird eine Beibehaltung der Positionierung angestrebt, kann diese Entscheidung unter Umständen auch mit der Notwendigkeit verknüpft sein, im Bereich der übrigen Strategieebenen Änderungen vorzunehmen. Umgekehrt kann eine Entscheidung für die standardisierte Übertragung der übrigen drei grundsatzstrategischen Ebenen die Durchführung einer Um- oder Neupositionierung erforderlich machen. So korrespondiert beispielsweise die Bearbeitung eines einheitlichen Marktsegmentes in manchen Fällen mit der Notwendigkeit einer Änderung der Positionierung (vgl. Assael 1985, S. 678). Eine Strategie-Position, die die Bearbeitung eines relativ großen Marktsegmentes im Heimatmarkt impliziert, kann überdies aufgrund von Unterschieden in der Konsumentenstruktur mit der Bearbeitung einer

Nische im Auslandsmarkt verknüpft sein. Wird umgekehrt das Präferenzniveau einer Marke beibehalten, kann dies mit einer Umpositionierung der
Marke einhergehen, wenn das Anspruchsniveau der Verbraucher zwischen
zwei Märkten differiert (vgl. Waltermann 1989, S. 89).

Der Vollständigkeit halber ist darauf hinzuweisen, daß sich aus der Positionierung Vorgaben für den qualitativen und quantitativen Einsatz der
Marketinginstrumente ableiten lassen (vgl. Meffert 1988a, S. 586). Allerdings erlaubt die Festlegung des Standardisierungsgrades der Marktposition allein kaum Rückschlüsse auf das Standardisierungspotential der
verschiedenen Marketinginstrumente. So ist selbst vor dem Hintergrund
einer Beibehaltung der Strategie-Position häufig eine differenzierte Ausgestaltung des Marketing-Mix erforderlich. Zu begründen ist dies damit,
daß auch eine länderübergreifend homogene Beurteilung der Bedeutung
einer Eigenschaftsdimension die Möglichkeit offen läßt, daß die konkreten
Vorstellungen darüber, wie den Anforderungen am besten entsprochen
wird, erheblich voneinander abweichen (vgl. Waltermann 1989, S. 235;
Kroeber-Riel 1992, S. 264).

Vor dem Hintergrund der wachsenden Integrationsbemühungen im
Rahmen der internationalen Geschäftstätigkeit kann festgestellt werden,
daß die Frage, ob die Profilierung im internationalen Wettbewerb auf der
Grundlage einer identischen Positionierung bzw. einer Beibehaltung der
Marktposition erfolgen kann, von zentraler Bedeutung ist. Ausgangspunkt
dieser Überlegung stellt die Erkenntnis dar, daß die Vereinheitlichung der
Positionierung als wichtige Voraussetzung für die Durchsetzung einer
standardisierten transnationalen Grundsatzstrategie gelten kann (vgl.
Waltermann 1989, S. 11). Während eine einheitliche Positionierung einerseits der Schaffung einer internationalen Markenidentität und der Nutzung
potentieller Ausstrahlungseffekte dient (vgl. Kreutzer 1989, S. 199), ist
andererseits festzustellen, daß eine Variation der Positionierung auf verschiedenen Ländermärkten häufig leichter umzusetzen ist als eine im Zeitablauf geplante Um- oder Neupositionierung in einem bestimmten Markt.
Hier ergeben sich zum Teil erhebliche Schwierigkeiten, da ein bestehen-
des Image entgegen den Beharrungstendenzen in der Wahrnehmung der
Verbraucher geändert werden muß (vgl. Assael 1984, S. 501).

Geht man mit Blick auf die Vorteilhaftigkeit einer international identischen Markenidentität davon aus, daß eine Vereinheitlichung der Posi-

tionierung bei jeder internationalen Marke angestrebt wird, so lautet die Kernfrage: Welche Unterschiede im Bereich der Kontextfaktoren erlauben eine erfolgreiche Standardisierung der Strategie-Position einer Marke? Zur Beantwortung dieser Frage soll der Variationsgrad der Strategie-Position auf dem Auslandsmarkt direkt abgefragt werden. Benutzt man für die Messung des hier interessierenden Sachverhalts eine Skala, so können die beiden Extrempunkte auf dieser Skala verbal wie folgt umschrieben werden:

- Die Marketingstrategie aus dem Heimatmarkt wurde ohne jede Änderung übernommen, die Positionierung wurde beibehalten.

- Die Marke wurde im Vergleich zum Heimatmarkt völlig neu positioniert, eine völlig neue Strategie wurde geplant.

Die gewählte Vorgehensweise zur Messung des Änderungsgrades der Positionierung basiert auf der Annahme, daß die drei Optionen *Beibehaltung der Positionierung*, *Umpositionierung* und *Neupositionierung* auf einem Kontinuum abgebildet werden können. Wurde mit der Marke eine Umpositionierung durchgeführt, so wird diese Handlungsalternative durch einen mittlere Ausprägung auf der Skala abgebildet, da eine Umpositionierung sachlogisch zwischen den Extrempunkten 'Beibehaltung der Strategie-Position' und 'Neupositionierung' anzusiedeln ist. Zur Messung werden die bereits von den Ausführungen zur Kontextkomponente bekannten verbalen bipolaren Intervallskalen herangezogen.

2.2.2.3. Der Strategie-Stil

Das theoretische Fundament der zweiten Ebene in der grundsatzstrategischen Entscheidungshierarchie bildet das konkurrenzorientierten Rollenkonzept von Kotler (vgl. 1982, S. 281-297). Bezogen auf diese Planungsebene kann zunächst zwischen den folgenden strategischen Optionen differenziert werden:

- Marktführerstrategie,
- Marktherausfordererstrategie,
- Marktmitläuferstrategie und
- Marktnischenbearbeiterstrategie.

Die genannten Strategiealternativen repräsentieren die grundsätzlichen Optionen eines Unternehmens, sein Verhalten gegenüber den Wettbewerbern zu definieren[46]. Gerade im Rahmen einer internationalen Marktbearbeitung ist davon auszugehen, daß einzelne Geschäftsfelder aufgrund einer differierenden länderspezifischen Ausgangssituation ihr Verhalten gegenüber den Wettbewerbern ändern müssen (vgl. Toyne/Walters 1989, S. 356-358).

Bei der Festlegung des Strategie-Stils sind zwei Aspekte von Bedeutung: Zum einen ist hier der Grad der Marktabdeckung zu fixieren, zum anderen ist eine Entscheidung darüber zu treffen, ob das Verhalten gegenüber den Wettbewerbern offensiv herausfordernd oder defensiv anpassend gestaltet werden soll (vgl. Gussek 1992, S. 127-133)[47]. Timmermann (vgl. 1982, S. 8) formuliert in diesem Zusammenhang zwei zentrale Fragestellungen:

- *Wie* soll mit dem Geschäftsfeld im Wettbewerbsumfeld konkurriert werden: soll den etablierten Regeln des Wettbewerbs defensiv gefolgt werden, oder ist der Versuch zu unternehmen, die Wettbewerbsregeln offensiv zu gestalten?
- *Wo* soll mit dem Geschäftsfeld konkurriert werden: wird ein Wettbewerbsvorteil auf dem Gesamtmarkt angestrebt oder erfolgt eine Konzentration der Kräfte auf einen Teilmarkt?

Bei der konkreten Ausgestaltung des hier diskutierten grundsatzstrategischen Gestaltungsspielraums ist die Entwicklung eines Denkrahmens hilfreich, der die gesamte Bandbreite der Handlungsmöglichkeiten umfaßt. Ein solcher Denkrahmen, der auch die Entdeckung innovativer Problemlösungen unterstützt, wird durch das von der Beratungsgesellschaft McKinsey entwickelte und in *Abbildung 33* dargestellte strategische Spielbrett repräsentiert (vgl. z.B. Henzler 1988, S. 1294; Feider/Schoppen 1988, S. 677).

---

46 Hier handelt es sich um eine relativ grobe Systematik, die nur grundsätzliche Verhaltensoptionen beschreibt. Dies wird auch im Rahmen einer empirisch gestützten Längsschnittstudie von Diller et al. (vgl. 1993, S. 276 f.) deutlich, die mit Hilfe einer Clusteranalyse verschiedene Gruppen von Marktführern identifizieren konnten.

47 Für die Beschreibung des Verhaltens gegenüber den Wettbewerbern wird in der Literatur häufig auch eine Unterscheidung zwischen einer aktiven und einer passiven Strategie getroffen. Inhaltlich wird damit derselbe Sachverhalt beschrieben. Ein passives Verhalten impliziert die Anpassung an die Konkurrenten, während ein aktives Verhalten auf die Entwicklung innovativer Lösungen abstellt (vgl. Töpfer/Hünerberg 1990, S. 78).

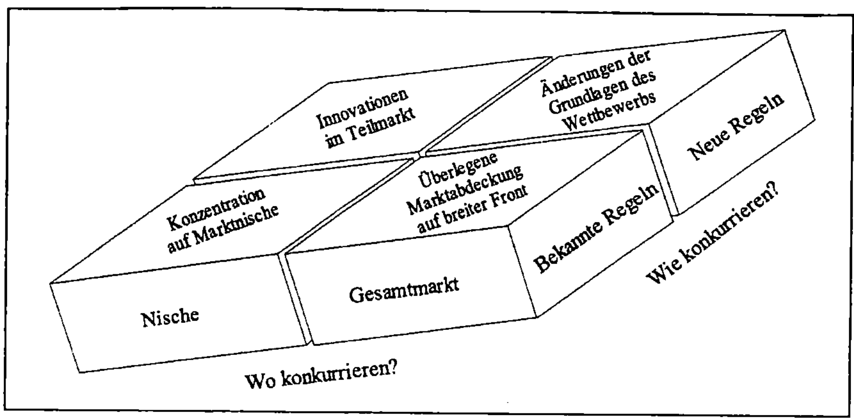

Abbildung 33: Strategisches Spielbrett

Die Entscheidung, ob ein offensives oder defensives Verhalten gegenüber den Wettbewerbern einzuschlagen ist, kann nur unter Berücksichtigung der jeweiligen Wettbewerbsposition getroffen werden. Befindet sich das Geschäftsfeld in einem Ländermarkt in einer schlechten Wettbewerbsposition, bleibt häufig nur die Möglichkeit des defensiv anpassenden Verhaltens im Wettbewerb. Dies führt in der Regel dazu, daß mehrere Wettbewerber mit vergleichbaren Ressourcen und Fähigkeiten und einer konventionellen Strategie denselben Markt bearbeiten. Die Konsequenz besteht in einer Intensivierung des Wettbewerbs und einem hieraus resultierenden Preisverfall, der häufig Verluste bei den entsprechenden Geschäftsfeldern verursacht (vgl. Krubasik 1988, S. 455 f.). Verfügt das Geschäftsfeld über relative Stärken in einzelnen Bereichen der Wertkette, kann mit deren Hilfe eine Differenzierung gegenüber den Wettbewerbern erreicht werden. Die Möglichkeit, herkömmliche Regeln des Wettbewerbs durch eine offensive Wettbewerbsstrategie außer Kraft zu setzen und zugunsten des eigenen Geschäftsfeldes neu zu definieren, besteht vor allem dann, wenn die relativen Stärken auf einem hohen Innovationsgrad basieren (vgl. Timmermann 1985, S. 209). Zur Auslotung der Möglichkeiten, die Spielregeln des Wettbewerbs zu ändern, ist eine systematische Analyse der Wertkette im Hinblick auf grundsätzlich neue Lösungen erforderlich (vgl. Timmermann 1988, S. 94).

Eng verzahnt mit der Frage, wie, d.h. mit welchen Mitteln eine überlegene Wettbewerbsposition angestrebt wird, ist die Entscheidung, ob der Gesamtmarkt oder ein spezifisches Marktsegment bearbeitet werden soll. In vielen Märkten sind die Nutzenerwartungen der Konsumenten so differenziert, daß eine Segmentierung des Marktes in möglichst homogene

Kundengruppen zur Erreichung einer starken Wettbewerbsposition vor allem für kleinere Anbieter unabdingbar wird (vgl. Emans 1988, S. 127). Durch die Bearbeitung einer Marktnische eröffnet sich häufig auch die Möglichkeit den direkten Wettbewerb zu umgehen. Damit können Kostennachteile gegenüber größeren Anbietern, die aus Erfahrungskurveneffekten resultieren, kompensiert werden (vgl. Timmermann 1985, S. 208). Im folgenden sollen die verschiedenen Optionen im Hinblick auf die beiden Aspekte, die der Formulierung des Strategie-Stils zugrundeliegen, charakterisiert werden.

Marktführer bearbeiten im Normalfall den Gesamtmarkt oder zumindest einen sehr großen Ausschnitt des Gesamtmarktes. Das Ziel des Marktführers ist es, die dominierende Marktstellung zu verteidigen. Vor diesem Hintergrund kann beispielsweise die Vergrößerung des Gesamtmarktes oder die Erhaltung bzw. der Ausbau des Marktanteils angestrebt werden. Beide Vorgehensweisen sind zielkonform, da der Marktführer von einer Erweiterung des Gesamtmarktes häufig am stärksten profitiert. Dies ist darauf zurückzuführen, daß der Marktführer in der Regel den größten Teil des Marktzuwachses für sich verbuchen kann (vgl. Kotler 1982, S. 284-290). Ist die Wahrscheinlichkeit gering, daß Wettbewerber die Regeln im Gesamtmarkt mit neuen Strategien außer Kraft setzen, erscheint es aus Sicht des Marktführers zweckmäßig, die geltenden Regeln zu verteidigen und innerhalb dieser Regeln besser, d.h. effizienter zu werden (vgl. Emans 1988, S. 127).

Die Konzentration auf eine Optimierung der Geschäftstätigkeit innerhalb der bestehenden Wettbewerbsregeln wird auch bei Betrachtung der Stoßrichtungen deutlich, die der Marktführer bei der Erweiterung des Gesamtmarktes verfolgt. Die Gewinnung neuer Verwender soll, wie auch die Erschließung neuer Verwendungsmöglichkeiten und die Steigerung der Verwendungsmenge, ohne eine Veränderung der bestehenden Regeln des Wettbewerbs erfolgen. Somit kann festgehalten werden, daß Marktführer gewöhnlich eher den Gesamtmarkt als einen Teilmarkt bearbeiten und dabei tendenziell ein defensives Verhalten zeigen, da sie von einer Beibehaltung der Regeln des Wettbewerbs am meisten profitieren.

Marktherausforderer lassen sich dadurch charakterisieren, daß sie den Marktführer durch aggressives Streben nach Marktanteilsgewinnen direkt herausfordern. Der Versuch, den Marktführer direkt zu attackieren kann dabei nur erfolgversprechend sein, wenn das Geschäftsfeld zumindest in einigen kaufentscheidungsrelevanten Bereichen über relative Vorteile und damit über eine starke Wettbewerbsposition verfügt. Andernfalls ist davon auszugehen, daß eine Herausfordererstrategie kaum über Erfolgsaussichten verfügt (vgl. Kotler 1982, S. 291-295). Da der Marktführer basierend auf Erfahrungskurvenvorteilen in der Lage ist, den Herausforderer preislich zu unterbieten und die Optimierung einzelner Aktivitäten in der Wertkette aufgrund seines Potentials meist schnell imitieren kann, ist der Marktherausforderer darauf angewiesen, die Regeln des Wettbewerbs offensiv zu gestalten, d.h. zu ändern.

Ein frontaler Angriff auf den Marktführer, der auf den etablierten Regeln des Wettbewerbs basiert, kann jedoch beispielsweise in diversifizierten Unternehmen aus Gesamtunternehmensperspektive immer dann sinnvoll erscheinen, wenn eine Subventionierung des Geschäftsfeldes mit dem Ziel der Erreichung eines hohen Marktanteils erfolgen kann. Auch eine Geschäftstätigkeit auf mehreren Ländermärkten erlaubt im Rahmen einer Koordination der internationalen Aktivitäten einen Länderausgleich. Aus Geschäftsfeld- oder Länderperspektive ist ein solcher kalkulatorischer Länderausgleich allerdings nicht effizient. Hier bietet es sich für einen Marktherausforderer eher an, durch einen innovativen Ansatz die Regeln des Wettbewerbs neu zu definieren und gegenüber dem Marktführer eine überlegene Wettbewerbsposition aufzubauen. Um den Marktführer anzugreifen, ist neben einem offensiven Wettbewerbsverhalten in jedem Fall die Bearbeitung eines vergleichbar großen Ausschnitt des Gesamtmarktes erforderlich.

Marktmitläufer greifen aufgrund des hiermit verbundenen Riskos den Marktführer nicht direkt an, obwohl sie eine vergleichbare Größe wie die Marktherausforderer aufweisen. Geschäftsfelder, mit denen eine solche Strategie verfolgt wird, verfügen in der Regel nicht über eigenständige oder innovative Wettbewerbsvorteile. Häufig imitieren sie den Marktführer und begnügen sich mit der Erhaltung des Marktanteils (vgl. Kotler/ Bliemel 1992, S. 373 f.). Damit wird deutlich, daß Marktmitläufer den Regeln des Wettbewerbs defensiv folgen und sich mangels entsprechender Fähigkeiten oder Ressourcen darauf beschränken müssen, den Prozeß der Leistungserstellung und -gestaltung zu optimieren. Zur Vermeidung einer direkten Konfrontation mit dem Marktführer kann ein Marktmitläufer teilweise auch versuchen, andere Marktsegmente anzusprechen. Da der

Anteil der Zielgruppe des Mitläufers am Gesamtmarkt jedoch definitionsgemäß relativ hoch ist, lassen sich Überschneidungen meist nicht vermeiden.

Marktnischenbearbeiter vereinen im Vergleich zu den großen Anbietern in einer Branche einen deutlich geringeren Marktanteil auf sich. Aufgrund der damit verbundenen Nachteile vermeiden sie es in direkte Konkurrenz mit dem Marktführer zu treten und verfolgen nach Möglichkeit eine divergierende Strategie (vgl. Mascarenhas 1986, S 1). Häufig entziehen sie sich dem Wettbewerb mit größeren Anbietern, indem sie sich auf die Bearbeitung einzelner Teilsegmente des Marktes beschränken, die aus Sicht großer Anbieter aufgrund ihres geringen Volumens unattraktiv sind. Die Bearbeitung einer solchen Marktnische setzt die Entwicklung besonderer Fähigkeiten voraus, die es dem Geschäftsfeld erlauben, der spezifischen Bedürfnisstruktur in diesem Marktsegment Rechnung zu tragen (vgl. Kotler 1982, S. 296).

Teilweise gelingt es einem Marktnischenbearbeiter auch allein mit einer leichten Modifikation der herkömmlichen Regeln des Wettbewerbs oder durch eine geschickte Segmentierung, erfolgreich in einer Nische zu agieren. Erfolgversprechender ist allerdings in jedem Fall ein innovativer Ansatz, der die herkömmliche Denkweise in dem jeweiligen Markt in Frage stellt. Werden neuartige Faktoren zur Profilierung genutzt, können Eintrittsbarrieren aufgebaut werden, die durch die Wettbewerber nur schwer zu überwinden sind (vgl. Harrigan 1985, S. 56; Emans 1988, S. 127 f.). Nischenbearbeiter zeichnen sich zusammenfassend also dadurch aus, daß sie sich auf einen eng abgegrenzten Teilmarkt konzentrieren und vor allem mit Blick auf die Möglichkeit, ihre Position langfristig verteidigen zu können, die herkömmlichen Regeln des Wettbewerbs durch einen innovativen Ansatz außer Kraft setzen. Damit wird unmittelbar einsichtig, daß ein offensives Wettbewerbsverhalten letztlich die Grundlage für die erfolgreiche Bearbeitung einer Marktnische darstellt.

Es wurde deutlich, daß zur Erfassung des Strategie-Stils im vorliegenden Untersuchungsdesign zwei Parameter heranzuziehen sind. Zum einen wird das Verhalten gegenüber den Wettbewerbern (offensiv/defensiv) ermittelt, indem die Auskunftsperson eine Zuordnung zu einem der vier Anbietertypen vornimmt. Zwar können mit der Beantwortung dieser Frage zum Teil Rückschlüsse auf den Grad der Marktabdeckung gezogen werden - so ist beispielsweise ein Nischenanbieter immer in einem Marktsegment tätig. Allerdings ist davon auszugehen, daß hinsichtlich der Marktabdeckung graduelle Unterschiede bestehen, die mit einer solch groben Systematik nicht erfaßt werden können. Daher soll der Grad der Marktabdeckung mit Hilfe einer verbalen bipolaren Intervallskala getrennt abgefragt werden.

Somit werden bei der Analyse des Standardisierungsgrades des Strategie-Stils zwei Gestaltungsdimension überprüft. Zum einen wird das Verhalten gegenüber den Wettbewerbern analysiert, indem Veränderungen in bezug auf die vier Verhaltensoptionen erfaßt werden. Zum anderen soll der Standardisierungsgrad bezogen auf die Marktabdeckung ermittelt werden. Dadurch wird die Grundlage für eine Überprüfung der Frage geschaffen, welche Auswirkungen ein spezifischer Bedingungsrahmen auf das Standardisierungspotential des Verhaltens gegenüber den Wettbewerbern und des Grades der Marktabdeckung hat.

2.2.2.4. Die Strategie-Substanz

Die dritte Ebene des hierarchischen Entscheidungsmodells zur Formulierung einer Grundsatzstrategie umfaßt die Strategie-Substanz. Hier ist eine grundsätzliche Entscheidung über die Art des strategischen Vorteils zu treffen, der gegenüber den Wettbewerbern angestrebt wird. Bei der Formulierung von Strategien auf dieser Ebene werden zwei Aspekte in den Mittelpunkt der Überlegungen gerückt (vgl. Porter 1990b, S. 62-69):

- Soll der Marktbearbeitung eine Preis- oder Kostenführerschaftsstrategie zugrunde gelegt werden?
- Wie differenziert soll die Marktbearbeitung erfolgen?

Das Strategiekonzept von Porter berücksichtigt zudem den Grad der Marktabdeckung als weitere Entscheidungsdimension. Basierend auf diesen drei Dimensionen können verschiedene Strategietypen abgeleitet werden. Eine grundsätzliche Unterscheidung ist dabei zwischen der Bearbeitung des Gesamtmarktes und der Fokussierung auf ein Marktsegment zu treffen. In der Folge kann eine Entscheidung für eine umfassende Preis-bzw. Kostenführerschaftsstrategie oder eine Differenzierungsstrategie getroffen werden. Mit beiden Optionen verbindet sich jeweils die Bearbeitung des Gesamtmarktes. Eine dritte Gestaltungsalternative besteht in der

der Konzentration auf Schwerpunkte, die den Fokus auf die Bearbeitung eines Marktsegments beschränkt. Die Marktabdeckung wurde bei der Konzeptionierung des grundsatzstrategischen Modells allerdings bereits im Rahmen der zweiten Ebene als Entscheidungsalternative integriert und soll daher im Zuge der folgenden Überlegungen ausgeklammert werden.

Mit der Entscheidung für eine Präferenz- oder Preis-Mengen-Strategie wird festgelegt, ob die Profilierung bei den Verbrauchern mittels eines Leistungs- oder Preisvorteils angestrebt werden soll. Die Präferenz-Strategie zielt dabei primär auf den Einsatz aller nicht-preislichen Parameter des Marketing-Mix ab und setzt damit auf eine mehrdimensionale Präferenzbildung. Im Gegensatz hierzu führt eine Preis-Mengen-Strategie v.a. durch den Einsatz preis- und konditionenpolitischer Mittel zu einer eindimensionalen Präferenzbildung (vgl. Becker 1992, S. 158). Die grundlegenden Merkmale der Präferenz- und Preis-Mengen-Strategie werden zur besseren Veranschaulichung in *Abbildung 34* im Überblick dargestellt.

Strategie / Merkmale	Präferenz-Strategie	Preis-Mengen-Strategie
Prinzip	Qualitätswettbewerb (mehrdimensional)	Preiswettbewerb (eindimensional)
Ziel	Gewinn vor Umsatz (Marktanteil)	Umsatz/Marktanteil vor Gewinn
Charakteristik	Hochpreis-Konzept	Niedrigpreis-Konzept
Hauptzielgruppe	sog. Marken-Käufer (Qualität rangiert vor dem Preis)	sog. Preis-Käufer (Preis rangiert vor der Qualität)
Wirkungsweise	Langsam-Strategie (Aufbau einer Produktpersönlichkeit bedarf eines mehrjährigen Profilierungsprozesses)	Schnell-Strategie (Preisimage kann durch eine aggressive Preispolitik schnell geschaffen werden)
Dominanter Bereich	Marketingbereich (Ertragsorientierung)	Produktionsbereich (Kostenorientierung)
Typischer Marketing-Mix	- überdurchschn. Produktqualität - attraktive Verpackung - imageorient. Markenprofilierung - starke Media-Werbung - starker pers. Verkauf/Service - hoher Preis	- durchschn. Produktqualität - rationelle Verpackung - keine oder "Auch-Marke" - keine oder schwache Kommunikation - kein oder schwacher pers. Verkauf - niedriger Preis

Abbildung 34: Merkmale der Präferenz- und Preis-Mengen-Strategie im Vergleich (in Anlehnung an Becker 1992, S. 204-205)

Neben der Art der Marktbeeinflussung wird in der Literatur, wie bereits ausgeführt wurde, auch der Differenzierungsgrad der Marktbearbeitung zur Beschreibung der Strategie-Substanz herangezogen. Allerdings bestehen zwischen diesen beiden Dimensionen insofern Interdependenzen, als eine undifferenzierte Vorgehensweise in der Regel mit einer Strategie der Kostenführerschaft gleichgesetzt werden kann, während eine Differenzierung die Realisierung von Leistungsvorteilen und damit die Verfolgung einer Präferenzstrategie impliziert (vgl. Meffert 1986a, S. 110).

Auch Haedrich/Tomczak (vgl. 1990, S. 118 f.) weisen darauf hin, daß der in der Diskussion mehrdeutig verwendete Begriff der Differenzierungsstrategie (vgl. hierzu auch die Ausführungen bei Dickson/Ginter 1987, S. 1f.) auf einen differenzierten Einsatz des Marketinginstrumentariums abstellt und somit Parallelen zu der multidimensionalen Marktbeeinflussung im Rahmen der Präferenzstrategie nicht zu übersehen sind. Eine undifferenzierte Marktbearbeitung ist nach Ansicht der Autoren immer mit einer eindimensionalen Profilierung über den Preis verknüpft. Becker (vgl. 1992, S. 214-218) diskutiert den Aspekt der Differenzierung der Marktbearbeitung im Zusammenhang mit der Marktabdeckung. Während mit einer undifferenzierten Marktbearbeitung in der Regel der Gesamtmarkt angesprochen wird, stellt eine differenzierte Bearbeitung des Marktes seiner Ansicht nach regelmäßig auf einzelne Teilsegmente des Marktes ab.

Die von Becker identifizierte Strategie der Differenzierung mit totaler Marktabdeckung, d.h. die Bearbeitung des Gesamtmarktes, widerspricht zwar auf den ersten Blick der oben getroffenen Annahme, kann jedoch durch einen unterschiedlich gewählten Bezugspunkt erklärt werden. Im Rahmen einer Differenzierungsstrategie erfolgt die Bearbeitung des Gesamtmarktes in dem von Becker (vgl. 1992, S. 216) gewählten Beispiel mit Hilfe mehrerer Marken. Aus Unternehmensperspektive ist eine Kombination der Differenzierungsstrategie mit einer Bearbeitung des Gesamtmarktes durch die Einführung mehrerer Marken mit unterschiedlichen Zielgruppen möglich[48]. Bei der Kombination der zweiten und dritten Strategieebene im Rahmen der Formulierung einer Marketing-Grundsatzstrategie bestehen nach seiner Ansicht Wahlzwänge zumindest in der

---

[48] Porter (vgl 1990a, S. 38) weist ebenfalls darauf hin, daß Unternehmen mit einem diversifizierten Produktprogramm unterschiedliche Zielgruppen ansprechen können. Im Extremfall resultiert daraus eine Bearbeitung des Gesamtmarktes durch das Unternehmen bei gleichzeitiger Fokussierung auf Teilmärkte durch die Geschäftsfelder oder Marken.

Hinsicht, daß eine Preis-Mengen-Strategie meist mit einer Bearbeitung des Gesamtmarktes verbunden ist (vgl. Becker 1992, S. 312 f.).

Dickson/Ginter (vgl. 1987, S. 9) weisen allerdings darauf hin, daß zwischen der Marktsegmentierung und einer Produktdifferenzierung kein mechanistischer Zusammenhang besteht. So zeigen die Autoren anhand eines Beispiels, daß eine Produktdifferenzierung nicht zwingend an die Bearbeitung eines Marktsegmentes gekoppelt ist, während für die erfolgreiche Bearbeitung eines Marktsegmentes in jedem Fall eine Strategie der Produktdifferenzierung erforderlich ist.

Die Strategie-Substanz soll vor dem Hintergrund dieser Ausführungen mit Hilfe eines Indikators ermittelt werden, der Aufschluß darüber gibt, ob mit dem Geschäftsfeld eine Preis-Mengen- oder eine Präferenz-Strategie verfolgt wird. Zur Messung der Einschätzung der Auskunftspersonen wird wieder eine verbale bipolare Intervallskala herangezogen.

2.2.2.5. Die Strategie-Absicherung

Vor dem Hintergrund der in Abschnitt IV. 2.1.2.1.3. der Arbeit beschriebenen strukturellen Veränderungen im Absatzmittlerbereich, mit dem Ergebnis einer stark gestiegenen Handelsmacht und einer Emanzipation des Handelsmarketing, kommt präsenzorientierten Strategien die Aufgabe zu, "Wege aufzuzeigen, die den Distributionsobjekten physische und kommunikative Präsenz im Absatzkanal schaffen und sichern" (Haedrich/ Tomczak 1990, S. 119), um somit die angestrebten Wettbewerbsvorteile auch realisieren zu können.

Im Rahmen der Beziehungsgestaltung im vertikalen Marketing können drei Komponenten unterschieden werden (vgl. Diller 1989, S. 215): Das Marktselektionskonzept, das machtpolitische Konzept und das Marketing-Mix-Konzept. Im Rahmen des Marktselektionskonzeptes erfolgt die Auswahl des Absatzkanals hinsichtlich Art, Breite und Tiefe der Absatzkanalstruktur. Hier sind zum einen Entscheidungen bezüglich der Länge bzw. der Anzahl der Stufen des Absatzkanals zu treffen zum anderen sind die Anzahl der unterschiedlichen Handelsbetriebstypen sowie die Menge der beteiligten Verkaufsstätten innerhalb der einzelnen Handelsbetriebstypen festzulegen (vgl. Ahlert 1985, S. 153-155; Frazier 1990, S. 257-259).

Grundsätzlich ist im Rahmen der Selektion der Absatzmittler zu entscheiden, ob eine intensive, selektive oder exklusive Distribution angestrebt werden soll (vgl. Specht 1988, S. 144 f.). Das vertikale Marketing-Mix-Konzept zielt hingegen auf die Festlegung der Instrumente ab, die industrielle Hersteller mit Blick auf den Handel einsetzen (vgl. Diller 1989, S. 219). Das Marketing-Mix-Konzept deckt somit die operative Komponente der Gestaltung der Hersteller-Handels-Beziehung ab.

Strategische Ansatzpunkte für die Gestaltung der Hersteller-Handels-Beziehung können aus dem machtpolitischen Konzept abgeleitet werden. Ahlert (vgl. 1985, S. 98) stellt in diesem Zusammenhang fest, daß sämtliche Beziehungen im Distributionssystem entweder

- als Indikatoren für den Umfang der Machtfülle der einzelnen Systemelemente oder

- als Vorgänge im Rahmen des Einsatzes von speziellen Instrumenten zum Machterwerb oder

- als Vorgänge im Rahmen der Machtanwendung durch Einsatz spezieller Machtinstrumente

interpretierbar sind. Die Macht des Herstellers kann als zentrale Determinante verstanden werden, eigene Vorstellungen gegenüber dem Handel durchzusetzen. Insofern wird der Gestaltungsspielraum des Herstellers bei der Formulierung von Strategien einerseits durch sein Machtpotential begrenzt. Andererseits wird mit der Festlegung einer Strategie im vertikalen Marketing der strategische Anspruch formuliert, eine bestimmte Machtposition im Machtgefüge des Distributionskanals zu erlangen (vgl. Diller 1989, S. 217). Während im Rahmen der Formulierung von Strategien im vertikalen Marketing also auf der einen Seite die bestehenden Machtverhältnisse berücksichtigt werden müssen, wird auf der anderen Seite häufig eine Verschiebung der Machtverhältnisse mit Hilfe der gewählten Strategie angestrebt.

Obwohl die Operationalisierung des Machtbegriffs sowohl in seiner allgemeinen Verwendung als auch in bezug auf das vertikale Marketing nicht unproblematisch erscheint (vgl. Gaski 1984, S. 9-11), wird die Machtverteilung in der Hersteller-Handels-Dyade in einer Vielzahl von Arbeiten als Ausgangs- und Bezugspunkt für die Formulierung von Strategien gewählt. Generell kann zwischen einer symmetrischen und asymmetrischen Machtverteilung unterschieden werden. Asymmetrische Machtbeziehungen im Absatzkanal führen in der Regel dazu, daß der Machtüberlegene die Marketingführerschaft übernimmt. Zu beachten ist jeweils, daß der Einsatz von Machtmitteln zur Manifestation latenter Konflikte führen kann (vgl. Meffert/ Steffenhagen 1977, S. 167 f.). Generell ist davon auszugehen, daß die Ermittlung der Machtverteilung im Absatzkanal nicht allein anhand des Konzentrationsgrades beider Parteien in einer Branche erfolgen kann. Vielmehr ist die Situation der einzelnen Handels- und Herstellerunternehmen zu berücksichtigen (vgl. Irrgang 1989, S. 41). Damit wird der Erkenntnis Rechnung getragen, daß es sich bei dem Begriff 'Macht' um eine relative Kategorie handelt, die das Verhältnis zu einem Austauschpartner beschreibt (vgl. Stauss 1993, Sp. 4617).

Verläßt man den Standpunkt einer rein dyadischen Betrachtungsweise, indem außerdyadische Einflußdeterminanten berücksichtigt werden (vgl. hierzu auch Butaney/Wortzel 1988, S. 52 f.), so können grundsätzliche Ansatzpunkte für die Gewinnung von Macht im Absatzkanal aus Sicht des Herstellers in Form des *Push-* und das *Pull-Konzeptes* identifiziert werden. Während im Rahmen des Pull-Konzeptes die Konsumenten durch starke Endverbraucherwerbung veranlaßt werden sollen, die Marke beim Handel nachzufragen, um das Produkt damit durch den Distributionskanal 'hindurchzuziehen', basiert das Push-Konzept auf Maßnahmen des 'Hineinverkaufens' (vgl. Ahlert 1985, S. 158-160; Becker 1992, S. 523-525). Im Unterschied zum klassischen konsumentenorientierten Marketing werden im Rahmen einer Push-Strategie handelsorientierte Herstellerkonzepte entwickelt, die an den Problemstellungen des Handels ausgerichtet sind und einen Beitrag zur Lösung dieser Probleme leisten sollen (vgl. Zentes 1989, S. 225).

Vor dem Hintergrund der Situation im vertikalen Marketing ist davon auszugehen, daß der Hersteller zur Sicherung des Regalplatzes im Regelfall beide Konzepte parallel verfolgen muß. Damit ergibt sich die Notwendigkeit, ein entsprechendes Instrumentarium zu entwickeln und einzusetzen (vgl. Keith/Jackson/Crosby 1990, S. 38). Empirische Untersuchungen belegen, daß eine ausschließliche Ausrichtung an den Interessen des Handels, die organisatorisch durch die Einführung eines Key-Account-Managements abgesichert werden kann, per se keine Steigerung der Effizienz bewirkt (vgl. Diller 1987, S. 90-93; Diller/Gaitanides 1989, S. 606). Generell kann die Annahme vertreten werden, daß die gegenüber den Handelsunternehmen einzuschlagende Strategie in hohem Maße von der Marktstärke des Produktes abhängt (vgl. Böcker 1990, S. 671). Tomczak (vgl. 1993, S. 10) stellt vor dem Hintergrund dieser Erkenntnisse die These auf, daß endverbraucherorientierte Marketinginstrumente *dominierende Leistungskomponenten* darstellen, während handelsorientierte Marketinginstrumente eher als *Standardkomponenten* einzustufen sind.

Die beiden Alternativen der Push- und Pull-Strategie geben nur sehr allgemein Aufschluß darüber, wie der Hersteller sich gegenüber den Absatzmittlern verhalten sollte. Insgesamt erscheinen sie eher zur Beantwortung der Frage geeignet, wie der Hersteller seine Machtposition gegenüber dem Handel verteidigen oder ausbauen kann, ohne situativ relativierte, operationale Richtlinien für die Beziehungsgestaltung bieten zu können. Der zugrundeliegende Entscheidungstatbestand auf der Ebene der Strategie-Absicherung besteht jedoch abstrakt formuliert darin, Verhaltensprinzipien gegenüber den Absatzmittlern zu bestimmen, um somit den Gestaltungsspielraum auf dieser Ebene auszufüllen. Solche Basisstrategien im vertikalen Marketing können in Anlehnung an Meffert/Kimmeskamp (vgl. 1983, S. 214-231) und Haedrich/Tomczak (vgl. 1990, S. 119-122) unter Beachtung der beiden folgenden Fragestellungen abgeleitet werden:

- Zielen die Herstelleraktivitäten auf eine aktive oder passive Gestaltung der Absatzwege ab?

- Erfolgt im Rahmen der Planung der Herstelleraktivitäten eine aktive oder passive Berücksichtigung der Aktivitäten des Handels ?

Werden die beiden möglichen Ausprägungen dieser Gestaltungsparameter kombiniert, können die folgenden vier Strategieoptionen abgeleitet werden (vgl. Meffert 1986a, S. 108):

(1) Umgehungsstrategie   (aktive Gestaltung/aktive Berücksichtigung)
(2) Konfliktstrategie   (aktive Gestaltung/passive Berücksichtigung)
(3) Kooperationsstrategie (passive Gestaltung/aktive Berücksichtigung)
(4) Anpassungsstrategie   (passive Gestaltung/passive Berücksichtigung)

Kennzeichnendes Charakteristikum der *Umgehungsstrategie* ist der Verzicht auf die herkömmlichen Absatzkanäle oder Handelsunternehmen in einer Branche. Die extremste Form der Umgehungsstrategie kann dabei im Direktvertrieb gesehen werden. Hier unternimmt der Hersteller den Versuch, eine zu starke Machtposition des Handels oder eigene Schwächen zu kompensieren, indem er völlig auf den Einsatz von Absatzmittlern verzichtet und die Vertriebsaktivitäten in eigener Regie übernimmt. Neben der Machtverteilung im Absatzkanal repräsentieren auch die spezifischen Produktmerkmale relevante Entscheidungsdeterminanten, da nicht alle Produkte für einen Direktvertrieb gleichermaßen geeignet sind (vgl. Meffert/Kimmeskamp 1983, S. 230). Der Direktvertrieb gilt als besonders kosten- und personalintensiv, hat jedoch in einigen Branchen (z.B. Tiefkühlkost) in den letzten Jahren eine gewisse Marktbedeutung erlangt (vgl. Diller 1989, S. 217).

Eine andere Erscheinungsform der Umgehungsstrategie in der Praxis ist das Ausweichen des Herstellers auf branchenfremde, unübliche Absatzkanäle (vgl. Haedrich/Tomczak 1990, S. 121). Meist kann eine Umgehung der herkömmlichen Absatzkanäle durch Sondervertriebsformen jedoch nur von Anbietern mit einer Nischenstrategie in Betracht gezogen werden, da der Umsatzanteil solcher Vertriebskanäle in der Regel relativ gering ist.

Die *Konfliktstrategie* läßt sich durch eine aktive Gestaltung der Absatzwege charakterisieren, wobei die Marketingaktivitäten des Handels weitgehend ignoriert werden. Das Ziel einer solchen Vorgehensweise besteht in der Erlangung der Marketingführerschaft im Distributionssystem, um eigene Interessen gegenüber dem Handel durchsetzen zu können (vgl. Haedrich/Tomczak 1990, S. 120 f.). Es bedarf keiner weiteren Erläuterung, daß diese Strategie nur von Herstellern mit einem vergleichsweise großen Machtpotential effizient eingesetzt werden kann. Dabei handelt es sich in der Regel um Marken mit einer starken Stellung bei den Endverbrauchern, die es erlaubt, auf intensive Bemühungen zur Stimulierung des Handels zu verzichten (vgl. Diller 1988, S. 2).

Die *Kooperationsstrategie* kennzeichnet die partnerschaftliche Zusammenarbeit zwischen Hersteller und Handel. Das Interesse des Herstellers ist hier einerseits darauf gerichtet, das Produkt in das Sortiment des Handels einzupassen. Andererseits sollen die eigenen Marketingvorstellungen durchgesetzt werden. Die Erreichung dieser teilweise divergierenden Zielvorstellungen, die aus der produktorientierten Sichtweise des Herstellers und dem sortimentsbezogenen Fokus des Handels resultieren, wird mit Hilfe einer kooperativen Strategie angestrebt (vgl. Meffert/ Kimmeskamp 1983, S. 216). Die Möglichkeit der Kooperation wird im

wesentlichen durch die Frage determiniert, inwieweit diese Handlungsalternative beiden Parteien einen ausgewogenen ökonomischen Nutzen
bietet. Eine Zusammenarbeit bzw. die vertikale Bindung im Absatzkanal
kann von einer Kooperationsform mit schwachem Verbindlichkeitsgrad
(z.B. Informationsaustausch) bis hin zu vertraglich fixierten Vertriebs-
systemen reichen (vgl. hierzu auch Ahlert 1982, S. 62-93). Der Zweck
einer solchen Strategie besteht in der Verbesserung der Umsatz-, Kosten-
und Gewinnsituation der beteiligten Unternehmen auf Hersteller- und
Handelsseite. Im Rahmen dieser Gestaltungsalternative verzichtet der Hersteller weitgehend auf eine aktive Gestaltung des Absatzkanals (vgl.
Haedrich/Tomczak 1990, S. 121).

Die *Anpassungsstrategie* wird durch eine passive Haltung des Herstellers
bei der Gestaltung der Absatzwege charakterisiert. Diese Haltung findet
ihren Ausdruck in der Wahl 'branchenüblicher' oder 'bewährter' Wege zum
Vertrieb der eigenen Erzeugnisse. Pull-Aktivitäten haben hier nur eine
nachrangige Bedeutung, der Hersteller bemüht sich eher um eine Befriedigung individueller Bedürfnisse der Absatzmittler (vgl. Diller 1989, S.
219). Da ein solches Verhalten seinem Wesen nach nicht dem Grund-
gedanken einer marktorientierten Unternehmensführung entspricht, muß
zumindest eine konsequente Analyse von Entwicklungen im Absatzkanal
sichergestellt werden, um auf substantielle Veränderungen rechtzeitig reagieren zu können (vgl. Meffert/Kimmeskamp 1983, S. 216).

Resümierend kann somit festgehalten werden, daß die Machtkomponente
bei der Wahl einer Basisstrategie im vertikalen Marketing eine entscheidende Rolle spielt. Während eine schwache Machtposition den Hersteller
bei der Wahl einer Umgehungsstrategie zu einem Verzicht auf die herkömmlichen Formen des institutionellen Handels veranlaßt, wird im
Rahmen der übrigen drei Verhaltensoptionen das Verhalten gegenüber
dem Handel im wesentlichen durch die Machtverteilung im Absatzkanal
determiniert. Dementsprechend ist davon auszugehen, daß eine Konfliktstrategie auf einem Machtübergewicht des Herstellers gründet, eine
Kooperationsstrategie auf einem tendenziellen Machtgleichgewicht der
beiden Parteien aufbaut und eine Anpassungsstrategie von Herstellern
verfolgt wird, die sich gegenüber dem Handel in einer vergleichsweisen
schlechten Machtposition befinden.

Die Machtposition des Herstellers wird dabei, wie bereits dargestellt, ganz wesentlich durch die Stellung der Marke beim Endverbraucher determiniert. Insofern kann die Annahme vertreten werden, daß der Gestaltungsspielraum der verantwortlichen Entscheidungsträger auf Herstellerseite in starkem Maße von der Wettbewerbsposition der jeweiligen Marke abhängt. Darüber hinaus dürfte mit Blick auf den länderübergreifenden Vergleich auch der Konzentrationsgrad des Handels in den einzelnen Märkten eine bedeutende Rolle bei der Wahlentscheidung zwischen den einzelnen Optionen der Strategieabsicherung spielen.

Die in bezug auf den Handel verfolgte Strategie soll im vorliegenden Forschungskonzept mit Hilfe einer diskreten Variablen abgefragt werden. Hierzu werden die vier verschiedenen Strategiealternativen verbal beschrieben. Die Auskunftsperson kann dann die grundsatzstrategische Ausrichtung der Marke auf dieser Strategieebene der jeweils zutreffenden Verhaltensoption zuordnen.

2.2.3. Ableitung der grundsatzstrategischen Typologie

Auf der Grundlage der diskriminierten strategischen Gestaltungsalternativen auf den einzelnen Planungsebenen kann nun mengenlogisch die Zahl der möglichen Grundsatzstrategien abgeleitet werden. Die isolierte Betrachtung einzelner Dimensionen ermöglicht zwar einerseits die Darstellung der Spannbreite einzelner Planungsebenen, andererseits ist jedoch darauf hinzuweisen, daß die Grundsatzstrategie das Ergebnis einer Bündelung mehrerer strategischer Komponenten darstellt. Wenn hier auch keine zwingenden Kombinationspfade im Zuge der vertikalen Verknüpfung der einzelnen Strategieebenen existieren[49], so ist dennoch davon auszugehen, daß bestimmte idealtypische Kombinationen identifiziert werden können (vgl. Becker 1992, S. 310-314).

Die Anzahl erfolgversprechender vertikaler Strategiekombinationen ist also begrenzt. Beispielsweise erscheint die Kombination einer Gesamtmarktbearbeitung mit einer Umgehungsstrategie nicht rational. Insofern ist mit Blick auf die internationale Planung von Marketing-Grundsatzstrate-

---

49 Becker (vgl. 1990, S. 310-324) unterscheidet zwischen vertikalen und horizontalen Strategiekombinationen. Die horizontale Dimension der Kombination von Strategien stellt beispielsweise auf Mehrmarkenkonzepte bzw. die strategische Evolution im Zeitablauf im Sinne einer strategischen Korrektur ab.

gien festzustellen, daß Änderungen auf einer Strategieebene aufgrund eines länderspezifischen Bedingungsrahmens häufig auch Auswirkungen auf die übrigen Planungsebenen haben. *Abbildung 35* zeigt den Gestaltungsspielraum bei der Planung der Marketing-Grundsatzstrategie im Überblick. Gleichzeitig ist in der Graphik eine idealtypische Änderung der Grundsatzstrategie im Rahmen der Bearbeitung eines Auslandsmarktes dargestellt.

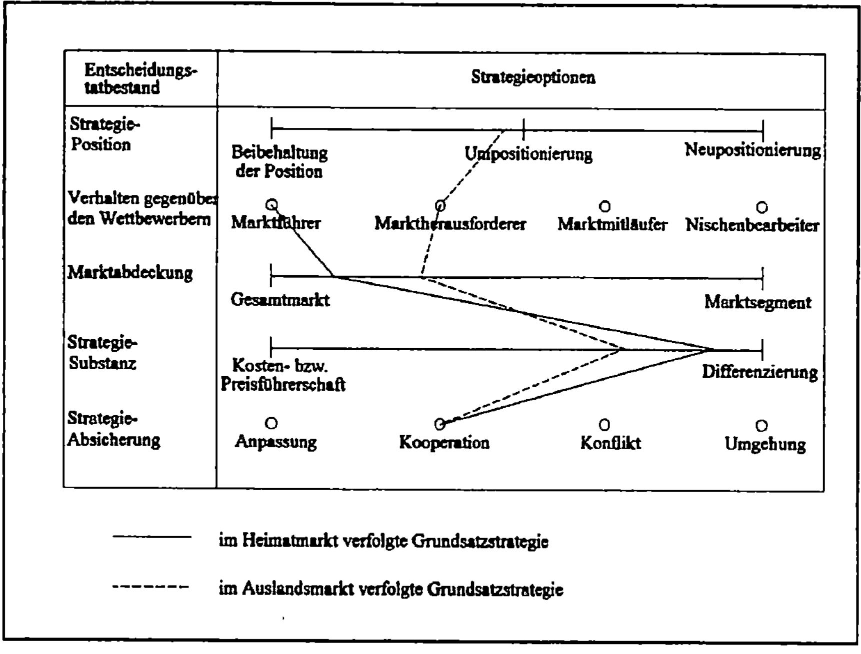

Abbildung 35: Optionen bei der Formulierung der Marketing-Grundsatzstrategie unter Berücksichtigung von Adaptionszwängen bei der internationalen Marktbearbeitung

2.3. Die Erfolgskomponente

Die Erfolgskomponente dient im vorliegenden situativen Forschungsansatz zur Messung des Markterfolgs, der aus der Realisierung einer bestimmten Grundsatzstrategie vor dem Hintergrund einer spezifischen Ausprägung des situativen Bedingungsrahmens resultiert. Grundsätzlich können in diesem Zusammenhang die Begriffe *Effektivität* und *Effizienz* voneinander abgegrenzt werden. Während unter Effektivität die prinzipielle Eignung einer Maßnahme zur Erreichung eines angestrebten Ziels zu verstehen ist, wird mit dem Begriff Effizienz auf den Grad der Zielerreichung abgestellt (vgl. Grabatin 1981, S. 17 f.; Steinmann/Schreyögg 1990, S. 46 f.). Der Effizienzbegriff beschreibt also das Verhältnis von Einsatzwerten zu den erwünschten Ausbringungswerten (vgl. Haedrich/ Jeschke 1992, S. 175). Zur Messung des Erfolgs internationaler Marktbearbeitungsstrategien soll im folgenden die Effizienz herangezogen werden, da nicht die grundsätzliche Eignung von Strategien zur Zielerreichung gemessen wird, sondern der Grad der Zielerreichung in bestimmten Situationen.

2.3.1. Konzeptualisierung der Erfolgskomponente

In der Literatur werden verschiedene Ansätze zur Messung der Effizienz abgegrenzt (vgl. z.B. Staehle 1991, S. 411-419; Fritz 1992, S. 219-221). Dabei haben vor allem zwei Ansätze in der betriebswirtschaftlichen Forschung einen gewissen Stellenwert erlangt, der

- Zielansatz und der

- Systemansatz.

Legt man einer Auswahlentscheidung zwischen diesen beiden Ansätzen das Kriterium der praktischen Verwendbarkeit im Rahmen der empirischen Forschung zugrunde, erscheint der Zielansatz zur Bestimmung der Effizienz verschiedener Gestaltungsalternativen grundsätzlich besser geeignet. Im Rahmen des Systemansatzes stellt der Effizienzbegriff ein abstraktes, mehrdimensionales Konstrukt dar, dessen empirische Erfassung allenfalls mittelbar über ein System operational zu definierender Indikatoren erfolgen kann. Da der Effizienzbegriff in diesem Zusammenhang nicht auf die Erreichung von Zielen beschränkt wird, sondern auch eine Messung der Fähigkeit umfaßt, Ressourcen zu erwerben, die interne

Systemstabilität zu erhalten und unter Berücksichtigung der System-Umwelt-Beziehung erfolgreich mit der Umwelt zu interagieren (vgl. Staehle 1991, S. 413), wird deutlich, daß der praktischen Verwendung dieses Ansatzes vielfältige Probleme entgegenstehen.

Hingegen wird bei Zugrundelegung des Zielansatzes das Unternehmen konsequent in den Mittelpunkt der Überlegungen gestellt. Hier wird der Erfolg bzw. die Effizienz als Grad der Erreichung von der Organisation gesetzter und operational formulierter Ziele definiert (vgl. z.B. Fritz 1993, S. 241 f.). Die Vorteile des Zielansatzes sind vor allem in der Wertfreiheit, der Einfachheit in der Anwendung und der Betonung der Zweckrationalität von Organisationen zu sehen (vgl. Staehle/Grabatin 1979, S. 89). Bühner (vgl. 1977, S. 52) formuliert als allgemeinen Anspruch an Ansätze zur Messung des Erfolgs bzw. der Effizienz, daß Kriterien Verwendung finden müssen, die von den Entscheidungsträgern in der Praxis zur Erfolgsbeurteilung herangezogen werden. Auch vor dem Hintergrund dieser Forderung wird die Überlegenheit des Zielansatzes deutlich.

Während die grundsätzliche Eignung des Zielansatzes aus forschungspragmatischer Sicht allgemein anerkannt ist, wird in der Literatur häufig auf die Probleme hingewiesen die mit einer Verwendung dieses Verfahrens verknüpft sind (vgl. Haedrich/Gussek/Tomczak 1989, S. 13; Haedrich/Gussek/Tomczak 1990, S. 212 f.). In das Zentrum der Kritik werden dabei die folgenden Überlegungen gestellt: Unternehmen verfolgen in der Regel nicht ein einziges Ziel, sondern legen ein ganzes Zielbündel zugrunde[50]; gerade die Identifikation der tatsächlich angestrebten Ziele ist zum Teil mit großen Schwierigkeiten verbunden; überdies werden in verschiedenen Organisationen operationale Ziele unterschiedlich definiert (vgl. Staehle 1991, S. 412).

Diesen Kritikpunkten soll im vorliegenden Forschungsansatz insofern Rechnung getragen werden, als der Messung der Effizienz ein markenspezifisches Zielbündel zugrundegelegt wird. Bezogen auf die vermuteten Differenzen bei der Definition operationaler Ziele in verschiedenen Organisationen und den Problemen bei der Identifikation der tatsächlich verfolgten Ziele ist festzustellen, daß die Untersuchung auf eine relativ homogene Grundgesamtheit abzielt. Bei den Erkenntnisobjekten handelt

---

[50] Vgl. zur empirischen Bestätigung dieser Annahme auch Fritz/Förster/Raffée/Silberer 1985 und Fritz/Förster/Wiedmann/Raffée 1988.

es sich ohne Ausnahme um privatwirtschaftliche Organisationen mit Erwerbszwecken.

Der unterschiedlichen Bedeutung, die die identifizierten Ziele für die Geschäftstätigkeit haben können, wurde dadurch entsprochen, daß die Einzelziele innerhalb des Zielbündels entsprechend ihrer Bedeutung durch die jeweilige Auskunftsperson gewichtet wurden. Dabei ist davon auszugehen, daß die Zielprioritäten u.a. auch von den situativen Rahmenbedingungen beeinflußt werden. Neben dem Marktwachstum als wichtiger Einflußgröße (vgl. Meffert 1985a, S. 15) kann vor allem die Lebenszyklusphase, in der sich das Produkt befindet, als relevanter Einflußfaktor bei der Festlegung von Zielprioritäten gelten. Strategien können als Wege zur Zielerreichung definiert werden und sollten daher stets in Einklang mit den vorgegebenen Zielen stehen (vgl. Picot 1981, S. 529; Kotler/Fahey/Jatusripitak 1986, S. 277). Damit wird deutlich, daß bei der Evaluierung der Effizienz von Marktbearbeitungsstrategien die Berücksichtigung der Bedeutung einzelner Ziele im markenspezifischen Zielbündel unerläßlich ist. Die Anpassung des Zielsystems an den jeweiligen Kontext stellt insbesondere für international tätige Unternehmen, die mit unterschiedlichen Rahmenbedingungen konfrontiert sind, eine Notwendigkeit dar (vgl. Rühli 1989, S. 2315 f.). Insofern können sich bei differierenden Zielprioritäten auch unterschiedliche Strategien als effizient erweisen.

2.3.2. Operationalisierung der Erfolgskomponente

Als Effizienzindikatoren sollen im folgenden Ziele identifiziert werden, die im Hinblick auf die internationalen Aktivitäten von Unternehmen von Bedeutung sind, d.h. es sind diejenigen Variablen zu identifizieren, die den Erfolg situationsadäquater Marketing-Grundsatzstrategien am besten widerspiegeln. Dabei soll ein gewisser Abstraktionsgrad gewahrt bleiben um sicherzustellen, daß die einzelnen in die empirische Untersuchung einbezogenen Zielsetzungen für alle Unternehmen von Bedeutung sind und von den jeweiligen Auskunftspersonen im Überblick eingeordnet werden können. Bühner (vgl. 1977, S. 52) geht mit Blick auf die empirisch ermittelte Vielzahl möglicher Erfolgskriterien (Ziele) davon aus, daß Führungskräfte diese Kriterien implizit zusammenfassen und den Erfolg anhand einer kleinen Zahl grundlegender Kriterien beurteilen. Allgemein wird in der Literatur die Ansicht vertreten, daß sich das zentrale Bestreben international tätiger Unternehmen in den Oberzielen Gewinn, Wachstum und Sicherheit bzw. Risikominimierung ausdrückt (vgl. Heinen 1982, S. 48; Meffert 1985b, S. 5; Durniok 1985, S. 16). Somit können die folgenden Effizienzindikatoren abgeleitet werden:

- Grad der Erreichung des für die betrachtete Periode gesetzten Gewinnziels,

- Grad der Erreichung des für die betrachtete Periode gesetzten Wachstumsziels,

- Grad der Erreichung der in der betrachteten Periode angestrebten Risikominimierung.

Wie bereits angedeutet wurde, soll im Rahmen der Erfassung des der Marktbearbeitung zugrundeliegenden Zielbündels in einem ersten Schritt die relative Bedeutung der einzelnen Ziele ermittelt werden. Diese Vorgehensweise basiert auf der Erkenntnis, daß mit strategischen Geschäftsfeldern in unterschiedlichen Situationen verschiedene Zielsetzungen verfolgt werden. Dabei können zwischen einzelnen Zielen grundsätzlich komplementäre, konkurrierende und indifferente Beziehungen bestehen (vgl. Kupsch 1979, S. 26 ff.). Beispielsweise kann davon ausgegangen werden, daß das Ziel der Risikominimierung eher auf eine Konsolidierung der Geschäftstätigkeit abstellt und daß somit tendenziell eine konkurrierende Beziehung im Hinblick auf die Verfolgung von Wachstumszielen vorliegt. Auch zwischen Gewinn- und Wachstumszielen können insofern konkurrierende Beziehungen bestehen, als die Finanzierung einer Wachstumsstrategie häufig die Gewinnsituation des Unternehmens negativ beeinflußt. Diese Aussage muß jedoch zumindest im Hinblick auf stagnierende Märkte relativiert werden, da empirische Studien hier eine signifikant positive Relation zwischen Wachstumsziel und Ergebnisbeitrag nachweisen (vgl. Ohlsen 1985, S. 75; Erfmann 1988, S. 222 f.). Vor dem Hintergrund dieser Ausführungen wird die Notwendigkeit einer Gewichtung der einzelnen Teilziele nochmals unterstrichen.

Der gewichtete Gesamterfolg eines strategischen Geschäftsfeldes kann mit Hilfe der folgenden Formel ermittelt werden (vgl. Haedrich/Gussek/ Tomczak 1989, S. 13-14):

$$E = \sum_{i=1}^{n} G \cdot Z$$

E = Gesamterfolg des strategischen Geschäftsfeldes
Z = Zielerreichungsgrad der einzelnen Teilziele eines Zielsystems
G = Gewichte der einzelnen Teilziele eines Zielsystems
n = Anzahl der Teilziele eines Zielsystems

Sowohl der Gewichtung als auch der Einschätzung des Zielerreichungsgrades durch die auskunftgebenden Manager wird jeweils wieder die bereits bekannte verbale bipolare Intervallskala zugrundegelegt. Die Berechnung der Effizienz der Marktbearbeitungsstrategie in einem Ländermarkt erfolgt durch eine multiplikative Verknüpfung des Zielerreichungsgrades mit dem Gewichtungsfaktor und einer anschließenden Addition der drei gewichteten Zielerreichungsgrade zu einem Gesamtindex.

Nachdem alle Komponenten des situativen Forschungsdesigns konzeptualisiert und anschließend operationalisiert wurden, soll im nachfolgenden V. Kapitel der Arbeit die Anlage der empirischen Studie skizziert werden. Im Anschluß werden die Ergebnisse dieser Untersuchung vorgestellt und diskutiert.

V. Anlage und Ergebnisse der empirischen Studie

1. Untersuchungsdesign

Wie im Rahmen des vorangehenden Kapitels deutlich wurde, kann bei der Analyse internationaler Marktbearbeitungsstrategien auf umfangreiche, theoriegeleitete und zum Teil auch empirisch abgesicherte Erkenntnisse zu dem Problemfeld der Strategieformulierung im nationalen Umfeld zurückgegriffen werden. Da die skizzierte Systematik von Marketing-Grundsatzstrategien grundsätzlich auch unter Zugrundelegung eines internationalen Bezugsrahmens bei der Marketingplanung eingesetzt werden kann, ermöglicht dieses Wissensfundament die Überprüfung zentraler Annahmen im Hinblick auf die Formulierung internationaler Marktbearbeitungsstrategien mit Hilfe eines quantitativen Untersuchungsdesigns. Bei einer hinreichend großen Stichprobe bietet dieser Forschungsansatz die Möglichkeit, normative Aussagen abzuleiten. Damit wird dem pragmatischen Wissenschaftsziel Rechnung getragen, indem der Versuch unternommen wird, Gestaltungsempfehlungen für die Praxis zu generieren.

1.1. Grundgesamtheit

Grundsätzlich wird das Erkenntnisobjekt der vorliegenden Studie durch strategische Geschäftsfelder bzw. Marken in der deutschen Konsumgüterindustrie repräsentiert. Mit Blick auf das zugrundeliegende Forschungsziel kann allerdings eine engere Eingrenzung der Grundgesamtheit vorgenommen werden. Zum einen bedarf es keiner weiteren Begründung, daß in diesem Zusammenhang ausschließlich Marken von Interesse sind, die in mehreren Ländern vertrieben werden. Zum anderen muß es sich um Marken handeln, deren internationale Vermarktung einer übergreifenden Koordination unterliegt. Die Koordination sollte sich dabei nicht allein auf finanzielle Aspekte beziehen. Zu begründen ist dies damit, daß im Rahmen der vorliegenden Arbeit Erkenntnisse über die Erfolgsaussichten einer Standardisierung vor dem Hintergrund eines spezifischen internationalen Bedingungsrahmens abgeleitet werden sollen. Daher können ausschließlich Marken der Grundgesamtheit zugerechnet werden, mit denen eine Standardisierung der Marktbearbeitung angestrebt wird. Die zentrale Voraussetzung hierfür ist in einer Koordination der Planung in den einzelnen Ländermärkten zu sehen. Die Notwendigkeit bzw. Vorteilhaftigkeit einer Koordination der internationalen Marktbearbeitung wurde bereits in Abschnitt II. 4. herausgearbeitet.

Obwohl zum Zeitpunkt der Datenerhebung (Juli 1992 bis November 1992) der Beitritt der Deutschen Demokratischen Republik zur Bundesrepublik Deutschland bereits erfolgt war, wurden Unternehmen bzw. Marken aus den neuen Bundesländern ausgeklammert. Dies kann mit der extremen Dynamik, der die Unternehmen in diesem Gebiet unterworfen sind, und vor allem mit der strukturellen Ausrichtung der internationalen Geschäftstätigkeit auf die ehemaligen RGW-Länder begründet werden. Damit sind institutionelle Unterschiede in der gesamten Struktur der internationalen Geschäftstätigkeit verbunden, die eine gemeinsame Interpretation von Untersuchungsergebnissen als wenig ergiebig erscheinen lassen.

1.2. Stichprobe

In einem ersten Schritt wurden innerhalb des Erhebungsgebietes Großräume bestimmt, in denen eine hohe Agglomeration von Industriebetrieben zu erwarten ist. Die Auswahl dieser Gebiete erfolgte vor dem Hintergrund forschungspragmatischer Gesichtspunkte[51]. Insgesamt wurden sieben Großraumgebiete ausgewählt. Innerhalb dieser Gebiete wurden in einem zweiten Schritt anhand des Firmenverzeichnisses im Handbuch für Großunternehmen (o.V. 1992b, 1992c, 1992d) diejenigen Unternehmen identifiziert, für aus den Angaben ersichtlich war, daß das Unternehmen international tätig ist. Im Anschluß wurde eine Zufallsstichprobe von 150 Unternehmen gezogen. Im Rahmen eines telephonischen Kontaktes konnten 48 Unternehmen identifiziert werden, die keine Koordination ihrer internationalen Marktbearbeitung vornehmen, da sie ihre Produkte beispielsweise über selbständige Importeure im Zielland verkaufen. Da diese 48 Unternehmen damit nicht der Grundgesamtheit zuzurechnen waren, bestand die endgültige Stichprobe aus 102 Unternehmen. Insgesamt konnten 55 Interviews durchgeführt werden, so daß sich eine Stichprobenausschöpfung von 54% ergibt. Absagen waren zum weit überwiegenden Teil auf terminliche Schwierigkeiten zurückzuführen, da der zur Verfügung stehende Zeitrahmen für die Interviews in einem

---

[51] Der empirischen Studie basiert auf persönlich-mündlichen Interviews, die einen Besuch bei den entsprechenden Unternehmen erforderten. Kosten- und Zeitaspekte ließen daher eine Konzentration auf einige Ballungszentren angeraten erscheinen.

Erhebungsgebiet jeweils auf eine Woche begrenzt war. Sieht man diesen Aspekt als Zufallsvariable an, so kann davon ausgegangen werden, daß dem Forschungsprojekt eine repräsentative Zufallsstichprobe zugrundeliegt. Die Verteilung der 55 befragten Unternehmen auf die sieben Erhebungsgebiete ist in *Abbildung 36* dargestellt.

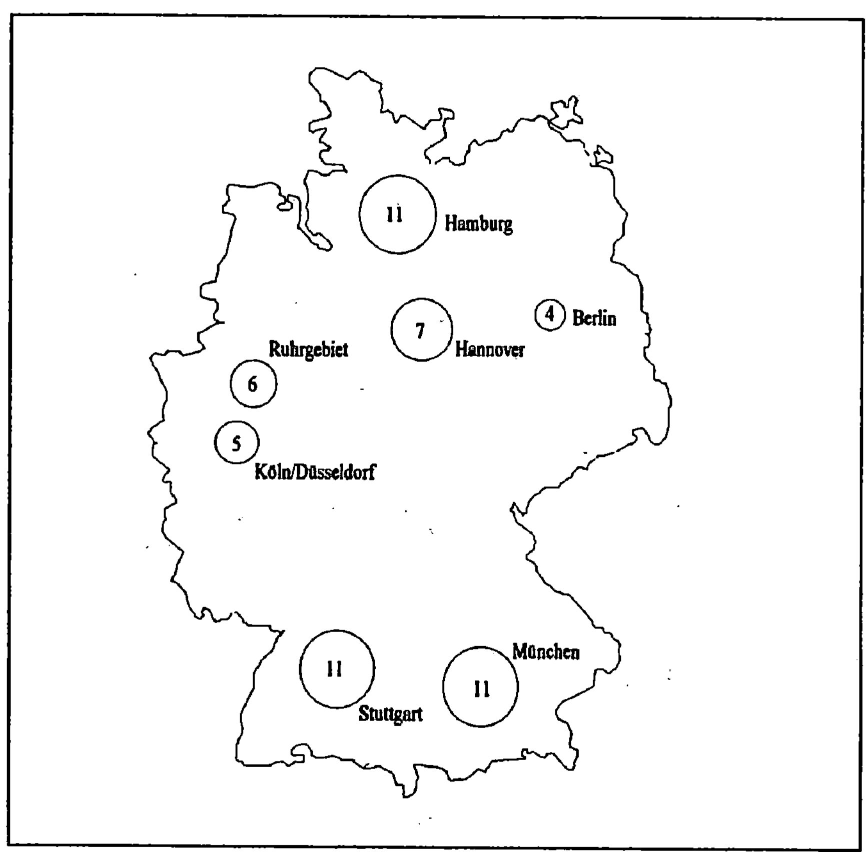

Abbildung 36: Verteilung der durchgeführten Interviews auf die sieben Erhebungsgebiete

Im folgenden soll die Zusammensetzung der Stichprobe anhand der Branchenzugehörigkeit sowie der Verteilung der Umsatzgröße und der Beschäftigtenzahl näher charakterisiert werden. In *Abbildung 37* ist die Branchenzugehörigkeit der untersuchten strategischen Geschäftsfelder dargestellt. Die Gliederung in verschiedene Branchen orientiert sich dabei an der im Handbuch für Großunternehmen zugrundegelegten Systematik.

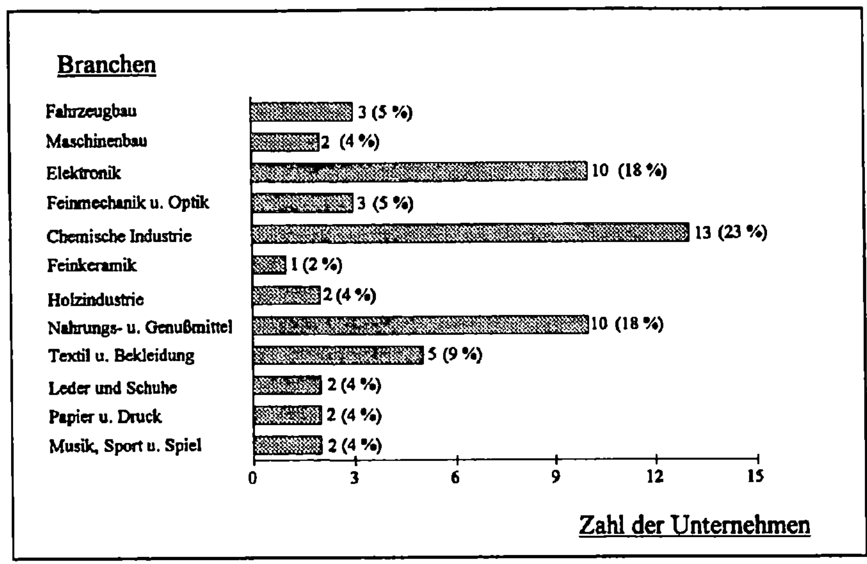

Abbildung 37: Verteilung der untersuchten Geschäftsfelder gemäß ihrer Branchenzugehörigkeit (n = 55)

In den *Abbildungen 38* und *39* ist die Größenverteilung aller Unternehmen der Stichprobe dargestellt. Zur Illustration des Sachverhaltes wird auf die Indikatoren *Beschäftigtenzahl* und *Jahresumsatz* in 1991 zurückgegriffen.

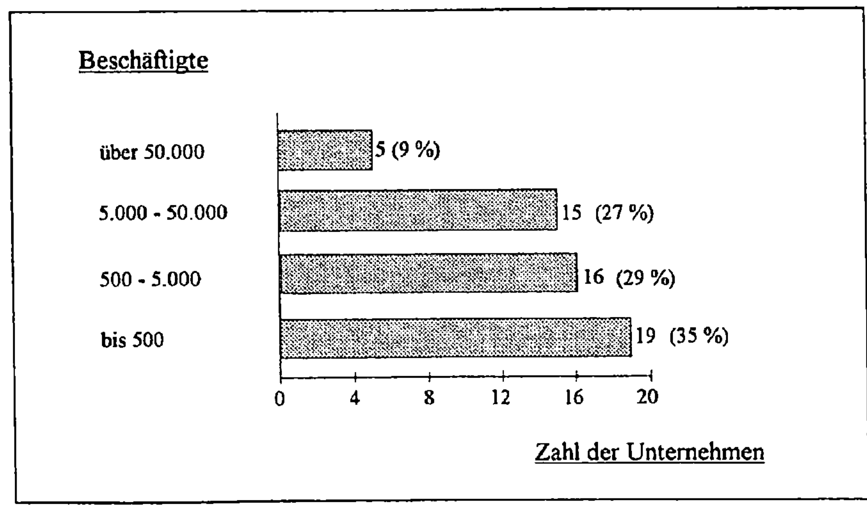

Abbildung 38: Verteilung der untersuchten Unternehmen gemäß der Beschäftigtenzahl (n = 55)

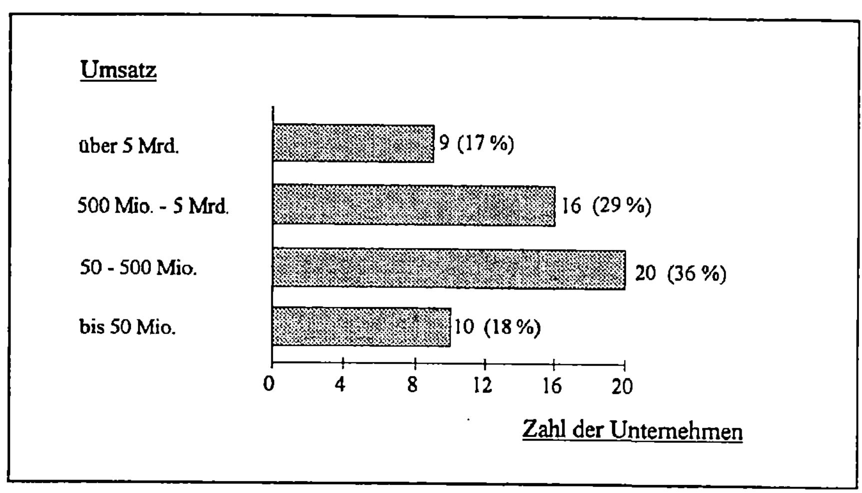

Abbildung 39: Verteilung der untersuchten Unternehmen gemäß
des Jahresumsatzes (n = 55)

1.3. Organisation und Ablauf der Erhebung

Vor Beginn der Erhebung wurde im Mai 1992 ein Pre-Test durchgeführt, im Rahmen dessen Führungskräfte von drei Berliner Unternehmen persönlich-mündlich befragt wurden. Ziel dieser explorativen Pilot-Studie war es, das Fragebogendesign im Hinblick auf die Kriterien *Vollständigkeit* und *Verständlichkeit* zu überprüfen. Dabei wurde im Anschluß an ein standardisiertes Interview ein freies, teilstandardisiertes Gespräch geführt, um die Einschätzung der Führungskräfte hinsichtlich der beiden aufgezählten Kriterien zu ermitteln.

Aufbauend auf den gewonnenen Erkenntnissen wurde das endgültige Design des Fragebogens festgelegt und anschließend mit Hilfe der Programmiersprache Borland C++ für Windows EDV-technisch umgesetzt. Dem erheblichen Programmieraufwand, der hiermit verbunden ist, stehen die folgenden Vorteile gegenüber:

- Die mausgesteuerte, dialogisch angelegte Befragungskonzeption steigert sowohl die zeitliche Erhebungseffizienz als auch die Motivation der Auskunftspersonen. Da die Antworten in maschinenlesbarer, digitaler Form vorliegen (Online-Datenerfassung), entfällt die arbeitsaufwendige und fehleranfällige Übertragung vom Fragebogen auf einen magnetischen Datenträger (vgl. Kroeber-Riel/Neibecker 1983, S. 197).

- Die computergestützte Datenerfassung ermöglicht eine Annäherung an Intervall-Skalenniveau. Zugrunde liegt hier eine bipolare Skala, auf der die Auskunftsperson ihre Einschätzung mit Hilfe der 'Maus' markieren kann. Zwischen den beiden Endpunkten der Skala liegen - begrenzt durch die Bildschirmkapazität - 500 mögliche Werte. Damit ist von einem quasi-kontinuierlichen, intervallskalierten Meßniveau auszugehen. Ein solches metrisches Meßniveau stellt die Voraussetzung für die Anwendung zentraler statistischer Verfahren dar[52]. Die Einschätzung der Auskunftsperson wird als Balken zwischen den Skalenendpunkten abgebildet, wobei die Balkenlänge (Magnitude) der Einschätzungsintensität entspricht. Die Magnitudenangabe wird vom Computer registriert und online verrechnet. Psychophysische Untersuchungen ergaben, daß ein solches Verfahren konsistente und valide Werte bei der Umsetzung von subjektiven Einschätzungen auf Reaktionskontinua erbringt (vgl. Stevens 1975; Wegener 1982;). Durch die abwechslungsreiche Kombination dieses Verfahrens mit verbal formulierten Fragen, die eine Selbsteinstufung in eine vorgegebene Kategorie erfordern, kann überdies die Motivation der Auskunftsperson gesteigert werden (vgl. Kroeber-Riel 1984a, S. 449).

- Letztendlich ist die beschriebene Erhebungsform auch aus ökologieorientierter Sicht zu präferieren, da auf die Verwendung von Papier im Rahmen der Befragung verzichtet werden konnte. In Anbetracht des umfangreichen Fragenkatalogs ergibt sich hier ein wesentliches Einsparpotential.

Die Interviews wurden von einem Studenten des Marketing-Hauptstudiums der Freien Universität Berlin und dem Autor selbst durchgeführt. Wie bereits angedeutet wurde für jedes Erhebungsgebiet als Befragungszeitraum eine Woche veranschlagt. Die Vereinbarung und Durchführung der Interviews erfolgt mit Hilfe des im folgenden beschriebenen Procederes:

1. Zufallsauswahl einer bestimmten Zahl der in dem jeweiligen Erhebungsgebiet ansässigen Unternehmen der Grundgesamtheit.

2. Telephonisches Sondierungsgespräch, um Name und Direktdurchwahl des geeigneten Ansprechpartners im Unternehmen zu erfragen bzw. zu bestätigen[53].

3. Formulierung eines Anschreibens an die identifizierten Auskunftspersonen in den entsprechenden Unternehmen.

---

[52] So ist beispielsweise die Bildung von Mittelwerten als zentrale Transformation im Rahmen dieses Forschungsprojektes ebenso wie die Durchführung von Korrelations-, Varianz- und Regressionsanalysen ohne metrisches Skalenniveau im strengen statistischen Sinne nicht zulässig (vgl. z.B. Neibecker 1992, S. 1062 f.).

[53] Im Handbuch der Großunternehmen sind teilweise die Mitglieder der Geschäftsleitung mit Namen und Funktion aufgeführt. Da sich hier jedoch auch Änderungen ergeben können bzw. die Informationen nicht immer Rückschlüsse auf den geeigneten Gesprächspartner zulassen, wurde dieser Arbeitsschritt erforderlich.

4. Telephonische Kontaktaufnahme mit der anvisierten Auskunftsperson; Überprüfung, ob die Voraussetzungen erfüllt sind und - im Falle positiver Resonanz - Terminvereinbarung.

5. Durchführung des Interviews.

Aufgrund des länderübergreifenden Fokus der Untersuchung war es von besonderer Bedeutung, die Einschätzung von *Führungskräften* mit Kenntnissen der jeweiligen Marktsituation zu erhalten. Daher wurde nach Möglichkeit ein Interview mit einem Mitglied der Geschäftsführung bzw. mit dem Marketingleiter des jeweiligen Unternehmens geführt. In stark diversifizierten Unternehmen konnten zum Teil auch die jeweiligen Produktmanager als geeignete Auskunftspersonen identifiziert werden. Die Zusammensetzung der Stichprobe im Hinblick auf die Funktionen der befragten Personen im Unternehmen ist in *Abbildung 40* im Überblick dargestellt.

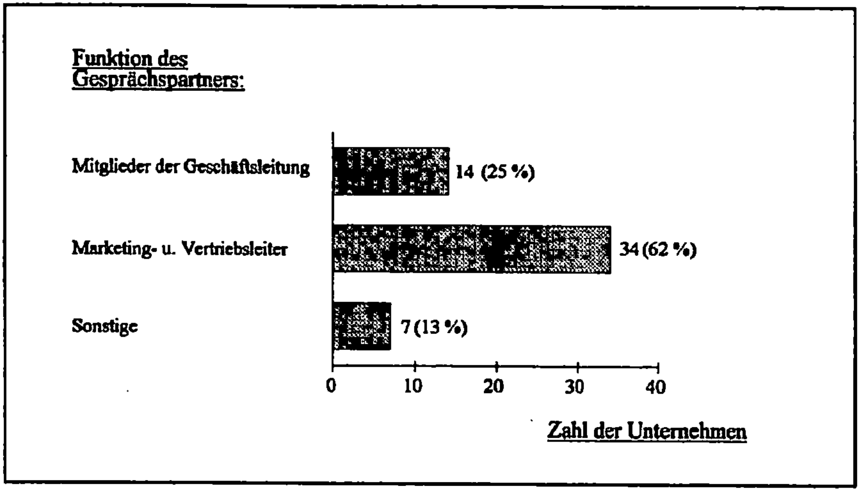

Abbildung 40: Funktionen der Interviewpartner im Unternehmen (n = 55)

Wie auch aus dem im Anhang der Arbeit abgedruckten Fragebogen hervorgeht, handelt es sich um ein voll standardisiertes Interview. Nachdem das Erkenntnisobjekt (strategisches Geschäftsfeld bzw. Marke) spezifiziert wurde, sollte die Auskunftsperson zwei Auslandsmärkte benennen, auf die sich das Interview neben dem Heimatmarkt bezog. In der Folge wurden für alle drei Märkte Fragen bezüglich der Kontext-, Gestaltungs- und Erfolgskomponente gestellt. Da die Differenz zwischen den jeweiligen Ausprägungen der Indikatoren für den Heimatmarkt und den jeweiligen Auslandsmarkt die Grundlage der Analyse bildet, ergaben sich je Interview zwei Fälle, die anschließend ausgewertet wurden. Aus Zeitgründen konnte im Rahmen eines der 55 Interviews nur ein Auslandsmarkt betrachtet werden, wodurch sich insgesamt eine Zahl von 109 Fällen ergibt, die der Analyse zugrundeliegen. Die Interviews verursachten dabei einen durchschnittlichen zeitlichen Aufwand von 60 Minuten.

2. Ergebnisse der empirischen Untersuchung

2.1. Überblick

Die Darstellung der Untersuchungsergebnisse läßt sich in verschiedene Abschnitte unterteilen. Orientiert an dem zugrundeliegenden situativen Forschungsdesign sind grundsätzlich drei Hypothesenfelder zu unterscheiden, die mit Hilfe der induktiven Statistik auf etwaige Wirkungszusammenhänge zwischen den verschiedenen Modellvariablen untersucht werden können:

1. Hypothesen über Zusammenhänge zwischen der Kontext- und der Gestaltungskomponente.
2. Hypothesen über Zusammenhänge zwischen der Gestaltungs- und der Erfolgskomponente.
3. Hypothesen über Zusammenhänge zwischen der Effizienzkomponente und der durch die Kontextkomponente situativ relativierten Gestaltungskomponente.

Im Rahmen der ersten Hypothesengruppe wird überprüft, ob die Ausprägung verschiedener Kontextfaktoren die Ausgestaltung einzelner Strategievariablen beeinflußt. Die Erkenntnis, die aus den Hypothesentests abzuleiten ist, liegt also in der Beantwortung der Frage, inwieweit in der Praxis bei der internationalen Planung einer Marketing-Grundsatzstrategie die länderspezifische Ausprägung verschiedener Kontextfaktoren berücksichtigt wird.

Im Rahmen der zweiten Hypothesengruppe wird der Frage nachgegangen, ob es eine strategische Handlungsoption gibt, die generell erfolgreicher ist als die Wahl anderer Strategiealternativen. Könnte auf der Basis der Stichprobe festgestellt werden, daß beispielsweise eine Standardisierung der Strategie unabhängig von der Ausprägung des Kontextes in jedem Fall erfolgreicher ist als eine Differenzierung, so wäre eine Berücksichtigung der Kontextfaktoren im Rahmen der Strategieformulierung nicht erforderlich.

Die dritte Hypothesengruppe repräsentiert das eigentliche Kernstück des situativen Forschungsdesigns. Untersucht wird hier, welche Strategien in einer spezifischen Situation erfolgreich sind. Mit der Ableitung konkreter

Handlungsempfehlungen für bestimmte Situationen wird dem eigentlichen Ziel situativer Forschung Rechnung getragen.

Betrachtet man die drei Hypothesengruppen sowie das Erkenntnisziel, das sich hinter der Formulierung der jeweiligen Hypothesen verbirgt, so wird deutlich, daß die Fragestellung im Rahmen der ersten und zweiten Hypothesengruppe sachlogisch eng miteinander verknüpft ist. Während in der ersten Gruppe zu überprüfen ist, welche Strategien in einer spezifischen Situation in der Praxis verfolgt werden, wird der Erkenntnisgegenstand in der dritten Hypothesengruppe durch eine Analyse der situativen Erfolgswirksamkeit der Strategien erweitert. Im Rahmen der Ergebnisdarstellung sollen zuerst die Testergebnisse der zweiten Hypothesengruppe dargestellt werden, da es hiervon abhängt, ob eine Berücksichtigung des situativen Bedingungsrahmens bei der Planung von Marketing-Grundsatzstrategien überhaupt erforderlich ist. Im Anschluß werden, soweit sich dies durch die im Rahmen der zweiten Hypothesengruppe gewonnenen Erkenntnisse begründen läßt, die Ergebnisse der ersten und dritten Hypothesengruppe dargestellt.

Aufbauend auf der Formulierung von Hypothesen werden anhand der Stichprobe Annahmen, die im Hinblick auf die Grundgesamtheit getroffen werden, überprüft. Von entscheidender Bedeutung im Zuge der Durchführung von Hypothesentests ist die Frage, ob die Daten approximativ intervallskaliert und normalverteilt sind. Wie ausgeführt wurde, kann in der vorliegenden Untersuchung von einem approximativen Intervall-Skalenniveau ausgegangen werden. In der Folge ist daher zu überprüfen, inwieweit die Annahme der Normalverteilung von den abhängigen Variablen erfüllt wird. Liegt eine annäherungsweise Normalverteilung vor, können parametrische Hypothesentests Verwendung finden, während bei Verteilungen, die nicht als normalverteilt anzusehen sind, nichtparametrische Tests herangezogen werden sollten. Bei der Verwendung parametrischer Tests muß überdies geprüft werden, ob die Varianzen der Stichprobenuntergruppen gleich sind.

Zur Überprüfung der Normalverteilungsannahme wurden die Normalverteilungsplots (*normal probability plots*) sowie die jeweils zugehörigen Residualwerte (*detrended normal plots*) analysiert. Da die Entscheidung, wann eine Verteilung als approximativ normalverteilt anzusehen ist, bei der Analyse dieser Plots im Ermessen des Forschers liegt, wurde die Anpassung der Stichproben an die Normalverteilung zusätzlich statistisch überprüft. Hierzu wurde auf den Lilliefors-Test zurückgegriffen, der auf den häufig verwendeten Kolmogorov-Smirnov-Test zurückgeht, jedoch strengere Kriterien für große Stichproben anlegt (vgl. Saurwein/Hönekopp 1990, S. 231)[54].

Unter Zugrundelegung eines 5%igen Signifikanzniveaus ist festzustellen, daß die Variablen der Gestaltungskomponente, die in der 1. Hypothesengruppe die abhängigen Variablen repräsentieren, nicht approximativ normalverteilt sind, während die Erfolgskomponente, die in der 2. und 3. Hypothesengruppe die abhängige Variable repräsentiert, approximativ normalverteilt ist. Somit erscheint im Hinblick auf die 1. Hypothesengruppe die Verwendung nichtparametrischer Tests angeraten. Allerdings gilt nach dem Zentralen Grenzwertsatz, daß mit wachsender Größe der Stichprobe der Mittelwert dieser Stichprobe gegen den Mittelwert der Normalverteilung tendiert (vgl. Schlittgen 1991, S. 228). Daher wird im Rahmen des Vergleichs von Stichprobenmittelwerten bei einer Stichprobengröße von N>30 häufig auch der parametrische t-Test verwendet.

Schaich (vgl. 1977, S. 252 f.) überprüft vor diesem Hintergrund die Testgüte des Wilcoxon-Mann-Whitney-Tests und des t-Tests anhand des Kriteriums der *asymptotischen relativen Effizienz*. Dabei stellt er fest, daß der nichtparametrische Wilcoxon-Mann-Whitney-Test bei Normalverteilung der Stichprobe eine ähnliche Testgüte aufweist wie der t-Test. Die Verwendung des nichtparametrischen Tests ist allerdings in jedem Fall mit einem Informationsverlust verbunden, da nur die Ränge zweier Stichprobenuntergruppen und nicht die jeweiligen Ausprägungen miteinander verglichen werden. Daher soll der t-Test Verwendung finden, wenn die gebildeten Gruppen der abhängigen Variable mehr als 30 Fälle umfassen.

Hypothesen werden im Regelfall paarweise formuliert, wobei zwischen der Nullhypothese und der Arbeitshypothese unterschieden werden kann. Die Arbeitshypothese wird auf der Basis gewonnener Einsichten in einen bestimmten Sachzusammenhang formuliert (vgl. Schaich 1982, S. 212). Gegenstand des Prüfverfahrens ist in jedem Fall die Nullhypothese, die eine Gleichheit der Erwartungswerte einer abhängigen Variablen für ver-

---

[54] Der Verwendung des Kolmogorov-Smirnov-Tests ist bei größeren Stichproben problematisch, da schon kleinste Abweichungen der empirischen Stichprobe von der Normalverteilung genügen, um die Nullhypothese zurückzuweisen (vgl. Matiaske 1990, S. 68 f.).

schiedene Stichproben annimmt. Gelingt es, die Nullhypothese auf der Basis der Stichprobe zu widerlegen, kann die Arbeitshypothese als empirisch bestätigt angesehen werden. Da nicht in jedem Fall unterschiedliche Erwartungswerte angenommen werden können und die Nullhypothese damit der Arbeitshypothese entspricht, erscheint eine Unterscheidung zwischen den Begriffen Null- und Gegenhypothese geeigneter. Aus Gründen der Übersichtlichkeit wird jeweils nur diejenige Null- oder Gegenhypothese ausformuliert, deren Bestätigung in Einklang mit den theoretisch gewonnenen Erkenntnissen steht.

2.2. Zusammenhänge zwischen der Gestaltungs- und der Erfolgskomponente

Im folgenden soll überprüft werden, ob ein statistisch signifikanter Zusammenhang zwischen dem Standardisierungsgrad der Marketing-Grundsatzstrategie und der Effizienz besteht. Damit wird eine zentrale Fragestellung situativer Forschung in den Mittelpunkt der Betrachtungen gerückt. Existiert eine Strategie, die sich grundsätzlich in jeder Situation als überlegen erweist und Effizienzvorteile verspricht, erscheint eine situative Relativierung mit dem Zweck der Ableitung differenzierter Handlungsempfehlungen für spezifische Situationen obsolet. Die Empfehlung lautet in diesem Fall, die überlegene Strategie zu wählen, da hier unabhängig von der gegebenen Situation ein *one best way* existiert. Zur Überprüfung des Zusammenhangs zwischen Gestaltungs- und Erfolgskomponente sind zunächst die verschiedenen Variablen zu charakterisieren, um im Anschluß die geeigneten Testinstrumente bestimmen zu können.

Die Marketing-Grundsatzstrategie stellt das Ergebnis einer spezifischen Kombination der jeweiligen Ausprägung verschiedener grundsatzstrategischer Entscheidungstatbestände dar, wie sie in Abschnitt IV. 2.2. der Arbeit beschrieben wurden. Für die Zwecke der Analyse werden die einzelnen Strategieebenen getrennt untersucht, um zu überprüfen, ob jeweils ein Zusammenhang zwischen dem Standardisierungsgrad einer Strategievariablen und dem Erfolgspotential besteht.

Zur Messung des Standardisierungsgrades einzelner grundsatzstrategischer Elemente werden verschiedene Verfahren herangezogen. Bei indirekter

Ermittlung des Standardisierungsgrades einzelner Strategieebenen wird eine getrennte Analyse des strategischen Verhaltens auf den betrachteten Ländermärkten vorgenommen. Diese Vorgehensweise wird bei der Messung der *Strategie-Substanz* und im Hinblick auf den *Grad der Marktabdeckung* gewählt. Der Standardisierungsgrad dieser Gestaltungsdimensionen ergibt sich durch Ermittlung der Differenz zwischen der Ausprägung auf dem Heimatmarkt und dem Auslandmarkt. Hierzu wird der Skalenwert für die Strategiedimension auf dem Auslandsmarkt von dem korrespondierenden Skalenwert auf dem Heimatmarkt subtrahiert. Der resultierende Wert kann, je nach Ausprägung der Strategiedimension auf den beiden Märkten, ein positives oder ein negatives Vorzeichen aufweisen. Da hohe Werte sowohl mit positivem als auch negativem Vorzeichen eine starke Differenzierung in bezug auf die betrachtete Strategieebene zwischen den beiden Ländermärkten indizieren, während niedrige Werte mit positivem oder negativem Vorzeichen auf eine tendenzielle Standardisierung der Strategie hinweisen, werden die Vorzeichen vernachlässigt. Damit gibt die resultierende Verteilung Auskunft über den Grad der Differenzierung bzw. Standardisierung der Strategie in den betrachteten Ländermärkten.

Änderungen der *Strategie-Position* werden mit Hilfe einer Intervallskala direkt abgefragt, so daß hier keine Rechenschritte (Bildung der Differenz zwischen Heimat- und Auslandsmarkt; Entfernung negativer Vorzeichen) erforderlich sind, um Einblick in den interessierenden Sachverhalt zu gewinnen. Der Erfassung des *Verhaltens gegenüber den Wettbewerbern* und der *Strategie-Absicherung* liegt nominales Meßniveau zugrunde; hier konnten die Auskunftspersonen die mit der Marke verfolgte Strategie einer vorgegebenen, verbal beschriebenen Kategorie zuordnen. Demnach besteht bei diesen Strategievariablen nicht die Möglichkeit, den Grad der Standardisierung bzw. Differenzierung zu ermitteln. Vielmehr kann hier nur die grundsätzliche Frage beantwortet werden, ob eine Änderung auf der jeweiligen Strategie-Ebene vorgenommen wurde oder nicht.

Die intervallskalierten Gestaltungsvariablen wurden standardisiert und im Anschluß in zwei Gruppen unterteilt. Die eine Gruppe umfaßt Marken, für die die Strategie unterdurchschnittlich stark verändert wurde, während die andere Gruppe Marken enthält, für die eine überdurchschnittlich starke Änderung der Strategie realisiert wurde. Die beiden nominal skalierten Gestaltungsvariablen wurden wie folgt klassifiziert: Es wurde eine Gruppe gebildet, die auf eine Änderung der jeweils betrachteten Strategieebene verzichtet hat und eine Gruppe, in der die auf dem Auslandsmarkt verfolgte Strategie im Vergleich zum Heimatmarkt geändert wurde.

Wie bereits oben dargestellt, kann die Effizienz als abhängige Variable in dieser Hypothesengruppe auf Basis der Ergebnisse des Lilliefors-Tests als approximativ normalverteilt gelten. Die Effizienz ist dabei als Zielerreichungsgrad von drei auf Markenebene anzusiedelnden Zielen definiert. Die Bedeutung der drei Ziele für die Geschäftstätigkeit in dem jeweils betrachteten Markt wurde von den Auskunftspersonen gewichtet. Der Erfolg eines strategischen Geschäftsfeldes in einem Markt wird nun bestimmt, indem die gewichteten Einzelindikatoren durch Addition zu einem Gesamtwert verdichtet werden.

Während zum Teil in der Literatur die Annahme vertreten wird, daß eine Standardisierung der internationalen Vermarktungsstrategie grundsätzlich ein höheres Erfolgspotential bietet als die an den länderspezifischen Gegebenheiten orientierte Differenzierung der Marketingkonzeption, gehen andere Autoren von der gegenteiligen Annahme aus (vgl. zur Diskussion um die Vorteilhaftigkeit einer Standardisierung bzw. Differenzierung auch Kapitel II. 2.2. der Arbeit). Der prominenteste Befürworter der Standardisierungsthese, Levitt, stützt seine Annahmen dabei nicht zuletzt auf die zunehmende weltweite Konvergenz des Verbraucherverhaltens (vgl. Levitt 1983, S. 92-102).

Eine Berechnung der Variationskoeffizienten zeigt, daß eine Konvergenz des Konsumentenverhaltens im Hinblick auf die im Rahmen dieser Untersuchung verwendeten Indikatoren nicht gegeben ist[55]. Vergleicht man die Variationskoeffizienten der vier Kontextfaktoren, die im Ländervergleich ermittelt wurden, so kann festgestellt werden, daß die Konsumentensituation nach der Wettbewerbsintensität am stärksten streut, gefolgt von der Handelssituation und der Wettbewerbsposition. Die Ergebnisse der Berechnungen sind in *Abbildung 41* im Überblick dargestellt.

---

[55]   Die Berechnung des Variationskoeffizienten erlaubt die Beurteilung der Streuung einer Variablen in bezug auf die Größe des Mittelwertes. Beim Vergleich des Streuungsmaßes mehrerer Meßreihen erscheint es sinnvoll, das Verhältnis von Standardabweichung und arithmetischem Mittel zu berechnen, da die Varianz und die Standardabweichung zwar den mittleren Abstand in bezug auf das arithmetische Mittel messen, jedoch keine Beurteilung der Streuung in bezug auf die Größe des Mittelwertes zulassen (vgl. Bohley 1991, S. 165; Saurwein/Hönekopp 1990, S. 215).

Kontextdimensionen	**Variationskoeffizient**
Wettbewerbsintensität	*6,04*
Konsumentensituation	*3,96*
Handelssituation	*3,77*
Wettbewerbsposition	*2,41*
Anzahl der Fälle insgesamt: 109	

Abbildung 41: Variationskoeffizienten der Kontextdimensionen im Ländervergleich

Die Annahme einer zunehmenden Konvergenz des Verbraucherverhaltens muß vor dem Hintergrund dieser Ergebnisse auf der Basis der vorliegenden Stichprobe in Frage gestellt werden. Wie bei der Ableitung der Kontextfaktoren deutlich wurde, ist die Planung internationaler Marketingstrategien zudem nicht allein von der Konsumentensituation abhängig. Zu berücksichtigen sind hier eine Vielzahl weiterer Faktoren aus dem marktlichen Umfeld des Unternehmens, die vor allem auf die Wettbewerber und Absatzmittler abstellen. So ist beispielsweise davon auszugehen, daß die Ausgestaltung der Ebene Strategie-Absicherung in erster Linie von der Handelssituation sowie der Wettbewerbsposition abhängig ist. Das internationale Standardisierungspotential auf dieser Strategieebene wird also weniger durch die Konvergenz des Verbraucherverhaltens determiniert als durch die Homogenität der Wettbewerbsposition und der Handelssituation im Ländervergleich.

Die generelle Vorteilhaftigkeit einer Standardisierung wird überdies von einer Vielzahl von Autoren bezweifelt. Dies kommt nicht zuletzt in der Interpretation des Begriffes 'globales Marketing' zum Ausdruck, der nach heutiger Sichtweise nicht mit einer völligen Standardisierung korrespondiert, sondern auch eine global koordinierte Differenzierung der Marktbearbeitung umfaßt (vgl. Abschnitt II. 4.). Allgemein wird im Zuge dieser neueren Sichtweise die Ansicht vertreten, daß im Rahmen der internationalen Marktbearbeitung einerseits eine flexible Ausrichtung an den spezifischen marktlichen Bedingungen erforderlich ist. Andererseits sollen die sich bietenden Standardisierungspotentiale genutzt werden, wenn der jeweilige Bedingungsrahmen dies erlaubt. Damit wird deutlich, daß auch im Hinblick auf die im Rahmen dieser Arbeit untersuchten Gestaltungsvariablen keine pauschalen Empfehlungen bezüglich des Standardisierungsgrades der einzelnen Strategieebenen ausgesprochen werden können.

> Für jede Strategieebene kann daher die Hypothese formuliert werden, daß für die beiden Markengruppen mit unterschiedlichem Standardisierungsgrad kein unterschiedlicher Erfolg resultiert und somit die Nullhypothese nicht abgelehnt werden kann.

Im Rahmen der Hypothesentests wird überprüft, ob die Hypothese auf der Basis der Stichprobe für die Grundgesamtheit angenommen werden kann. Zugrundegelegt werden soll den Tests das übliche Signifikanzniveau von $\alpha = 0,05$. Bis zu einem 10%igen Signifikanzniveau ($\alpha = 0.10$) soll ein tendenzieller Zusammenhang unterstellt werden. Die beschriebene Fragestellung, die darauf abzielt, zu überprüfen, ob sich zwei Gruppen hinsichtlich des Erwartungswertes eines intervallskalierten Merkmals unterscheiden, kann mit Hilfe eines t-Tests für unabhängige Stichproben untersucht werden. Die Verwendung dieses Tests ist unter der Voraussetzung, daß die abhängige Variable normalverteilt ist, auch deshalb zu befürworten, da er, wenn die Bedingungen zu seiner Verwendung erfüllt sind, die größte Testgüte im Hinblick auf die Überprüfung von Lagealternativen bietet (vgl. Büning/Haedrich/Kleinert/Kuß/Streitberg 1981, S. 191).

In *Abbildung 42* sind die Ergebnisse der Hypothesentests ausgewiesen. Da den Hypothesen keine Annahme über die Richtung der erwarteten Abweichung zugrundeliegt, handelt es sich um ungerichtete Hypothesen, d.h. es werden zweiseitige Signifikanztests durchgeführt. Die Mittelwerte der standardisierten intervallskalierten Erfolgsvariablen (z-Werte) zeigen jeweils an, in welcher Richtung die Gruppenmittelwerte vom Gesamtmittelwert abweichen.

Die in *Abbildung 42* im Überblick dargestellten Testergebnisse sind eindeutig. Die Nullhypothese kann jeweils nicht zurückgewiesen werden. Dies bedeutet, daß sich die Erwartungswerte im Hinblick auf den Erfolg derjenigen Marken, mit denen eine standardisierte Strategie auf dem Auslandmarkt verfolgt wird, nicht signifikant von den Erwartungswerten der Marken unterscheiden, für die eine differenzierte Strategie realisiert wird.

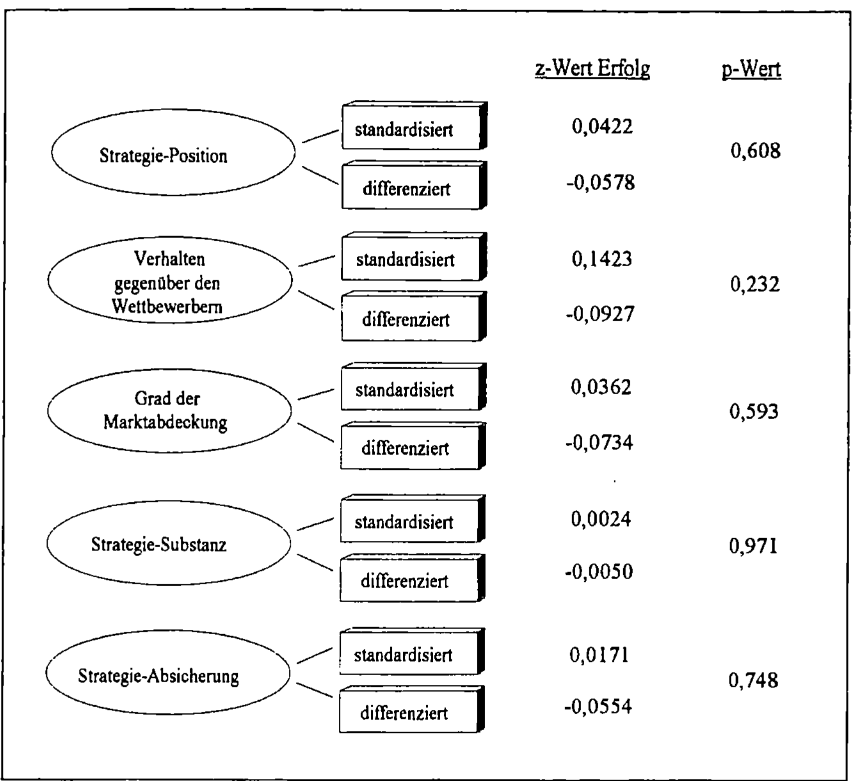

Abbildung 42: Testergebnisse der Hypothesen zum Einfluß der Strategieebenen auf den Erfolg

Entsprechend bietet weder eine Standardisierung noch eine Differenzierung einzelner Strategiedimensionen ein generell höheres Erfolgspotential. Dieses Ergebnis leitet zu der Fragestellung über, die im nachfolgenden Abschnitt untersucht werden soll.

2.3. Zusammenhänge zwischen der Kontext-, der Gestaltungs- und der Effizienzkomponente

Da im Rahmen des beschriebenen Forschungskonzeptes sechs verschiedene Kontextfaktoren mit jeweils zwei Ausprägungen (über- und unter- durchschnittlich) berücksichtigt wurden, ergibt sich durch die vollständige Kombination aller möglichen Ausprägungen der Situation eine Situationstypologie mit 64 möglichen Situationen. In Anbetracht des Stichprobenumfangs von 109 Fällen wird deutlich, daß die einzelnen Situationstypen in der Regel relativ schwach bzw. überhaupt nicht besetzt sein werden. Daher soll ein Analyseweg gewählt werden, der darauf abzielt, den Einfluß einzelner Kontextfaktoren auf die verschiedenen Elemente der Marketing-Grundsatzstrategie zu untersuchen.

Während die Ausprägung der beiden Kontextfaktoren Branchentyp und Produktkategorie direkt abgefragt wird, muß bei den Kontextfaktoren Wettbewerbsintensität, Konsumentensituation, Handelssituation und Wettbewerbsposition ein Rechenschritt durchgeführt werden, um die Ausprägung des eigentlich interessierenden Sachverhaltes zu ermitteln. Die Homogenität bzw. die Heterogenität der Ausprägung dieser Situationsdeterminanten in den betrachteten Ländermärkten ergibt sich, indem die Differenz zwischen der Ausprägung auf dem Heimatmarkt und dem Auslandmarkt ermittelt wird. Hierzu wird der Skalenwert für die Kontextdimension auf dem Auslandsmarkt vom korrespondierenden Skalenwert auf dem Heimatmarkt subtrahiert. Der resultierende Wert kann je nach Ausprägung der Kontextdimension auf den beiden Märkten ein positives oder ein negatives Vorzeichen aufweisen. Da große Werte sowohl mit positivem als auch negativem Vorzeichen starke Unterschiede in bezug auf den betrachteten Kontextfaktor zwischen den beiden Ländermärkten indizieren, während kleine Werte mit positivem oder negativem Vorzeichen auf eine relative Homogenität der Situation hinweisen, wurden die Vorzeichen mißachtet. Damit gibt die resultierende Verteilung Auskunft über den Grad der Unterschiede zwischen den betrachteten Ländermärkten.

Exkurs: *Bestimmung der Produktkategorie*

Im Gegensatz zu den anderen Kontextdimensionen, bei denen die Indikatoren zu einem Indexwert verdichtet werden, wird bei der Ermittlung der Kontextdimension Produktkategorie durch die Verwendung des Skalierungsverfahrens die Anforderung einer monoton steigenden Itemcharakteristik an die Einzelitems gestellt. Die Ausprägung eines Einzelitems muß daher mit der Ausprägung des Summenwertes aller Items korrelieren. Zur Überprüfung dieser Voraussetzung wurden die Einzelmessungen mit dem Gesamtmeßwert korreliert. Dabei wurde festgestellt, daß die Indikatoren "Geschwindigkeit, mit der sich modisch und technisch bedingte Produktänderungen vollziehen" und "Verbreitung des Produktes" nur sehr schwach mit dem Gesamtsummenwert korrelieren (die Werte des Korrelationskoeffizienten betrugen 0,35 und 0,18), während die Korrelationskoeffizienten der anderen Items relativ hoch ausgeprägt waren (die Werte liegen zwischen 0,72 und 0,86). Eine Überprüfung der Korrelation zwischen allen Itemwerten zeigte, daß die bezeichneten zwei Items mit den übrigen Indikatoren zum Teil sogar negativ korreliert sind, während diese untereinander wiederum hoch korrelieren. Vor dem Hintergrund dieser Ergebnisse wurden beide Items bei der Konstruktion der Skala für den Kontextfaktor Produktkategorie nicht berücksichtigt.

Aus theoretischer Sicht läßt sich dieses Ergebnis damit erklären, daß die auf Miracle (vgl. 1965, S. 19 f.) zurückgehenden neun Produktcharakteristika Mitte der 60er Jahre abgeleitet wurden und sich die Marktsituation inzwischen grundlegend gewandelt hat. Die mangelnde Trennschärfe der beiden Indikatoren im Rahmen der Klassifikation verschiedener Produktkategorien kann anhand eines Beispiels veranschaulicht werden. So wird für Produkte einer niedrigen Produktkategorie eine hohe Ausdehnung der Nutzung bzw. ein hoher Grad der Verbreitung angenommen, während Produkte einer hohen Produktkategorie den Annahmen zufolge eine eher geringe Verbreitung aufweisen. Betrachtet man nun konkrete Produkte, so wird deutlich, daß in hochentwickelten Industriegesellschaften die Verbreitung von Produkten einer hohen Produktkategorie (z.B. Automobile, Kameras) häufig dem Verbreitungsgrad von Produkten einer niedrigen Produktkategorie (z.B. Zigaretten) entspricht. Auch mit Blick auf das Kriterium der Geschwindigkeit modisch und technisch bedingter Produktänderungen ist festzustellen, daß in wettbewerbsintensiven Märkten, die tendenziell zu einer Verkürzung der Produktlebenszyklen führen, die Durchführung eines Produkt-Relaunches in immer kürzeren Abständen erforderlich wird (vgl. Haedrich/Berger 1982, 105-111). Damit unterliegen auch Produkte einer niedrigen Produktkategorie - entgegen der ursprünglichen Annahme - einer relativ hohen Änderungsrate.

Wie bereits angedeutet wurde, sollen die beiden Hypothesengruppen, die darauf abzielen, Zusammenhänge zwischen der Kontext- und der Gestaltungskomponente bzw. zwischen der Effizienzkomponente und der durch die Kontextkomponente situativ relativierten Gestaltungskomponente aufzuzeigen, gemeinsam betrachtet werden. Während mit der ersten Hypothesengruppe überprüft wird, ob sich Unternehmen in der Praxis so verhalten, wie es aus Sicht der Theorie zu erwarten wäre, wird mit der dritten Hypothesengruppe überprüft, ob das theoretisch zu erwartende Verhalten in der Praxis mit größerem Erfolg verknüpft ist. Da die Tests in beiden Gruppen jeweils auf den gleichen Hypothesen aufbauen, erscheint es aus forschungsökonomischen Gründen sinnvoll, die Ergebnisse im Verbund darzustellen.

Inhaltliche Überlegungen lassen eine Differenzierung zwischen zwei Erkenntnisobjekten sinnvoll erscheinen, die der Darstellung der Ergebnisse zugrundegelegt werden soll. Unterschieden wird dabei zwischen einem Baustein, der darauf abzielt, Zusammenhänge im Hinblick auf den *Grad der Unterschiede* der Kontext- und Gestaltungsvariablen zu analysieren und einem Baustein, der die *Richtung der jeweiligen Abweichungen* erfaßt. Der erste Baustein ist auf die Beantwortung der Frage gerichtet, wann in Abhängigkeit von der Homogenität der Kontextfaktoren in den betrachteten Märkten eine Standardisierung oder Differenzierung der Strategie vorgenommen wird bzw. welcher Einfluß sich hieraus für den Erfolg ableitet. Im Rahmen des zweiten Bausteins wird die Analyse dahingehend erweitert, daß die Richtung der Abweichungen erfaßt wird, um somit Handlungsempfehlungen für die Praxis ableiten zu können.

Die Unterschiede im Hinblick auf das jeweilige Erkenntnisinteresse sollen anhand eines Beispiels illustriert werden. Im Rahmen des ersten Bausteins wird u.a. untersucht, welchen Einfluß eine unterschiedliche Ausprägung der Wettbewerbsintensität auf den Standardisierungsgrad der Strategie-Substanz ausübt. Unterschieden wird dabei zwischen einer überdurchschnittlich homogenen und unterdurchschnittlich homogenen Ausprägung der Wettbewerbsintensität. Im Hinblick auf die Gestaltungsdimension 'Strategie-Substanz wird ebenfalls nur der Grad der Abweichung der auf dem Auslandsmarkt gewählten Strategie von der Strategie auf dem Heimatmarkt erfaßt. Im Rahmen des zweiten Bausteins wird hingegen die Richtung der Abweichung der Wettbewerbsintensität erfaßt. Unterschieden werden hier zwei Gruppen nach dem Kriterium, ob die Wettbewerbsintensität auf dem Heimatmarkt höher oder niedriger ausgeprägt ist als auf dem Auslandsmarkt. Analog dazu wird mit Blick auf die Strategie-Substanz die Richtung der Änderungen erfaßt. Damit wird analysiert, ob die Marke im Vergleich zum Heimatmarkt auf einem höheren oder niedrigeren Präferenzniveau angeboten wird.

Im folgenden Abschnitt sollen also zunächst Einblicke in Zusammenhänge gewonnen werden, die auf dem Grad der Unterschiede der Kontext- und

Gestaltungsvariablen gründen. Im Anschluß an diesen Abschnitt wird die Analyse erweitert, indem unter Berücksichtigung der im ersten Baustein gewonnenen Ergebnisse die Richtung der Abweichungen in den Mittelpunkt der Betrachtungen gestellt wird.

2.3.1. Das internationale Standardisierungspotential der Marketing-Grundsatzstrategie - die Analyse des Grades der Abweichungen

2.3.1.1. Überblick

Die Marketing-Grundsatzstrategie repräsentiert im Hinblick auf die erste Hypothesengruppe (Zusammenhänge zwischen Kontext- und Gestaltungskomponente) die abhängige Variable und im Hinblick auf die dritte Hypothesengruppe (Zusammenhänge zwischen der Effizienzkomponente und der durch die Kontextkomponente situativ relativierten Gestaltungskomponente) die unabhängige Variable. Bei der Erfassung der Strategie-Substanz und dem Grad der Marktabdeckung werden wieder die Differenz der Ausprägungen auf dem Heimatmarkt und dem Auslandsmarkt ermittelt und die Vorzeichen des resultierenden Summenwertes mißachtet (vgl. zur Begründung auch die Ausführungen in Abschnitt IV. 2.2.). Der Erfassung des Verhaltens gegenüber den Wettbewerbern und der Strategie-Absicherung liegt nominales Skalenniveau zugrunde. Hier wird zwischen Geschäftsfeldern unterschieden, die ihr strategisches Verhalten auf der jeweiligen Ebene verändert haben und Geschäftsfeldern, die ihre strategische Ausrichtung standardisiert übernommen haben.

Nachdem nunmehr sowohl die Kontext- als auch die Gestaltungskomponente näher charakterisiert wurden, soll im folgenden der Erkenntnisgegenstand spezifiziert werden. Da in diesem Abschnitt, wie beschrieben, nur der Grad der unterschiedlichen Ausprägung der Kontextvariablen sowie der Grad der strategischen Differenzierung der Gestaltungsvariablen erfaßt werden, kann an dieser Stelle allein die Frage beantwortet werden, inwieweit eine Anpassung der Strategie an eine veränderte Situation erfolgt bzw. welche Einflüsse sich hieraus auf den Erfolg ergeben. Damit können Erkenntnisse im Hinblick auf die generelle Notwendigkeit einer Differenzierung oder Standardisierung vor dem Hintergrund einer spezifischen situativen Bedingungslage gewonnen werden. Im Regelfall lassen sich somit noch keine konkreten Handlungsempfehlungen ableiten, da die Richtung der Abweichung der Kontextfaktoren sowie die Richtung der Strategieänderung nicht erfaßt werden.

In einem ersten Schritt soll jeweils der Einfluß einer unterschiedlichen Ausprägung des situativen Kontextes auf den Grad der Strategieänderung untersucht werden. Die Erfolgskomponente wird dabei explizit ausgeklammert, d.h. die Analyse ist ausschließlich darauf gerichtet nachzuvollziehen, welche Ausprägung der Kontextfaktoren ein bestimmtes strategisches Verhalten in der Praxis bewirkt. Die situative Bedingungslage wird dabei jeweils theoretisch abgeleitet. Hierauf aufbauend werden Hypothesen formuliert, die auf die Beantwortung der Frage abzielen, welche Gestaltungsalternative in einer bestimmten Situation aus theoretischer Sicht gewählt werden sollte. Zu diesem Zweck werden die verschiedenen strategischen Geschäftsfelder der Stichprobe im Hinblick auf die Ausprägung der einzelnen situativen Einflußfaktoren jeweils in zwei Gruppen unterteilt. Die eine Gruppe ist durch eine unterdurchschnittliche (homogene) Ausprägung der Situationsvariablen gekennzeichnet, während die andere Gruppe eine überdurchschnittliche (heterogene) Ausprägung aufweist. Überprüft werden soll in diesem Zusammenhang, ob für die beiden Markengruppen mit unterschiedlichem situativen Bedingungsrahmen verschiedene strategische Gestaltungsoptionen realisiert werden.

Für die Analyse werden die Situationsvariablen standardisiert, so daß der Mittelwert Null und die Standardabweichung Eins beträgt. Eine unterdurchschnittliche (homogene) Ausprägung der Situationsvariablen liegt dann vor, wenn die standardisierte Variable einen Wert kleiner als Null annimmt, eine überdurchschnittliche (heterogene) Ausprägung korrespondiert mit einem Wert größer als Null. Da Fälle, die sich mit einem geringen Abstand um den standardisierten Mittelwert gruppieren, keine eindeutige Bedingungslage aufweisen und hier u.U. beide Gestaltungsalternativen realisiert werden können, soll ein Intervall von 0,6 (-0,3 bis 0,3) aus der Analyse ausgeklammert werden.

In einem zweiten Schritt soll jeweils überprüft werden, inwieweit sich das aus theoretischer Sicht als situationsadäquat einzustufende Verhalten im Vergleich zu einem nicht situationsadäquaten Verhalten als effizienter erweist. Da hierbei wieder die negativen Vorzeichen im Bereich der Kontext- und Gestaltungskomponente vernachlässigt werden, zielt die

Analyse auf die Beantwortung der Frage ab, inwieweit der Standardisierungsgrad der Marketing-Grundsatzstrategie vor dem Hintergrund einer
heterogenen bzw. homogenen Ausprägung der Situationsvariablen Einfluß
auf den Erfolg hat.

2.3.1.2. Die Strategie-Position

Die grundsatzstrategische Dimension Strategie-Position beschreibt den
Gestaltungsspielraum im Hinblick auf die Veränderung der Marketingstrategie. Im Rahmen des vorliegenden Forschungskonzeptes bezieht sich
der Gestaltungsspielraum dabei auf die länderspezifische Anpassung der
Strategie an einen veränderten Bedingungsrahmen (vgl. hierzu auch Abschnitt IV. 2.2.2.2. der Arbeit). Idealtypisch können dabei, wie gezeigt
wurde, eine Unterscheidung zwischen drei Verhaltensoptionen getroffen
werden: Beibehaltung der Strategie-Position, Umpositionierung und Neupositionierung. Diese drei Verhaltensoptionen lassen sich auf einem
Kontinuum mit den Extrempunkten Beibehaltung der Position und Neupositionierung abbilden. Eine Umpositionierung findet auf dieser Skala
durch eine mittlere Ausprägung ihren Ausdruck.

Grundsätzlich ist davon auszugehen, daß die Strategie-Position graduell
geändert bzw. an einen variierenden Bedingungsrahmen angepaßt wird.
Zur Erfassung dieses Sachverhaltes wird die Änderung der Strategie-Position mit Hilfe einer verbalen bipolaren Intervallskala direkt gemessen. Die
Strategievariable wird für die Analyse standardisiert, so daß der Mittelwert Null und die Standardabweichung Eins beträgt. Indem der Annahme
einer graduellen Ausprägung dieser Variablen Rechnung getragen wird,
löst sich die Analyse von den vorgegebenen drei Idealtypen. Marken, die
auf der standardisierten Skala unter dem Nullpunkt angeordnet sind, also
ein negatives Vorzeichen aufweisen, haben demnach die Position auf dem
Auslandsmarkt im Vergleich zu den anderen Marken der Stichprobe
unterdurchschnittlich stark verändert, während Marken, die über dem
Nullpunkt angesiedelt sind, die Position überdurchschnittlich stark
verändert haben. Im folgenden sollen Hypothesen bezüglich des
Einflusses einzelner Kontextdimensionen auf das Standardisierungspotential der Strategie-Position abgeleitet werden.

Formulierung der Hypothesen

Die Ausprägung der Kontextdimension **Produktkategorie** gibt Auskunft über die Komplexität des Angebotes und über den Ablauf von Kaufentscheidungen. Grundsätzlich kann davon ausgegangen werden, daß sich Produkte einer hohen Produktkategorie hinsichtlich des Grundnutzens eher unterscheiden als Produkte einer niedrigen Produktkategorie, die auch aus Sicht des Verbrauchers häufig als austauschbar erlebt werden. Dem Ziel, eine Differenzierung gegenüber den Wettbewerbern zu erreichen, wird bei Produkten einer niedrigen Produktkategorie in erster Linie durch den Einsatz entsprechender kommunikativer Maßnahmen Rechnung getragen. Die kommunikative Differenzierung (unique advertising proposition) ersetzt dann den Aufbau einer unique selling proposition. Auf den ersten Blick erscheint die Annahme plausibel, daß Produkte einer höheren Produktkategorie, deren Positionierung in der Regel relativ stark durch Grundnutzenaspekte geprägt wird, einer Standardisierung eher zugänglich sind als Produkte einer niedrigen Produktkategorie. Überdies ist davon auszugehen, daß eine Änderung der Position, die allein auf einer Variation der Kommunikation beruht, häufig mit erheblich geringerem Aufwand durchzuführen ist als die Realisation von Änderungen, die den Produktkern betreffen.

Allerdings ist darauf hinzuweisen, daß gerade auch Kommunikationsstrategien und kommunizierte Zusatznutzenaspekte einem hohen Standardisierungsdruck unterliegen, um einen weltweit einheitlichen Marktauftritt und somit eine eindeutige Identität bzw. ein klares Imageprofil zu erreichen. Überdies existieren auch unterschiedliche nationale Grundnutzenbedürfnisse bei Gütern einer hohen Produktkategorie, wie Waltermann (vgl. 1989) am Beispiel der Automobilindustrie nachweist. Insofern ist davon auszugehen, daß die Produktkategorie keinen signifikanten Einfluß auf die Festlegung der Strategie-Position ausübt.

> Die Hypothese lautet dementsprechend: Da im Hinblick auf die Kontextdimension *Produktkategorie* keine eindeutige situative Bedingungslage für die Festlegung der Strategie-Position abgeleitet werden kann, unterscheiden sich die Erwartungswerte der abhängigen Variablen für beide Gruppen nicht signifikant.

Bezogen auf die Kontextdimension **Branchentyp** kann eine Unterscheidung zwischen einem globalen und einem lokalen Branchentyp getroffen werden. Der lokale Branchentyp ist dabei durch eine Vielzahl

nationaler Anbieter gekennzeichnet, während sich der globale Branchentyp durch die größere Bedeutung internationaler Anbieter kennzeichnen
läßt. Muß sich ein Hersteller bei der Bearbeitung eines Ländermarktes an
einer Vielzahl von nationalen Anbietern orientieren, ist eine Differenzierung eher erforderlich als in einer Branche, in der die Mehrzahl der
Anbieter das Ziel verfolgt, ihre Produkte weltweit mit einer möglichst
einheitlichen Positionierung zu vermarkten.

> Die Hypothese im Hinblick auf den *Branchentyp* lautet demnach: In
> globalen Branchen kommt es eher zu einer Standardisierung der
> Strategie-Position als in lokalen Branchen.

Im Gegensatz zu den Kontextdimensionen Produktkategorie und
Branchentyp wurden bezogen auf die Wettbewerbsintensität Unterschiede
in der Ausprägung zwischen den beiden jeweils betrachteten Ländermärkten ermittelt. Grundsätzlich kann davon ausgegangen werden, daß
eine homogene Ausprägung der Kontextfaktoren eine Standardisierung der
Strategiedimension zuläßt. Daher ist jeweils zu untersuchen, ob eine
heterogene Ausprägung der entsprechenden Situationsvariablen eine
Differenzierung der Strategie nahelegt. An dieser Stelle soll also überprüft
werden, inwieweit eine unterschiedliche Wettbewerbsintensität auf zwei
Ländermärkten eine Änderung der Strategie-Position zweckmäßig erscheinen läßt. Die **Wettbewerbsintensität** einer Branche gibt Auskunft
über die Stärke, mit der die sechs relevanten Wettbewerbskräfte in einer
Branche auf den Wettbewerb einwirken. Generell gilt dabei, daß mit einer
zunehmenden kumulierten Stärke der Wettbewerbskräfte in einer Branche
die Wettbewerbsintensität ansteigt.

In Branchen, die durch eine hohe Wettbewerbsintensität charakterisiert
werden können, ist häufig ein aggressiver Preiswettbewerb zwischen den
Konkurrenten zu beobachten. Zumindest langfristig beeinträchtigt ein
solcher Preiswettbewerb die Erfolgsaussichten eines Geschäftsfeldes. Eine
. Möglichkeit, sich dem Preiswettbewerb zu entziehen, besteht darin, mit
Hilfe einer Differenzierung des Angebots die Austauschbarkeit zu reduzieren. Für Marken, die bereits auf dem Heimatmarkt eine Differenzierungsstrategie verfolgen, kann allerdings ebensowenig die Notwendigkeit
einer Änderung der Strategie-Position abgeleitet werden wie für eine
Situation, in der die Wettbewerbsintensität auf dem Auslandsmarkt
niedriger ausgeprägt ist als auf dem Heimatmarkt. Da in diesem Abschnitt
allein der Grad der Abweichung der Kontext- und Gestaltungskomponente

erfaßt wird und nicht die Richtung der Abweichung, ist zu vermuten, daß eine unterschiedliche Wettbewerbsintensität keinen signifikanten Einfluß auf die Strategie-Position ausübt.

> Die Hypothese lautet: Da keine eindeutige situative Bedingungslage abgeleitet werden kann, werden sich die Erwartungswerte der abhängigen Variablen für die beiden Gruppen mit einer über- bzw. unterdurchschnittlich homogenen Ausprägung der Kontextdimension *Wettbewerbsintensität* nicht signifikant unterscheiden.

Im Rahmen der Kontextdimension **Handelssituation** wird die Stellung des Herstellers in der Hersteller-Handels-Beziehung erfaßt. Von entscheidender Bedeutung ist dabei die Machtverteilung im Absatzkanal. Verfügt der Hersteller über eine relativ schwache Machtposition, besteht die Möglichkeit, daß der Handel eigene Marketingziele durchsetzt, ohne die Ziele des Herstellers zu berücksichtigen. Damit wird häufig eine Umpositionierung erforderlich, um sich an den Sortimentsbedürfnisse des Handels auszurichten. Eine weitere Gefahr besteht darin, daß die physische und kommunikative Präsentation der Ware am Point of Sale der geplanten Positionierung des Herstellers nicht entspricht und die angestrebte Position in der Wahrnehmung der Verbraucher somit beeinträchtigt wird. Allerdings handelt es sich hier um keine mechanistische Erscheinung, d.h. nicht in jedem Fall wird aus einer verhältnismäßig schwachen Position im Absatzkanal die Notwendigkeit einer Änderung der Strategie-Position resultieren.

Dies gilt nicht zuletzt im Hinblick darauf, daß die Fragen zur Erfassung der Handelssituation z.T. die Charakterisierung der typischen Hersteller-Handels-Beziehung in einer Branche zum Ziel hatten und nur teilweise die individuelle Situation eines Unternehmens als Bezugspunkt zugrundelag. In diesem Zusammenhang ist jedoch davon auszugehen, daß die Machtposition des Herstellers gegenüber dem Handel in hohem Maße von seiner Stellung im horizontalen Wettbewerb abhängig ist. Eine differierende Handelssituation ist infolgedessen nicht zwingend mit der Notwendigkeit einer Änderung der Strategie-Position verknüpft.

> Die Hypothese lautet folglich: Da keine eindeutige situative Bedingungslage abgeleitet werden kann, werden sich die Erwartungswerte der abhängigen Variablen für die beiden Gruppen mit einer über- und unterdurchschnittlich homogenen Ausprägung der Kontextdimension *Handelssituation* nicht signifikant unterscheiden.

Die **Konsumentensituation** beschreibt den strukturellen Aufbau eines Marktes. Dabei werden der Segmentierungsgrad des Marktes, die Nutzenerwartungen und der Grad der Markentreue erfaßt. Mit der Festlegung der Strategie-Position wird eine Entscheidung darüber getroffen, wie die Marke beim Verbraucher vor dem Hintergrund einer spezifischen Bedürfnisstruktur profiliert werden soll. Unterscheiden sich die Nutzenanforderungen der Konsumenten zwischen zwei Märkten, so verbindet sich damit die Notwendigkeit einer Veränderung der Strategie-Position. Auch ein stärkerer oder schwächerer Grad der Marktsegmentierung führt im Regelfall zu einer Änderung der Strategie-Position, da in stark segmentierten Märkten die Nutzenerwartungen der Konsumenten häufig differenzierter sind. Nicht zuletzt spielt auch die Markentreue im Hinblick auf Positionierungsentscheidungen eine wichtige Rolle. Da eine niedrige Markentreue in der Regel mit einem geringen Involvement des Verbrauchers korreliert, wird zur Profilierung häufig eine emotionale Produktdifferenzierung eingesetzt. Sind das Involvement und damit die Markentreue hoch, nimmt der Verbraucher hingegen objektive, stofflich-technische Produktunterschiede wahr, die dann im Normalfall auch die Grundlage der Positionierung darstellen. Damit wird deutlich, daß Unterschiede bezüglich der Konsumentensituation im Regelfall eine Änderung der Strategie-Position bedingen.

Die Hypothese im Hinblick auf die *Konsumentensituation* lautet daher: Marken, die der Gruppe 'homogene Konsumentensituation' zuzuordnen sind, zeichnen sich durch eine Beibehaltung der Strategie-Position aus, während Marken, die der Gruppe 'heterogene Konsumentensituation' zuzuordnen sind, durch eine Änderung der Strategie-Position charakterisiert werden können.

Mit Hilfe der Kontextdimension **Wettbewerbsposition** wird die Stellung der Marke im horizontalen Wettbewerb ermittelt, indem relative Stärken und Schwächen vor dem Hintergrund der Bedeutung einzelner Parameter aus Sicht des Konsumenten abgefragt werden. Relative Stärken eines strategischen Geschäftsfeldes, die aus Sicht der Verbraucher von hoher Bedeutung sind, können auch als strategische Erfolgsfaktoren bezeichnet werden, da sie die Kaufwahrscheinlichkeit bzw. den Erfolg einer Marke unmittelbar beeinflussen. Da die Positionierung einer Marke auf den strategischen Erfolgsfaktoren aufbaut, wird deutlich, daß eine unterschiedliche Wettbewerbsposition in zwei Ländermärkten die Notwendigkeit einer Änderung der Positionierung nach sich zieht.

Die Wettbewerbsposition einer Marke kann im internationalen Wettbewerb aus zwei Gründen variieren. Zum einen können relative Stärken und Schwächen im Auslandsmarkt ein anderes Profil aufweisen als im Heimatmarkt. Zurückgeführt werden kann dies auf eine andere Wettbewerberstruktur im Auslandsmarkt bzw. auf die mangelnde Verfügbarkeit über spezifische Fertigkeiten und Ressourcen im Auslandsmarkt. Zum anderen können unterschiedliche Verbraucherbedürfnisse spezifische Stärken obsolet werden lassen, da sich aus Verbrauchersicht hiermit kein Nutzen verbindet. In jedem Fall repräsentiert die Wettbewerbsposition einen zentralen Einflußfaktor bei der Festlegung der Strategie-Position.

> Die Hypothese im Hinblick auf die *Wettbewerbsposition* lautet dementsprechend: Marken, die der Gruppe 'homogene Wettbewerbsposition' zuzuordnen sind, lassen sich eher durch eine Beibehaltung der Strategie-Position kennzeichnen, während sich Marken, die der Gruppe heterogene Wettbewerbsposition zuzuordnen sind, eher durch eine Änderung der Strategie-Position auszeichnen.

Im Rahmen der Hypothesentests soll nun überprüft werden, ob die situative Bedingungslage auf der Basis der Stichprobe für die Grundgesamtheit angenommen werden kann. Es wird dabei getestet, ob sich zwei Gruppen hinsichtlich eines intervallskalierten Merkmals unterscheiden. In einem ersten Schritt wird dabei der Einfluß der Kontextvariablen auf die Ausgestaltung der Strategiedimensionen in der Praxis untersucht. In einem zweiten Schritt erfolgt eine Erweiterung der Analyse, indem der Erfolg als abhängige Variable in die Betrachtungen miteinbezogen wird.

Den Hypothesen liegt, sofern sie nicht mit der Nullhypothese korrespondieren, jeweils eine Annahme über die Richtung der erwarteten Abweichung zugrunde. Somit handelt es sich um gerichtete Hypothesen, d.h. es können einseitige Signifikanztests durchgeführt werden. Die Mittelwerte der standardisierten intervallskalierten Variablen (z-Werte) zeigen jeweils an, in welcher Richtung die Gruppenmittelwerte vom Gesamtmittelwert abweichen. Ein kleiner Wert indiziert eine Beibehaltung der Position, während ein großer Wert eine Änderung der Positionierung anzeigt. Aufgrund der Standardisierung der Variablen wird eine unterdurchschnittliche Ausprägung (Beibehaltung der Position) mit einem negativen Vorzeichen ausgedrückt und eine überdurchschnittliche Ausprägung (Änderung der Positionierung) durch ein positives Vorzeichen angezeigt. Der p-Wert zeigt an, ob die Abweichung signifikant ist.

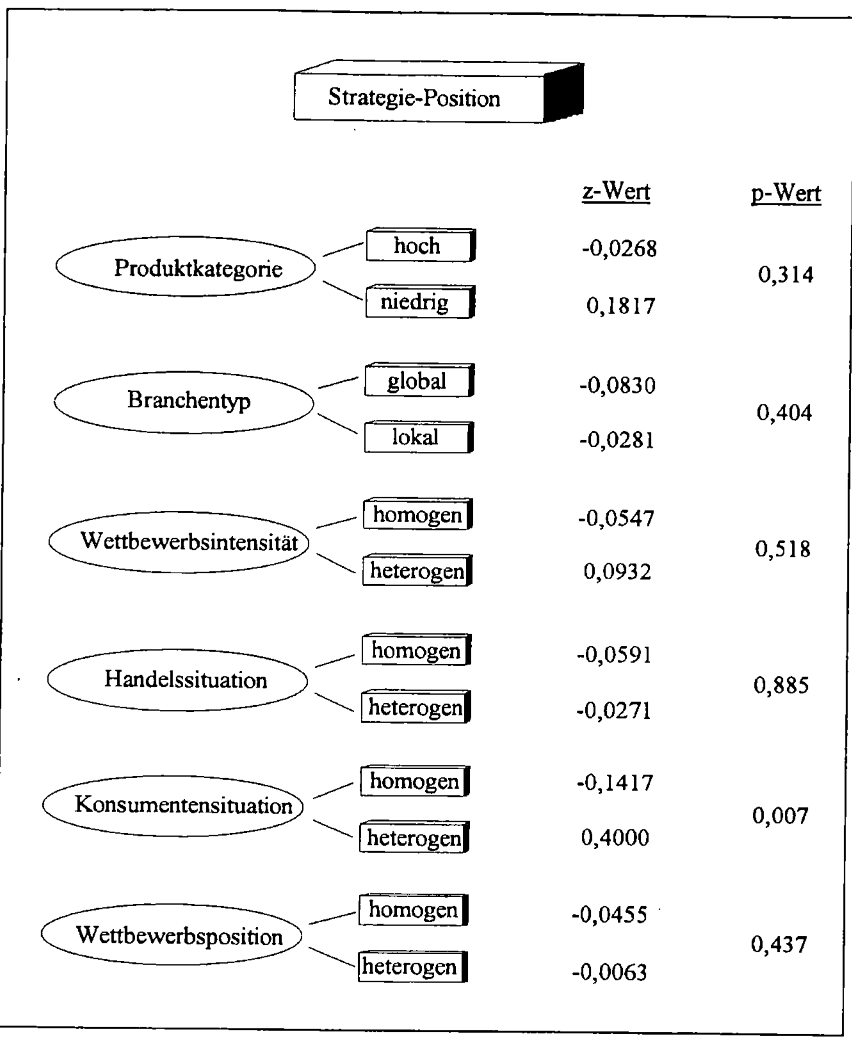

Abbildung 43: Testergebnisse der Hypothesen zur Standardisierung der Strategie-Position in Abhängigkeit von der Ausprägung der Kontextdimensionen

Wie die in *Abbildung 43* dargestellten Testergebnisse zeigen, entspricht der Einfluß der Kontextfaktoren im Rahmen der Festlegung der internationalen Strategie-Position nicht immer den theoriegeleiteten Annahmen. Allein eine heterogene Konsumentensituation führt dazu, daß eine Änderung der Strategie-Position vorgenommen wird, während eine heterogene Wettbewerbsposition sowie der Branchentyp - entgegen den Erwartungen - dieses Entscheidungsfeld nicht signifikant beeinflussen.

Eine Begründung für die mangelnde Berücksichtigung der Kontextfaktoren kann in dem Streben nach einer länderübergreifend einheitlichen

Positionierung gesehen werden. Hier wird u.U. ein suboptimales nationales Ergebnis billigend in Kauf genommen, um eine starke internationale Markenidentität aufzubauen.

Im folgenden soll überprüft werden, inwieweit sich die begrenzte Berücksichtigung unterschiedlicher situativer Rahmenbedingungen bei der Festlegung der Strategie-Position auf den Erfolg der Geschäftstätigkeit auswirkt. Die oben formulierten Hypothesen bezüglich des Einflusses der Kontextkomponente auf die Gestaltungskomponente können dabei unverändert übernommen werden. Wird bezogen auf die beiden Gruppen ein unterschiedlicher Erwartungswert für die abhängige Variable prognostiziert, soll die Annahme überprüft werden, ob das aus theoretischer Sicht zu erwartende Verhalten in der Praxis mit einem überdurchschnittlichen Erfolg korrespondiert. Diesen zu erwartenden Gestaltungsalternativen wird unter den spezifizierten situativen Rahmenbedingungen ein größeres Erfolgspotential unterstellt als den jeweils gegenläufigen Gestaltungsalternativen.

Entsprechend den oben abgeleiteten Hypothesen werden unterschiedliche Erwartungswerte der abhängigen Erfolgsvariablen für die Kontextvariablen Branchentyp, Konsumentensituation und Wettbewerbsposition in Verbindung mit den jeweiligen konsistenten und inkonsistenten Gestaltungsalternativen prognostiziert. Im Regelfall ist davon auszugehen, ·daß eine Gestaltungsalternative als *konsistent* zu bezeichnen ist, wenn eine Standardisierung bei homogener Ausprägung der Kontextdimension oder eine Differenzierung bei heterogener Ausprägung der Situationsvariablen vorgenommen wird. Die Wahl der jeweils gegenläufigen Gestaltungsalternative wird hingegen als *inkonsistent* angesehen.

Schwierigkeiten bereitet die terminologische Unterscheidung unterschiedlicher Kontext-Strategie-Kombinationen immer dann, wenn im Rahmen der Hypothesenableitung keine eindeutige situative Bedingungslage identifiziert werden kann und somit keine unterschiedlichen Erwartungswerte prognostiziert werden. Die Verwendung des Begriffes 'konsistente Strategie' wäre irreführend, da der Terminus Konsistenz auf eine situativ orientierte Strategieformulierung abstellt, die in der Regel mit einem höheren Erfolgspotential korreliert. Damit wird deutlich, daß bei gleichen Erwartungswerten eine andere Bezeichnung für die Kontext-StrategieKombinationen gewählt werden sollte. Eine Standardisierung bei homogener Ausprägung der Kontextdimension oder eine Differenzierung bei heterogener Ausprägung der Situationsvariablen wird als *Strategie erster Ordnung* bezeichnet. Die Wahl der jeweils gegenläufigen Gestaltungs-alternative wird hingegen als *Strategie zweiter Ordnung* bezeichnet.

Für die drei Kontextfaktoren Produktkategorie, Handelssituation und Wettbewerbsintensität konnte keine eindeutige Bedingungslage im Hin-blick auf die Festlegung der Strategie-Position abgeleitet werden. Daher wird jeweils die Annahme vertreten, daß die Nullhypothese nicht ab-gelehnt werden kann, die Erwartungswerte der beiden Stichprobenunter-gruppen sich mithin nicht unterscheiden.

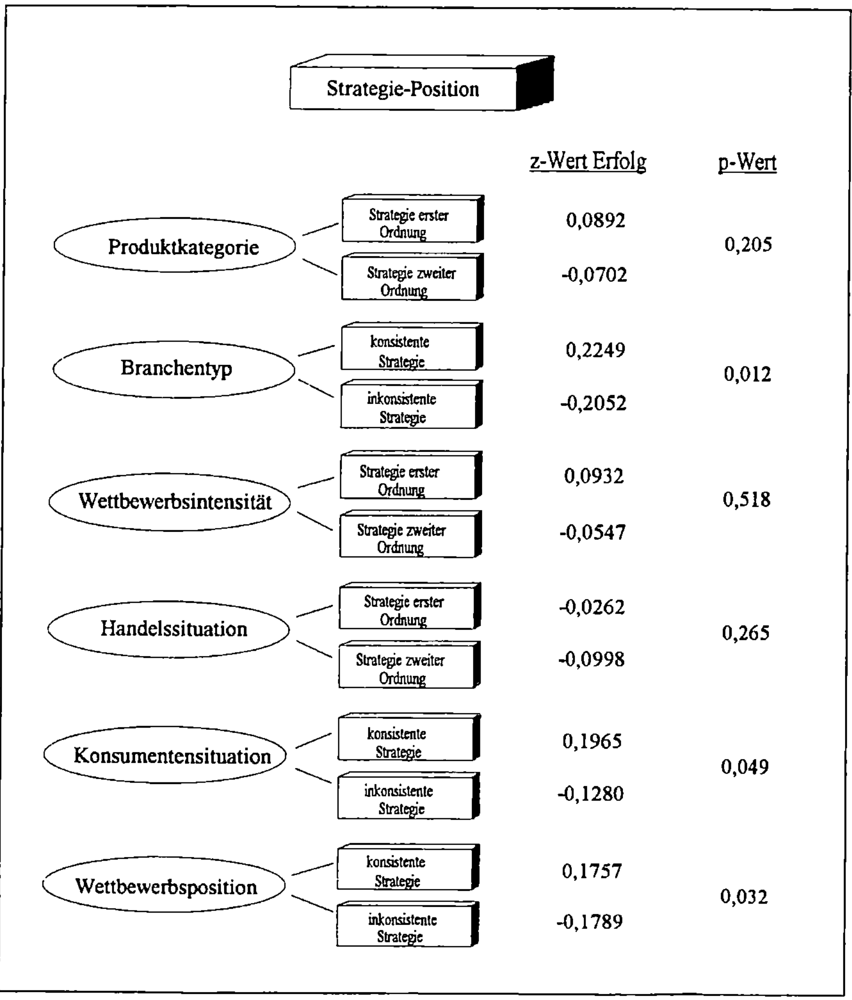

Abbildung 44: Erfolgspotential einer konsistenten und inkonsistenten Gestaltung der Strategie-Position

Betrachtet man die in *Abbildung 44* im Überblick dargestellten Testergebnisse, so kann festgestellt werden, daß alle Hypothesen bezüglich der
Erfolgswirksamkeit situationsadäquater Gestaltungsalternativen bestätigt
werden können. So ist der Zusammenhang zwischen der Wettbewerbsposition, der Konsumentensituation sowie dem Branchentyp und einer
konsistenten Strategieformulierung einerseits und dem resultierenden
Erfolgsmaß andererseits signifikant. Mit Blick auf die anderen drei
Kontextdimensionen ist festzustellen, daß sich die z-Werte der Stichprobenuntergruppen, die den Erfolg indizieren, entsprechend den Erwartungen nicht signifikant voneinander unterscheiden.

2.3.1.3. Der Strategie-Stil

Der Strategie-Stil wird im Rahmen des vorliegenden Forschungsansatzes
mit Hilfe von zwei Indikatoren erfaßt. Zum einen wird das Verhalten
gegenüber den Wettbewerbern analysiert und zum anderen wird der Grad
der Marktabdeckung abgefragt. Der Einfluß der Kontextfaktoren auf die
beiden Indikatoren soll jeweils getrennt untersucht werden, da die Analyse
des Verhaltens gegenüber den Wettbewerbern nicht in jedem Fall Rückschlüsse auf den Grad der Marktabdeckung zuläßt. So kann z.B. die
Bearbeitung des Gesamtmarktes sowohl mit einem offensiven als auch mit
einem defensiven Verhalten gegenüber den Wettbewerbern korrespondieren.

2.3.1.3.1. Das Verhalten gegenüber den Wettbewerbern

In Abhängigkeit von den Fähigkeiten und Ressourcen, die dem Hersteller
zur Verfügung stehen, kann zwischen verschiedenen Optionen gewählt
werden, um das Verhalten gegenüber den Wettbewerbern zu definieren.
Grundsätzlich sind dabei die Strategien des Marktführers, Marktherausforderers, Marktmitläufers und Marktnischenbearbeiters zu unterscheiden
(vgl. Kotler 1982, S. 281-297). Generell ist davon auszugehen, daß die
Wahl einer Marktführer- oder Marktherausfordererstrategie eine starke
Stellung der Marke im Wettbewerb voraussetzt. Die Wahl einer Mitläuferstrategie ist hingegen dann angezeigt, wenn die Marke eine vergleichsweise schwache Stellung im Wettbewerb aufweist und dabei den Regeln
des Wettbewerbs gefolgt werden muß. Auch Marktnischenbearbeiter

weisen bezogen auf die klassischen Haupterfolgsfaktoren in der Branche eine schwächere Position als der Marktführer oder -herausforderer auf. Mit der Bearbeitung einer Marktnische wird jedoch häufig der Versuch unternommen, dem Wettbewerb mit anderen Herstellern auszuweichen, indem spezifische Erfolgsfaktoren aufgebaut und Nachteile im Hinblick auf die Erfolgsfaktoren der größeren Anbieter damit ausgeglichen werden.

Formulierung der Hypothesen

Die Komplexität des Angebots sowie die Charakteristika von Kaufentscheidungsprozessen, die durch die **Produktkategorie** abgebildet werden, haben isoliert betrachtet keinen Einfluß auf das internationale Standardisierungspotential des Verhaltens gegenüber den Wettbewerbern. Sowohl für Marken, die einer hohen Produktkategorie zuzuordnen sind, als auch für Marken, die einer niedrigen Produktkategorie angehören, lassen sich keine generellen Vor- oder Nachteile im Hinblick auf eine Standardisierung bzw. Differenzierung dieser Strategieebene ableiten.

> Die Hypothese lautet daher: Da keine eindeutige situative Bedingungslage für das Verhalten gegenüber den Wettbewerbern abgeleitet werden kann, unterscheiden sich die Erwartungswerte der abhängigen Variablen für die beiden Gruppen mit einer über- und unterdurchschnittlichen Ausprägung der Kontextdimension *Produktkategorie* nicht signifikant.

Zu beachten ist bei der Wahl des Testinstrumentariums, daß der Analyse der abhängigen Variablen - dem Strategie-Stil - nominales Meßniveau zugrundeliegt. Daher wird für die Überprüfung der Fragestellung, ob die Wahl des Strategie-Stils von der Homogenität der Situationsvariablen abhängt, der Chi-Quadrat-Test herangezogen. Im Hinblick auf die metrisch skalierte unabhängige Variable wird dabei wieder auf das bereits in den vorangehenden Abschnitten detailliert beschriebene Verfahren zurückgegriffen. Orientiert am arithmetischen Mittel der Stichprobe wird eine Dichotomisierung vorgenommen und damit eine Unterscheidung zwischen einer über- und unterdurchschnittlich homogenen bzw. heterogenen Ausprägung der Situationsvariablen getroffen. Bezogen auf die abhängigen Variablen wird eine Unterscheidung zwischen Marken getroffen, die ihren Strategie-Stil geändert haben und Marken, die der Bearbeitung des Auslandsmarktes denselben Strategie-Stil wie auf dem Heimatmarkt zugrundelegten.

Während im vorangehenden Abschnitt die Testergebnisse nach der Formulierung aller Hypothesen im Überblick dargestellt wurden, sollen die Ergebnisse hier direkt im Anschluß an die Hypothesenformulierung für die einzelnen Kontextdimensionen vorgestellt werden. Eine solche Vorgehensweise wird aus Gründen der Übersichtlichkeit gewählt, da jeweils die empirische Verteilung im Vergleich zu der erwarteten Verteilung (Indifferenztabelle) dargestellt werden muß, um die Abweichungsrichtung feststellen zu können. Im Rahmen der Hypothesentests wird überprüft, ob die situative Bedingungslage auf der Basis der Stichprobe für die Grundgesamtheit angenommen werden kann. *Abbildung 45* zeigt den Einfluß der Produktkategorie auf die Gestaltung des Strategie-Stils.

	Produktkategorie	
Häufigkeiten *(erwartete Häufigkeiten* *bei Unabhängigkeit)* **Verhalten gegenüber den Wettbewerbern**	*niedrig*	*hoch*
standardisiert	*17* *(17)*	*19* *(19)*
differenziert	*27* *(27)*	*30* *(30)*

Anzahl der Fälle insgesamt: **93**

<u>**Chi-Quadrattest:**</u>

p = 0,98903

Abbildung 45: Hypothesenprüfung zur Ausprägung des Verhaltens gegenüber den Wettbewerbern in Abhängigkeit von der Produktkategorie

Erwartungsgemäß kann die Nullhypothese nicht zurückgewiesen werden, d.h. es besteht kein statistisch signifikanter Zusammenhang zwischen der Ausprägung der Produktkategorie und der Standardisierung des Verhaltens gegenüber den Wettbewerbern.

Auch die Ausprägung des **Branchentyps** beeinflußt die Standardisierbarkeit des Verhaltens gegenüber den Wettbewerbern nicht. Eine globale Branche ist einerseits per definitionem dadurch gekennzeichnet, daß internationale Wettbewerber eine überragende Marktbedeutung im Weltmaßstab haben. Zwar ist im Regelfall davon auszugehen, daß ein weltweit tätiges Unternehmen in einzelnen Ländermärkten auf dieselben Wettbewerber trifft. Die Marktstellung von Unternehmen mit einer starken internationalen Ausrichtung auf verschiedenen Märkten differiert jedoch u.U. sehr stark. Auch mit Blick auf globale Branchen kann daher die Annahme vertreten werden, daß die Marktstellung der Unternehmen länderspezifische oder regionale Unterschiede aufweist, die eine Differenzierung des Verhaltens gegenüber den Wettbewerbern erforderlich machen.

Die Hypothese lautet folglich: Da keine eindeutige situative Bedingungslage für das Verhalten gegenüber den Wettbewerbern abgeleitet werden kann, unterscheiden sich die Erwartungswerte der abhängigen Variablen für die beiden Gruppen mit einer über- und unterdurchschnittlichen Ausprägung des *Branchentyps* nicht signifikant.

Häufigkeiten *(erwartete Häufigkeiten* *bei Unabhängigkeit)* **Verhalten gegenüber den Wettbewerbern**	**Branchentyp**	
	lokal	*global*
standardisiert	*14* *(16,4)*	*21* *(18,6)*
differenziert	*24* *(21,6)*	*22* *(24,4)*

Anzahl der Fälle insgesamt: **81**

<u>**Chi-Quadrattest:**</u>

p = 0,27678

Abbildung 46: Hypothesenprüfung zur Ausprägung des Verhaltens gegenüber
den Wettbewerbern in Abhängigkeit vom Branchentyp

Wie erwartet, kann kein statistisch signifikanter Zusammenhang zwischen der Ausprägung des Branchentyps und dem länderspezifischen Verhalten gegenüber den Wettbewerbern nachgewiesen werden. Somit kann die Nullhypothese nicht abgelehnt werden, d.h. dem Branchentyp kommt im Hinblick auf die Standardisierbarkeit des Verhaltens gegenüber den Wettbewerbern keine Bedeutung zu.

Die Variable **Wettbewerbsintensität** beschreibt die Wettbewerbssituation in einer Branche. Da der Wettbewerbsbegriff hier weit gefaßt ist, werden nicht allein die Wettbewerber in einer Branche in die Messung miteinbezogen, sondern alle Kräfte, die auf den Wettbewerb in einer Branche einwirken. Porter (vgl. 1990b, S. 28) stellt in diesem Zusammenhang fest, daß der Wettbewerbskraft, welche am stärksten auf den Wettbewerb in einer Branche einwirkt, auch im Hinblick auf die Strategieformulierung die größte Bedeutung zukommt. Da nicht in jedem Fall davon auszugehen ist, daß es sich bei der stärksten Wettbewerbskraft um die Konkurrenten in der Branche handelt, wird deutlich, daß die Wettbewerbsintensität für die Festlegung des Strategie-Stils nicht per se von Bedeutung ist. Zudem ist darauf hinzuweisen, daß unabhängig von der Ausprägung der Wettbewerbsintensität vor dem Hintergrund der unternehmensspezifischen Voraussetzungen unterschiedliche strategische Optionen im Rahmen des Strategie-Stils geeignet sind, die jeweilige Zielsetzung zu erreichen.

Die Hypothese lautet: Da keine eindeutige situative Bedingungslage für das Verhalten gegenüber den Wettbewerbern abgeleitet werden kann, unterscheiden sich die Erwartungswerte der abhängigen Variablen für die beiden Gruppen mit einer über- und unterdurchschnittlich homogenen Ausprägung der *Wettbewerbsintensität* nicht signifikant.

Das Ergebnis zeigt, daß die Nullhypothese nicht abgelehnt werden kann. Die Ausprägung der Wettbewerbsintensität determiniert den Standardisierungsgrad des Verhaltens gegenüber den Wettbewerbern nicht.

Häufigkeiten *(erwartete Häufigkeiten bei Unabhängigkeit)* **Verhalten gegenüber den Wettbewerbern**	**Wettbewerbsintensität**	
	homogen	*heterogen*
standardisiert	*24* *(26,1)*	*15* *(12,9)*
differenziert	*39* *(36,9)*	*16* *(18,1)*

Anzahl der Fälle insgesamt: **94**

Chi-Quadrattest:

p = 0,34103

Abbildung 47: Hypothesenprüfung zur Ausprägung des Verhaltens gegenüber den Wettbewerbern in Abhängigkeit von der Homogenität der Wettbewerbsintensität

Auch die **Handelssituation** beeinflußt aus theoretischer Perspektive das Standardisierungspotential des Strategie-Stils nicht. Die Handelssituation beschreibt die Position des Herstellers im Absatzkanal und damit im vertikalen Wettbewerb, während für die Wahl des Strategie-Stils die Position der Marke im horizontalen Wettbewerb ausschlaggebend ist. Daher ist davon auszugehen, daß Unterschiede im Hinblick auf die Handelssituation keine Änderungen des Strategie-Stils erforderlich machen.

Die Hypothese lautet: Da keine eindeutige situative Bedingungslage für das Verhalten gegenüber den Wettbewerbern abgeleitet werden kann, unterscheiden sich die Erwartungswerte der abhängigen Variablen für die beiden Gruppen mit einer über- und unterduchschnittlich homogenen Ausprägung der *Handelssituation* nicht signifikant.

Betrachtet man das in *Abbildung 48* dargestellte Testergebnis, so ist festzustellen, daß die Nullhypothese angenommen werden muß. Der Einfluß der Handelssituation auf die Standardisierung des Verhaltens gegenüber den Wettbewerbern ist nicht signifikant.

	Handelssituation	
Häufigkeiten *(erwartete Häufigkeiten* *bei Unabhängigkeit)* **Strategie-Stil**	*homogen*	*heterogen*
standardisiert	24 *(21,3)*	11 *(13,7)*
differenziert	26 *(28,7)*	21 *(18,3)*

Anzahl der Fälle insgesamt: **82**

Chi-Quadrattest:

p = 0,22368

Abbildung 48: Hypothesenprüfung zur Ausprägung des Verhaltens gegenüber den Wettbewerbern in Abhängigkeit von der Homogenität der Handelssituation

Die **Konsumentensituation** beschreibt die Gleichartigkeit der Nachfragestruktur in zwei Märkten. Unterschiede in der Nachfragestruktur zwischen zwei Märkten tangieren in der Regel die Stellung des Herstellers im horizontalen Wettbewerb. So ist z.B. mit Blick auf die *Nutzenerwartungen* davon auszugehen, daß unterschiedliche Bedürfnisse der Verbraucher die Stellung der Marke im Wettbewerb beeinflussen, da mit einem gleichbleibenden Angebot den Bedürfnissen nicht in demselben Maße Rechnung getragen wird. Ein unterschiedlicher *Segmentierunggrad* des Marktes führt auch dazu, daß sich die Stellung der Marke im Vergleich zu den Wettbewerbern verändert. Somit resultiert sowohl aus Verschiebungen der Nutzenerwartungen als auch aus einem unterschiedlichen Grad der Marktsegmentierung ein Änderungsbedarf für den Strategie-Stil.

Da die *Markentreue* als Gradmesser für die Austauschbarkeit des Angebots aus Sicht der Konsumenten aufgefaßt werden kann, beeinflußt auch eine heterogene Ausprägung dieses Indikators die Stellung der Marke im Wettbewerb. Werden die verschiedenen Marken von den Verbrauchern im Hinblick auf ihre Leistung als austauschbar wahrgenommen, spielt die Preisgestaltung bei der Markenwahl eine zentrale Rolle. Eine hohe Markentreue kann hingegen als Indiz dafür gelten, daß von den Konsumenten im Hinblick auf die verschiedenen Produkte Leistungsunterschiede wahrgenommen werden bzw. das Involvement hoch ist. Die Markenwahl wird dann in stärkerem Maße durch die Leistungsaspekte des Angebots determiniert. Während also in Märkten, die sich durch eine geringe Markentreue charakterisieren lassen, eher preisliche Aspekte von Bedeutung sind, dominieren auf Märkten mit einer hohen Markentreue Produkte mit Differenzierungsvorteilen. Vor diesem Hintergrund erscheint die Annahme plausibel, daß eine unterschiedliche Konsumentensituation im Regelfall die Stellung einer Marke im horizontalen Wettbewerb tangiert.

Die Hypothese im Hinblick auf die *Konsumentensituation* lautet daher: Marken, die der Gruppe 'homogene Konsumentensituation' zuzuordnen sind, zeichnen sich eher durch eine Standardisierung des Verhaltens gegenüber den Wettbewerbern aus, während Marken, die der Gruppe 'heterogene Konsumentensituation' zuzuordnen sind, eher durch eine Änderung des Verhaltens gegenüber den Wettbewerbern charakterisiert werden können.

Wie das in *Abbildung 49* dargestellte Ergebnis verdeutlicht, kann die Hypothese bezüglich des Einflusses der Konsumentensituation auf das Verhalten gegenüber den Wettbewerbern nicht abgelehnt werden. Ein Vergleich der empirischen und der erwarteten Verteilung zeigt dabei die Richtung der Abweichung. Die Annahme, daß eine homogene Konsumentensituation eher eine Standardisierung des Verhaltens gegenüber den Wettbewerbern ermöglicht, während eine heterogene Ausprägung in der

Praxis eher zu einer Differenzierung der Strategie führt, kann für die Grundgesamtheit auf Basis der Stichprobe als bestätigt angesehen werden.

Häufigkeiten *(erwartete Häufigkeiten* *bei Unabhängigkeit)* **Verhalten gegenüber den Wettbewerbern**	**Konsumentensituation**	
	homogen	*heterogen*
standardisiert	*31* *(25,7)*	*9* *(14,3)*
differenziert	*28* *(33,8)*	*24* *(18,7)*

Anzahl der Fälle insgesamt: **92**

Chi-Quadrattest:

p = 0,01903

Abbildung 49: Hypothesenprüfung zur Ausprägung des Verhaltens gegenüber den Wettbewerbern in Abhängigkeit von der Homogenität der Konsumentensituation

Die **Wettbewerbsposition** einer Marke gibt darüber Auskunft, wie sie aus Sicht der Konsumenten im Vergleich zu den Wettbewerbsprodukten beurteilt wird. Wie an anderer Stelle der Arbeit ausgeführt wurde (vgl. Abschnitt IV. 2.1.1.2.), sind die strategischen Erfolgsfaktoren einer Marke für die Planung der Marketing-Grundsatzstrategie von zentraler Bedeutung. Dies gilt auch und vor allem für die Festlegung des Strategie-Stils. So ist z.B. davon auszugehen, daß der Marktführer regelmäßig eine relativ starke Wettbewerbsposition innehat, d.h. aus Sicht eines Großteils der Konsumenten über ein im Vergleich zu den Wettbewerbern attraktiveres Angebot verfügt. Die Strategie des Marktherausforderers erscheint wiederum nur dann erfolgversprechend, wenn der jeweilige Anbieter über eine Wettbewerbsposition bzw. über strategische Erfolgsfaktoren verfügt, die eine Profilierung des Angebots bei den Konsumenten ermöglichen. In der Regel müssen hierzu Erfolgsfaktoren, die die Basis für eine vom Wettbewerb abgrenzende Alleinstellung bieten, vorliegen. Existieren keine Erfolgsfaktoren, ist zumindest ein neuer Ansatz zum Aufbau von Erfolgsfaktoren erforderlich, da der Marktführer gemäß der Erfahrungskurve folgend die gleiche Leistung zu geringeren Kosten erstellen kann.

Verfügt die Marke über keine Erfolgsfaktoren und damit über eine schwache Wettbewerbsposition, erscheint keine der beiden oben skizzierten Strategien erfolgversprechend bzw. situationsadäquat. Häufig wird in dieser Situation eine Marktmitläuferstrategie gewählt, um der direkten Konfrontation mit den Wettbewerbern zu entgehen. Die Wahl der Strategie des Marktnischenbearbeiters bietet sich an, wenn das strategische Geschäftsfeld über spezifische Ressourcen oder Fähigkeiten verfügt, die nur den Bedürfnissen einer relativ kleinen Zielgruppe entsprechen. Vor dem Hintergrund dieser Ausführungen wurde deutlich, daß der Wettbewerbsposition einer Marke aus theoretischer Perspektive eine zentrale Bedeutung bei der Wahl des geeigneten Strategie-Stils zukommt.

Somit kann folgende Hypothese formuliert werden: Marken, die eine homogene *Wettbewerbsposition* aufweisen, zeichnen sich eher durch eine Standardisierung des Verhaltens gegenüber den Wettbewerbern aus, während für Marken, die durch eine heterogene Wettbewerbsposition charakterisiert werden können, eher eine Differenzierung des Verhaltens gegenüber den Wettbewerbern erforderlich wird.

Häufigkeiten *(erwartete Häufigkeiten* *bei Unabhängigkeit)* **Verhalten gegenüber den Wettbewerbern**	**Wettbewerbsposition**	
	homogen	*heterogen*
standardisiert	*26* *(21,2)*	*6* *(10,8)*
differenziert	*31* *(35,8)*	*23* *(18,2)*

Anzahl der Fälle insgesamt: **86**

Chi-Quadrattest:

p = 0,02378

Abbildung 50: Hypothesenprüfung zur Ausprägung des Verhaltens gegenüber
den Wettbewerbern in Abhängigkeit von der Homogenität der
Wettbewerbsposition

Betrachtet man die in *Abbildung 50* dargestellte Verteilung der Variablen, so wird deutlich, daß die Nullhypothese abgelehnt werden muß. Die Abhängigkeit der Standardisierbarkeit des Verhaltens gegenüber den

Wettbewerbern von der Wettbewerbsposition des strategischen Geschäfts-feldes ist signifikant. Eine homogene Wettbewerbsposition führt eher zu einer Standardisierung des Strategie-Stils, während eine heterogene Wett-bewerbsposition eher eine Differenzierung bewirkt. Damit entspricht das Verhalten im Rahmen der Strategiewahl in der Unternehmenspraxis der theoretisch abgeleiteten Erwartungshaltung. Die Wettbewerbsposition kann als zentraler Einflußfaktor für die Formulierung von Verhaltens-richtlinien im horizontalen Wettbewerb gelten.

Nachdem an dieser Stelle der Einfluß aller Kontextfaktoren auf die Gestaltung des Strategie-Stils gegenüber den Wettbewerbern untersucht wurde, soll im folgenden überprüft werden, inwieweit das erwartete bzw. konsistente strategische Verhalten in einer spezifischen Situation größeren Erfolg verspricht als ein nicht erwartetes bzw. inkonsistentes Verhalten. Die Erwartungshaltung im Hinblick auf die Konsistenz des Verhaltens wurde im Rahmen der Hypothesenformulierung bereits spezifiziert. Für die Kontextdimensionen Konsumentensituation und Wettbewerbsposition lauten die Hypothesen: Die Erwartungswerte für beide Gruppen sind im Hinblick auf die abhängige Variable signifikant verschieden. Für die übrigen vier Kontextdimensionen lauten die Hypothesen jeweils: Die Er-wartungswerte für die beiden Gruppen unterscheiden sich im Hinblick auf die abhängige Variable nicht[56]. In *Abbildung 51* sind die Testergebnisse im Überblick dargestellt.

Eine Analyse der Ergebnisse der Hypothesentests zeigt, daß alle Hypo-thesen in der aufgestellten Form als bestätigt angesehen werden können. Der jeweilige Zusammenhang zwischen der Wettbewerbsposition und einer konsistenten Strategieformulierung einerseits und dem resultierenden Erfolgsmaß andererseits ist hochsignifikant. Signifikant ist auch der Zu-sammenhang zwischen einer konsistenten Strategieformulierung vor dem Hintergrund der jeweiligen Ausprägung der Konsumentensituation und dem realisierten Erfolg. Im Hinblick auf die übrigen vier Kontext-dimensionen unterscheiden sich die z-Werte der Stichprobenuntergruppen, die den Erfolg indizieren, entsprechend den Erwartungen nicht signifikant voneinander.

---

[56] Da die abhängige Variable wieder durch den Erfolg repräsentiert wird, liegt metrisches Meßniveau zugrunde. Überdies kann bei der Erfolgsvariablen von einer approximativen Normalverteilung ausgegangen werden. Damit sind die zentralen Voraussetzungen für die Anwendung eines t-Tests gegeben.

Die Analyse zeigt, daß sich der tendenzielle Zusammenhang zwischen der Ausprägung der Handelssituation und dem Verhalten gegenüber den Wettbewerbern, bei der Analyse der Erfolgswirksamkeit des Verhaltens nicht bestätigt werden kann. Die Mittelwerte der beiden Stichprobenuntergruppen unterscheiden sich im Hinblick auf den Erfolg nicht signifikant.

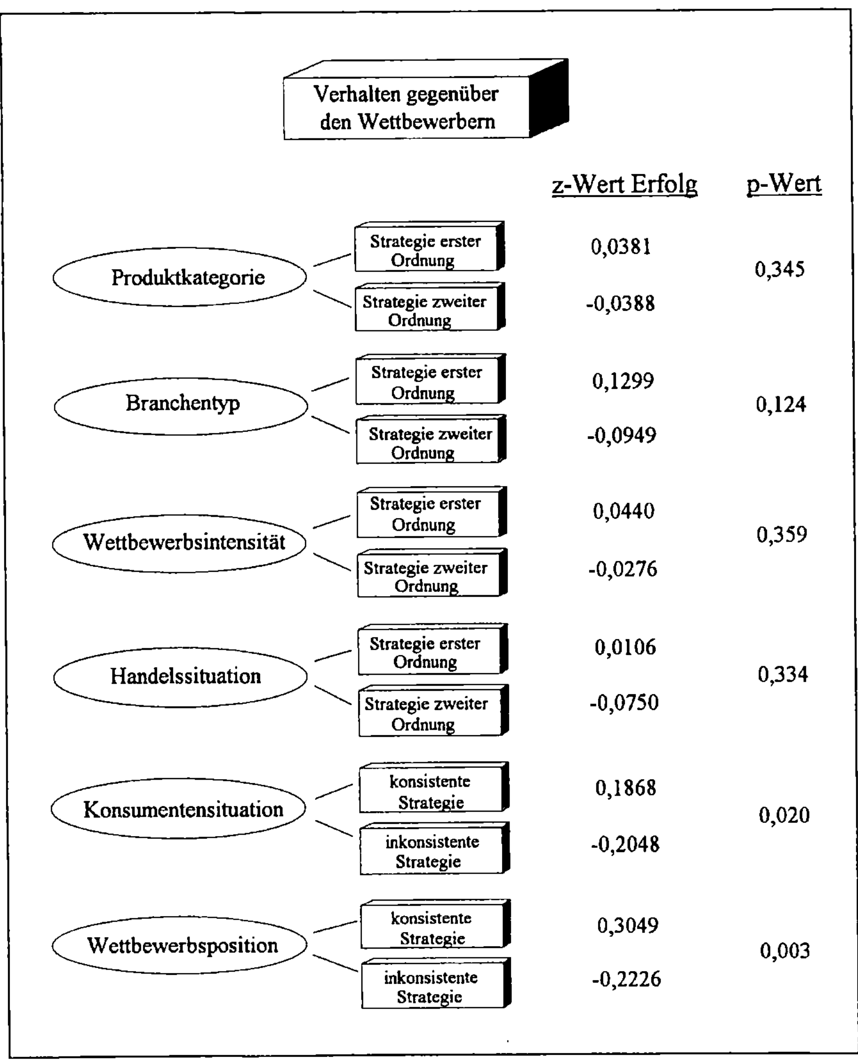

Abbildung 51: Erfolgspotential eines konsistenten und inkonsistenten Verhaltens
gegenüber den Wettbewerbern

Nachdem an dieser Stelle der erste Bestandteil des Strategie-Stils, das *Verhalten gegenüber den Wettbewerbern*, analysiert wurde, soll im folgenden der *Grad der Marktabdeckung* näher beleuchtet werden.

2.3.1.3.2. Der Grad der Marktabdeckung

Mit Blick auf den Grad der Marktabdeckung kann zwischen zwei idealtypischen Optionen differenziert werden. Im Rahmen einer groben Unterscheidung ist die Bearbeitung des Gesamtmarktes von der Bearbeitung
eines kleinen Teilmarktes abzugrenzen werden. Da hinsichtlich der Marktabdeckung jedoch graduelle Unterschiede bestehen können, erfolgt die
Evaluierung des Grades der Marktabdeckung mit Hilfe der bekannten
bipolaren Intervallskala[57].

Formulierung der Hypothesen

Die Komplexität des Angebots, die im Rahmen der Ermittlung der
Produktkategorie erfaßt wird, ist bei der Entscheidung über den Grad der
Marktabdeckung von zentraler Bedeutung. Mit der Segmentierung des Gesamtmarktes in verschiedene Teilmärkte wird das Ziel verfolgt, den spezifischen Bedürfnissen einer bestimmten Zielgruppe zu entsprechen. Je
größer die Komplexität eines Produktes einzuschätzen ist, desto mehr differieren in der Regel die Nutzenerwartungen der Verbraucher im Hinblick
auf spezielle Aspekte, die das Produkt aus ihrer Sicht bieten sollte. Damit
wird deutlich, daß die Zahl der Marktsegmente mit steigender Produktkategorie häufig zunimmt.

In zersplitterten Märkten mit differierenden Nutzenerwartungen der Verbraucher bearbeiten die Anbieter mit einer Marke in der Regel nur einen
vergleichsweise kleinen Ausschnitt des Gesamtmarktes. Hersteller, die
differenzierte Bedürfnisse der Verbraucher befriedigen, verfügen über
individuelle Fähigkeiten oder Ressourcen, die sie in die Lage versetzen,
sich bei ihrer Zielgruppe zu profilieren. Da diese Fähigkeiten oder
Ressourcen meist sehr spezifisch sind, können andere Verbraucherbedürfnisse, die sich von den Bedürfnissen der eigenen Zielgruppe unterscheiden, nur bedingt erfüllt werden. Auch wenn in einem Auslandsmarkt
aufgrund der Wettbewerbssituation die Chance besteht, zusätzliche Marktsegmente anzusprechen, ist dies aufgrund der erforderlichen Fähigkeiten
und Ressourcen oft nicht erfolgversprechend. Hingegen lassen sich Produkte einer niedrigen Produktkategorie durch eine relativ geringe Komplexität kennzeichnen. Die Produkte sind im Hinblick auf ihren stofflich-

---

[57] Dabei wurden wieder die Differenz der Ausprägungen auf dem Heimatmarkt und dem
Auslandsmarkt ermittelt und die Vorzeichen mißachtet, um somit den Differenzierungsgrad der Marktabdeckung zu messen.

technischen Nutzen eher austauschbar, das Markenwahlverhalten ist i.d.R. das Ergebnis einer kommunikativen Differenzierung der Produkte. Da die Bearbeitung eines erweiterten oder eingegrenzten Marktes bei Produkten einer niedrigen Produktkategorie eher möglich ist, sind die Erfolgsaussichten einer Veränderung des Grades der Marktabdeckung hier größer.

> Die Hypothese im Hinblick auf die *Produktkategorie* lautet daher: Marken, die der Gruppe 'hohe Produktkategorie' zuzuordnen sind, zeichnen sich eher durch eine Standardisierung der Marktabdeckung aus, als Marken, die der Gruppe 'niedrige Produktkategorie' angehören.

Im Rahmen der Betrachtung des **Branchentyps** werden in erster Linie Faktoren berücksichtigt, mit deren Hilfe die Vorteilhaftigkeit einer Internationalisierung aus Unternehmenssicht evaluiert werden soll. Im Zusammenhang mit der Frage, ob im Auslandsmarkt ein vergleichbar großer Teilausschnitt des Marktes bearbeitet werden kann wie im Heimatmarkt, sind in erster Linie nachfrageseitige Kriterien von Bedeutung. Daher lassen sich mit einer angebotsorientierten Analyse wie sie der Ermittlung des Branchentyps zugrundeliegt, keine Einblicke in diese Problemstellung gewinnen. Allein mit Hilfe einer Zuordnung zu einem globalen oder lokalen Branchentyp läßt sich die Möglichkeit, einen Marktausschnitt vergleichbarer Größe länderübergreifend zu bearbeiten, nicht prognostizieren. Zwar ist davon auszugehen, daß gerade in globalen Branchen häufig länderübergreifende Zielgruppen identifiziert werden können. Allerdings lassen sich hieraus keine Rückschlüsse auf den Anteil der Zielgruppe an dem jeweiligen Gesamtmarkt ableiten. Während einerseits in globalen Branchen die Zielgruppendefinition häufig einer weltweiten Standardisierung zugänglich ist, wird andererseits deutlich, daß der Anteil der Zielgruppe am Gesamtmarkt große Unterschiede aufweisen kann.

> Die Hypothese lautet daher: Da bezogen auf die Kontextdimension *Branchentyp* keine eindeutige situative Bedingungslage für die Standardisierung bzw. Differenzierung der Marktabdeckung abgeleitet werden kann, unterscheiden sich die Erwartungswerte der abhängigen Variablen für beide Gruppen nicht signifikant.

Eine hohe **Wettbewerbsintensität** führt oftmals zu einer zunehmenden Marktsegmentierung, da die Wettbewerber in einer Branche den Versuch unternehmen, Wettbewerbsvorteile mit Hilfe einer Angebotsdifferenzierung zu erlangen. Dies gilt nicht nur, wenn der Rivalitätsgrad unter den

Wettbewerbern einer Branche hoch ist, sondern z.B. auch bei einer hohen Verhandlungsmacht der Abnehmer. Eine Differenzierung und die hieraus resultierende Profilierung des eigenen Angebots bei den Abnehmern erscheint in diesem Zusammenhang als probates Mittel, die Verhandlungsmacht der Abnehmer zu begrenzen. Auch die Bedrohung durch Substitutionsprodukte kann durch eine Differenzierung minimiert werden, indem den Nutzenerwartungen der Abnehmer in höherem Maße entsprochen wird. Da für die Erstellung einer differenzierten Angebotsleistung, die an den Bedürfnissen eines Marktsegmentes ausgerichtet ist, spezifische Fähigkeiten oder Ressourcen erforderlich sind, reduziert sich mit zunehmender Differenzierung des Angebots auch die Gefahr des Eintritts neuer Wettbewerber in das definierte Marktsegment. Insgesamt wird deutlich, daß der Wettbewerbsintensität ein wesentlicher Stellenwert bei der Frage nach der Standardisierung des Marktabdeckungsgrades zukommt.

> Die Hypothese im Hinblick auf die *Wettbewerbsintensität* lautet daher: Marken, die der Gruppe 'homogene Wettbewerbsintensität' zuzuordnen sind, lassen sich eher durch eine Standardisierung der Marktabdeckung kennzeichnen, während sich Marken, die der Gruppe 'heterogene Wettbewerbsintensität' angehören, eher durch einen unterschiedlichen Grad der Marktabdeckung auszeichnen.

Bezogen auf die **Handelssituation** ist festzustellen, daß eine heterogene Ausprägung, die eine unterschiedliche Verhandlungsposition des Herstellers gegenüber dem Handel zum Ausdruck bringt, den Grad der Marktabdeckung insofern beeinflußt, als der Zugang zu den Absatzkanälen die Möglichkeit der Bearbeitung bestimmter Marktsegmente determiniert. Überdies besteht bei einer schlechten Position des Herstellers im vertikalen Marketing die Möglichkeit, daß die Handelsunternehmen die Marketingstratgie und damit den Grad der Marktabdeckung beeinflussen.

> Mit Blick auf die *Handelssituation* kann folgende Hypothese formuliert werden: Marken, die der Gruppe 'homogene Handelssituation' zuzuordnen sind, lassen sich eher durch eine Standardisierung der Marktabdeckung kennzeichnen, während sich Marken, die der Gruppe 'heterogene Handelssituation' angehören, eher durch einen unterschiedlichen Grad der Marktabdeckung auszeichnen.

Auch die Ausprägung der Kontextdimension **Konsumentensituation** beeinflußt Entscheidungen, die den Grad der Marktabdeckung betreffen. Wie in den Ausführungen zum Einfluß der Wettbewerbsintensität deutlich wurde, reagieren viele Hersteller auf eine wachsende Wettbewerbsintensität mit der Differenzierung ihres Angebotes. Die Idee der Marktsegmentierung basiert allerdings nicht auf der angebotsseitigen Möglichkeit der Differenzierung von Produkten, sondern stützt sich nachfrageseitig auf eine zunehmende Differenzierung von Bedürfnissen. Der Grad der Marktabdeckung ist dabei von der Größe des Marktsegmentes abhängig, das vor dem Hintergrund der spezifischen Stärken und Schwächen der Marke und den Bedürfnissen der Verbraucher als Zielmarkt anzusehen ist. Somit besteht die Möglichkeit, daß einzelne Marktsegmente in Abhängigkeit von der Bedürfnisstruktur in verschiedenen Märkten eine unterschiedliche Größe aufweisen. Überdies unterscheiden sich viele Ländermärkte auch bezüglich des Segmentierungsgrades. Vor allem Märkte, die sich durch eine Dominanz der Zusatznutzenbedürfnisse charakterisieren lassen, weisen häufig einen stärkeren Segmentierungsgrad auf als Märkte, in denen die Kaufentscheidung der Konsumenten eher von Grundnutzenbedürfnissen beeinflußt wird. Sind die Bedürfnisse der Konsumenten absolut homogen, so ist der relevante Markt mit dem Gesamtmarkt gleichzusetzen. In diesem Fall bearbeiten alle Anbieter in der Branche den Gesamtmarkt. Sind die Bedürfnisse in einem Ländermarkt hingegen eher heterogen, lassen sich unterschiedliche Teilmärkte identifiziert, die von den Wettbewerbern in der Branche meist differenziert bearbeitet werden.

Im Zusammenhang mit der Kontextdimension *Konsumentensituation* soll folgende Hypothese überprüft werden: Marken, die der Gruppe 'homogene Konsumentensituation' zuzuordnen sind, zeichnen sich durch einen gleichbleibenden Grad der Marktabdeckung aus, während Marken, die der Gruppe 'heterogene Konsumentensituation' zuzuordnen sind, eher durch eine Änderung des Grades der Marktabdeckung charakterisiert werden können.

Die **Wettbewerbsposition** gibt Auskunft über die relative Stellung einer Marke im Vergleich zu den Produkten der Wettbewerber und wird mit Hilfe verschiedener Indikatoren gemessen. Eine zentrale Rolle spielt dabei die subjektive Gewichtung der einzelnen Indikatoren durch den Konsumenten. Es ist davon auszugehen, daß die Präferenzen bzw. die Bedürfnisse der Konsumenten die Grundlage für die Segmentierung von Märkten bilden. Wird den relativen Stärken einer Marke von einer unterschiedlichen Zahl von Konsumenten große Bedeutung für die Kaufentscheidung beigemessen, verändert sich nicht allein die Wettbewerbsposition, sondern im Regelfall auch die Größe der Zielgruppe.

Da im Rahmen der Ermittlung der Wettbewerbsposition ein gewichteter Index der Einzelbewertungen gebildet wird, kann eine Veränderung der Wettbewerbsposition auf zwei Ursachen zurückgeführt werden. Entweder wird die Marke im Vergleich zu den Wettbewerbsprodukten unterschiedlich bewertet, oder den Stärken der Marke kommt aus Sicht der Konsumenten eine andere Bedeutung zu. Eine schwache Wettbewerbsposition deutet darauf hin, daß die Marke nur über begrenzte relative Stärken verfügt bzw. daß nur ein kleiner Ausschnitt der Konsumenten diese Aspekte als kaufentscheidend einstuft. Verfügt eine Marke in bezug auf alle Indikatoren über relative Vorteile gegenüber den Wettbewerbsprodukten, so kann mit ihr ein großer Ausschnitt des Gesamtmarktes bearbeitet werden, da die Bedürfnisse aller Verbraucher besser befriedigt werden als durch die Wettbewerber.

Die Hypothese im Hinblick auf die *Wettbewerbsposition* lautet: Marken, die der Gruppe 'homogene Wettbewerbsposition' zuzuordnen sind, zeichnen sich eher durch einen gleichbleibenden Grad der Marktabdeckung aus, während Marken, die der Gruppe 'heterogene Wettbewerbsposition' zuzuordnen sind, eher durch einen geänderten Grad der Marktabdeckung charakterisiert werden können.

Nachdem die Hypothesen zum Einfluß der Ausprägung der Kontextdimensionen auf die Standardisierung des Marktabdeckungsgrades vollständig abgeleitet wurden, sollen die bereits bekannten Fragestellungen untersucht werden. Im ersten Schritt besteht das Erkenntnisinteresse darin, den Einfluß der Situationsvariablen auf den Grad der Marktabdeckung zu evaluieren. In einem zweiten Schritt wird die Analyse erweitert, indem der Frage nachgegangen wird, ob ein konsistentes Verhalten in einer bestimmten Situation erfolgreicher ist als ein inkonsistentes Verhalten.

Die Nullhypothese kann entsprechend der oben abgeleiteten Hypothesen allein für den Branchentyp angenommen werden. Die z-Werte stehen hier für die standardisierte abhängige Variable, wobei ein kleiner Wert (negatives Vorzeichen) eine unterdurchschnittliche Änderung des Marktabdeckungsgrades indiziert und ein großer Wert (positives Vorzeichen) auf eine überdurchschnittliche Änderung des Marktabdeckungsgrades in der Stichprobenuntergruppe hinweist.

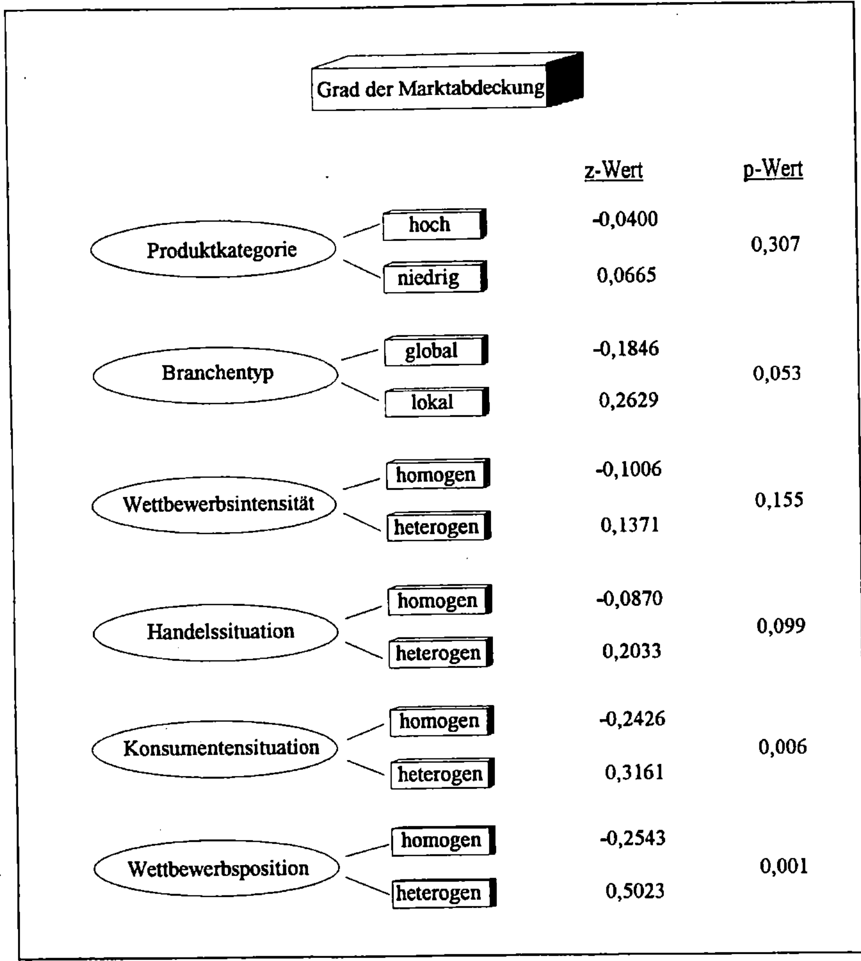

Abbildung 52: Testergebnisse der Hypothesen zur Standardisierung des Grades der Marktabdeckung in Abhängigkeit von der Ausprägung der Kontextdimensionen

Wie die in *Abbildung 52* dargestellten Testergebnisse verdeutlichen, weicht die Festlegung der Marktabdeckung in der Praxis teilweise von dem aus theoretischer Perspektive erwarteten Verhalten ab. Allein die Konsumentensituation sowie die Wettbewerbsposition werden entsprechend der Hypothesenformulierung berücksichtigt. Eine heterogene Ausprägung führt bezogen auf diese Situationsvariablen eher zu einer Änderung der Marktabdeckung, während eine homogene Ausprägung eher eine Standardisierung der Marktabdeckung zuläßt. Der Branchentyp, dem als einzige Kontextdimension ein Einfluß auf den Grad der Marktabdeckung abgesprochen wurde, spielt hingegen im Rahmen der Planung in der Praxis eine Rolle. In globalen Branchen wird mit einer Marke in verschiedenen Ländern tendenziell eher der gleiche Ausschnitt des Gesamtmarktes abgedeckt, während in lokalen Branchen der Grad der Marktabdeckung eher differiert. Im Hinblick auf die übrigen drei Kontextdimensionen beeinflußt deren jeweilige Ausprägung das Entscheidungsfeld entgegen den Erwartungen nicht signifikant.

Vor dem Hintergrund dieser Ergebnisse ist zu überprüfen, inwieweit sich dieses den theoretischen Erwartungen z.T. widersprechende Verhalten auf den Erfolg der Marktbearbeitung auswirkt. Für die Überprüfung der Auswirkungen auf den Erfolg können die oben abgeleiteten Hypothesen unverändert übernommen werden. Dabei wird jeweils unterstellt, daß das aus theoretischer Sicht zu erwartende Verhalten mit einem überdurchschnittlichen Erfolg korrespondiert.

Entsprechend den abgeleiteten Hypothesen werden unterschiedliche Erwartungswerte der abhängigen Erfolgsvariablen für die Kontextvariablen Produktkategorie, Wettbewerbsintensität, Handelssituation, Konsumentensituation und Wettbewerbsposition in Verbindung mit den jeweiligen konsistenten und inkonsistenten Gestaltungsalternativen prognostiziert. Allein für den Branchentyp wird die Annahme vertreten, daß die Nullhypothese, die impliziert, daß die Erwartungswerte gleich sind, nicht abgelehnt werden kann. Zur Überprüfung der Hypothesen wird wieder ein t-Test für unabhängige Stichproben herangezogen.

Betrachtet man die in *Abbildung 53* im Überblick dargestellten Testergebnisse, so ist festzustellen, daß auf der Basis der Stichprobe alle Hypothesen im Hinblick auf die Erfolgswirksamkeit situationsadäquater Gestaltungsalternativen als bestätigt angesehen werden können. Aus der Wahl der jeweils konsistenten Gestaltungsalternative resultiert vor dem Hintergrund einer spezifischen Ausprägung der Kontextdimensionen Wettbewerbsposition, Wettbewerbsintensität und Handelssituation ein hochsignifikanter Erfolgsunterschied im Vergleich zu der Wahl einer inkonsistenten Strategie. Auch aus der Kombination einer konsistenten Strategieformulierung mit der jeweiligen Ausprägung der Produktkategorie und der Konsumentensituation resultiert ein signifikant größerer Erfolg im Vergleich zu der Wahl einer inkonsistenten Gestaltungsalternative. Die Ausprägung des Branchentyps beeinflußt - entsprechend den Erwartungen - die Erfolgswirksamkeit einer spezifischen Gestaltungsalternative nicht.

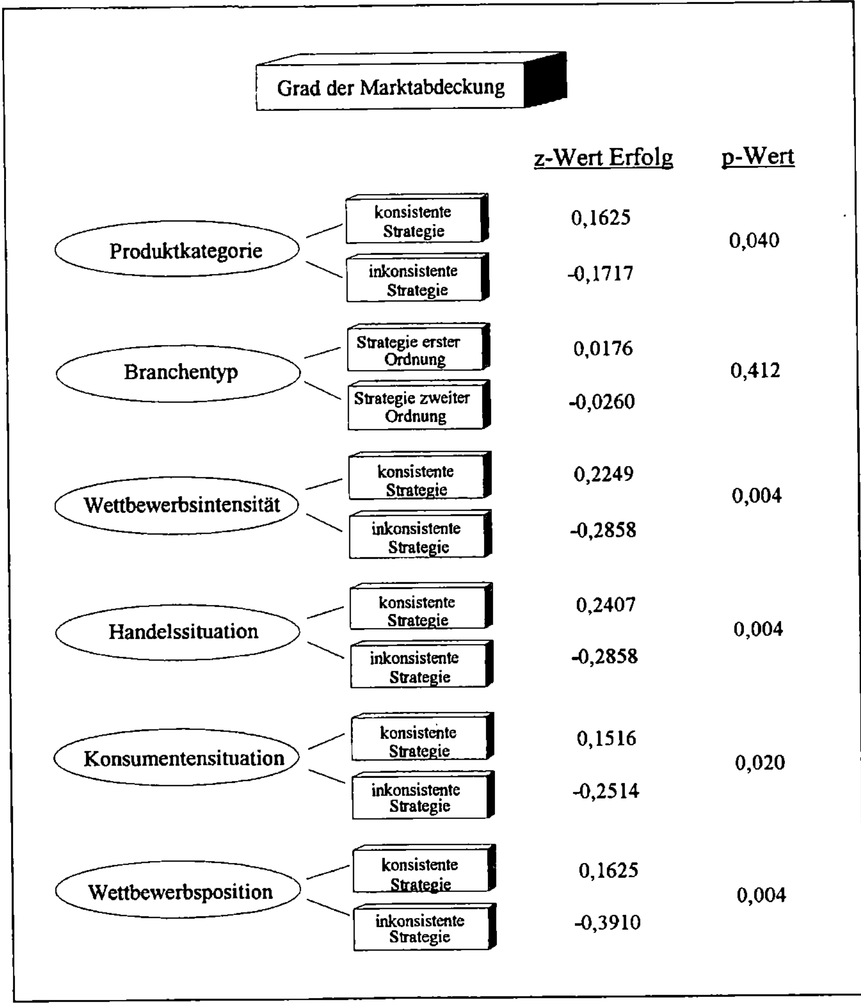

Abbildung 53: Erfolgspotential einer konsistenten und inkonsistenten
Festlegung des Grades der Marktabdeckung

Insgesamt ergibt sich ein sehr deutliches Bild. Ein aus theoretischer Perspektive konsistentes Verhalten bewirkt einen signifikant höheren Erfolg als ein inkonsistentes Verhalten. Die Frage der erfolgreichen Standardisierbarkeit des Grades der Marktabdeckung, ist also in Abhängigkeit von der Ausprägung der Variablen Produktkategorie, Wettbewerbsintensität, Handelssituation, Konsumentensituation und Wettbewerbsposition zu beantworten.

2.3.1.4. Die Strategie-Substanz

Die grundsatzstrategische Gestaltungsdimension Strategie-Substanz umfaßt einen Entscheidungsbereich, der darauf abzielt, die Art der Marktbeeinflussung zu fixieren. Dabei können die Präferenz-Strategie und die
Preis-Mengen-Strategie als idealtypische Entscheidungsalternativen unterschieden werden. Faßt man diese beiden Idealtypen als Endpunkte eines
Kontinuums auf, so wird deutlich, daß in der Praxis eine Vielzahl von
Ausprägungen zwischen diesen Endpunkten möglich ist. Mit Hilfe einer
differenzierten Erfassung kann das Präferenzniveau einer Marke gemessen
werden, welches wiederum den qualitativen und quantitativen Einsatz des
Marketinginstrumentariums determiniert. Vor diesem Hintergrund soll im
Rahmen der empirischen Untersuchung die Strategie-Substanz mit Hilfe
einer Intervallskala direkt abgefragt werden. Der Analyseweg entspricht
dabei der Vorgehensweise in den vorangehenden Abschnitten.

Formulierung der Hypothesen

Die **Produktkategorie** bildet die Komplexität sowie die Wertigkeit des
Angebots ab. Vor allem bei Produkten, die einer hohen Produktkategorie
zuzuordnen sind, stellen Wettbewerbsvorteile das Resultat spezieller
Fähigkeiten und Ressourcen dar, die ihrerseits meist auf kostenintensiven
Investitionen aufbauen. Daher ist zu vermuten, daß die Hersteller dieser
Produkte daran interessiert sind, ihr Angebot standardisiert und damit auf
einem gleichbleibenden Präferenzniveau zu vermarkten. Im Hinblick auf
das Erfolgspotential der Strategie-Substanz ist allerdings davon auszugehen, daß vor allem marktliche Einflußfaktoren sowie die länderspezifischen Stärken und Schwächen der Marke die Standardisierbarkeit
dieser Gestaltungsdimension beeinflussen. Insgesamt kann daher die Annahme vertreten werden, daß die Produktkategorie die Standardisierbarkeit
der Strategie-Substanz nicht beeinflußt.

> Die Hypothese lautet dementsprechend: Da im Hinblick auf die
> Kontextdimension *Produktkategorie* keine eindeutige situative Bedin-
> gungslage für die Entscheidung bezüglich der Fixierung der Strategie-
> Substanz abgeleitet werden kann, unterscheiden sich die Erwartungs-
> werte der abhängigen Variablen für beide Gruppen nicht signifikant.

Bezogen auf die Kontextdimension **Branchentyp** ist davon auszugehen,
daß in einer globalen Branche der Wettbewerb in den verschiedenen
Ländermärkten weltweit von denselben Anbietern geprägt wird. Auf den

ersten Blick besteht daher die Möglichkeit, aufbauend auf den unternehmensindividuellen Stärken das Angebot auf einem gleichbleibenden Präferenzniveau zu vermarkten. Zu beachten ist hierbei jedoch, daß nur wenige Unternehmen weltweit über dieselben Stärken und Schwächen verfügen. Dies ist einerseits auf angebotsseitige Rahmenbedingungen zurückzuführen. Andererseits bestehen aber auch im Hinblick auf die Nachfrageseite z.T. erhebliche Unterschiede, die im Rahmen der Evaluierung des Branchentyps nicht erfaßt werden.

> Daher kann folgende Hypothese formuliert werden: Im Hinblick auf die Kontextdimension *Branchentyp* kann keine eindeutige situative Bedingungslage für die Festlegung der Strategie-Position abgeleitet werden. Die Erwartungswerte der abhängigen Variablen für beide Gruppen unterscheiden sich nicht signifikant.

Betrachtet man die Kontextdimension **Wettbewerbsintensität**, so ist festzustellen, daß eine hohe Wettbewerbsintensität häufig aggressive Preiskämpfe in einer Branche induziert. Eine Möglichkeit, diesem Preiswettbewerb zu entgehen, besteht darin, mittels einer multidimensionalen Angebotsdifferenzierung (Präferenz-Strategie) Wettbewerbsvorteile aufzubauen. Eine Präferenz-Strategie kann allerdings auch im Zusammenhang mit einer niedrigen Wettbewerbsintensität als situationsadäquate Strategie gelten. Eine Preis-Mengen-Strategie verfügt ebenfalls unabhängig von der Wettbewerbsintensität über ein hinreichendes Erfolgspotential, wenn die Voraussetzung in Form einer günstigen Kostenstruktur gegeben ist. Vor dem Hintergrund dieser Ausführungen wird deutlich, daß eine unterschiedliche Wettbewerbsintensität auf verschiedenen Ländermärkten nicht die Notwendigkeit bedingt, eine Änderung der Strategie-Substanz vorzunehmen.

> Die folgende Hypothese soll getestet werden: Bezogen auf die Kontextdimension *Wettbewerbsintensität* kann keine eindeutige situative Bedingungslage für die Festlegung der Strategie-Position abgeleitet werden. Die Erwartungswerte der abhängigen Variablen für beide Gruppen unterscheiden sich daher nicht signifikant.

Die **Handelssituation** bringt die Verhandlungsmacht des Herstellers gegenüber den Absatzmittlern in einem Ländermarkt zum Ausdruck. Verfügt der Hersteller nur über eine geringe Verhandlungsmacht, kann der Handel Einfluß auf seine Vermarktungsstrategie nehmen. Auch durch eine entsprechende Präsentation der Produkte kann es dem Handel gelingen, das Präferenzniveau einer Marke zu beeinflussen. Allerdings ist nicht davon auszugehen, daß der Handel seine Macht in jedem Fall dazu verwendet, das Präferenzniveau einer Marke zu beeinflussen. Überdies erscheint eine Änderung der Strategie-Substanz allein nicht hinreichend, um die Position des Herstellers im vertikalen Wettbewerb zu verbessern.

> Die Hypothese lautet daher: Eine eindeutige situative Bedingungslage kann im Hinblick auf den Einfluß der *Handelssituation* auf die Festlegung der Strategie-Position nicht abgeleitet werden. Die Erwartungswerte der abhängigen Variablen für beide Gruppen unterscheiden sich daher nicht signifikant.

Im Rahmen der Evaluierung der **Konsumentensituation** werden Abweichungen im Hinblick auf die Struktur des Konsumentenverhaltens erfaßt. Grundsätzlich kann in Märkten mit einer hohen Bedeutung des Zusatznutzens und einer Vielzahl von Teilmärkten der Aufbau einer mehrdimensionalen Präferenzstellung mit Hilfe einer Präferenz-Strategie als geeignete Gestaltungsalternative gelten. In Märkten hingegen, in denen die Endabnehmer in ihrer Gesamtheit ein eher homogenes Nachfragesegment mit einheitlichen (Grundnutzen-)Bedürfnissen bilden, sind die Möglichkeiten zum Aufbau einer mehrdimensionalen Präferenzstellung stark eingeschränkt. Da das Angebot hier von den Konsumenten in der Regel als austauschbar wahrgenommen wird, spielen vor allem preisliche Aspekte bei der Markenwahl eine Rolle, so daß eine Profilierung eher über den Preis erfolgt. Somit wird deutlich, daß sich Unterschiede in der Konsumentensituation auf Entscheidungen bezüglich der Strategie-Substanz auswirken.

> Folgende Hypothese kann im Hinblick auf die Kontextdimension *Konsumentensituation* formuliert werden: Marken, die der Gruppe 'homogene Konsumentensituation' zuzuordnen sind, zeichnen sich durch eine Standardisierung der Strategie-Substanz aus, während Marken, die der Gruppe 'heterogene Konsumentensituation' zuzuordnen sind, eher eine Differenzierung der Strategie-Substanz kennzeichnet.

Die **Wettbewerbsposition** gibt Auskunft über die Präferenzstellung der Verbraucher in bezug auf die betrachtete Marke. Eine starke Wettbewerbsposition ist als zentrale Voraussetzung für die Wahl einer Präferenz-Strategie anzusehen. Eine schwache Wettbewerbsposition ist hingegen als Indiz dafür zu werten, daß die Marke aus Sicht der Verbraucher nur über wenige bzw. keine Vorteile im Vergleich zu den Wettbewerbern verfügt. Unabhängig davon, ob im Hinblick auf die Kosten Vorteile bestehen, ist davon auszugehen, daß für eine Marke die über keine relative Stärken verfügt, eine Verschiebung auf dem Strategie-Kontinuum in Richtung der Preis-Mengen Strategie erfolgen muß.

Vor diesem Hintergrund soll für die Kontextdimension *Wettbewerbsposition* die folgende Hypothese überprüft werden: Marken, die der Gruppe 'homogene Wettbewerbsposition' zuzuordnen sind, zeichnen sich durch eine Standardisierung der Strategie-Substanz aus, während für Marken, die der Gruppe 'heterogene Wettbewerbsposition' angehören, eher eine Differenzierung der Strategie-Substanz realisiert wird.

Im folgenden soll der Einfluß der Situationsvariablen auf die internationale Gestaltung der Strategie-Substanz in der Praxis sowie auf die Erfolgswirksamkeit der verschiedenen Gestaltungsalternativen untersucht werden. Die Erwartungen für die Kontextdimensionen Produktkategorie, Branchentyp, Wettbewerbsintensität und Handelssituation gehen dahin, daß der Erwartungswert der abhängigen Variablen für beide Stichprobenuntergruppen nicht signifikant verschieden ist. Für die Kontextdimensionen Konsumentensituation und Wettbewerbsposition wird eine signifikante Abweichung der Gruppenmittelwerte im Hinblick auf die abhängigen Variablen angenommen. Zur Hypothesenprüfung wird ein t-Test für unabhängige Stichproben herangezogen.

Die in *Abbildung 54* dargestellten Ergebnisse der Hypothesentests zeigen, daß die Ausprägung der Situationsvariablen Branchentyp, Wettbewerbsintensität und Handelssituation die Planung der Gestaltungsdimension Strategie-Substanz den Erwartungen entsprechend nicht beeinflussen. Im Einklang mit den theoretisch abgeleiteten Annahmen wird die Strategie-Substanz bei einer homogenen Konsumentensituation signifikant stärker standardisiert als bei einer vergleichsweise heterogenen Ausprägung der Konsumentensituation in den betrachteten Ländermärkten.

Der Einfluß der Produktkategorie auf die Standardisierung der Strategie-Substanz steht hingegen im Widerspruch zu der oben formulierten Annahme. Wie jedoch bereits im Rahmen der Ableitung der Hypothese ausgeführt wurde, besteht aus Sicht der Hersteller von Produkten einer hohen Produktkategorie ein starker Anreiz, die Strategie-Substanz beizubehalten. Im nächsten Schritt ist daher zu untersuchen, ob eine Standardisierung

(Differenzierung) in Verbindung mit einer hohen (niedrigen) Produktkategorie auch ein höheres Erfolgspotential in sich birgt als die jeweils
gegenläufige Gestaltungsalternative. Ebenfalls entgegen den Erwartungen
werden Unterschiede bezüglich der Wettbewerbsposition der Marke bei
der Festlegung der Strategie-Substanz nur tendenziell berücksichtigt. Daher ist auch hier zu überprüfen, inwieweit sich ein aus theoretischer Sicht
konsistentes Verhalten im Vergleich zu einem inkonsistenten Verhalten
als erfolgreicher erweist.

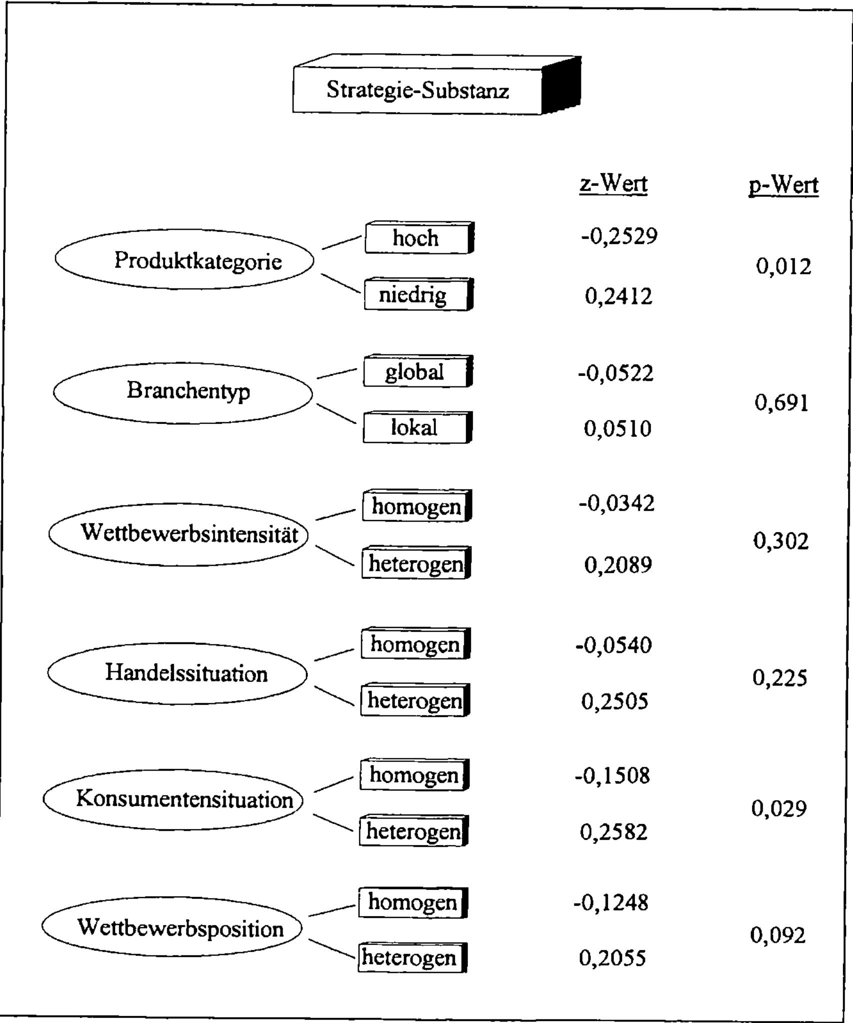

*Abbildung 54: Testergebnisse der Hypothesen zur Standardisierung der
Strategie-Substanz in Abhängigkeit von der Ausprägung der
Kontextdimensionen*

Unterschiedliche Erwartungswerte der abhängigen Erfolgsvariablen werden für die Kontextvariablen Konsumentensituation und Wettbewerbsposition in Verbindung mit der Wahl einer konsistenten bzw. einer inkonsistenten Gestaltungsalternative angenommen. Im Hinblick auf die übrigen Kontextdimensionen wird die Annahme vertreten, daß die Wahl einer bestimmten Gestaltungsalternative vor dem Hintergrund einer über- oder unterdurchschnittlichen Ausprägung der Kontextdimension keinen signifikanten Einfluß auf den Erfolg ausübt. Folglich ist davon auszugehen, daß die Nullhypothese nicht abgelehnt werden kann.

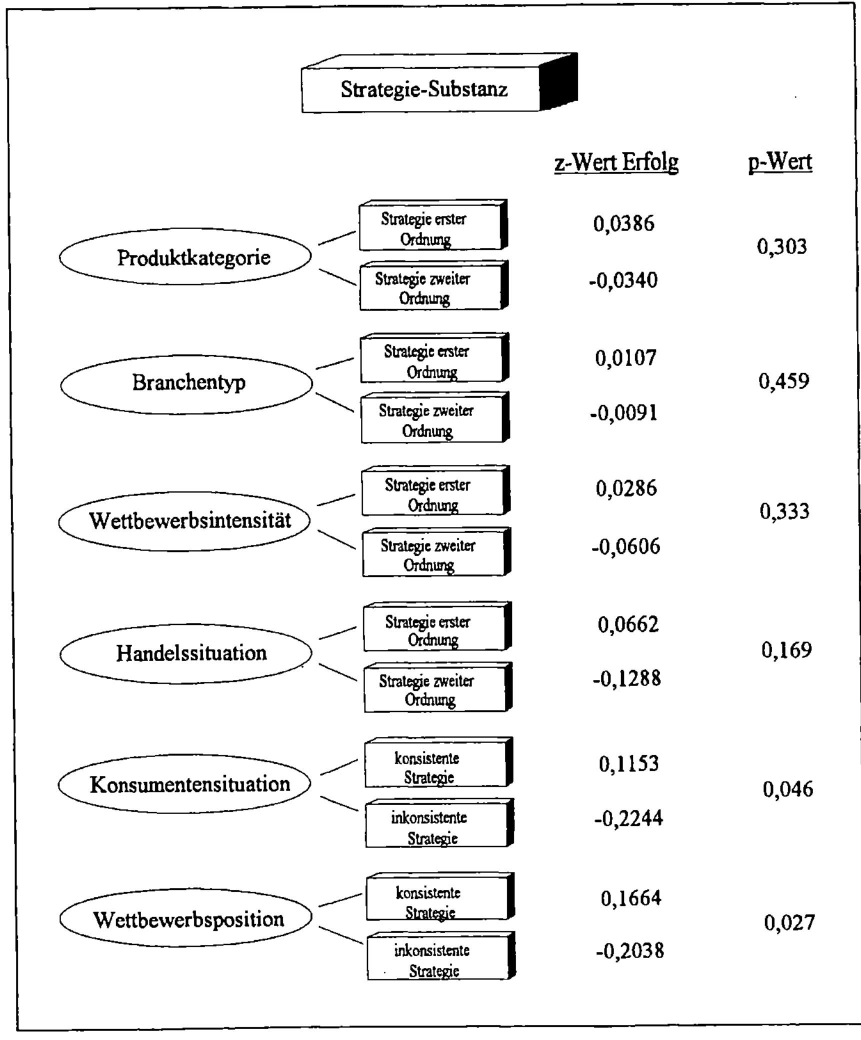

Abbildung 55: Erfolgspotential einer konsistenten und inkonsistenten Festlegung der Strategie-Substanz

Die in *Abbildung 55* dargestellten Ergebnisse zeigen, daß alle Hypothesen in der aufgestellten Form bestätigt werden können. Der Einfluß konsistenter situationsadäquater Gestaltungsalternativen vor dem Hintergrund einer spezifischen Ausprägung der Kontextdimensionen Wettbewerbsposition und Konsumentensituation auf den Erfolg ist signifikant. Die Ausprägung der Produktkategorie, des Branchentyps, der Wettbewerbsintensität sowie der Handelssituation beeinflussen die Erfolgswirksamkeit einer spezifischen Gestaltungsalternative hingegen wie erwartet nicht.

Die Frage, wann eine Standardisierung der Strategie-Substanz erfolgversprechend ist, kann in Abhängigkeit von der Konsumentensituation und der Wettbewerbsposition der Marke beantwortet werden. Die Standardisierung (Differenzierung) bewirkt vor dem Hintergrund einer homogenen (heterogenen) Ausprägung der Wettbewerbsposition und Konsumentensituation jeweils einen signifikant höheren Erfolg als die Wahl der gegenläufigen Gestaltungsalternative bei entsprechender Ausprägung der Situation.

2.3.1.5. Die Strategie-Absicherung

Im Rahmen der Planung der grundsatzstrategischen Dimension Strategie-Absicherung wird das Ziel verfolgt, die Präsenz der Marke im Absatzkanal sicherzustellen. Grundsätzlich können dabei vier Gestaltungsalternativen unterschieden werden, die den Entscheidungsträgern zur Verfügung stehen. Eine generelle Entscheidung ist im Hinblick darauf zu treffen, ob das Unternehmen den Absatz des Produktes mit Hilfe des institutionellen Handels organisieren möchte oder ob auf die Einschaltung von Absatzmittlern verzichtet werden soll. Die Möglichkeit des Direktvertriebs wird z.T. im Rahmen der Gestaltungsoption Umgehungsstrategie abgedeckt. Allerdings beinhaltet diese Strategie auch die Möglichkeit, für die Branche unübliche oder innovative Absatzkanäle zu erschließen.

Insgesamt wird nur von sechs Marken in der Stichprobe eine Umgehungsstrategie verfolgt. Die Frage, ob das Unternehmen zum Vertrieb der Marke Absatzmittler einsetzt oder direkt an den Endabnehmer verkauft, wurde im Rahmen der Evaluierung der Handelssituation nochmals getrennt untersucht. Ein Vergleich der Antworten auf diese Frage mit den Ergebnissen der Evaluierung der Alternativen der Strategie-Absicherung zeigt, daß die Wahl einer Umgehungsstrategie bei den untersuchten Marken immer mit der Entscheidung für eine direkten Vertriebsweg gleichzusetzen ist. Die Möglichkeit, unübliche oder innovative Absatzkanäle zu nutzen, wird m.a.W. von keinem der strategischen Geschäftsfelder in der Stichprobe genutzt.

Die übrigen drei Strategiealternativen werden durch die Konfliktstrategie, die Kooperationsstrategie sowie die Anpassungsstrategie repräsentiert. Die verschiedenen Gestaltungsalternativen der Strategie-Absicherung wurden analog zu den Optionen des Verhaltens gegenüber den Wettbewerbern verbal beschrieben. Die Erfassung der Strategie-Absicherung erfolgt damit auf nominalem Meßniveau. Zur Überprüfung der Fragestellung, ob die Entscheidung für eine Standardisierung der Strategie-Absicherung von der Homogenität der Situationsvariablen abhängt, wird daher jeweils ein Chi-Quadrat-Test herangezogen.

Mit Blick auf die metrisch skalierten unabhängigen Variablen wird wieder eine Unterscheidung zwischen einer über- und unterdurchschnittlich homogenen Ausprägung der Situationsvariablen getroffen. Bei der Einteilung der abhängigen Variablen in zwei Gruppen wird zwischen Marken unterschieden, die der Bearbeitung des Auslandsmarktes eine andere Form der Strategie-Absicherung zugrundelegen als der Bearbeitung des Heimatmarktes und Marken, die die auf dem Heimatmarkt gewählte Alternative der Strategie-Absicherung unverändert übernommen haben.

Formulierung der Hypothesen

Bezogen auf die **Produktkategorie** ist davon auszugehen, daß eine unterschiedliche Ausprägung dieser Kontextdimension keinen Einfluß auf die Standardisierbarkeit der Strategie-Absicherung ausübt. Sowohl für Marken, die einer niedrigen Produktkategorie angehören als auch für Marken, die einer hohen Produktkategorie zuzuordnen sind, kann weder eine generelle Empfehlung für eine Standardisierung noch für eine Differenzierung dieser Gestaltungsebene abgeleitet werden.

> Überprüft wird daher folgende Hypothese: Im Hinblick auf die Kontextdimension *Produktkategorie* kann keine eindeutige situative Bedingungslage für die Entscheidung bezüglich der Ebene der Strategie-Absicherung abgeleitet werden. Zu erwarten ist, daß sich die Erwartungswerte der abhängigen Variablen für beide Gruppen nicht signifikant unterscheiden.

Die in *Abbildung 56* dargestellten Ergebnisse des Chi-Quadrat-Tests zeigen, daß die Hypothese in der aufgestellten Form nicht abgelehnt werden kann. Die Ausprägung der Produktkategorie hat keinen Einfluß auf die Entscheidung, ob die auf dem Heimatmarkt gewählte Alternative der Strategie-Absicherung auch auf dem Auslandsmarkt den Beziehungen zu den Absatzmittlern als Verhaltensrichtlinie zugrundegelegt wird.

Häufigkeiten *(erwartete Häufigkeiten* *bei Unabhängigkeit)* **Strategie-Absicherung**	**Produktkategorie**	
	niedrig	*hoch*
standardisiert	*30* *(31,2)*	*36* *(34,8)*
differenziert	*14* *(12,8)*	*13* *(14,2)*

Anzahl der Fälle insgesamt: **93**

Chi-Quadrattest:

p = 0,57488

Abbildung 56: Hypothesenprüfung zur Standardisierung der Strategie-Absicherung in Abhängigkeit von der Produktkategorie

Auch der **Branchentyp** übt keinen Einfluß auf die internationale Standardisierbarkeit des Verhaltens gegenüber den Absatzmittlern aus. Die in diesem Zusammenhang abgeleiteten Indikatoren stellen in erster Linie auf die Vorteilhaftigkeit einer Internationalisierung aus Angebotsperspektive ab. Auch für Marken, die einem globalen Branchentyp zuzuordnen sind, ist daher eine Standardisierung der Strategie-Absicherung nicht in jedem Fall zweckmäßig, da diese Entscheidung in erster Linie von der Stellung des Herstellers im vertikalen Wettbewerb beeinflußt wird.

Folgende Hypothese wird formuliert: Im Hinblick auf die Kontext-dimension *Branchentyp* kann keine eindeutige situative Bedingungs-lage für die Festlegung der Strategie-Absicherung abgeleitet werden. Die Erwartungswerte der abhängigen Variablen für beide Gruppen unterscheiden sich daher nicht signifikant.

Die in *Abbildung 57* dargestellten Ergebnissen zeigen, daß den Erwartungen entsprechend kein statistisch signifikanter Zusammenhang zwischen der Ausprägung des Branchentyps und dem länderspezifischen Verhalten gegenüber den Absatzmittlern nachgewiesen werden kann. Somit kann die Nullhypothese nicht abgelehnt werden, d.h. dem Branchentyp kommt im Hinblick auf die Standardisierung der Strategie-Absicherung in der Unternehmenspraxis keine Bedeutung zu.

Häufigkeiten *(erwartete Häufigkeiten* *bei Unabhängigkeit)* **Strategie-Absicherung**	**Branchentyp**	
	homogen	*heterogen*
standardisiert	*28* *(28,6)*	*33* *(33,4)*
differenziert	*10* *(9,4)*	*10* *(10,6)*

Anzahl der Fälle insgesamt: **81**

<u>**Chi-Quadrattest:**</u>

p = 0,74994

Abbildung 57: Hypothesenprüfung zur Standardisierung der Strategie-Absicherung in Abhängigkeit vom Branchentyp

Das Konstrukt **Wettbewerbsintensität** erfaßt die kumulierte Stärke, mit der verschiedene Kräfte auf den Wettbewerb in einer Branche einwirken. Dabei wird unter anderem auch die Verhandlungsmacht der Absatzmittler gegenüber den Wettbewerbern in einer Branche als eine von sechs Wettbewerbskräften berücksichtigt. Allerdings kann nicht in jedem Fall davon ausgegangen werden, daß eine hohe Verhandlungsmacht der Absatzmittler mit einer hohen Wettbewerbsintensität korreliert. Die Ausprägung der übrigen fünf Wettbewerbskräfte hat auf die Formulierung der Strategie-Absicherung keinen Einfluß. Überdies wird in diesem Zusammenhang nur die generelle Verhandlungsmacht der Absatzmittler gegenüber den Wettbewerbern in einer Branche gemessen. Wie jedoch bereits an anderer Stelle ausgeführt wurde, ist die Wahl einer Strategiealternative im vertikalen Marketing von der individuellen Machtverteilung in der Hersteller-Handels-Dyade abhängig. Insofern ist zu vermuten, daß die

Standardisierbarkeit dieser Strategieebene nicht von der Homogenität der Wettbewerbsintensität abhängig ist.

Folgende Hypothese soll getestet werden: Bezogen auf die Kontext-dimension *Wettbewerbsintensität* kann keine eindeutige situative Bedingungslage für die Festlegung der Strategie-Absicherung abgeleitet werden. Die Erwartungswerte der abhängigen Variablen für beide Gruppen unterscheiden sich daher nicht signifikant.

Häufigkeiten *(erwartete Häufigkeiten bei Unabhängigkeit)* **Strategie-Absicherung**	**Wettbewerbsintensität**	
	homogen	*heterogen*
standardisiert	*44* *(46,2)*	*25* *(22,8)*
differenziert	*19* *(16,8)*	*6* *(8,2)*

Anzahl der Fälle insgesamt: **94**

Chi-Quadrattest:

p = 0,26504

Abbildung 58: Hypothesenprüfung zur Standardisierung der Strategie-Absicherung in Abhängigkeit von der Wettbewerbsintensität

Die Nullhypothese kann erwartungsgemäß nicht zurückgewiesen werden, d.h. es besteht kein statistisch signifikanter Zusammenhang zwischen der Wettbewerbsintensität und der Standardisierung des Verhaltens im Rahmen der Strategie-Absicherung.

Bei der Analyse der **Handelssituation** werden zwei Aspekte erfaßt. Zum einen handelt es sich dabei um die generelle Machtverteilung im Absatzkanal, bezogen auf alle Wettbewerber in der Branche. Zum anderen wird die individuelle Verhandlungsmacht der jeweiligen Marke gegenüber den Absatzmittlern analysiert. Beide Aspekte werden dann zu einem Index-wert verdichtet. Erkenntnisse bezüglich der generellen Machtverteilung im Absatzkanal können im Regelfall nur dazu beitragen, pauschale Empfehlungen im Hinblick auf die Strategie-Absicherung für den Durchschnitt der Hersteller in einer Branche abzuleiten. Daher kann die Annahme vertreten werden, daß eine hohe Verhandlungsmacht der Absatzmittler gegenüber den Wettbewerbern einer Branche dazu führt, daß von der Mehrzahl der Hersteller eine Konfliktstrategie nicht realisiert werden kann. Allgemein ist jedoch davon auszugehen, daß die Gestaltung der Strategie-Absicherung im wesentlichen durch die individuelle Verhandlungsmacht des Herstellers gegenüber den Absatzmittlern determiniert wird. Verfügt das einzelne Unternehmen über eine deutlich höhere Verhandlungsmacht als die anderen Wettbewerber, ergibt sich hier ein größerer strategischer Spielraum, der beispielsweise auch die Verfolgung einer Konfliktstrategie im Einzelfall ermöglicht. Insgesamt ist zu erwarten, daß eine heterogene Handelssituation eher eine Differenzierung der Strategie-Absicherung erforderlich macht, während eine homogene Ausprägung dieser Situationsvariablen eher eine Standardisierung ermöglicht.

Folgende Hypothese wird überprüft: Marken, die der Gruppe 'homogene *Handelssituation*' zuzuordnen sind, zeichnen sich eher durch eine Standardisierung der Strategie-Absicherung aus, während Marken, die der Gruppe 'heterogene Handelssituation' zuzuordnen sind, eher durch eine Änderung der Strategie-Absicherung charakterisiert werden können.

Häufigkeiten (erwartete Häufigkeiten bei Unabhängigkeit) **Strategie-Absicherung**	**Handelssituation**	
	homogen	*heterogen*
standardisiert	*41 (36,6)*	*19 (23,4)*
differenziert	*9 (13,4)*	*13 (8,6)*
Anzahl der Fälle insgesamt: **82**		
<u>**Chi-Quadrattest:**</u>		
p = 0,02409		

Abbildung 59: Hypothesenprüfung zur Standardisierung der Strategie-Absicherung in Abhängigkeit von der Handelssituation

Die in *Abbildung 59* dargestellten Ergebnisse verdeutlichen, daß die Hypothese nicht abgelehnt werden kann. Die Annahme, daß eine homogene Handelssituation eine Standardisierung der Strategie-Absicherung ermöglicht, während eine heterogene Ausprägung in der Praxis zu einer Differenzierung der Strategie führt, kann damit auf der Basis der Stichprobe für die Grundgesamtheit als bestätigt angesehen werden.

Bezogen auf die **Konsumentensituation** ist davon auszugehen, daß ein Unternehmen seine individuelle Verhandlungsposition gegenüber dem Handel durch den Aufbau einer *Unique Selling Proposition* bei den Endverbrauchern verbessern kann. Eine Differenzierung gegenüber den Wettbewerbern ist dabei vor allem in segmentierten Märkten mit einer hohen Bedeutung des Zusatznutzens für die Kaufentscheidung möglich. Die Konsumentensituation determiniert allerdings allein die Möglichkeit im Hinblick auf die Nachfrageseite, eine Alleinstellung in den Augen der Verbraucher zu erreichen und damit die Verhandlungsmacht gegenüber den Absatzmittlern zu stärken. Inwieweit das Unternehmen das jeweilige Potential nutzt, bleibt in diesem Zusammenhang unberücksichtigt. Daher ist davon auszugehen, daß die Konsumentensituation Entscheidungen, die die Strategie-Absicherung betreffen, nicht signifikant beeinflußt.

Die Hypothese lautet: Da keine eindeutige situative Bedingungslage für die Strategie-Absicherung abgeleitet werden kann, werden sich die Erwartungswerte der abhängigen Variablen für die beiden Gruppen mit einer über- und unterdurchschnittlichen homogenen Ausprägung der *Konsumentensituation* nicht signifikant unterscheiden.

Häufigkeiten *(erwartete Häufigkeiten* *bei Unabhängigkeit)* **Strategie-Absicherung**	**Konsumentensituation**	
	homogen	*heterogen*
standardisiert	*45* *(43)*	*22* *(24)*
differenziert	*14* *(16)*	*11* *(9)*

Anzahl der Fälle insgesamt: **92**

<u>**Chi-Quadrattest:**</u>

p = 0,32060

Abbildung 60: Hypothesenprüfung zur Standardisierung der Strategie-Absicherung in Abhängigkeit von der Konsumentensituation

Entsprechend der formulierten Hypothese kann kein statistisch signifikanter Zusammenhang zwischen der Ausprägung der Konsumentensituation und dem länderspezifischen Verhalten gegenüber den Absatzmittlern nachgewiesen werden. Somit kann die Nullhypothese nicht abgelehnt werden, d.h. in der Unternehmenspraxis kommt der Konsumentensituation im Hinblick auf die Möglichkeit der Standardisierung der Strategie-Absicherung keine Bedeutung zu.

Wie oben bereits angedeutet wurde, ist die Stellung der Marke bei den Endverbrauchern als wesentliche Determinante bei der Festlegung der Strategie-Absicherung anzusehen. Mit dem Konstrukt der **Wettbewerbsposition** wird genau dieser Sachverhalt erfaßt. Hier wird die Stellung der Marke im Vergleich zu den Wettbewerben aus Sicht der Verbraucher evaluiert. Verfügt die Marke über eine starke Wettbewerbsposition, kann daraus geschlossen werden, daß die Verhandlungsmacht gegenüber den Absatzmittlern relativ hoch ist. Ist die Wettbewerbsposition vergleichsweise schwach, indiziert dies eine verhältnismäßig geringe Verhandlungsmacht gegenüber dem Handel. Damit wird deutlich, daß eine Veränderung der Wettbewerbsposition die Verhandlungsmacht des Herstellers gegenüber dem Handel beeinflußt und insofern die Wahl einer Strategiealternative im Rahmen der Strategie-Absicherung determiniert.

Bezogen auf die Kontextdimension *Wettbewerbsposition* kann somit folgende Hypothese formuliert werden: Marken, die der Gruppe 'homogene Wettbewerbsposition' zuzuordnen sind, zeichnen sich eher durch eine Standardisierung der Strategie-Absicherung aus, während Marken, die der Gruppe 'heterogene Wettbewerbsposition' zuzuordnen sind, eher durch eine Änderung der Strategie-Absicherung charakterisiert werden können.

Die in *Abbildung 61* dargestellten Ergebnisse verdeutlichen, daß die oben formulierte Hypothese nicht abgelehnt werden kann. Auf der Basis der vorliegenden Stichprobe kann für die Grundgesamtheit davon ausgegangen werden, daß eine homogene Wettbewerbsposition eher eine Standardisierung der Strategie-Absicherung ermöglicht, während eine heterogene Ausprägung in der Praxis eher zu einer Differenzierung der Strategie führt.

Häufigkeiten *(erwartete Häufigkeiten* *bei Unabhängigkeit)* **Strategie-Absicherung**	**Wettbewerbsposition**	
	homogen	*heterogen*
standardisiert	*47* *(41,1)*	*15* *(20,9)*
differenziert	*10* *(15,9)*	*14* *(8,1)*
Anzahl der Fälle insgesamt: **86**		
<u>**Chi-Quadrattest:**</u>		
p = 0,00267		

Abbildung 61: Hypothesenprüfung zur Standardisierung der Strategie-Absicherung in Abhängigkeit von der Wettbewerbsposition

Nachdem an dieser Stelle alle Hypothesen zum Einfluß der Kontextfaktoren auf die Gestaltung der Strategie-Absicherung getestet wurden, ist festzustellen, daß die jeweils aus der Theorie abgeleiteten Annahmen eine Bestätigung in der Praxis finden. Die Kontextdimensionen Handelssituation und Wettbewerbsposition beeinflussen, wie erwartet, die Standardisierung der Strategie-Absicherung in der Unternehmenspraxis, während die übrigen Situationsvariablen keinen signifikanten Einfluß auf diese Gestaltungsdimension ausüben. Im folgenden ist die Auswirkung der situativen Relativierung von Gestaltungsentscheidungen auf den Erfolg der Geschäftstätigkeit zu analysieren. Entsprechend den formulierten Hypothesen wird die Existenz unterschiedlicher Erwartungswerte der abhängigen Erfolgsvariablen für die Kontextvariablen Handelssituation und Wettbewerbsposition in Verbindung mit der Wahl einer konsistenten und inkonsistenten Gestaltungsalternative angenommen. Für die vier anderen Kontextdimensionen wird die Annahme überprüft, daß die Wahl der Gestaltungsalternative vor dem Hintergrund einer über- oder unterdurchschnittlichen Ausprägung der Kontextdimension keinen signifikanten Einfluß auf den Erfolg ausübt. Folglich ist bezogen auf diese Kontextdimensionen davon auszugehen, daß die Nullhypothese angenommen werden kann, d.h. die Erwartungswerte sind gleich. Zur Überprüfung der Hypothesen wird wieder ein t-Test für unabhängige Stichproben herangezogen.

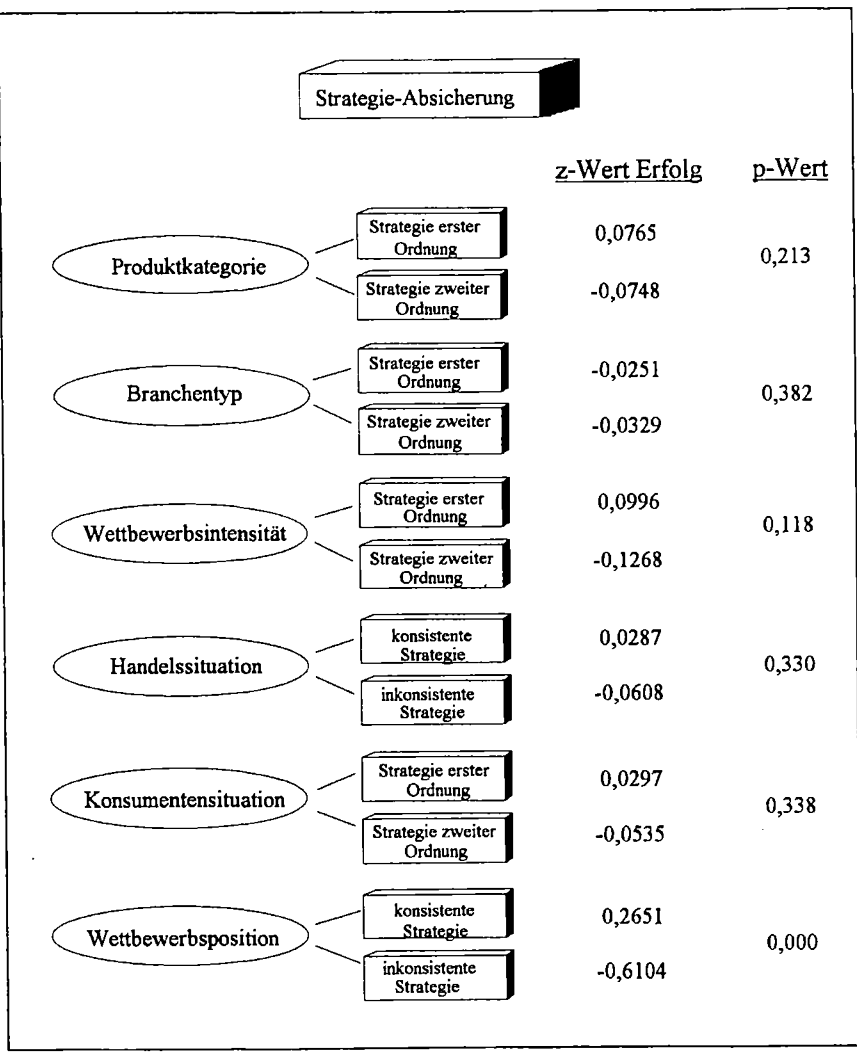

Abbildung 62: Erfolgspotential einer konsistenten und inkonsistenten Wahl der Strategie-Absicherung

Wie die in *Abbildung 62* dargestellten Ergebnisse zeigen, ist im Hinblick auf die Wettbewerbsposition eine konsistente Gestaltung der Strategie-Absicherung hochsignifikant erfolgreicher als die Wahl einer inkonsistenten Strategiealternative. Auch die Hypothesen bezüglich der Kontextdimensionen Produktkategorie, Branchentyp, Wettbewerbsintensität und Konsumentensituation können als bestätigt angesehen werden. Die z-Werte der Stichprobenuntergruppen, die den Erfolg indizieren, weichen hier, den Erwartungen entsprechend, nicht signifikant voneinander ab.

Entgegen den Erwartungen beeinflußt allerdings die Ausprägung der Situationsvariablen Handelssituation das Erfolgspotential der beiden Gestaltungsalternativen nicht. Mit anderen Worten bewirkt eine Standardisierung (Differenzierung) vor dem Hintergrund einer homogenen (heterogenen) Handelssituation keinen signifikant größeren Erfolg als die Realisation der gegenläufigen Gestaltungsalternativen. Somit kann die Nullhypothese nicht abgelehnt werden. Um eine Erklärung für dieses aus theoretischer Sicht überraschende Ergebnis zu finden, muß das Konstrukt Handelssituation näher beleuchtet werden. Wie bereits im Rahmen der Hypothesenformulierung angedeutet wurde, finden bei der Erfassung dieses Konstruktes Indikatoren Verwendung, die sowohl die spezifische Verhandlungsposition des Herstellers gegenüber dem Handel evaluieren als auch die generelle Verteilung der Verhandlungsmacht im Absatzkanal für die betrachtete Branche messen. Es ist jedoch davon auszugehen, daß die Wahl einer spezifischen Option der Strategie-Absicherung in erster Linie von der individuellen Stellung eines Unternehmens im vertikalen Wettbewerb abhängig ist.

Nachdem an dieser Stelle der Einfluß der Homogenität aller Kontext-dimensionen auf das Standardisierungspotential der Strategievariablen sowie die Auswirkungen spezifischer Kontext-Gestaltungs-Kombina-tionen auf den Erfolg untersucht wurden, sollen die zentralen Ergebnisse nochmals im Überblick dargestellt werden. *Abbildung 63* verdeutlicht, welche Kontextdimensionen die Erfolgswirksamkeit der Standardisie-rungsentscheidung für die verschiedenen Strategievariablen determinieren.

Wie bereits bei der Analyse der Ergebnisse im Hinblick auf die einzelnen Strategiedimensionen deutlich wurde, ergibt sich zum Teil eine Diskrepanz zwischen den Erkenntnissen, die aus diesen Ergebnissen abzu-leiten sind, und dem Verhalten in der Unternehmenspraxis. So beeinflußt beispielsweise die Ausprägung der Wettbewerbsposition Entscheidungen bezüglich der Strategie-Position in der Praxis nicht signifikant. Eine Analyse der Erfolgswirksamkeit verschiedener Kontext-Strategie-Kombi-nationen zeigt jedoch, daß eine Differenzierung der Strategie-Position vor dem Hintergrund einer heterogenen Wettbewerbsposition ein signifikant höheres Erfolgspotential erschließt als eine Standardisierung

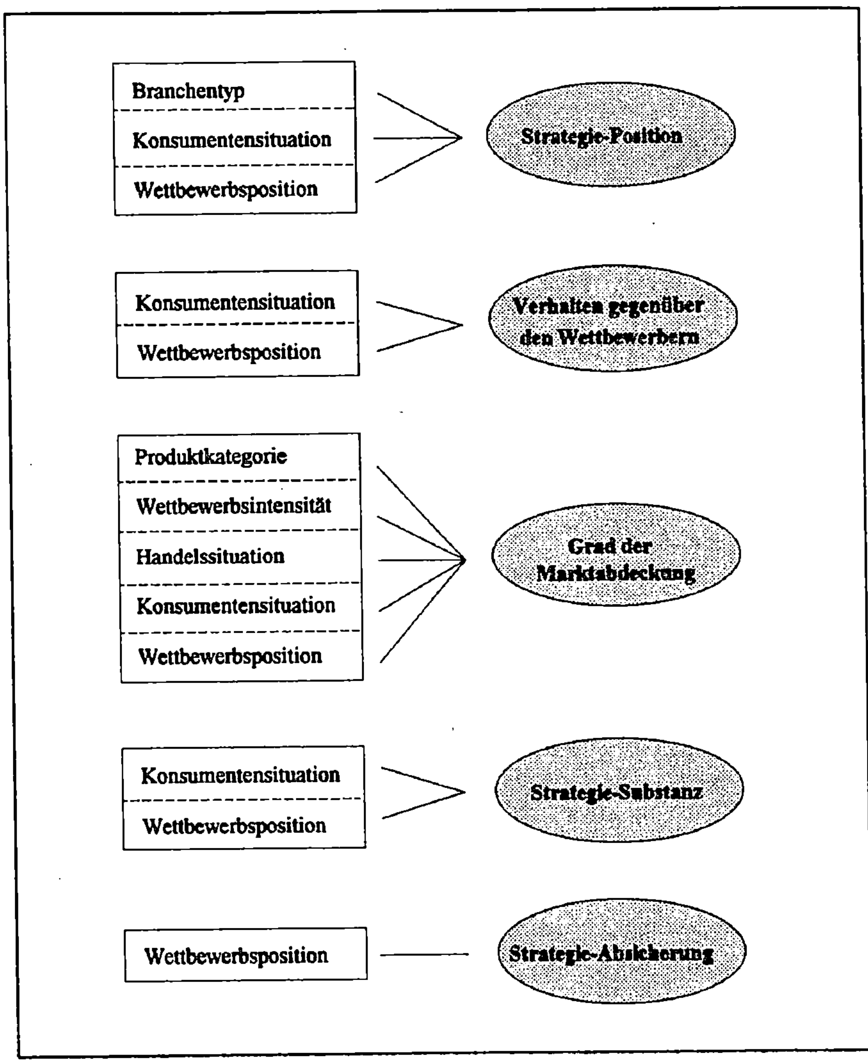

Abbildung 63: Situationsvariablen, die den Erfolg der Standardisierungsentscheidung beeinflussen

Bei der vorliegenden Arbeit handelt es sich nicht um ein ausschließlich von theoretischen Erkenntnisinteressen geleitetes Forschungsprojekt. Vielmehr sollen dem pragmatischen Wissenschaftsziel folgend Handlungsempfehlungen abgeleitet werden, die im Rahmen der Planung von internationalen Marketingstrategien entscheidungsunterstützenden Charakter haben. Dieser Zielsetzung kann auf der Basis der bisher gewonnenen Erkenntnissen noch nicht in vollem Umfang entsprochen werden. Die Analyse innerhalb dieses Abschnitts der Arbeit war einerseits darauf gerichtet nachzuvollziehen, welchen Einfluß die Ausprägung der untersuchten Kontextdimensionen auf den Standardisierungsgrad der Gestaltungskomponente in der unternehmerischen Praxis ausübt. In einem zweiten Schritt wurde die Analyse jeweils erweitert, indem der Frage nachgegangen wurde, welcher Zusammenhang zwischen der Ausprägung der Situationsvariablen und der Strategieformulierung einerseits und dem Erfolg als abhängiger Variablen andererseits besteht.

Ausgehend von den bis dato gewonnenen Einblicken lassen sich jedoch nicht in jedem Fall operationale Handlungsempfehlungen für konkrete Entscheidungssituationen in der Praxis ableiten. Beispielsweise kann im Hinblick auf eine heterogene Wettbewerbsposition eine Aussage allein dahingehend getroffen werden, daß eine Differenzierung der Strategie-Substanz einen größeren Erfolg verspricht als eine Standardisierung dieser Strategieebene. Unberücksichtigt bleiben jedoch sowohl die Richtung der Abweichung der Wettbewerbsposition, also die Frage, ob die Wettbe-werbsposition im Heimatmarkt stärker oder schwächer ausgeprägt ist als im Auslandsmarkt, als auch die Richtung der Änderung der Strategie-Substanz, die jeweils erfolgversprechend ist. Diese Fragestellung ist daher Gegenstand der Analyse im folgenden Abschnitt der Arbeit, die auf die Generierung differenzierter Handlungsempfehlungen für die Praxis abzielt.

2.3.2. Ableitung von Handlungsempfehlungen - die Analyse der Richtung der Abweichungen

Wie bereits mehrfach angedeutet, soll im Rahmen dieses Abschnitts die Analyse dahingehend erweitert werden, daß die Richtung der Abweichungen der Situations- und Gestaltungsvariablen erfaßt wird. Die Durchführung einer solchen Analyse ist jedoch nur im Hinblick auf Gestaltungsvariablen möglich, die indirekt ermittelt, d.h. für die beiden jeweils betrachteten Ländermärkte getrennt abgefragt wurden. Hier wird der interessierende Sachverhalt - die Differenz bei der Strategieformulierung zwischen zwei Ländermärkten - durch eine Variablentransformation ermittelt, indem der Ausprägungswert der Variablen auf dem Auslandsmarkt von dem entsprechenden Wert auf dem Heimatmarkt subtrahiert wird.

Damit wird deutlich, daß eine solche Analyse für die Ebene Strategie-Position nicht durchgeführt werden kann, da diese Variable direkt erfaßt wurde. Mit dieser Ebene ist die grundlegende Frage angesprochen, ob die Position der Marke beibehalten oder geändert werden soll. Der Gestaltungsspielraum im Rahmen dieser Strategiedimension wird somit bei der Erfassung des Grades der Abweichung vollständig abgebildet, da die inhaltliche Seite der Positionierung im Zusammenhang mit der Festlegung der Strategie-Substanz und im Rahmen der instrumentellen Marketingplanung abgedeckt wird.

Mit Blick auf die unabhängigen, direkt erfaßten Situationsvariablen Produktkategorie und Branchentyp gilt dieselbe Annahme. Die Ausprägung dieser Dimensionen wurde bereits im ersten Baustein vollständig erfaßt. Weitergehende Erkenntnisse lassen sich nicht ableiten. Daher sollen diese beiden Kontextkomponenten sowie die Gestaltungsvariable Strategie-Position aus den folgenden Überlegungen ausgeklammert werden.

Die Abweichungsrichtung sowohl der Kontextdimensionen als auch der Gestaltungsvariablen sollen im folgenden nur dann untersucht werden, wenn die Kombination dieser beiden Komponenten des situativen Forschungsdesigns das Erfolgspotential determiniert (vgl. hierzu auch *Abbildung 63*). Diese Selektion erscheint angeraten, da die Ableitung von Gestaltungsempfehlungen für die einzelnen Strategieebenen nur im Hinblick auf Kontextdimensionen sinnvoll ist, die die Ausgestaltung der Strategie bzw. den resultierenden Erfolg signifikant beeinflussen.

2.3.2.1. Der Strategie-Stil

2.3.2.1.1. Das Verhalten gegenüber den Wettbewerbern

Wie bereits deutlich wurde, stehen dem Hersteller grundsätzlich vier idealtypische Alternativen zur Verfügung, um sein Verhalten gegenüber den Wettbewerbern zu definieren. Die Wahl zwischen den Strategien des Marktführers, Marktherausforderers, Marktmitläufers und Marktnischenbearbeiters wird dabei in Abhängigkeit von der Stellung der Marke im horizontalen Wettbewerb getroffen. Eine relativ starke Stellung erlaubt im Regelfall die Wahl einer Marktführer- oder Marktherausfordererstrategie. Eine Anpassungsstrategie wird hingegen nur dann gewählt, wenn die Marke eine vergleichsweise schwache Stellung im Wettbewerb aufweist und den Regeln des Wettbewerbs gefolgt wird. Hierin unterscheidet sich die Strategie eines Marktnischenbearbeiters von der Anpassungsstrategie, da im Rahmen der Bearbeitung einer Marktnische der Versuch unternommen wird, eine schwächere Position im Hinblick auf die klassischen Erfolgsfaktoren in der Branche durch die Bearbeitung spezieller Teilmärkte und den Aufbau spezifischer Erfolgsfaktoren auszugleichen.

Während ein Marktmitläufer im direkten Vergleich zu Marktführern und Marktherausforderern eine schwächere Position aufweist, ist eine Einordnung des Marktnischenbearbeiters im Hinblick auf die Stellung der Marke im Wettbewerb schwierig. Zurückzuführen ist dies darauf, daß zur Bearbeitung einer Marktnische spezifische Erfolgsfaktoren aufgebaut werden, so daß die Vergleichbarkeit mit der Position der Wettbewerber erschwert wird. Da sich die Strategie eines Marktnischenbearbeiters von den übrigen drei Verhaltensoptionen gegenüber den Wettbewerbern vor allem im Hinblick auf den Grad der Marktabdeckung unterscheidet und dieser Aspekt im Rahmen der Analyse getrennt untersucht wird, soll diese Strategiealternative zunächst aus der Analyse ausgeklammert werden.

Eine Abgrenzung der drei Verhaltensoptionen Marktführer, Marktherausforderer und Marktmitläufer kann mittels des Machtpotentials der Marke im horizontalen Wettbewerb vorgenommen werden. Abstrakt formuliert stellt das Machtkonstrukt im horizontalen Wettbewerb die Fähigkeit zur Durchsetzung bestimmter Maßnahmen auch gegen den Willen der Wettbewerber dar. Demnach kann eine Systematisierung der drei Strategie-Stile durch eine Analyse des relativen Machtpotentials erreicht werden. Je höher die Macht einer Marke im horizontalen Wettbewerb ausgeprägt ist, desto offensiver kann das Verhalten gegenüber den Wettbewerbern formuliert werden (vgl. Gussek 1992, S. 127f.).

Im folgenden soll überprüft werden, welche Änderung des Verhaltens gegenüber den Wettbewerbern in Abhängigkeit von der Ausprägung der Kontextdimensionen sinnvoll ist. Die Analyse beschränkt sich dabei auf Situationsvariablen, die für die Gestaltung des Verhaltens gegenüber den Wettbewerbern von Bedeutung sind. Im Rahmen der Analyse konnten die *Konsumentensituation* sowie die *Wettbewerbsposition* als relevante Variablen identifiziert werden.

Formulierung der Hypothesen

Bezogen auf die Situationsvariable **Konsumentensituation** ist davon auszugehen, daß länderspezifische Unterschiede der Marktstruktur das Verhalten gegenüber den Wettbewerbern insofern beeinflussen, als ein unterschiedlicher Segmentierungsgrad bzw. differierende Nutzenanforderungen die Position des Herstellers im horizontalen Wettbewerb determinieren. Allerdings kann keine Aussage darüber getroffen werden, wie sich die Stellung der Marke in Abhängigkeit von der Richtungsabweichung der Situationsvariablen ändert. So ist beispielsweise davon auszugehen, daß sich die Stellung einer Marke, die im Heimatmarkt als Marktführer gilt, sowohl bei einem stärkeren als auch bei einem schwächeren Segmentierungsgrad des Auslandsmarktes verschlechtern kann und somit sowohl eine Marktherausforderer- als auch eine Marktmitläuferstrategie situationsadäquat erscheint.

Die Hypothese lautet vor diesem Hintergrund: Da keine eindeutige situative Bedingungslage für die Richtung der Änderung des Verhaltens gegenüber den Wettbewerbern in Abhängigkeit von der Ausprägung der Situationsvariablen *Konsumentensituation* abgeleitet werden kann, unterscheiden sich die Erwartungswerte der abhängigen Variablen für die beiden Gruppen mit einem höheren bzw. niedrigeren Segmentierungsgrad im Auslandsmarkt nicht signifikant.

Zur Hypothesenprüfung soll ein Chi-Quadrat-Test herangezogen werden. Alle Fälle, in denen dem Verhalten gegenüber den Wettbewerbern auf dem Heimat- oder Auslandsmarkt eine Strategie der Nischenbearbeitung zugrundelag, werden aufgrund der oben beschriebenen Problematik aus der Analyse ausgeklammert. Überdies werden auch Marken, für die das

Verhalten gegenüber den Wettbewerbern beibehalten wurde, nicht in die Analyse einbezogen. Somit ergibt sich insgesamt eine Fallzahl von 46 untersuchten Marken. Da der herkömmliche Chi-Quadrat-Test jedoch an Zuverlässigkeit verliert, wenn der Erwartungswert in einer Zelle kleiner als 5 ist, soll jeweils Fisher's exakter Test zur Analyse herangezogen werden (vgl. Siegel 1976, S. 94-99; Matiaske 1990, S. 85).

Häufigkeiten *(erwartete Häufigkeiten* *bei Unabhängigkeit)* **Verhalten gegenüber den Wettbewerbern**	**Konsumentensituation**	
	stärker *segmentiert*	*schwächer* *segmentiert*
offensiveres Verhalten	*6* *(6,3)*	*5* *(4,7)*
defensiveres Verhalten	*23* *(22,7)*	*17* *(17,3)*

Anzahl der Fälle insgesamt: **51**

Fisher's exakter Test:

p = 1,000

Abbildung 64: Testergebnis der Hypothese zur Richtung der Änderung des Verhaltens gegenüber den Wettbewerbern in Abhängigkeit von der Ausprägung der Konsumentensituation

Das in *Abbildung 64* dargestellte Testergebnis zeigt, daß die Nullhypothese nicht abgelehnt werden kann. Die Richtung der Abweichung der Konsumentensituation hat keinen signifikanten Einfluß auf die Richtungsänderung des Verhaltens gegenüber den Wettbewerbern in der Praxis.

Mit Blick auf die Situationsvariable **Wettbewerbsposition** ist davon auszugehen, daß eine schwächere Wettbewerbsposition auf dem Auslandsmarkt die Wahl eines defensiveren Verhaltens im Wettbewerb nahelegt. Umgekehrt ermöglicht eine stärkere Wettbewerbsposition ein offensiveres Verhalten, da die Fähigkeit, bestimmte Maßnahmen auch gegen den Willen der anderen Wettbewerber durchzusetzen, eher gegeben ist. Je stärker die Wettbewerbsposition einer Marke ist, umso größer ist die Macht einer Marke im horizontalen Wettbewerb und desto offensiver kann das Verhalten gegenüber den Wettbewerbern formuliert werden.

Bezogen auf die *Wettbewerbsposition* lautet die Hypothese daher:
Eine stärkere Wettbewerbsposition auf dem Auslandsmarkt erlaubt
dem Unternehmen eher eine offensivere Gestaltung des Verhaltens
gegenüber den Wettbewerbern, während eine schwächere
Wettbewerbsposition auf dem Auslandsmarkt eher die Wahl eines
defensiveren Verhaltens im horizontalen Wettbewerb induziert.

Häufigkeiten *(erwartete Häufigkeiten* *bei Unabhängigkeit)* **Verhalten gegenüber den Wettbewerbern**	**Wettbewerbsposition**	
	stärker	*schwächer*
offensiveres Verhalten	*7* *(2,6)*	*4* *(8,4)*
defensiveres Verhalten	*5* *(9,4)*	*35* *(30,3)*

Anzahl der Fälle insgesamt: **51**

Fisher's exakter Test:

p = 0,0147

Abbildung 65: Testergebnis der Hypothese zur Richtung der Änderung des
Verhaltens gegenüber den Wettbewerbern in Abhängigkeit von der Ausprägung
der Wettbewerbsposition

Das Testergebnis zeigt, daß die Hypothese nicht abgelehnt werden kann.
Die Annahme einer zunehmend offensiveren (defensiveren) Formulierung des Verhaltens gegenüber den Wettbewerbern vor dem Hintergrund
einer stärkeren (schlechteren) Wettbewerbsposition kann auf der Basis der
Stichprobe als bestätigt angesehen werden.

Im folgenden ist zu überprüfen, ob das aus theoretischer Sicht erwartete
Ergebnis sich auch im Hinblick auf das Erfolgspotential der situativ relativierten Gestaltungsalternativen bestätigt. Zur Hypothesenprüfung wird ein
t-Test herangezogen, wobei im Hinblick auf die Situationsvariable Konsumentensituation entsprechend der formulierten Hypothese ein zweiseitiger
Signifikanztest berechnet wird, während für die Wettbewerbsposition das
einseitige Signifikanzniveau ausgewiesen wird.

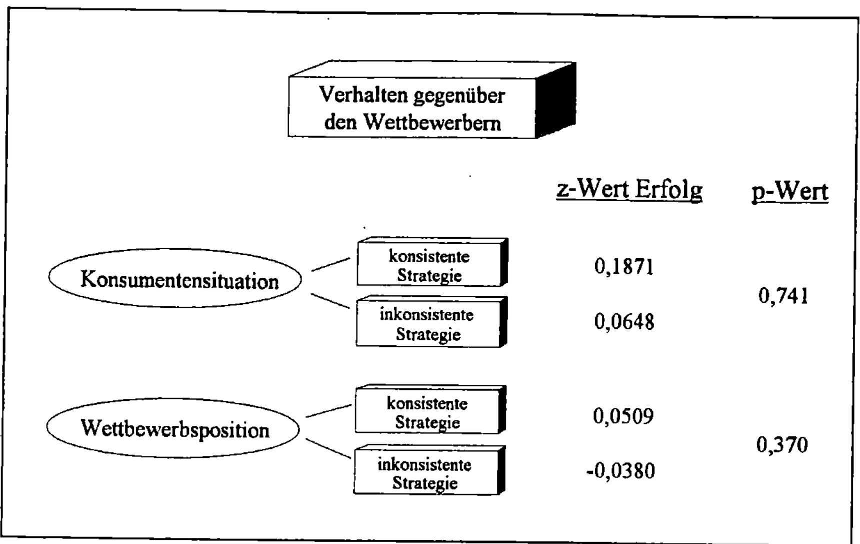

Abbildung 66: Erfolgspotential einer konsistenten und inkonsistenten Änderung des Verhaltens gegenüber den Wettbewerbern

Wie eine Analyse der in *Abbildung 66* dargestellten Testergebnisse zeigt, kann die Nullhypothese im Hinblick auf beide Kontextdimensionen nicht abgelehnt werden. Während dieses Ergebnis hinsichtlich der Konsumentensituation den Erwartungen entspricht, steht es in bezug auf die Wettbewerbsposition im Widerspruch zu der formulierten Hypothese.

Eine Begründung für diesen Befund kann in der generell unterschiedlichen Erfolgswirksamkeit verschiedener Verhaltensoptionen im horizontalen Wettbewerb gesehen werden. So stellt Gussek (vgl. 1992, S. 254 f.) im Rahmen einer empirischen Untersuchung fest, daß sich Marktmitläuferstrategien im Vergleich zu anderen Verhaltensoptionen, durch einen signifikant niedrigeren Zielerreichungsgrad auszeichnen. Da die Verhaltensoption 'Marktmitläufer' vor dem Hintergrund einer schwächeren Wettbewerbsposition der Marke im Auslandsmarkt als konsistente Gestaltungsalternative klassifiziert wurde, ist anzunehmen, daß die Erwartungswerte im Hinblick auf den Erfolg einer konsistenten Strategie durch diese Zuordnung negativ beeinflußt werden. Zur Überprüfung der Annahme, daß Marktmitläufer einen signifikant niedrigeren Zielerreichungsgrad aufweisen, wird ein t-Test durchgeführt. Dabei wird eine Gruppe mit Marken gebildet, deren Verhalten gegenüber den Wettbewerbern sich mittels der anderen drei Verhaltensoptionen charakterisieren läßt. Die andere Gruppe umfaßt alle Marken, die eine Mitläuferstrategie verfolgen.

Die Hypothese lautet: Marken, für die eine Marktmitläuferstrategie realisiert wird, sind weniger erfolgreich als Marken, für die eine andere Verhaltensoption im horizontalen Wettbewerb realisiert wird.

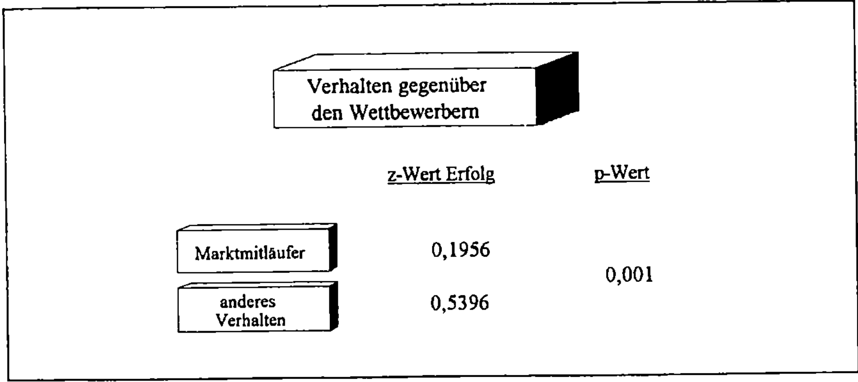

Abbildung 67: Erfolgspotential verschiedener Verhaltensoptionen im horizontalen Wettbewerb

Wie das Testergebnis zeigt, muß die Nullhypothese auf der Basis der Stichprobe zurückgewiesen werden. Marken, mit denen eine Marktmitläuferstrategie verfolgt wird, weisen im Vergleich zu anderen Marken einen hochsignifikant geringeren Zielerreichungsgrad auf. Im folgenden soll untersucht werden, ob die Bearbeitung einer Marktnische im Rahmen einer Verschlechterung der Wettbewerbsposition auf dem Auslandsmarkt größeren Erfolg verspricht als die Wahl einer Marktmitläuferstrategie.

Die Hypothese lautet: Bei einer schwächeren Wettbewerbsposition im Auslandsmarkt ist die Wahl einer Strategie des Marktmitläufers weniger erfolgreich als die Bearbeitung einer Marktnische.

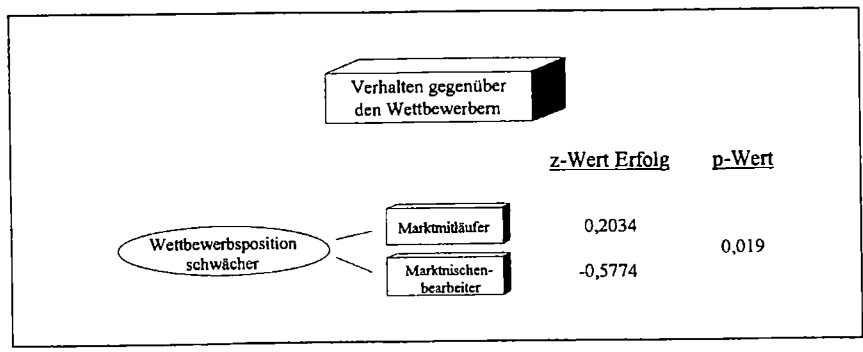

Abbildung 68: Erfolgspotential des Marktmitläufers und des Marktnischenbearbeiters bei schwächerer Wettbewerbsposition auf dem Auslandsmarkt

Das Ergebnis des Hypothesentests verdeutlicht, daß zumindest eine Handlungsempfehlung für die Formulierung des Verhaltens gegenüber den Wettbewerbern abgeleitet werden kann. Ist die Wettbewerbsposition auf dem Auslandsmarkt schwächer als auf dem Heimatmarkt, erscheint die Bearbeitung einer Marktnische erfolgversprechender als die Wahl der Marktmitläuferstrategie.

2.3.2.1.2. Der Grad der Marktabdeckung

Der Grad der Marktabdeckung wurde mit Hilfe einer verbalen bipolaren Intervallskala gemessen. Inhaltlich zielt diese Strategiedimension auf die Erfassung des Anteils der Zielgruppe des strategischen Geschäftsfeldes am Gesamtmarkt ab. Im Rahmen der Analysen in Abschnitt V. 2.3.1.3.2. der Arbeit wurde deutlich, daß die Ausprägung der Kontextdimensionen *Produktkategorie*, *Wettbewerbsintensität*, *Handelssituation*, *Konsumentensituation* und *Wettbewerbsposition* das Standardisierungspotential des Marktabdeckungsgrades determiniert. Die Produktkategorie muß, wie bereits dargelegt wurde, aus den folgenden Überlegungen ausgeklammert werden. Im Anschluß soll daher untersucht werden, wann eine Vergrößerung oder Verkleinerung des Zielgruppenanteils am Gesamtmarkt im Hinblick auf eine unterschiedliche Ausprägung der vier Situationsvariablen angezeigt ist. In einem ersten Schritt wird wieder analysiert, ob das Verhalten in der Praxis den theoretisch abgeleiteten Annahmen entspricht, um in einem zweiten Schritt die Erfolgswirksamkeit des Verhaltens in den Mittelpunkt der Betrachtungen zu stellen.

Formulierung der Hypothesen

Wie bereits in den Ausführungen zu Abschnitt IV. 2.1.2.1.1. der Arbeit deutlich gemacht wurde, führt eine hohe **Wettbewerbsintensität** häufig zu einer zunehmenden Segmentierung des Gesamtmarktes. Für die Anbieter in einer Branche stellt die Angebotsdifferenzierung eine Möglichkeit dar, sich dem starken Wettbewerb zumindest teilweise zu entziehen, da einerseits durch die Bearbeitung einer eingegrenzten Zielgruppe die Zahl der direkten Wettbewerber beschränkt werden kann und andererseits durch eine Differenzierung eine stärkere Profilierung des eigenen Angebots erreicht wird. Damit steigt die Präferenz der Abnehmer für die eigene Marke und die Austauschbarkeit sinkt. Insgesamt wird deutlich, daß die

Wettbewerbsintensität eine wesentliche Determinante bei der Festlegung des Marktabdeckungsgrades darstellt.

> Folgende Hypothese kann somit formuliert werden: Ist die Wettbewerbsintensität auf dem Auslandsmarkt stärker ausgeprägt, erscheint eine Reduzierung des Anteils der Zielgruppe am Gesamtmarkt angezeigt. Ist die Wettbewerbsintensität hingegen auf dem Auslandsmarkt niedriger als auf dem Heimatmarkt, wird eher ein größerer Ausschnitt des Gesamtmarktes bearbeitet.

Bezogen auf die Kontextdimension **Handelssituation** ist festzustellen, daß mit zunehmender Handelsmacht die Möglichkeit der Bearbeitung bestimmter Marktsegmente eingeschränkt wird. Die Bearbeitung spezifischer Zielgruppen hängt zum einen von der Möglichkeit des Zugangs zu den zielgruppen- bzw. strategieadäquaten Handelsunternehmen ab und bedarf zum anderen der Unterstützung bzw. Umsetzung der Marketingstratgie des Herstellers am Point of sale (vgl. Tomczak/Gussek 1992, S. 784). Im allgemeinen ist der Absatzmittler daran interessiert, mit einer bestimmten Marke eine Lücke in seinem Sortiment zu füllen oder gegebenenfalls eine Sortimentsvariation durchzuführen (vgl. Müller-Hagedorn 1993, S. 194).

Damit wird deutlich, daß eine autonome Wahl der Zielgruppe durch den Hersteller nur möglich ist, wenn das Unternehmen die Marketingführerschaft im Absatzkanal besitzt, also alle Marketinginstrumente über den gesamten Absatzweg hinweg kontrollieren kann. Je geringer die Verhandlungsmacht des Herstellers gegenüber den Absatzmittlern ausgeprägt ist, desto größer ist der Einfluß des Handels auf die Marketingstrategie. Da die Verhandlungsmacht des Herstellers ganz wesentlich von der Stellung der Marke bei den Endverbrauchern abhängig ist, kann davon ausgegangen werden, daß eine schlechte Verhandlungsposition gegenüber den Handelsunternehmen mit einer schwachen Präferenz breiter Abnehmerschichten korreliert. Je schwächer die Verhandlungsposition des Herstellers gegenüber den Absatzmittlern ausgeprägt ist, desto kleiner ist demnach vermutlich die Zielgruppe, die bearbeitet wird.

> Die Hypothese lautet daher: Ist die Verhandlungsmacht des Herstellers gegenüber dem Handel auf dem Auslandsmarkt schwächer ausgeprägt, erscheint eine Reduzierung des Anteils der Zielgruppe am Gesamtmarkt angezeigt. Ist die Verhandlungsmacht hingegen auf dem Auslandsmarkt höher als auf dem Heimatmarkt, wird eher ein größerer Ausschnitt des Gesamtmarktes bearbeitet werden.

Die **Konsumentensituation** kann als zentrale Entscheidungsdeterminante bei der Festlegung des Marktabdeckungsgrades gelten. Märkte, die einen geringen Segmentierungsgrad aufweisen, eignen sich im Regelfall eher für die Ansprache eines großen Anteils des Gesamtmarktes als stark segmentierte Märkte, die eine Vielzahl von Zielgruppen mit unterschiedlichen Bedürfnissen umfassen. Dabei ist davon auszugehen, daß vor allem Märkte, die durch eine Dominanz der Grundnutzenansprüche charakterisiert werden können, eine homogene Nachfragestruktur aufweisen. Dies ist als Voraussetzung für die Bearbeitung eines relativ großen Ausschnitts des Gesamtmarktes zu sehen. Sind für die Kaufentscheidung der Konsumenten jedoch in erster Linie Zusatznutzenbedürfnisse relevant, die in der Regel sehr unterschiedlich ausgeprägt sind, kann nur ein relativ kleiner Ausschnitt des Gesamtmarktes mit Aussicht auf Erfolg bearbeitet werden. Auf der Basis der Erkenntnisse über die Markentreue können Rückschlüsse über das Involvement der Verbraucher gezogen werden, da eine starke Markentreue ein hohes Involvement des Konsumenten voraussetzt. Eine Bedingung für den Aufbau einer starken Markentreue ist in der Regel in einer relativ starken Differenzierung der angebotenen Produkte zu sehen, da die Austauschbarkeit von Produkten die Bildung einer Produktpräferenz erschwert. Damit wird deutlich, daß bei niedriger Markentreue ein größerer Ausschnitt des Gesamtmarktes bearbeitet wird. Die drei Indikatoren zur Erfassung der Konsumentensituation beschreiben insgesamt die Komplexität dieser Kontextdimension. So ist davon auszugehen, daß komplexe, d.h. stark segmentierte Märkte mit einer hohen Bedeutung des Zusatznutzens und einer hohen Markentreue einen sehr differenzierten Einsatz des Marketing-Instrumentariums erforderlich machen. Dies führt in jedem Fall auch zu einer Erhöhung der Komplexität bei der Planung des Marketing-Mix.

Im Zusammenhang mit der Kontextdimension *Konsumentensituation* soll folgende Hypothese überprüft werden: Eine komplexere Konsumentensituation führt eher zu der Bearbeitung eines kleineren Ausschnitts des Auslandsmarktes. Umgekehrt wird eher ein größerer Anteil des Gesamtmarktes bearbeitet, wenn die Konsumentensituation im Auslandsmarkt durch eine geringere Komplexität gekennzeichnet ist.

Bezogen auf die Kontextdimension **Wettbewerbsposition** ist davon auszugehen, daß eine Verschlechterung der Wettbewerbsposition zu einer Reduzierung des Anteils der Zielgruppe am Gesamtmarkt führt, während eine bessere Wettbewerbsposition die Bearbeitung eines größeren Ausschnitts des Gesamtmarktes erlaubt. Dies kann damit begründet werden, daß Unterschiede in der Wettbewerbsposition in zwei Ländermärkten entweder darauf zurückzuführen sind, daß die Marke im Vergleich zu den Wettbewerbern anders bewertet wird oder aber den zugrundeliegenden Indikatoren eine unterschiedliche Bedeutung beigemessen wird. Den Hintergrund für eine Verschlechterung der Wettbewerbsposition im Ländervergleich können zwei Faktoren bilden. Einerseits kann die Marke über geringere Vorteile gegenüber den Wettbewerbsprodukten sowohl in bezug auf die Zahl der Indikatoren als auch auf den einzelnen Indikator verfügen. Andererseits besteht jedoch auch die Möglichkeit, daß die relativen Stärken der Marke von einer geringeren Anzahl der Konsumenten als kaufentscheidend eingestuft werden. Beide Entwicklungen lassen es sinnvoll erscheinen, einen kleineren Ausschnitt des Gesamtmarktes zu bearbeiten, da die Marke bei der Zielgruppe über relative Vorteile gegenüber den Wettbewerbern im Hinblick auf kaufentscheidungsrelevante Kriterien verfügen sollte.

Bezogen auf die Situationsvariable *Wettbewerbsposition* kann damit folgende Hypothese formuliert werden: Eine stärkere Wettbewerbsposition auf dem Auslandsmarkt erlaubt es dem Unternehmen, einen größeren Ausschnitt des Gesamtmarktes zu bearbeiten. Hingegen bedingt eine schlechtere Wettbewerbsposition auf dem Auslandsmarkt die Notwendigkeit, den Anteil der Zielgruppe am Gesamtmarkt zu reduzieren.

In Anlehnung an die abgeleiteten Hypothesen soll untersucht werden, welchen Einfluß eine bestimmte Richtung der Abweichung der vier Situationsvariablen auf die Gestaltungsdimension *Grad der Marktabdeckung* in der Praxis hat. Im Anschluß wird die Frage überprüft, ob das erwartete, aus theoretischer Perspektive konsistente Verhalten ein größeres Erfolgspotential aufweist als ein inkonsistentes Verhalten.

Wie im Rahmen der Ableitung der Hypothesen deutlich wurde, handelt es sich in allen Fällen um gerichtete Hypothesen, d.h. es können einseitige Signifikanztests durchgeführt werden. Betrachtet man die Mittelwerte der abhängigen Variablen (x-Werte) für beide Stichprobenuntergruppen, so wird deutlich, welche Richtungsänderung dem Grad der Marktabdeckung zugrundeliegt. Ein negatives Vorzeichen indiziert in diesem Zusammenhang die Bearbeitung eines kleineren Marktsegmentes, während ein positives Vorzeichen eine Vergrößerung der Zielgruppe anzeigt. Der p-Wert gibt Auskunft darüber, ob die Abweichung zwischen den Mittelwerten der beiden Stichprobenuntergruppen statistisch signifikant ist. Zur Hypothesenprüfung wird wieder ein t-Test für unabhängige Stichproben herangezogen.

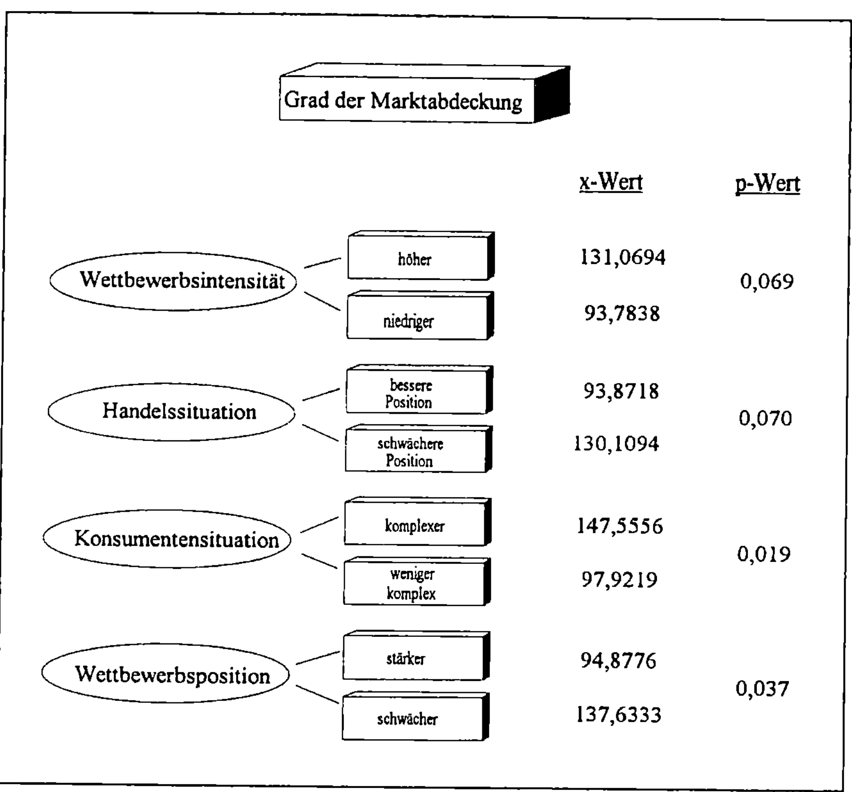

Abbildung 69: Testergebnisse der Hypothesen zur Richtung der Änderung des Marktabdeckungsgrades in Abhängigkeit von der Ausprägung der Kontextdimensionen

Eine Analyse der in *Abbildung 69* dargestellten Ergebnisse zeigt, daß die Nullhypothese nicht in jedem Fall abgelehnt werden kann. Während eine stärkere Wettbewerbsposition im Auslandsmarkt ebenso wie ein geringere Komplexität zu der Bearbeitung eines signifikant größeren Marktsegmentes führt, sind die Einflüsse der Abweichungsrichtung der Handelssituation und der Wettbewerbsintensität auf den Grad der Marktabdeckung nicht signifikant. Allerdings kann hier unter Berücksichtigung der p-Werte von einem tendenziellen Einfluß gesprochen werden. Eine Betrachtung des arithmetischen Mittels (x-Wert) der jeweiligen Stichprobenuntergruppen zeigt, daß bezogen auf alle Kontextdimensionen die Zielgruppe der Marke im Auslandsmarkt enger formuliert wurde als im Heimatmarkt, d.h. der Grad der Marktabdeckung ist jeweils bei beiden Stichprobenuntergruppen im Auslandsmarkt geringer als im Heimatmarkt.

Im folgenden soll die Erfolgswirksamkeit des situativ relativierten Verhaltens überprüft werden. Dabei wird wieder der Frage nachgegangen, ob das erwartete, aus theoretischer Perspektive konsistente Verhalten einen größeren Erfolg bedingt als ein inkonsistentes Verhalten. Zur Hypothesenprüfung wird wieder ein t-Test für unabhängige Stichproben herangezogen.

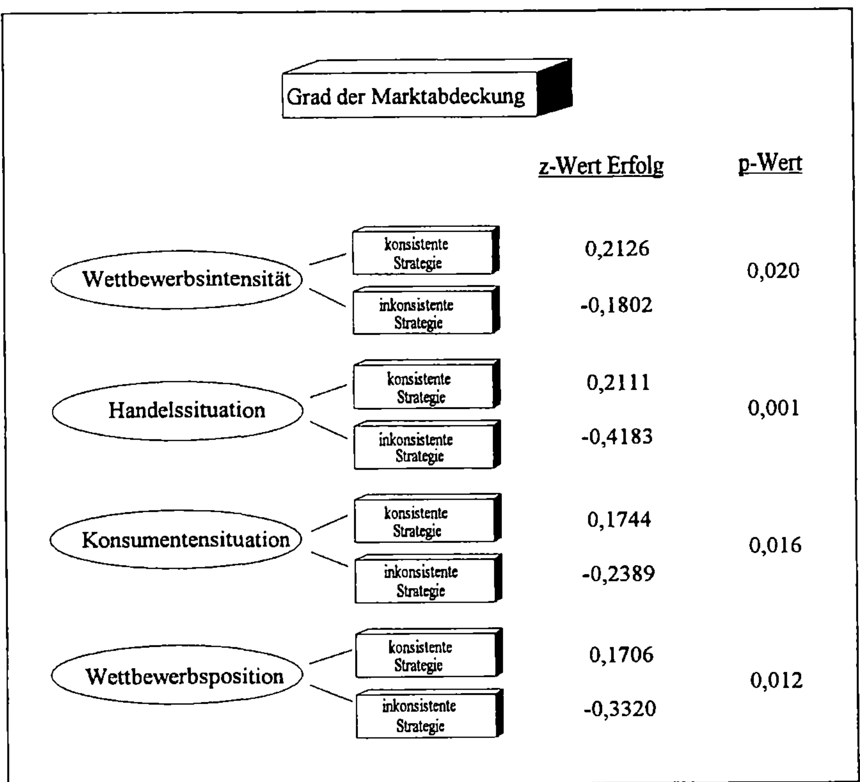

Abbildung 70: Erfolgspotential einer konsistenten und inkonsistenten Änderung des Marktabdeckungsgrades

Die Hypothesentests zeigen insofern ein eindeutiges Ergebnis, als die Nullhypothese jeweils abgelehnt werden muß. Die Mittelwerte der beiden Stichprobenuntergruppen 'konsistente Strategie' und 'inkonsistente Strategie' zeigen im Hinblick auf die standardisierte Erfolgsvariable eine signifikante Abweichung. Auf der Basis der vorliegenden Stichprobe lassen sich somit eindeutige Handlungsempfehlungen für die Festlegung des Marktabdeckungsgrades ableiten. Diese Erkenntnis ist insbesondere im Hinblick auf die Situationsvariablen *Wettbewerbsintensität* und *Handelssituation* von Interesse, die bei der Festlegung des Marktabdeckungsgrades in der Praxis nur tendenziell berücksichtigt werden. Die auf der Basis der Stichprobe gewonnenen Erkenntnisse zeigen, daß auch Abweichungen im Hinblick auf diese beiden Kontextdimensionen signifikante Auswirkungen auf das Erfolgspotential spezifischer Gestaltungsalternativen haben und infolgedessen bei der Festlegung des Marktabdeckungsgrades stärker berücksichtigt werden sollten.

2.3.2.2. Die Strategie-Substanz

Die Strategie-Substanz wurde mit Hilfe einer bipolaren kontinuierlichen Skala gemessen. Die Extrempunkten werden durch die *Preis-Mengen-Strategie* und die *Präferenz-Strategie* in der jeweils idealtypischen Ausprägung repräsentiert. Eine Verschiebung auf diesem Kontinuum gibt damit Auskunft darüber, ob und inwieweit eine Veränderung des Präferenzniveaus bei der Bearbeitung des Auslandsmarktes stattgefunden hat. Werte mit negativem Vorzeichen weisen darauf hin, daß bei der Bearbeitung des Auslandsmarktes im Vergleich zum Heimatmarkt ein höheres Präferenzniveau zugrundegelegt wird. Resultiert aus der Variablentransformation ein Wert mit positivem Vorzeichen, wird die Marke im Heimatmarkt auf einem höheren Präferenzniveau angeboten als auf dem Auslandsmarkt.

Im folgenden soll nun überprüft werden, in welche Richtung eine Verschiebung auf dem Kontinuum in Abhängigkeit von der Ausprägung der Kontextdimensionen situationsadäquat ist. Die Betrachtung wird dabei wieder auf Situationsvariablen beschränkt, die für die Gestaltung der Strategie-Substanz von Bedeutung sind. Im Rahmen der Analyse konnten die Wettbewerbsposition sowie die Konsumentensituation als diejenigen Variablen identifiziert werden, deren Ausprägung die Standardisierbarkeit der Strategie-Substanz signifikant beeinflußt.

Formulierung der Hypothesen

Mit Blick auf die **Konsumentensituation** ist davon auszugehen, daß eine Veränderung der Marktstruktur die Festlegung des Präferenzniveaus beeinflußt. Die Beziehung zwischen der Konsumentensituation und der Festlegung der Strategie-Substanz soll an einem Beispiel illustriert werden. In Märkten, in denen die Konsumenten in ihrer Gesamtheit ein homogenes Nachfragesegment mit einheitlichen (Grundnutzen-) Bedürfnissen bilden und die durch geringe Markentreue gekennzeichnet werden können, ist eine Differenzierung gegenüber den Wettbewerbern nur eindimensional über ein günstigeres Preisniveau zweckmäßig. Stark segmentierte Märkte, die durch unterschiedliche (Zusatz-) Nutzenbedürfnisse und eine hohe Markentreue gekennzeichnet sind, bieten hingegen günstige Voraussetzungen für eine multidimensionale Differenzierung mittels einer Präferenz-Strategie.

Damit wird deutlich, daß eine komplexere Konsumentensituation auf dem Auslandsmarkt eine Erhöhung des Präferenzniveaus situationsadäquat erscheinen läßt. Umgekehrt ist davon auszugehen, daß eine geringere Komplexität im Auslandsmarkt im Regelfall eine Senkung des Präferenzniveaus nahelegt.

> Bezogen auf die Kontextdimension *Konsumentensituation* kann daher folgende Hypothese formuliert werden: Eine komplexere Konsumentensituation führt zu einer Erhöhung des Präferenzniveaus. Umgekehrt wird das Präferenzniveau eher gesenkt, wenn der Auslandsmarkt durch eine geringere Komplexität der Konsumentensituation gekennzeichnet ist.

Auch im Hinblick auf die **Wettbewerbsposition** des Geschäftsfeldes in den einzelnen Märkten ist davon auszugehen, daß Unterschiede hinsichtlich der Wettbewerbsposition die Festlegung der Strategie-Substanz beeinflussen. So kann eine starke Wettbewerbsposition als Voraussetzungen für eine multidimensionale Differenzierung gegenüber den Wettbewerbern gelten, da die Marke über Vorteile im Hinblick auf verschiedene kaufrelevante Faktoren verfügt. Eine schwache Wettbewerbsposition ist hingegen als Indiz dafür anzusehen, daß die Marke im Vergleich zu den Angeboten der Wettbewerber über keine ausgeprägten Stärken verfügt. Es bedarf keiner weiteren Begründung, daß eine schwache Wettbewerbsposition im Regelfall mit einer Preis-Mengen-Strategie korrespondiert, während eine starke Wettbewerbsposition die Verfolgung einer Präferenz-Strategie ermöglicht.

Vor diesem Hintergrund wird deutlich, daß eine schwächere Wettbewerbsposition auf dem Auslandsmarkt im Regelfall zu einer Senkung des

Präferenzniveaus führt. Ist die Wettbewerbsposition auf dem Auslandsmarkt hingegen stärker ausgeprägt als auf dem Heimatmarkt, stellt dies die Voraussetzung für eine Erhöhung des Präferenzniveaus dar.

Folgende Hypothese soll daher überprüft werden: Eine stärkere *Wettbewerbsposition* auf dem Auslandsmarkt führt eher zu einer Erhöhung des Präferenzniveaus, während eine schwächere Wettbewerbsposition auf dem Auslandsmarkt eher die Notwendigkeit induziert, das Präferenzniveau, auf dem die Marke angeboten wird, zu senken.

Im folgenden soll, angelehnt an die formulierten Hypothesen, untersucht werden, welchen Einfluß eine bestimmte Richtung der Abweichung der beiden Situationsvariablen Konsumentensituation und Wettbewerbsposition auf die Gestaltung der Strategie-Substanz in der Praxis hat. Im Anschluß wird wieder die Frage überprüft, ob das erwartete, aus theoretischer Perspektive konsistente Verhalten einen größeren Erfolg bedingt als das inkonsistente Verhalten.

Wie im Rahmen der Ableitung der Hypothesen deutlich wurde, handelt es sich jeweils um gerichtete Hypothesen, d.h. es können einseitige Signifikanztests durchgeführt werden. Betrachtet man die Mittelwerte der abhängigen Variablen Strategie-Substanz (x-Werte) für beide Stichprobenuntergruppen, so wird deutlich, in welcher Richtung eine Änderung der Strategie-Substanz vorgenommen wurde. Ein negatives Vorzeichen indiziert eine Erhöhung des Präferenzniveaus, während ein positives Vorzeichen eine Senkung des Präferenzniveaus anzeigt. Der p-Wert gibt Auskunft darüber, ob die Abweichung zwischen den Mittelwerten der beiden Stichprobenuntergruppen signifikant ist. Zur Hypothesenprüfung wird ein t-Test für unabhängige Stichproben herangezogen.

Wie die in *Abbildung 71* dargestellten Ergebnisse zeigen, wird vor dem Hintergrund einer stärkeren Wettbewerbsposition im Auslandsmarkt das Präferenzniveau erhöht, während eine schwächere Wettbewerbsposition zu einer Senkung des Präferenzniveaus führt. Dieses Ergebnis ist hochsignifikant. Entgegen den Erwartungen kann für die Konsumentensituation die Nullhypothese nicht abgelehnt werden, da der Einfluß dieser Kontextdimension auf die Strategie-Substanz nicht signifikant ist.

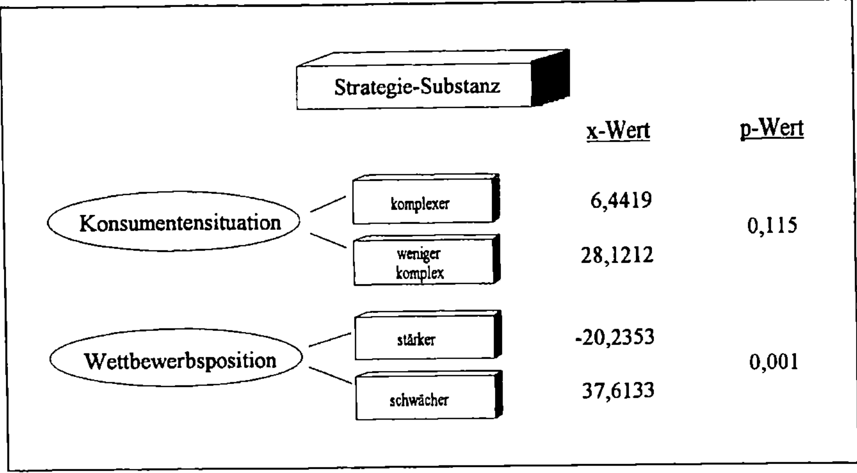

Abbildung 71: Testergebnisse der Hypothesen zur Richtung der Änderung des Präferenzniveaus in Abhängigkeit von der Ausprägung der Kontextdimensionen

Vor dem Hintergrund dieser Erkenntnisse soll die Erfolgswirksamkeit des situativ relativierten Verhaltens geprüft werden. Dabei wird der Frage nachgegangen, ob das erwartete, aus theoretischer Perspektive konsistente Verhalten einen größeren Erfolg bedingt als ein inkonsistentes Verhalten. Es wird jeweils die Annahme vertreten, daß sich die Gruppenmittelwerte der abhängigen Erfolgsvariable signifikant unterscheiden. Zur Hypothesenprüfung wird ein t-Test für unabhängige Stichproben herangezogen.

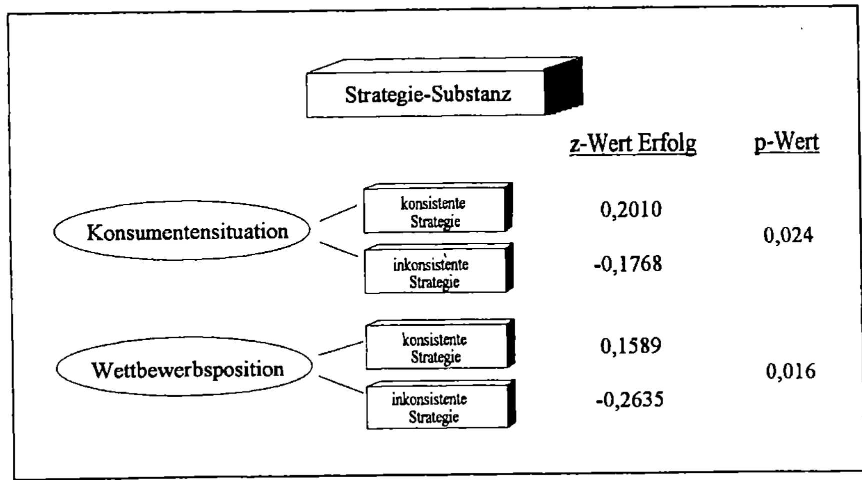

Abbildung 72: Erfolgspotential einer konsistenten und inkonsistenten Änderung des Präferenzniveaus

Die in *Abbildung 72* dargestellten Ergebnisse verdeutlichen, daß die Nullhypothese jeweils abgelehnt werden kann Der Einfluß einer situativ relativierten, konsistenten Strategieformulierung auf den Erfolg der Geschäftstätigkeit ist signifikant. Auf der Basis der Stichprobe kann gefolgert werden, daß eine Verbesserung der Wettbewerbsposition eine Erhöhung des Präferenzniveaus nahelegt, während eine schlechtere Wettbewerbsposition im Auslandsmarkt eine Senkung des Präferenzniveaus angeraten erscheinen läßt. Eine geringere Komplexität der Konsumentensituation legt eine Senkung des Präferenzniveaus nahe, während vor dem Hintergrund einer größeren Komplexität der Konsumentensituation im Auslandsmarkt eine Erhöhung des Präferenzniveaus erfolgversprechend ist.

2.3.2.3. Die Strategie-Absicherung

Dem Hersteller stehen insgesamt vier idealtypische Alternativen zur Verfügung, um sein Verhalten gegenüber den Absatzmittlern zu definieren. Wie bei der Analyse des Standardisierungspotentials der Strategie-Absicherung bereits deutlich wurde, wird nur von insgesamt sechs Marken in der Stichprobe eine Umgehungsstrategie verfolgt. Dabei wurde ebenfalls festgestellt, daß eine Umgehungsstrategie bei den Marken in der Stichprobe immer mit der Wahl eines direkten Vertriebssystems korrespondiert. Aufgrund dieser geringen Fallzahl soll die Umgehungsstrategie in der Folge aus der Analyse ausgeklammert werden.

Die drei Strategiealternativen Konfliktstrategie, Kooperationsstrategie und Anpassungsstrategie können unter Rückgriff auf das machtpolitische Konzept systematisiert werden. Dabei sind die machtpolitischen Grundlagen des Herstellers als Möglichkeit zu verstehen, eigene Vorstellungen gegenüber dem Handel durchzusetzen. Eine durch das Kriterium der Rationalität geleitete Festlegung des Verhaltens gegenüber den Absatzmittlern muß dabei in jedem Fall die Machtverteilung im Absatzkanal berücksichtigen. Grundsätzlich ist davon auszugehen, daß zur Verfolgung einer Konfliktstrategie ein Machtübergewicht des Herstellers gegeben sein muß, während eine Kooperationsstrategie ein annäherndes Machtgleichgewicht voraussetzt. Eine Anpassungsstrategie wird i.d.R. nur dann verfolgt, wenn der Hersteller über ein vergleichseise geringes Machtpotential verfügt.

Damit wird deutlich, daß diese drei Basisstrategien im vertikalen Marketing auch auf einem Kontinuum angeordnet werden können. Die Position, die der Hersteller auf diesem Kontinuum einnimmt, wird dabei von der Machtverteilung im Absatzkanal determiniert (vgl. hierzu auch Gussek 1992, S. 139-141). Während der Hersteller im Rahmen der Konfliktstrategie den Absatzweg aktiv zu gestalten sucht und bei der Anpassungsstrategie passiv in der Gestaltung der Absatzwege ist, kann die Kooperationsstrategie zwischen diesen beiden Gestaltungsalternativen angesiedelt werden. Der Hersteller verfolgt im Zusammenhang mit dieser Strategie das Ziel, den Absatzweg in Zusammenarbeit mit dem Handel zu gestalten und berücksichtigt dabei auch die Ziele des Handels.

Zu beachten ist, daß der Erfassung der Strategie-Absicherung nominales Meßniveau zugrundeliegt. Somit können zwar keine graduellen Abweichungen gemessen werden, allerdings läßt sich die Frage beantworten, ob die Strategie geändert wurde. Auch die Fragestellung, welche Richtung einer Änderung zugrundeliegt, kann analysiert werden. Die Zuordnung zu einem Statement, das die drei Strategiealternativen umschreibt, wurde EDV-technisch durch die Vergabe eines Punktwertes vorgenommen. Der Punktwert für eine Konfliktstrategie war dabei kleiner als der Wert für eine Kooperationsstrategie, der wiederum kleiner war als der Wert für eine Anpassungsstrategie. Analysiert man die Differenz zwischen der Strategie im Heimatmarkt und der Strategie im Auslandsmarkt, so wird deutlich, daß ein Summenwert mit negativem Vorzeichen darauf schließen läßt, daß der Hersteller auf dem Auslandsmarkt passiver in der Gestaltung der Absatzwege agiert als auf dem Heimatmarkt. Ein positives Vorzeichen indiziert hingegen eine aktivere Gestaltung der Absatzwege auf dem Auslandsmarkt als auf dem Heimatmarkt.

Im folgenden ist zu überprüfen, in welche Richtung eine Anpassung der Strategie-Absicherung in Abhängigkeit von der Ausprägung der Kontextdimensionen vorgenommen werden sollte. Dabei wird die Analyse wieder auf Situationsvariablen beschränkt, die für die Gestaltung der Strategie-Absicherung von Bedeutung sind. Im Rahmen der vorhergehenden Analysen konnte die *Wettbewerbsposition* als einzige Variable identifiziert werden, deren Ausprägung die Standardisierbarkeit der Strategie-Absicherung signifikant beeinflußt.

<u>Formulierung der Hypothesen</u>

Die Wettbewerbsposition des strategischen Geschäftsfeldes beschreibt die Stellung der Marke bei den Endverbrauchern. Dabei ist davon auszugehen, daß der Handlungsspielraum bei der Gestaltung der Beziehungen im vertikalen Marketing in starkem Maße von der Wettbewerbsposition determiniert wird. So ermöglicht eine starke Wettbewerbsposition dem Hersteller die aktive Gestaltung der Absatzwege, da vor diesem Hintergrund die Verhandlungsmacht in der Regel hoch ist. Eine schwache Wettbewerbsposition bedingt hingegen eine schlechte Verhandlungsposition gegenüber den Absatzmittlern, so daß dem Hersteller allein die Option bleibt, sich bei der Gestaltung der Absatzwege passiv an die Ziele des Handels anzupassen.

Folgende Hypothese kann formuliert werden: Eine stärkere *Wettbewerbsposition* auf dem Auslandsmarkt erlaubt dem Unternehmen eine aktivere Gestaltung des Absatzweges, wohingegen eine schwächere Wettbewerbsposition auf dem Auslandsmarkt eine passivere Haltung im Hinblick auf die Gestaltung des Absatzweges induziert.

Aufgrund des nominalen Meßniveaus, das der Evaluierung der Strategie-Absicherung zugrunde liegt, kommt der Chi-Quadrat-Test zum Einsatz.

Häufigkeiten *(erwartete Häufigkeiten bei Unabhängigkeit)* **Strategie-Absicherung**	**Wettbewerbsposition**	
	schwächer	*stärker*
aktiver	*6* *(9,2)*	*10* *(6,8)*
passiver	*13* *(9,8)*	*4* *(7,2)*

Anzahl der Fälle insgesamt: **33**

<u>**Chi-Quadrattest:**</u>

p = 0,02359

Abbildung 73: Testergebnisse der Hypothese zur Richtung der Änderung der Strategie-Absicherung in Abhängigkeit von der Ausprägung der Wettbewerbsposition

Wie das Ergebnis des Tests zeigt, muß die Nullhypothese abgelehnt werden. Auf Basis der Stichprobe ist daher davon auszugehen, daß eine stärkere (schwächere) Wettbewerbsposition der Marke auf dem Auslandsmarkt eine aktivere (passivere) Gestaltung des Absatzkanals nach sich zieht. Im folgenden ist zu überprüfen, ob dieses auch aus theoretischer Sicht erwartete konsistente Verhalten ein höheres Erfolgspotential in sich birgt als die Wahl der jeweils gegenläufigen, inkonsistenten Gestaltungsoption. Zur Hypothesenprüfung kann wieder ein t-Test herangezogen werden, da die abhängige Erfolgsvariable intervallskaliert ist.

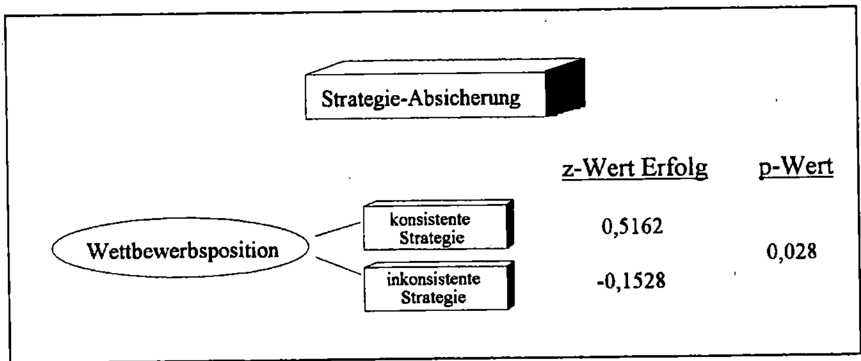

Abbildung 74: Testergebnis einer konsistenten und inkonsistenten Änderung der Strategie-Absicherung

Das in *Abbildung 74* dargestellte Testergebnis zeigt, daß vor dem Hintergrund einer unterschiedlichen Ausprägung der Wettbewerbsposition die Wahl einer konsistenten bzw. situationsadäquaten Gestaltungsoption ein signifikant höheres Erfolgspotential in sich birgt als die Entscheidung für eine inkonsistente Alternative im Rahmen der Strategie-Absicherung.

Nachdem an dieser Stelle der Einfluß der Richtung der Abweichung verschiedener Kontext- und Gestaltungsvariablen auf den Erfolg der situativ relativierten Gestaltungsalternativen untersucht wurde, sollen die zentralen Ergebnisse nochmals im Überblick dargestellt werden. In *Abbildung 75* ist aus Gründen der Übersichtlichkeit jeweils nur eine der beiden möglichen Abweichungsrichtungen der Kontextdimensionen in Verbindung mit der jeweils erfolgversprechenden Gestaltungsalternative dargestellt. Während der Abbildung damit z.B. unmittelbar zu entnehmen ist, daß eine stärkere Wettbewerbsposition auf dem Auslandsmarkt die Bearbeitung eines größeren Ausschnitts des Gesamtmarktes erfolgversprechend erscheinen läßt, gilt jeweils auch der Umkehrschluß. Mit anderen Worten ist davon auszugehen, daß vor dem Hintergrund einer schwächeren Wettbewerbsposition auf dem Auslandsmarkt die Bearbeitung eines kleineren Ausschnittes des Gesamtmarktes erfolgversprechend ist.

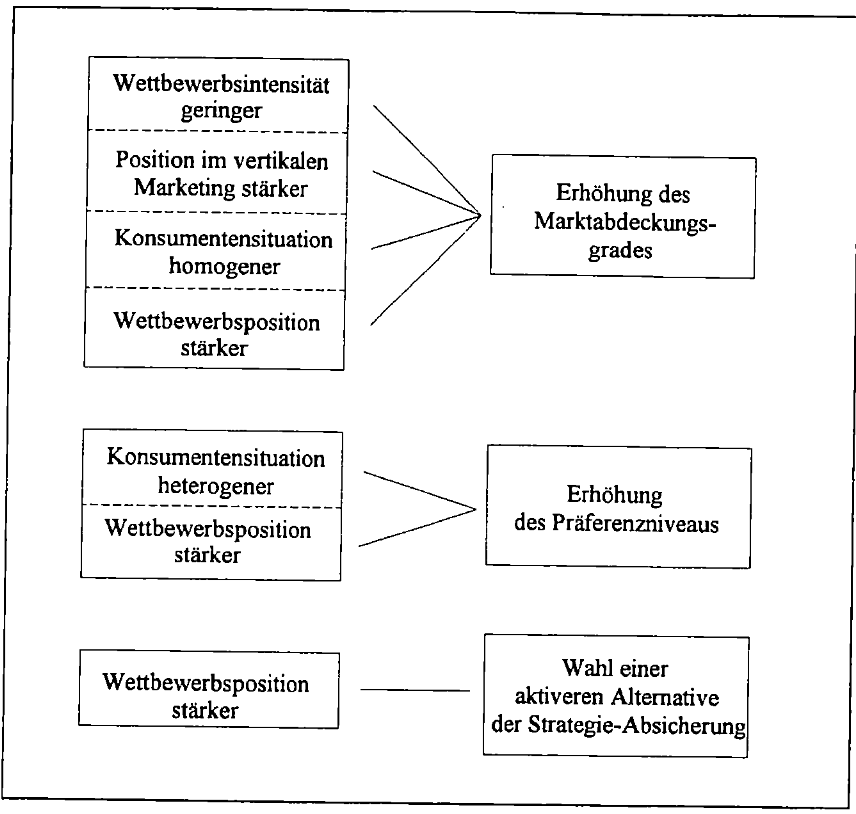

Abbildung 75: Erfolgreiche Gestaltungsalternativen vor dem Hintergrund spezifischer Ausprägungen ausgewählter Kontextdimensionen

VI. Fazit

Das Ziel der vorliegenden Arbeit besteht darin, ein heuristisches Modell der internationalen Marktbearbeitung zu entwickeln, welches einerseits die zentralen Determinanten der strategischen internationalen Marketingplanung auf Markenebene berücksichtigt und andererseits den Gestaltungsspielraum der Entscheidungsträger in der Praxis möglichst umfassend abbildet. Die Aufgabe eines solchen Entscheidungsmodells für die Planung internationaler Marktbearbeitungsstrategien ist es, die Zielwirkung verschiedener Handlungsalternativen vor dem Hintergrund der Ausprägung ausgewählter Situationsvariablen deduktiv zu ermitteln. Basierend auf den empirischen gewonnenen Erkenntnissen sollen Empfehlungen für eine situationsgerechte und erfolgversprechende Planung internationaler Marketing-Grundsatzstrategien abgeleitet werden.

Die Planung internationaler Marktbearbeitungsstrategien bewegt sich im Spannungsfeld der Standardisierung und Differenzierung der Strategie. Diese Frage, die Gegenstand einer zum Teil äußerst kontrovers geführten Diskussion um die Vorteilhaftigkeit der jeweiligen Gestaltungsalternative ist, stellt den Ausgangspunkt der Untersuchung dar. Allerdings hat die dichotome Unterscheidung zwischen der Standardisierung und der Differenzierung von Strategien eher theoretischen Charakter. Vor dem Hintergrund wachsender marktlicher Verflechtungen rückt zunehmend der Aspekt der Koordination der internationalen Unternehmenstätigkeit in den Mittelpunkt der Überlegungen. Dennoch ist festzustellen, daß die Frage, wann der Marktbearbeitung eine standardisierte Marketing-Grundsatzstrategie zugrundegelegt werden kann, von großer Bedeutung ist. Mit Blick auf die Standardisierungsdiskussion ist eine zentrale Erkenntnis der Arbeit darin zu sehen, daß eine generelle Vorteilhaftigkeit der Standardisierung oder Differenzierung von Strategien auf der Basis der Stichprobe nicht nachgewiesen werden kann.

Diese Erkenntnis leitet zu der Annahme über, daß die Vorteilhaftigkeit der Standardisierung oder Differenzierung von Marktbearbeitungsstrategien situationsabhängig zu beurteilen ist. Insgesamt wurden sechs Kontextdimensionen abgeleitet, die die Planung von internationalen Marketing-Grundsatzstrategien aus theoretischer Perspektive beeinflussen. Im Anschluß wurde in einem ersten Schritt der Einfluß dieser Situationsvariablen auf die Strategieformulierung in der Praxis und in einem zweiten

Schritt die situative Erfolgswirksamkeit der Strategie untersucht. Unterschieden wird in diesem Zusammenhang jeweils zwischen einer homogenen und heterogenen Ausprägung der Kontextfaktoren. Analog dazu wird bezogen auf die Gestaltungsdimensionen zwischen einer Standardisierung und einer Differenzierung der einzelnen Strategieebenen differenziert.

Die Analyse der Ergebnisse zeigt, daß die Berücksichtigung der verschiedenen Situationsvariablen in der Praxis nicht immer ihrer Bedeutung für den Erfolg der Marktbearbeitung entspricht. Gerade die in diesem Zusammenhang aufgedeckten Diskrepanzen bieten Anhaltspunkte für die Ableitung von ersten Handlungsempfehlungen. Im Rahmen von Entscheidungen, die die Festlegung der Strategie-Position betreffen, sollten beispielsweise der Branchentyp sowie die Wettbewerbsposition stärker berücksichtigt werden. Auf der Basis der Stichprobe kann auch festgestellt werden, daß die Produktkategorie, die Wettbewerbsintensität und die Handelssituation bei der Festlegung des Marktabdeckungsgrades stärker in die Planungsüberlegungen einbezogen werden sollten. Überdies werden teilweise Situationsvariablen bei der Entscheidungsfindung berücksichtigt, die keinen signifikanten Einfluß auf das Erfolgspotential der Strategie ausüben.

Im Zusammenhang mit diesem ersten Baustein der Analyse soll die zentrale Bedeutung herausgestellt werden, die in erster Linie der Wettbewerbsposition, aber auch der Konsumentensituation im Hinblick auf die Standardisierbarkeit der Grundsatzstrategie zukommt. So relativiert die Wettbewerbsposition der Marke die Erfolgswirksamkeit der Gestaltungsentscheidungen auf allen Strategieebenen. Auch die Konsumentensituation beeinflußt den Erfolg spezifischer Gestaltungsalternativen mit Ausnahme der Entscheidung bezüglich der Strategie-Absicherung. In diesem Ergebnis ist auch eine Bestätigung des klassischen Marketing-Paradigmas zu sehen, das die Orientierung des Unternehmens an den Konsumenten und Wettbewerbern propagiert. Insgesamt kann festgestellt werden, daß alle abgeleiteten Kontextdimensionen zumindest auf einer Strategieebene den Erfolg situativ relativieren.

Um dem pragmatischen Wissenschaftsziel zu entsprechen, erfolgte basierend auf den gewonnenen Erkenntnissen eine Erweiterung der Analyse, indem jeweils die Richtung der Abweichungen in den Mittelpunkt der

Betrachtungen gerückt wurde. Handlungsempfehlungen lassen sich dahingehend ableiten, daß eine stärkere Wettbewerbsposition, eine stärkere Stellung im vertikalen Marketing, eine weniger komplexe Konsumentensituation sowie eine niedrigere Wettbewerbsintensität auf dem Auslandsmarkt die Bearbeitung eines größeren Teilausschnittes des Gesamtmarktes nahelegen. Ist die Wettbewerbsposition der Marke auf dem Auslandsmarkt stärker als auf dem Heimatmarkt oder ist die Konsumentensituation auf dem Auslandsmarkt komplexer, so erscheint eine Erhöhung des Präferenzniveaus erfolgversprechend. Eine stärkere Wettbewerbsposition erlaubt überdies eine aktivere Gestaltung des Absatzkanals.

Resümierend kann festgestellt werden, daß auf der Basis der gewonnenen Einsichten die Ableitung situativ relativierter Handlungsempfehlungen möglich ist. Allerdings soll an dieser Stelle nochmals deutlich zum Ausdruck gebracht werden, daß Erkenntnisse, die mit Hilfe situativer Forschung gewonnen werden, Entscheidungen nicht ersetzen können. Diese sollten in jedem Fall das Ergebnis sorgfältiger Analyse und Planung unter Einbeziehung der spezifischen Rahmenbedingungen sein. Ausgehend von dieser grundsätzlichen Bewertung ist der Nutzen situativer Forschung in der Entscheidungsunterstützung zu sehen. Empirisch gewonnene Ergebnisse gehen dabei in die Entscheidungsfindung ein, indem sie als Prüfkriterium für die Plausibilität und Stichhaltigkeit eigener Planungsergebnisse dienen. Sie können damit dem Entscheidungsträger in der Praxis im Hinblick auf das komplexe Problemfeld der Planung internationaler Marktbearbeitungsstrategien als Hilfestellung dienen.

Diese vorsichtige Darstellung des Nutzens und der praktischen Umsetzbarkeit der Forschungsergebnisse scheint nicht zuletzt auch vor dem Hintergrund der Limitationen des Forschungsansatzes angezeigt. In diesem Zusammenhang ist auf die begrenzte Zahl von Kontextfaktoren zu verweisen, die in ein situatives Untersuchungsdesign integriert werden können. Gerade im Hinblick auf den branchenübergreifenden Charakter der Studie muß realistischerweise davon ausgegangen werden, daß die Komplexität der Praxis und die Bedeutung einzelner Faktoren mittels eines solchen Ansatzes nicht vollständig eingefangen werden können. Beispielsweise wurde der Einfluß der Organisationsstruktur aus der Analyse ausgeklammert, um die Komplexität des Modells zu begrenzen. Es ist jedoch davon auszugehen, daß die organisatorischen Möglichkeiten der

Umsetzung strategischer Konzepte einen moderierenden Einfluß auf den Erfolg ausüben.

Überdies handelt es sich bei der Evaluierung des Einflusses verschiedener Kontextfaktoren auf die unterschiedlichen Bausteine einer Marketing-Grundsatzstrategie im Rahmen dieser Arbeit um eine Partialanalyse. Einerseits wurde der Einfluß der verschiedenen Situationsvariablen auf die Strategiegestaltung getrennt untersucht. Wirkungsbeziehungen der Situationsvariablen untereinander sowie zum Untersuchungsfeld bleiben im Hinblick auf die Richtung und die Stärke unberücksichtigt. Gerade bei einer branchenübergreifenden Studie ist die Mißachtung solcher Wirkungsbeziehungen jedoch kaum zu umgehen, da die Zusammenhänge in verschiedenen Branchen in der Regel unterschiedlich ausgeprägt sind und Gemeinsamkeiten bzw. Gesetzmäßigkeiten nicht existieren. Für die Planungsaufgabe in der Praxis ergeben sich vor diesem Hintergrund insbesondere dann Schwierigkeiten, wenn mehrere Situationsvariablen die Effizienz der Wahl einer Strategiealternative beeinflussen und die Ausprägungen der verschiedenen Situationsvariablen die Wahl gegenläufiger Gestaltungsentscheidungen nahelegen.

Andererseits wurde auch das situative Standardisierungspotential der einzelnen Strategieebenen getrennt ermittelt. Gerade bei der Planung der Marketing-Grundsatzstrategie gilt jedoch, daß das Ganze mehr ergibt als die Summe der Einzelteile. Mit anderen Worten ist bei der Gestaltung vertikaler Strategiekombinationen in besonderem Maße darauf zu achten, daß zwischen den verschiedenen Bausteinen einer Marketing-Grundsatzstrategie eine komplementäre Beziehung besteht, da die interne Konsistenz einer Grundsatzstrategie als zentrale Erfolgsbedingung gelten kann. Das Ziel der Entwicklung einer konsistenten Grundsatzstrategie ist somit u.U. höher zu bewerten als die differenzierte Berücksichtigung aller Umwelteinflüsse auf jeder einzelnen Strategieebene.

Mit den aufgezeigten Limitationen verbinden sich gleichzeitig Anknüpfungspunkte für weitere Forschungstätigkeiten in diesem Bereich. Eine intensivierte Erkenntnissuche im Hinblick auf die internationale Marktbearbeitung erscheint dabei insbesondere auch vor dem Hintergrund der zunehmenden Bedeutung der grenzüberschreitenden Geschäftstätigkeit für die Wettbewerbsfähigkeit von Unternehmen wünschenswert.

Anhang: Interviewfragen

> Wie bereits mehrfach ausgeführt wurde, basiert die empirische Studie auf einer computergestützten Befragung. Der im folgenden dargestellte Fragebogen dient daher allein dazu, einen Überblick über die Interviewfragen zu geben. Die Befragung kann grundsätzlich in drei Sequenzen unterteilt werden, da der vorliegende Fragenkatalog jeweils für den Heimatmarkt sowie für die beiden Auslandsmärkte durchgegangen wurde. Dabei sind allerdings einige Ausnahmen zu beachten: So wurden Teil 1 und Teil 2, die zur Evaluierung der Produktkategorie und des Branchentyps dienen, nur einmal - zu Beginn des Interviews - vorgelegt. Zudem wurden die Fragen fünf und sechs in Teil 7 ausschließlich im Hinblick auf die beiden untersuchten Auslandsmärkte vorgelegt.

Verfahren zur Spezifizierung den Untersuchungsgegenstandes

1. Schritt

Interviewer ermittelt das strategische Geschäftsfeld (die Marke) für das die Auskunftsperson verantwortlich ist und das die oben genannte Bedingung erfüllt. Ist die Apn. für mehrere solche SGF (Marken) verantwortlich, sollte das SGF ausgewählt werden, für welches die Apn. über den besten Informationsstand verfügt. Ist die Apn. für genau ein SGF zuständig, ist dieses SGF Gegenstand des folgenden Interviews.

2. Schritt

Interviewer ermittelt die 2 strategisch wichtigsten Auslandsmärkte des SGF, welches nach den oben genannten Bedingungen ausgewählt wurde. Von *strategischer Bedeutung* sind hierbei Märkte, die entweder ein hohes Marktvolumen aufweisen, oder aus anderen Gründen (Image, technologische Entwicklung) für die jeweilige Produktkategorie als Schlüsselmärkte einzustufen sind.

Fragebogennummer ....

Datum ....

Unternehmen ....

Branche: ....

Marke: ....

Funktion des Interviewpartners ....

Anzahl der Mitarbeiter ....

Gesamtumsatz 1992 ....

Teil 1

Hier geht es um die Frage, wie die Rahmenbedingungen im Hinblick auf eine Internationalisierung des betrachteten SGF einzustufen sind.

1. Wenn Sie sich einmal die Situation in verschiedenen nationalen Märkten vergegenwärtigen, wie würden Sie dann für Ihre Branche die rechtlichen und politischen Einflüsse auf eine internationale Vermarktungsstrategie einstufen?

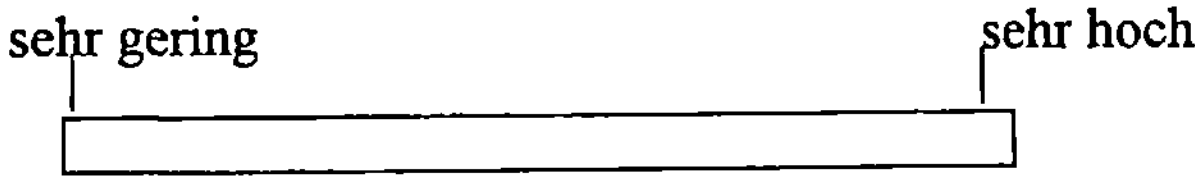

2. Wie würden Sie die Höhe der F&E-Aufwendungen in Ihrer Branche einschätzen?

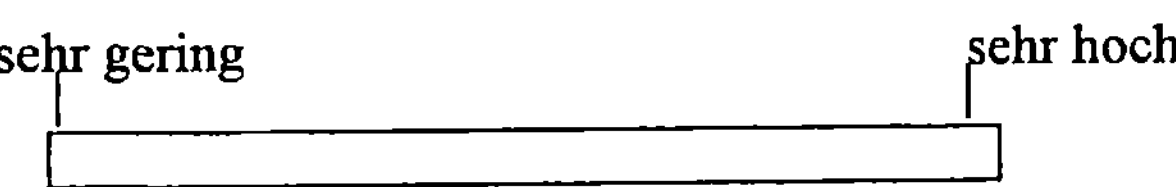

3. Wie würden Sie die technologische Dynamik in Ihrer Branche einschätzen

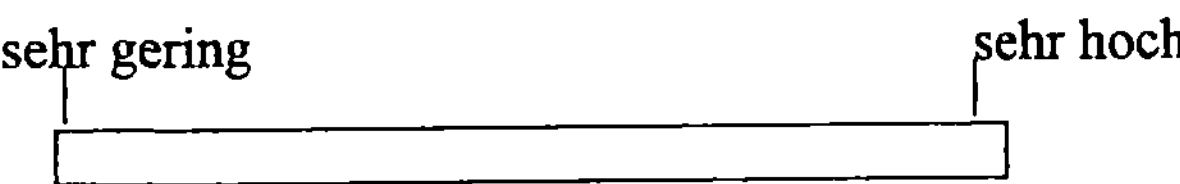

4. In welchem Umfang lassen sich in Ihrer Branche durch eine Erhöhung der Produktionsmenge Stückkostensenkungspotentiale erschließen?

5. Wird die Branche in der Sie tätig sind, eher von nationalen Anbietern geprägt, oder eher von Anbietern, die ihre Produkte international vermarkten?

Teil 2

Im folgenden möchten wir die Stellung Ihres Produktes bzw. Angebot-
programms bei den Letztabnehmern/Verbrauchern in dem betrachteten
Markt ermitteln. Gehen Sie hierzu bitte die folgende Liste durch und
kreuzen Sie jeweils eine Zahl an.

1. Wie beurteilen Sie den Geldwert einer Produkteinheit (in der
   Bandbreite zwischen Kaugummis und Autos):

   sehr gering   sehr hoch

2. Wie schätzen Sie die subjektive Wichtigkeit des Produktes bzw. die
   Bedeutung der einzelnen Kaufentscheidung für den Käufer ein:

   sehr niedrig   sehr hoch

3. Wie beurteilen Sie die Zeit und die Mühe, die der Käufer bereit ist für
   den Kauf des Produktes aufzubringen:

   sehr gering   sehr hoch

4. Wie schätzen Sie die Geschwindigkeit ein, mit der sich modisch und
   technisch bedingte Produktänderungen vollziehen:

   sehr gering   sehr hoch

5. Wie beurteilen Sie die Erklärungsbedürftigkeit des Produktes aus Sicht
   des Käufers:

   sehr gering   sehr hoch

6. Die Notwendigkeit von Serviceleistungen vor, während und nach dem
   Kaufabschluß ist Ihrer Ansicht nach:

   sehr gering   sehr hoch

7. Wie hoch ist Ihrer Meinung nach die Kaufhäufigkeit des Produktes?

       sehr niedrig   sehr hoch

8. Wie hoch ist Ihrer Meinung nach die Schnelligkeit des Verbrauchs (der Abnutzung) des Produktes?

       sehr niedrig   sehr hoch

9. Wie beurteilen Sie die Verbreitung des Produktes ("Ein Produkt für jedermann und jede Gelegenheit" vs "Ein Produkt für einen sehr speziellen Kundenkreis und sehr spezielle Verwendungsgelegenheiten")?

       sehr niedrig   sehr hoch

Teil 3

Wir möchten nun die Stellung Ihres Angebotsprogramms im betrachteten Markt näher untersuchen.

1. Wie würden Sie den Marktanteil Ihres stärksten Wettbewerbers im betrachteten Markt im Vergleich zum Marktanteil Ihres eigenen Angebotsprogramms einstufen?

MA des stärksten Wettbewerbers sehr viel niedriger   MA des stärksten Wettbewerbers sehr viel höher

2. Wenn Sie einmal die im folgenden aufgeführten Bereiche betrachten, würden Sie dann sagen, daß für Ihr Angebotsprogramm im Vergleich zu Ihrem stärksten Konkurrenten in dem betrachteten Markt Vor- oder Nachteile bestehen?

- Qualität aus Sicht des Abnehmers (bezieht sich auf Produkteigenschaften wie z.B. Benutzerfreundlichkeit, Innovationsgrad, die vom Verbraucher positiv bewertet werden)

sehr großer Nachteil   sehr großer Vorteil

- Service aus Sicht des Abnehmers

sehr großer Nachteil   sehr großer Vorteil

- Image der Marke aus Sicht des Abnehmers

sehr großer Nachteil   sehr großer Vorteil

- Preis

sehr großer Nachteil   sehr großer Vorteil

- Vertrieb

sehr großer   sehr großer
Nachteil   Vorteil

- Design

sehr großer   sehr großer
Nachteil   Vorteil

3. Wenn Sie sich die aufgeführten Bereiche nochmals betrachten, wie würden Sie dann die Bedeutung der Faktoren im Hinblick auf die Kaufentscheidung der Konsumenten einschätzen?

sehr niedrige Bedeutung	sehr hohe Bedeutung
Qualität	
Service	
Image	
Preise	
Vertrieb	
Design	

Teil 4

Im folgenden soll der Wettbewerbsbereich näher analysiert werden.

1. Wie hoch war in dem betrachteten Markt 1991 das Wachstum in Ihrer Branche?

        ....%

2. Wie beurteilen Sie die vorhandenen Kapazitäten im Vergleich zum Nachfragepotential in dem betrachteten Markt?

    viel zu geringe   sehr hohe
      Kapazität   Überkapazität

3. Wie groß sind nach Ihrer Ansicht die Schwierigkeiten für einen Anbieter sich aus dem betrachteten Markt zurückzuziehen (z.B. aufgrund von Marketingabhängigkeiten, hohen Investitionen in der Vergangenheit denen geringe Liquidationswerte gegenüberstehen)?

    sehr geringe   sehr große
   Schwierigkeiten   Schwierigkeiten

4. Wie hoch sind nach Ihrer Meinung die Eintrittsbarrieren und damit die Bedrohung durch neue Konkurrenten im betrachteten Markt?

    sehr geringe   sehr hohe
  Eintrittsbarrieren   Eintrittsbarrieren

5. Wie schätzen Sie die Bedrohung durch Substitutionsprodukte für Ihr Angebotsprogramm im betrachteten Markt ein?

    sehr geringe   sehr große
    Bedrohung   Bedrohung

6. Wie schätzen Sie die Verhandlungsmacht der Lieferanten in bezug auf die Wettbewerber Ihrer Branche ein?

Hohe Verhandlungsmacht der Lieferanten wird z.B. bedingt durch:

- einen Lieferanten/eine Lieferantengruppe, deren Produkte einen großen Anteil an den Gesamteinkäufen der Branche ausmachen,

- die fehlende Möglichkeit auf Ersatzprodukte auszuweichen

<table>
<tr><td>sehr geringe
Verhandlungsmacht</td><td>sehr große
Verhandlungsmacht</td></tr>
</table>

7. Wie beurteilen Sie die Verhandlungsmacht der Absatzmittler in der Branche?

Hohe Verhandlungsmacht der Absatzmittler wird z.B. bedingt durch:

- einen hohen Konzentrationsgrad der Absatzmittler,

- einen geringen Anteil der betrachteten Produkte an den Gesamtkäufen der Absatzmittler

<table>
<tr><td>sehr geringe
Verhandlungsmacht</td><td>sehr große
Verhandlungsmacht</td></tr>
</table>

8. Wie beurteilen Sie die Verhandlungsmacht der Endabnehmer in der Branche?

Hohe Verhandlungsmacht der Endabnehmer wird z.B. bedingt durch:

- Endabnehmer deren Käufe einen großen Anteil an den Gesamtverkäufen der Branche ausmachen,

- die Möglichkeit der Abnehmer auf alternative Lieferanten auszuweichen

<table>
<tr><td>sehr geringe
Verhandlungsmacht</td><td>sehr große
Verhandlungsmacht</td></tr>
</table>

9. Wie würden Sie den Grad der Produktdifferenzierung (Image, Qualität) in dem betrachteten Markt einstufen?

<table>
<tr><td>äußerst schwache
Produktdifferenzierung</td><td>äußerst starke
Produktdifferenzierung</td></tr>
</table>

Teil 5

Jetzt sollen einige Aspekte des Nachfragebereiches näher betrachtet
werden

1. Würden Sie sagen, daß die Endabnehmer in dem betrachteten Markt in
   Ihrer Gesamtheit ein homogenes Nachfragesegment mit einheitlichen
   Bedürfnissen bilden, oder lassen sich die Endabnehmer in verschiedene
   Zielgruppen mit unterschiedlichen Bedürfnissen unterteilen?

   ein Segment   sehr viele Segmente

2. Wird die Kaufentscheidung der Endabnehmer in dem betrachteten
   Markt eher von Grundnutzenbedürfnissen (z.B. Produktqualität) oder
   eher von Zusatznutzenbedürfnissen (z.B. Prestige, Image) beeinflußt?

   ausschließlich   ausschließlich
   Grundnutzen   Zusatznutzen

3. In welchem Maße würden Sie die Endabnehmer in dem betrachteten
   Markt als markentreu beschreiben?

   sehr schwache   sehr starke
   Markentreue   Markentreue

Teil 6

Wir wollen nun einige Aspekte des Handelsbereiches näher analysieren.

1. Schalten Sie zum Vertrieb des Produktes/Programms Absatzmittler ein oder werden die Produkte direkt von Ihnen an die Endabnehmer abgesetzt?

2. In welchem Maße stellt der Zugang zu den üblichen Vertriebskanälen in dem betrachteten Markt für neue Wettbewerber ein Problem dar?

3. Wie würden Sie den Konzentrationsgrad auf Absatzmittlerebene in dem betrachteten Markt einschätzen?

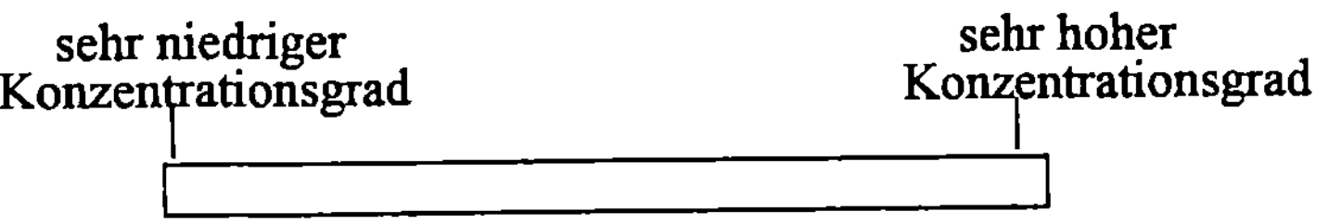

4. Wie beurteilen Sie Ihre Verhandlungsmacht gegenüber den Absatzmittlern in dem betrachteten Markt?

5. Wie würden Sie für den betrachteten Markt den Einfluß der Absatzmittler auf Ihre Marketingstrategie einschätzen?

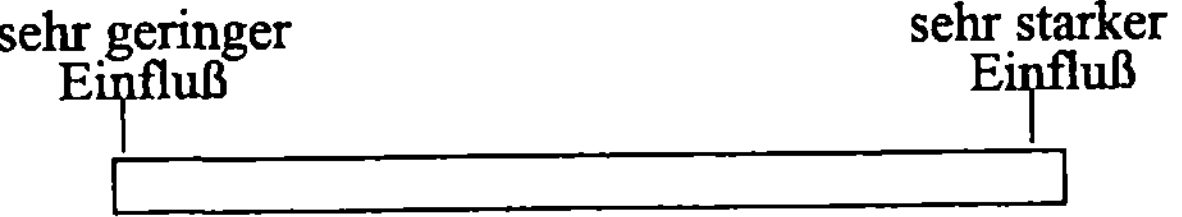

Teil 7

Jetzt wollen wir Ihnen einige Fragen zu Ihrer grundsätzlichen Vorgehensweise am Markt (1991) stellen.

1. Welches der folgenden Statements ist in bezug auf den betrachteten Markt am ehesten in der Lage, Ihre Situation zu beschreiben?

   - Wir sind Marktführer und setzen alles daran, unsere dominierende Stellung beizubehalten und auszubauen.

   - Wir sind zwar in diesem Markt nicht Marktführer, setzen aber alles daran, unseren Marktanteil auszubauen, indem wir den Marktführer direkt herausfordern.

   - Da wir ohne großes Risiko rentabel agieren wollen, besteht unser Ziel in der Sicherung der erreichten Marktposition unter der Vermeidung von Abenteuern.

   - Da wir für Massen-Anbieter unattraktive oder nicht erreichbare Marktsegmente ansprechen, entziehen wir uns der Konkurrenz dadurch, daß wir mit Hilfe unserer speziellen Fähigkeiten eine für uns sichere und rentable Nische bearbeiten.

2. Wenn Sie sich die beiden folgenden Statements als Extrempunkte auf einem Kontinuum vorstellen, wo würden Sie sich dann einordnen, um die Zielgruppe Ihres Produktes/Programms zu beschreiben?

   - Aufgrund der großen Mengen, die wir absetzen, haben wir erheblich geringere Stückkosten und können somit weit unterdurchschnittliche Preise realisieren. Unsere Zielgruppe sind die Niedrig-Preis-Käufer.

   - Aufgrund unseres aus Sicht der Zielgruppe qualitativ eindeutig besseren Angebots, können wir im Vergleich zu unseren Wettbewerbern überdurchschnittliche Preise erzielen. Unsere Zielgruppe sind die Marken-Käufer.

<table>
<tr><td>Niedrig-Preis-
Käufer</td><td></td><td>Marken-
Käufer</td></tr>
</table>

3. Wenn Sie einmal Ihre Zielgruppe in dem betrachteten Markt anschauen, welchem der folgenden Statements würden Sie dann zustimmen?

- Wir bearbeiten mit unserer Marke den Gesamtmarkt. Unsere Zielgruppe sind alle potentiellen Käufer dieser Produktkategorie.

- Wir bearbeiten mit unserer Marke nur einen Ausschnitt des Gesamtmarktes. Unsere Zielgruppe ist ein ganz bestimmtes Teilsegment aller potentiellen Käufer dieser Produktkategorie.

Wie würden Sie die Größe Ihrer Zielgruppe im Verhältnis zum Gesamtmarkt einschätzen?

sehr geringer Anteil am Gesamtmarkt   sehr großer Anteil am Gesamtmarkt

4. Welchem der folgenden Statements können Sie am ehesten zustimmen?

- Wir setzen bei der Gestaltung der Absatzwege unsere eigenen Vorstellungen auch gegen den Willen der Absatzmittler durch. Die Ziele der Absatzmittler ignorieren wir, wenn unsere eigenen Zielvorstellungen dadurch beeinträchtigt werden.

- Wir erreichen unsere Zielvorstellungen bei der Gestaltung der Absatzwege auf dem Weg der Zusammenarbeit, da wir auf der einen Seite die Vorstellungen der Absatzmittler nicht vollständig ignorieren können und auf der anderen Seite die vorhandenen Möglichkeiten nutzen wollen, unsere eigenen Marketingvorstellungen durchzusetzen

- Da die Absatzmittler uns in Verhandlungen keinerlei Spielraum einräumen und unsere Zielvorstellungen ignorieren, wenn es um die Durchsetzung ihrer Interessen geht, sind wir bemüht, uns auf die Anforderungen der Absatzmittler einzustellen.

- Da wir im Rahmen der herkömmlichen Absatzwege kaum die Möglichkeit haben, unsere Zielvorstellungen zu erreichen, versuchen wir unsere Position zu verbessern, indem wir für unsere Branche unübliche oder innovative Absatzkanäle erschließen.

5. Wenn Sie sich die beiden folgenden Aussagen als Extrempunkte auf einem Kontinuum vorstellen, wo würden Sie sich dann einordnen, um die Situation Ihres Produktes/Programms zu beschreiben?

- Wir haben die Marketing-Strategie aus unserem Heimatmarkt ohne jede Änderung übernommen und die Positionierung beibehalten.

- Wir haben die Marke im Vergleich zu unserem Heimatmarkt gänzlich neu positioniert und eine völlig neue Strategie geplant.

Beibehaltung der Positionierung   völlige Neu-Positionierung

6. Wenn Sie sich die beiden folgenden Statements wiederum als Extrempunkte auf einem Kontinuum vorstellen, wo würden Sie sich dann einordnen, um die Situation Ihres Produktes/Programms zu beschreiben?

- Wir haben in diesem Markt eine gänzlich von unserem Heimatmarkt abweichende Zielgruppe definiert.

- Wir haben die Zielgruppendefinition aus unserem Heimatmarkt vollkommen beibehalten.

keine Veränderung
der Zielgruppe   völlig neue
Zielgruppe

Teil 8

Abschließend wollen wir noch den Erfolg des Angebotsproramms in dem, betrachteten Markt analysieren.

1. Welche Bedeutung haben die im folgenden aufgeführten Ziele für Ihre Aktivitäten in dem betrachteten Markt?

- Erzielung von Gewinn

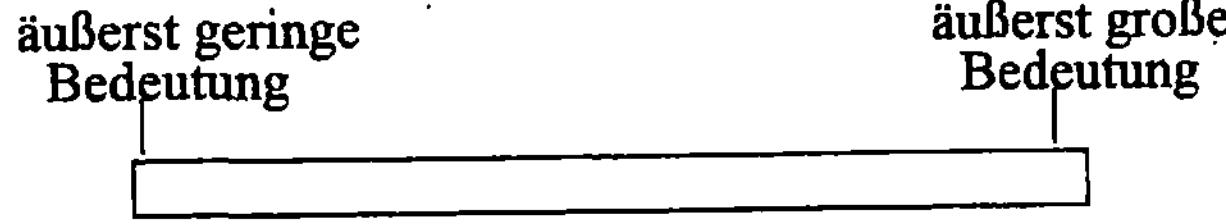

- Sicherung von Wachstum

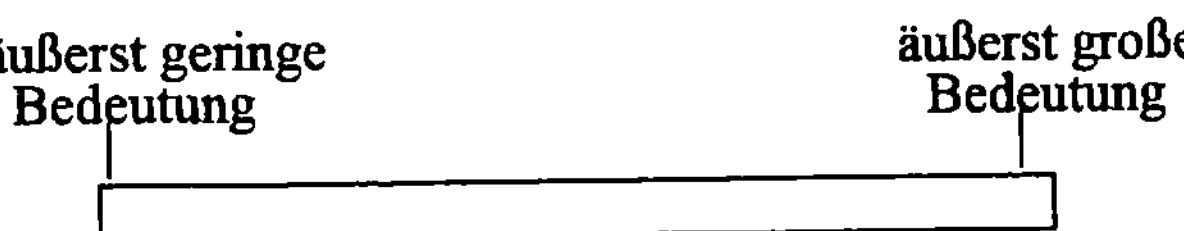

- Risikominimierung (z.B. Verringerung der Konjunkturanfälligkeit, Ausgleich vonMarktrisiken)

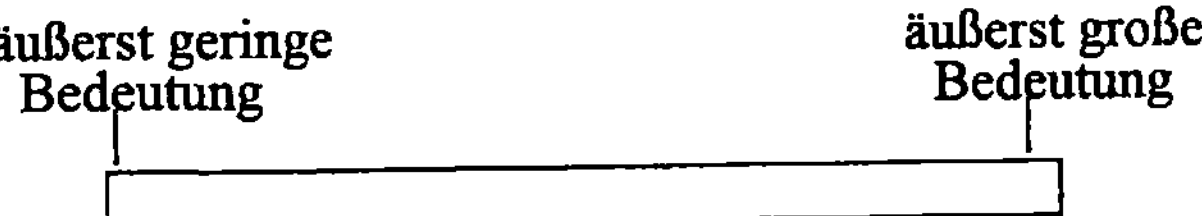

2. Wie würden Sie für das Jahr 1991 den Zielerreichungsgrad Ihres Angebotsprogramms auf dem betrachteten Markt einschätzen?

- Gewinn

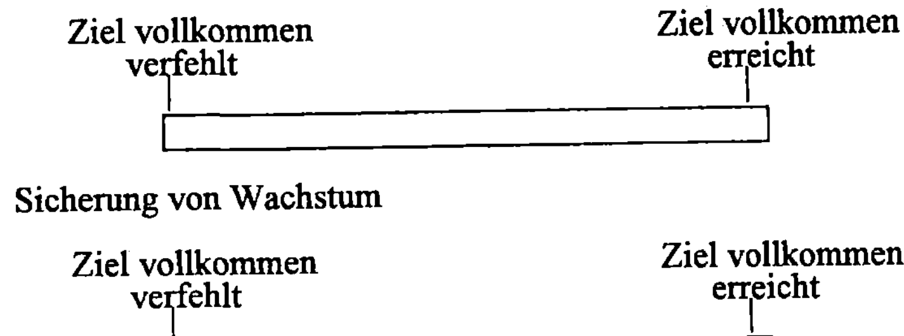

- Sicherung von Wachstum

- Riskominimierung

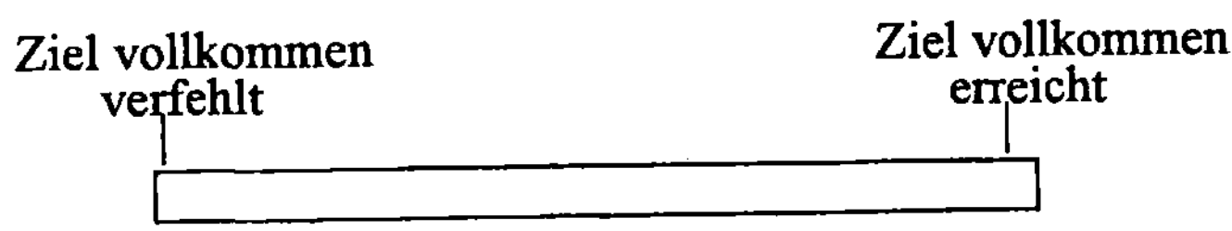

Literaturverzeichnis

Aaby, N.-E./A.F. McGann (1989): Corporate strategy and the role of navigational marketing. In: European Journal of Marketing 23, No. 10/1989, S. 18-31

Aaker, D.A. (1989): Managing assets and skills: The key to a sustainable competitive advantage. In: California Management Review, Winter 1989, S. 91-106

Aaker, D.A./G.S. Day (1986): The perils of high-growth markets. In: Strategic Management Journal, Vol. 7 (1986), S. 409-421

Abell, D.F. (1980): Defining the business. The starting point of strategic planning. Englewood Cliffs/N.J.

Abell, D.F./J.S. Hammond (1979): Strategic market planning - problems and analytical approaches. Englewood Cliffs/N.J.

Abernathy, W.J./K. Wayne (1974): Limits of the learning curve. In: Harvard Business Review, September-October 1974, S. 109-119

Adamer, M.M./H.H. Hinterhuber/G. Kaindl (1993): Erfolgsfaktoren erfolgreicher Unternehmen. In: Markenartikel, 9/1993, S. 457-459

Aguilar, F.J. (1967): Scanning the business environment. New York; London

Ahlert, D. (1982): Vertikale Kooperationsstrategien im Vertrieb. In: Zeitschrift für Betriebswirtschaft, 52. Jg. (1982), Heft 1, S. 62-93

Ahlert, D. (1985): Distributionspolitik. Stuttgart; New York

Albach, H. (1978): Strategische Unternehmensplanung bei erhöhter Unsicherheit. In: Zeitschrift für Betriebswirtschaft 1978, S. 702-715

Althans, J. (1982): Die Übertragbarkeit von Werbekonzeptionen auf internationale Märkte. Frankfurt am Main; Bern

Althans, J. (1989): Internationale Marktsegmentierung. In: *Macharzina, K./M. Welge* (Hrsg.): Handwörterbuch Export und internationale Unternehmung, Stuttgart, Sp. 1469-1477

Anderson, C.R./F.T. Paine (1975): Managerial perceptions and strategic behavior. In: Academy of Management Journal, Vol. 18, No. 4/1975, S. 811-823

Anderson, E./A.T. Coughlan (1987): International market entry and expansion via independent or integrated channels of distribution. In: Journal of Marketing Vol. 51 (January 1987), S. 71-82

Anderson, P.F. (1982): Marketing, strategic planning and the theory of the firm. In: Journal of Marketing, Spring 1982, S. 15-26

Ansoff, H.I. (1966): Management Strategie. München

Antoni, M./H.-C. Riekhof (1989): Strategieentwicklung mittels Portfolioanalyse. In: *Riekhof, H.-C.* (Hrsg.): Strategieentwicklung: Konzepte und Erfahrungen. Stuttgart, S. 171-189

Arnold, U. (1990): "Global Sourcing" - Ein Konzept zur Neuorientierung des Supply Management von Unternehmen. In: *Welge, M.K.* (Hrsg.): Globales Management: Erfolgreiche Strategien für den Weltmarkt. Stuttgart, S. 49-72

Aspinwall, L.V. (1962): The characteristics of good theory. In: *Lazer, W./E.J. Kelly* (Hrsg.): Managerial marketing: perspectives and viewpoints. Homewood/Ill., S. 633-643

Assael, H. (1984): Consumer behavior and marketing action, 2. Auflage. Boston

Assael, H. (1985): Marketing management. Boston

Ayal I./J. Zif (1978): Competitive market choice strategies in multinational marketing. In: Columbia Journal of World Business, Fall 1978, S. 72-81

Ayal, I./J. Zif (1979): Market expansion strategies in multinational marketing. In: Journal of Marketing Vol. 43 (Spring 1979), S. 84-94

Backhaus, K. (1989): Strategien auf sich verändernden Weltmärkten - Chancen und Risiken. In: Die Betriebswirtschaft, 49 (1989) 4, S. 465-481

Backhaus, K. (1991): Auswirkungen kurzer Lebenszyklen bei High-Tech-Produkten. In: Thexis, Heft 6/1991, S. 11-13

Bagozzi, R.P. (1984): A prospectus for theory construction in marketing. In: Journal of Marketing Vol. 48 (Winter 1984), S. 11-29

Bäuerle, P. (1989): Zur Problematik der Konstruktion praktikabler Entscheidungsmodelle. In: Zeitschrift für Betriebswirtschaft 59 Jg. (1989) Heft 2, S. 175-192

Bain, J.S. (1956): Barriers to new competiton. Cambridge/Mass.

Bartlett, C.A. (1989): Aufbau und Management der transnationalen Organisationsstruktur: Eine neue Herausforderung. In: *Porter, M.E.* (Hrsg.): Globaler Wettbewerb: Strategien der neuen Internationalisierung. Wiesbaden, S. 425-464

Bartlett, C.A./S. Ghoshal (1987): Managing across borders: New strategic requirements. In: Sloan Management Review, Summer 1987, S. 7-17

Bartlett, C.A./S. Ghoshal (1988): Organizing for worldwide effectiveness: The transnational solution. In: California Management Review, Fall 1988, S. 54-74

Bartlett, C.A./S. Ghoshal (1990): Internationale Unternehmensführung: Innovation, globale Effizienz, differenziertes Marketing. Frankfurt/Main; New York

Bartmess, A./K. Cerny (1993): Building competitive advantage through a global network of capabilities. In: California Management Review, Winter 1993, S. 78-103

Bauer, H.H. (1989): Marktabgrenzung. Berlin

Beard, D.W./G.G. Dess (1981): Corporate-level strategy, business-level strategy, and firm performance. In: Academy of Management Journal, Vol. 24 (1981), No. 4, S. 663-688

Bechmann, A. (1981): Grundlagen der Planungstheorie und der Planungsmethodik. Bern; Suttgart

Becker, H./H.B. Thorelli (1980): Strategic planning in international marketing. In: *Thorelli, H.B./H. Becker* (Hrsg.): International marketing strategy. New York u.a.O., S. 367-378

Becker, J. (1992): Marketing-Konzeption: Grundlagen des strategischen Marketing-Managements, 4., verb. und erw. Auflage. München

Bender, D. (1988): Außenhandel. In: Vahlens Kompendium der Wirtschaftstheorie und Wirtschaftspolitik, Bd. I, 3. Auflage. München, S. 409-462

Bendixen, P. (1989): Über die Machbarkeit der Unternehmenskultur - Über die Verantwortbarkeit des Machens. In: Die Betriebswirtschaft 49 (1989) 2, S. 199-214

Bennett, P.D. (1988): Marketing. New York u.a.O.

Benz, J. (1990): Kausalanalyse in der Marketingforschung auf verschiedenen Wegen. In: Marketing-ZFP, Heft 4/1990, S. 241-249

Berekoven, L. (1978): Internationale Verbrauchsangleichung. Wiesbaden

Berekoven, L. (1985): Weltmarken-Konzepte zwischen Wunsch und Wirklichkeit. In: Markenartikel Heft 6/1985, S. 288-296

Berekoven, L./W. Eckert/P. Ellenrieder (1991): Marktforschung: Methodische Grundlagen und praktische Anwendung, 5., durchges. und erg. Auflage. Wiesbaden

Berndt, R. (1991): Risk-Management im Rahmen des internationalen Marketing. In: Marketing-ZFP, Heft 1/1991, S. 5-10

Bernkopf, G. (1980): Strategien zur Auswahl ausländischer Märkte: Entscheidungsgrundlagen und Lösungsansätze. München

Beutelmeyer, W./H. Mühlbacher (1986): Standardisierungsgrad der Marketingpolitik transnationaler Unternehmungen. Linz

Bharadwaj, S.G./P.R. Varadarajan/J. Fahey (1993): Sustainable competitive advantage in service industries: A conceptual model and research propositions. In: Journal of Marketing, Vol. 57 (October 1993), S. 83-99

Biggadike, R. E. (1981): The contributions of marketing to strategic management. In: Academy of Management Review, Vol. 6, No. 4/1981, S. 621-632

Birkelbach, R. (1988): Strategische Geschäftsfeldplanung im Versicherungssektor. In: Marketing-ZFP, Heft 3/1988, S. 231-239

Bilkey, W.J./E. Nes (1982): Country-of-origin-effects on product evaluations. In: Journal of international Business Studies (Spring/Summer 1982), S. 89-99

Birkigt, K./M.M. Stadler/H.J. Funck (1992): Corporate Identity, 5., völlig überarb. Auflage. Landsberg am Lech

Bleicher, K. (1990a): Unternehmungskultur und strategische Unternehmungsführung. In: *Hahn, D./B. Taylor* (Hrsg.): Strategische Unternehmungsplanung - Strategische Unternehmungsführung, 5., neu bearb. und erw. Auflage. Heidelberg, S. 852-902

Bleicher, K. (1990b): Zukunftsperspektiven organisatorischer Entwicklung - Von strukturellen zu human-zentrierten Ansätzen. In: Zeitschrift für Organisation, Heft 3/1990, S. 152-161

Bleicher, K. (1991a): Das Konzept integriertes Management. Frankfurt/Main; New York

Bleicher, K. (1991b): Organisation: Strategien-Strukturen-Kulturen, 2., vollständig neu bearb. und erw. Auflage. Wiesbaden

Bleymüller, J./G. Gehlert/H. Gülicher (1985): Statistik für Wirtschaftswissenschaftler, 4., verb. Auflage. München

Böcker, F. (1978): Modellbezogene Akzeptanzprobleme formaler Entscheidungsmodelle im Marketing. In: *Müller-Merbach, H.* (Hrsg.): Quantitative Ansätze in der Betriebswirtschaftslehre. München, S. 227-241

Böcker, F. (1990): Strategische Konsequenzen des europäischen Binnenmarktes für das Konsumgütermarketing. In: Die Betriebswirtschaft, 50 (1990) 5, S. 665-673

Böhler, H. (1977): Methoden und Modelle der Marktsegmentierung. Stuttgart

Böhler, H. (1985): Marktforschung. Stuttgart u.a.O.

Boddewyn, J.J./R. Soehl/J. Picard (1986): Standardization in international marketing: Is Ted Levitt in fact right? In: Business Horizons, November-December 1986, S. 69-75

Bossers, C. (1990): 1992 - Antwort eines Marktführers. In: *Schöttle, K.M.* (Hrsg.): Jahrbuch Marketing, 5. Ausgabe. Wiesbaden

Bourgeois, L.J. (1980): Strategy and environment: A conceptual integration. In: Academy of Management Review, Vol. 5 (1980), No. 1, S. 25-39

Bourgeois, L.J. (1984): Strategic management and determinism. In: Academy of Management Review, Vol. 9(1984), S. 586-596

Bourgeois, L.J./D.R. Brodwin (1984): Strategic implementation: Five approaches to an elusive phenomenon. In: Strategic Management Journal, Vol. 5 (1984), S. 241-264

Bradley, F. (1991): International marketing strategy. New York u.a.O.

Brockhoff, K. (1977): Prognoseverfahren für die Unternehmensplanung. Wiesbaden

Brockhoff, K. (1986): Marktsättigung. In: Die Betriebswirtschaft 46 (1986) 4, S. 514-516

Broll, U./B.M. Gilroy (1987): Intra-industrieller Außenhandel. In: WiSt, Heft 7/1987, S. 359-361

Bruhn, M. (1990): Marketing. Wiesbaden

Bühner, R. (1977): Messung des Erfolgs von Organisationen unter Berücksichtigung situativer Einflußfaktoren. In: Management International Review, Nr. 3/1977, S. 51-59

Bühner, R. (1985): Strategie und Organisation, Wiesbaden

Bühning, H./G. Haedrich/H. Kleinert/A. Kuß/B. Streitberg (1981): Operationale Verfahren der Markt- und Sozialforschung. Berlin; New York

Bunn, M.D. (1993): Taxonomy of buying decision approaches. In: Journal of Marketing, Vol. 57 (January 1993), S. 38-56

Burke, M.C. (1984): Strategic choice and marketing managers: An examination of business-level marketing objectives. In: Journal of Marketing Research, November 1984, S. 345-359

Butaney, G./L.H. Wortzel (1988): Distributor power versus manufacturer power: The customer role. In: Journal of Marketing, Vol. 52 (January 1988), S. 52-63

Buzzell, R.D. (1968): Can you standardize multinational marketing? In: Harvard Business Review, November-December 1968, S. 102-113

Buzzell, R.D./B.T. Gale (1989): Das PIMS-Programm: Strategien und Unternehmenserfolg. Wiesbaden

Chandler, A.D. (1962): Strategy and structure. Cambridge u.a.O.

Churchill, G.A. (1987): Marketing research, 4. Auflage. Chicago u.a.O.

Clark, T. (1990): International marketing and national charakter: A review and proposal for an integrative theory. In: Journal of Marketing, October 1990, S. 66-79

Claycamp, H.J./W.F. Massy (1968): A theory of market segmentation. In: Journal of Marketing Research, Vol. V (November 1968), S. 388-394

Conant, J.S./M.P. Mokwa/ P.R. Varadarajan (1990): Strategic types, distinctive marketing competencies and organizational performance: A multiple measures-based study. In: Strategic Management Journal, Vol. 11 (1990) S. 365-383

Contractor, F.J./P. Lorange (1988): Why should firms cooperate? The strategy and economics basis for cooperative ventures. In: *Contractor, F.J./P. Lorange* (Hrsg.): Cooperative strategies in international business, Lexington, Mass., S. 3-28

Cool, K./I. Dierickx (1993): Rivalry, strategic groups and firm profitability. In: Strategic Management Journal, Vol. 14 (1993) S. 47-59

Copeland, T. (1924): Principles of merchandising. Chicago; New York

Cravens, D.W. (1991): Strategic marketing, 3. Auflage. Homewood, Ill.

Cravens, D.W./G.E. Hills/R.B. Woodruff (1987): Marketing management. Homewood, Ill.

Cundiff, E.W./M.T. Hilger (1988): Marketing in the international environment. Englewood Cliffs, N.J.

Czinkota, M.R./I.A. Ronkainen (1988): International marketing. Chicago u.a.O.

Davidson, W.H./P. Haspeslagh (1982): Shaping a global product organization. In: Harvard Business Review, July-August 1982, S. 125-132

Day, G.S. (1986): Analysis for strategic market decisions. St. Paul u.a.O.

Day, G.S. (1990): Market driven strategy. New York u.a.O.

Day, G.S./J. Wind (1980): Strategic planning and marketing: Time for a constructive partnership. In: Journal of Marketing, Spring 1980, S. 7-8

Day, C.S./R. Wensley (1983): Marketing theory with a strategic orientation. In: Journal of Marketing, Fall 1983, S. 79-89

Day, C.S./R. Wensley (1988): Assessing advantage: A framework for diagnosting competitive superiority. In: Journal of Marketing, April 1988, S. 1-20

Deal, T.E./A.A. Kennedy (1987): Unternehmenserfolg durch Unternehmenskultur. Bonn

DeNero, H. (1990): Creating the "hyphenated" corporation. In: McKinsey Quarterly, 1990, No. 4, S. 153-173

Deshpandé, R./J.U. Farley/F.E. Webster (1993): Corporate culture, customer orientation, and innovativeness in japanese firms: A quadred analysis. In: Journal of Marketing, Vol. 57 (January 1993), S. 23-27

Dess, G.S. (1987): Consensus on strategy formulation and organizational performance: Competitors in a fragmented industrie. In: Strategic Management Journal, Vol. 8 (1987), S 259-277

Dichtl, E. (1986): Innovationsfähigkeit, Auslandsorientierung und strategisches Profil als Determinanten der Wettbewerbsfähigkeit. In: Marketing-ZFP, Heft 2/1986, S. 103-113

Dichtl, E. (1991): Dimensionen der Produktqualität In: Marketing-ZFP, Heft 3/1991, S. 149-155

Dichtl, E./S. Müller (1992): Auf ins nächste Jahrtausend: Die Herausforderungen für die Markenartikelindustrie. In: Lebensmittel-Zeitung Nr. 47, 20. November 1992, S. 85-86

Dickson, P.R. (1992): Toward a general theory of competitive rationality. In: Journal of Marketing, Vol. 56 (January 1992), S. 69-83

Dickson, P.R./J.L. Ginter (1987): Market segmentation, product differentiation, and marketing strategy. In: Journal of Marketing, Vol. 51 (April 1987), S. 1-10

Diehl-Wobbe, E. (1993): Euro-Konsument läßt sich Zeit. In: Horizont, Nr. 29, 23.7.1993, S. 28

Diller, H. (1987): Das Innenleben von Key-Accounts. In: Absatzwirtschaft, 7/1987, S. 89-93

Diller, H. (1988): Key-Account-Management auf dem Prüfstand (Teil 2). In: Lebensmittel-Zeitung Nr. 31, 5.8.1988, S. 1-4

Diller, H. (1989): Key-Account-Management als vertikales Marketingkonzept. In: Marketing-ZFP, Heft 4/1989, S. 213-223

Diller, H. (1992): Euro-Key-Account-Management. In: Marketing ZFP, Heft 4/1992, S. 239-245

Diller, H./M. Gaitanides (1989): Vertriebsorganisation und handelsorientiertes Marketing. In: Zeitschrift für Betriebswirtschaft 59. Jg. (1989), Heft 6, S. 589-608

Diller, H./A. Kaffenberger/J. Lücking (1989): Das Schicksal von Marktführern. In: Marketing-ZFP, Heft 4/1993, S. 271-281

Dittmar, W.-G./C.W. Meyer/W. Hoyer (1979): Die internationale Expansion planen und durchführen: Management, Marketing, Finanzierung. München

Douglas, S.P./C.S. Craig (1989): Evolution of global marketing strategy: Scale, scope and synergie. In: Columbia Journal of World Business, Fall 1989, S.47-59

Douglas, S.P./Y. Wind (1972): International market segmentation. In: European Journal of Marketing, Vol. 6, No. 1/1972, S. 17-25

Douglas, S.P./Y. Wind (1987): The myth of globalization. In: Columbia Journal of World Business, Winter 1987, S. 19-29

Doz, Y. L. (1980): Strategic management in multinational companies. In: Sloan Management Review, Winter 1980, S. 27-46

Doz, Y. L. (1986): Strategic management in multinational companies. Oxford u.a.O.

Dülfer, E. (1981): Zum Problem der Umweltberücksichtigung im "Internationalen Management". In: *Pausenberger, E.* (Hrsg.): Ansätze und Ergebnisse betriebswirtschaftlicher Forschung. Stuttgart, S. 1-44

Dülfer, E. (1982): Internationalisierung der Unternehmung - gradueller oder prinzipieller Wandel? In: *Lück, W./V. Trommsdorff* (Hrsg.): Internationalisierung der Unternehmung als Problem der Betriebswirtschaftslehre. Berlin, S. 47-71

Dülfer, E. (1985): Die Auswirkung der Internationalisierung auf Führung und Organisationsstruktur mittelständischer Unternehmen. In: Betriebswirtschaftliche Forschung und Praxis, Heft 6/1985, S. 493-514

Dülfer, E. (1992a): Internationales Management in unterschiedlichen Kulturbereichen, 2., verb. Auflage. München u.a.O.

Dülfer, E. (1992b): Ziellandwahl bei Direktinvestitionen im Ausland. In: *Kumar, B.N./H. Haussmann* (Hrsg.): Handbuch der internationalen Unternehmenstätigkeit. München, S. 471-495

Dülfer, E. (1993): Management in unterschiedlichen Kulturbereichen. In: *Hinterhuber, H.H. et al.* (Hrsg.): Strategisches Management global: Unternehmen, Menschen, Umwelt erfolgreich gestalten und führen. Wiesbaden, S. 174-183

Dunst, K.H. (1983): Portfolio-Management: Konzeption für die strategische Unternehmensplanung, 2., verb. Auflage. Berlin; New York

Durniok, P.G. (1985): Der internationale Geschäftserfolg: Existenzsicherung und Unternehmenswachstum im internationalen Geschäft. Bamberg

Dyllick, T. (1986): Die Beziehung zwischen Unternehmung und gesellschaftlicher Umwelt. In: Die Betriebswirtschaft 46 (1986) 3, S. 373-392

Ebers, M. (1988): Der Aufstieg des Themas "Organisationskultur" in problem- und disziplingeschichtlicher Perspektive. In: *Dülfer, E.* (Hrsg.): Organisationskultur: Phänomen - Philosophie - Technologie. Stuttgart, S. 23-47

Egelhoff, W.G. (1982): Strategy and structure in multinational corporations: An information-processing approach. In: Administrative Science Quarterly, Vol., 27, 3/1982, S. 435-458

Eidenmüller, B. (1986): Neue Planungs- und Steuerungskonzepte bei flexibler Serienfertigung. In: Zeitschrift für betriebswirtschaftliche Forschung, Heft 7/8/1986, S. 618-634

Emans, H. (1988): Konzepte zur strategischen Planung. In: *Henzler, H.A.* (Hrsg.): Handbuch Strategische Führung. Wiesbaden, S. 109-130

Engel, J.F./R.D. Blackwell (1982): Consumer Behavior, 4. Auflage. Chicago u.a.O.

Erfmann, M. (1988): Wettbewerbsstrategien in reifen Märkten. Frankfurt/Main u.a.O.

Esser, W. (1989): Die Wertkette als Instrument der strategischen Analyse. In: Riekhof, H.-C. (Hrsg.): Strategieentwicklung: Konzepte und Erfahrungen. Stuttgart, S. 191-211

Fahey, L./V.K. Narayanan (1986): Macroenvironmental analysis for strategic management. St. Paul u.a.O.

Fayerweather, J. (1989): Begriff der internationalen Unternehmenstätigkeit. In: *Macharzina, K./M. Welge* (Hrsg.): Handwörterbuch Export und internationale Unternehmung. Stuttgart, Sp. 926-948

Feider, J./W. Schoppen (1988): Prozeß der strategischen Planung - Vom Strategieprojekt zum strategischen Management. In: *Henzler, H.A.* (Hrsg.): Handbuch Strategische Führung. Wiesbaden, S. 665-689

Fels, G. (1982): Internationale Wettbewerbsfähigkeit. Japan, Vereinigte Staaten, Bundesrepublik - Fakten, Trends, Hypothesen - In: Zeitschrift für betriebswirtschaftliche Forschung, Heft 1/1982, S. 8-24

Frank, R.E./W.F. Massy/Y. Wind (1972): Market Segmentation. Englewood Cliffs, N.J.

Franko, L.G. (1989): Global corporate competition: Who's winning, who's losing, and the R & D factor as one reason why. In: Strategic Management Journal, Vol. 10 (1989), S. 449-474

Frazier G.L. (1990): The design and management of channels of distribution. In: Day, G./B. Weitz/R. Wensley (Hrsg.): The interface of marketing and strategy. Greenwich, Conn., S. 255-304

Freemann, R.E./D.L. Reed (1983): Stockholders and stakeholders: A new perspective on corporate governance. In: California Management Review, 3/1983, S. 88-106

Frentz, M.H. (1993): Globale Entwicklung und zukünftiger Anspruch des strategischen Managements multinationaler japanischer Konzerne. In: Die Betriebswirtschaft 53 (1993) 1, S. 27-48

Frese, E. (1992): Organisationstheorie: Historische Entwicklung, Ansätze, Perspektiven, 2., überarb. und erw. Auflage. Wiesbaden

Freter, H. (1983): Marktsegmentierung. Stuttgart u.a.O.

Friedrichs, J. (1973): Methoden empirischer Sozialforschung. Reinbek

Fritz, W. (1990): Marketing - ein Schlüsselfaktor des Unternehmenserfolges? In: Marketing-ZFP, Heft 2/1990, S. 91-110

Fritz, W. (1992): Marktorientierte Unternehmensführung und Unternehmenserfolg: Grundlagen und Ergebnisse einer empirischen Untersuchung. Stuttgart

Fritz, W. (1990): Marktorientierte Unternehmensführung und Unternehmenserfolg. In: Marketing-ZFP, Heft 4/1993, S. 237-246

Fritz, W./F. Förster/H. Raffée/G. Silberer (1985): Unternehmensziele in Industrie und Handel. In: Die Betriebswirtschaft 45 (1985) 4, S. 375-394

Fritz, W./F. Förster/K.-P. Wiedmann/H. Raffée (1988): Unternehmensziele und strategische Unternehmensführung. In: Die Betriebswirtschaft 48 (1988) 5, S. 567-586

Gälweiler, A. (1987): Strategische Unternehmensführung. Frankfurt/Main

Gaitanides, M. (1985): Strategie und Struktur. In: Zeitschrift für Organisation, Heft 2/1985, S. 115-122

Gaitanides, M./H. Diller (1989): Großkundenmanagement - Überlegungen und Befunde zur organisatorischen Gestaltung und Effizienz. In: Die Betriebswirtschaft 49 (1989) 2, S. 185-197

Galbraith, C./D. Schendel (1983): An empirical analysis of strategy types. In: Strategic Management Journal, Vol. 4 (1983), S. 153-173

Gale, B.T./R.D. Buzzell (1990): Market position and competitive strategies. In: *Day, G./B. Weitz/R. Wensley* (Hrsg.): The interface of marketing and strategy. Greenwich, Conn., S. 193-229

Gaski, J.F. (1984): The theory of power and conflict in channels of distribution. In: Journal of Marketing, Vol. 48 (Summer 1984), S. 9-29

Gerl, K./P. Roventa (1981): Strategische Geschäftseinheiten - Perspektiven aus der Sicht des strategischen Managements. In: Zeitschrift für betriebswirtschaftliche Forschung, 33. Jg., Heft 9/1981, S. 843-858

Ghemawat, P. (1986): Sustainable advantage. In: Harvard Business Review, September-October 1986, S. 53-58

Ghoshal, S./N. Nohria (1993): Horses for courses: Organizational forms for multinational corporations. In: Sloan Management Review, Winter 1993, S. 23-35

Ginsberg, A./N. Venkatraman (1985): Contingency perspectives of organizational strategy: A critical review of the empirical research. In: Academy of Management Review, Vol. 10, 3/1983, S. 421-434

Gluck, F. (1985): Global Competition in the 1980s. In: *Wortzel, H.V./L.H. Wortzel* (Hrsg.): Strategic management of multinational corporations. New York u.a.O., S. 9-15

Grabatin, G. (1981): Effizienz von Organisationen. Berlin; New York

Green, P.E./D.S. Tull (1982): Methoden und Techniken der Marketingforschung, 4. Auflage. Stuttgart

Grochla, E./R. Fieten (1989): Internationale Beschaffungspolitik. In: *Macharzina, K./M. Welge* (Hrsg.): Handwörterbuch Export und internationale Unternehmung. Stuttgart, Sp. 203-214

Guido, G. (1991): Implementing a pan european marketing strategy. In: Long Range Planning, Vol. 25, No. 5/1991, S. 23-33

Gussek, F. (1992): Erfolg in der strategischen Markenführung. Wiesbaden

Haedrich, G./R. Berger (1982): Angebotspolitik. Berlin; New York

Haedrich, G./E. Kreilkamp (1984): Ziele und Strategien im Handelsmarketing - Eine Anwendung des Verfahrens "Analytical Hierarchy Process (AHP)". In: *Hasitschka, W./H. Hruschka* (Hrsg.): Handels-Marketing. Berlin; New York, S. 157-175

Haedrich, G./T. Tomczak (1988a): Analyse von Konfliktpotentialen im Hersteller- und Handelsmarketing mit Hilfe des Verfahrens "Analytical Hierarchy Process (AHP)". In: Die Betriebswirtschaft, 48 (1988) 5, S. 635-650

Haedrich, G./T. Tomczak (1988b): Erlebnis-Marketing: Angebots-Differenzierung durch Emotionalisierung. In: Thexis, Heft 1/1988, S. 35-41

Haedrich, G./F. Gussek/T. Tomczak (1989): Differenzierte Marktbearbeitung und Markterfolg im Reiseveranstaltermarkt der Bundesrepublik Deutschland. In: Marketing-ZFP, Heft 1/1989, S. 11-18

Haedrich, G./F. Gussek/T. Tomczak (1990): Instrumentelle Strategiemodelle als Komponenten im Marketingplanungsprozeß. In: Die Betriebswirtschaft 50 (1990) 2, S. 205-222

Haedrich, G./T. Tomczak (1990): Strategische Markenführung. Bern; Stuttgart

Haedrich, G./B. Jeschke (1992): Der Handlungsspielraum als Entscheidungsdimension in der strategischen Unternehmensführung. In: Zeitschrift Führung und Organisation, Nr. 3/1992, S. 173-177

Hall, D.J./M.A. Saias (1980): Strategy follows structure! In: Strategic Management Journal, Vol. 1 (1980), S. 149-163

Halliburton, C./R. Hünerberg (1987): The globalisation dispute in marketing. In: European Management Journal, Vol. 5 (1987), No. 4, S. 243-249

Hambrick, D.C. (1980): Operationalizing the concept of business-level strategy in research. In: Academy of Management Research, Vol. 5 (1980), No. 4, S. 567-575

Hambrick, D.C. (1983): An empirical typologie of mature industrial-product environments. In: Academy of Management Journal, Vol. 26 (1983), No. 2, S. 213-230

Hambrick, D.C. (1984): Taxonomic approaches to studying strategy: Some conceptual and methodological issues. In: Journal of Management 1984, Vol. 10, No. 1, S. 27-41

Hambrick, D.C./I.C. MacMillan/D.L. Lei (1982): Strategic attributes and performance in the BCG matrix - a PIMS-based analysis of industrial product businesses. In: Academy of Management Journal, Vol. 25, No. 3 (1982) S. 510-531

Hambrick, D.C./ D. Lei (1985): Toward an empirical priorization of contingency variables for business strategy. In: Academy of Management Journal, Vol. 28 (1984), No. 4, S. 763-788

Hambrick, D.C./C.C. Snow (1977): A contextual model of strategic decision making in organizations. In: Academy of Management Proceedings 1977, S. 109-112

Hamel, G./C.K. Prahalad (1986): Haben Sie wirklich eine globale Strategie? In: Harvard Manager, Heft 1/1986, S. 90-97

Hammer, R.M. (1988): Unternehmensplanung: Lehrbuch der Planung und strategischen Unternehmensführung, 3 , erw Auflage München u.a.O.

Han, C.M./V. Terpstra (1988): Country-of-origin effects for uni-national and bi-national products. In: Journal of International Business Studies (Summer 1988), S. 235-255

Hansen, U./B. Stauss (1983): Marketing als marktorientierte Unternehmens-politik oder als deren integrativer Bestandteil? In: Marketing-ZFP, Heft 2/1983, S. 77-86

Harrigan, K.R. (1983): Research methodologies for contingency approaches to business strategy. In: Academy of Management Review, Vol. 8 (1983), S. 398-405

Harrigan, K.R. (1985): An application of clustering for strategic group analysis. In: Strategic Management Journal, Vol. 6 (1985), S. 55-73

Haspeslagh, P. (1982): Portfolio-Planning: Uses and Limits. In: Harvard Business Review, January-February 1982, S. 58-73

Hatten, K.J./D.E. Schendel/A.C. Cooper (1978): A strategic model of the U.S. brewing industrie: 1952-1971. In: Academy of Management Journal, Vol. 21 (1978), No. 4, S. 592-610

Hax, A.C. (1989): Building the firm of the future. In: Sloan Management Review, Spring 1989, S. 75-82

Hax, A.C./S.N. Majluf (1988): Strategisches Management: Ein integratives Konzept aus dem MIT. Frankfurt/Main; New York

Hax, H. (1967): Bewertungsprobleme bei der Formulierung von Zielfunktionen für Entscheidungsmodelle. In: Zeitschrift für betriebswirtschaftliche Forschung 1967, S. 749-761

Heinen, E. (1982): Einführung in die Betriebswirtschaftslehre, 8., durchges. Auflage. Wiesbaden

Heinen, E. (1986): Unternehmenskultur. In: Die Betriebswirtschaft 46 (1986) 4, S. 516-518

Heinen, H. (1982): Ziele multinationaler Unternehmen: Der Zwang zu Investitionen im Ausland. Wiesbaden

Henderson, B.D. (1974): Die Erfahrungskurve in der Unternehmensstrategie. Frankfurt/Main; New York

Henderson, B.D. (1983): The anatomy of competition. In: Journal of Marketing, Vol. 47 (Spring 1983) S. 7-11

Henzler, H. (1978): Strategisches Marketing als Impulsgeber für die 80er Jahre. In: Zeitschrift für betriebswirtschaftliche Forschung, Sonderheft 11/1980, S. 70-86

Henzler, H. (1988): Von der strategischen Planung zur strategischen Führung: Versuch einer Positionsbestimmung. In: Zeitschrift für Betriebswirtschaft 58. Jg. (1988), Heft 12, S. 1286-1307

Hermanns, A./U.K. Wißmeier (1993): Bekleidung und Mode: Einstellungen und Verhalten im internationalen Vergleich. In: Marketing-ZFP, Heft 1/1993, S. 26-33

Hill, W./R. Fehlbaum/P. Ulrich (1981I): Organisationslehre 1: Ziele, Instrumente und Bedingungen der Organisation sozialer Systeme. Bern; Stuttgart

Hinterhuber, H.H. (1989/I): Strategische Unternehmensführung, Bd. I: Strategisches Denken - Vision, Unternehmenspolitik, Strategie, 4., völlig neu bearb. Auflage. Berlin; New York

Hinterhuber, H.H. (1989/II): Strategische Unternehmensführung, Bd. II: Strategisches Handeln - Direktiven, Organisation, Umsetzung, Unternehmungskultur, Strategie, 4., völlig neu bearb. Auflage. Berlin; New York

Hinterhuber, H.H. (1990): Struktur und Dynamik der strategischen Unternehmungsführung. In: *Hahn, D./B. Taylor* (Hrsg.): Strategische Unternehmungsplanung - Strategische Unternehmungsführung, 5., neu bearb. und erw. Auflage. Heidelberg, S. 66-89

Hinterhuber, H.H. (1993): Globalisierung der Märkte und Internationalisierungsprozesse. In: *Hinterhuber, H.H. et al.* (Hrsg.): Strategisches Management global: Unternehmen, Menschen, Umwelt erfolgreich gestalten und führen. Wiesbaden, S. 151-173

Hirsch, S./B. Lev (1973): Foreign marketing strategies - a note. In: Management International Review, 13 (1973) 6, S. 81-90

Hitt, M.A./R.D. Ireland (1985): Corporate distinctive competence, strategy, industry and performance. In: Strategic Management Journal, Vol. 6 (1985), S. 273-293

Hofer, C.W. (1975): Toward a contingency theorie of business strategy. In: Academy of Management Journal, Vol. 18, 4/1975, S. 784-810

Hofer, C.W./D. Schendel (1978): Strategy Formulation: Analytical Concepts. St Paul

Hoffmann, F. (1986): Kritische Erfolgsfaktoren - Erfahrungen in großen und mittelständischen Unternehmungen. In: Zeitschrift für betriebswirtschaftliche Forschung 38. Jg., Heft 10/1986, S. 831-843

Hofstede, G. (1992): Die Bedeutung von Kultur und ihren Dimensionen im internationalen Management. In: *Kumar, B.N./H. Haussmann* (Hrsg.): Handbuch der internationalen Unternehmenstätigkeit. München, S. 303-324

Holzmüller, H.H. (1986): Grenzüberschreitende Konsumentenforschung. In: Marketing-ZFP Heft 1/1986, S. 45-54

Holzmüller, H.H. (1989): Interkulturelle Konsumentenforschung. In: *Macharzina, K./M. Welge* (Hrsg.): Handwörterbuch Export und internationale Unternehmung. Stuttgart, Sp. 1143-1157

Homburg, C/S. Sütterlin (1992): Strategische Gruppen: Ein Survey. In: Zeitschrift für Betriebswirtschaft 62. Jg. (1992), Heft 6, S. 635-662

Horn, E.-J. (1985): Internationale Wettbewerbsfähigkeit von Ländern. In: WiSt, Heft 7/1985, S. 323-329

Hout, T./M.E. Porter/E. Rudden (1982): How global companies win out. In: Harvard Business Review, September-October 1982, S. 98-108

Hunsicker, J.Q. (1989): Strategies for European survival. In: The McKinsey Quarterly, Summer 1989, S. 37-47

Huszagh, S.M./R.J. Fox/E. Day (1986): Global marketing.: An empirical investigation. In: Columbia Journal of World Business, Vol. 21, Twentieth Anniversary Issue, 1986, S. 31-43

Irrgang, W. (1989): Strategien im vertikalen Marketing: Handelsorientierte Konzeptionen der Industrie. München

Isenberg, D.J. (1987): The tactics of strategic opportunism. In: Harvard Business Review, March-April 1987, S. 92- 97

Jacoby, J/R. Chestnut (1978): Brand loyalty - measurement and management. New York u.a.O.

Jain, S.C. (1987): International marketing management, 2. Auflage. Boston

Jain, S.C. (1989a): Export strategy. Westport, Conneticut

Jain, S.C. (1989b): Standardization of international marketing strategy: Some research hypotheses. In: Journal of Marketing, Vol. 53, January 1989, S. 70-79

Jeannet, J.P./H.D. Hennessey (1988): International Marketing Management. Boston

Jolly, V.K. (1988): Global competitive strategies. In: *Snow, C.C.* (Hrsg.): Strategy, organization design, and human resource management. Greenwich, S. 55-109

Jugel, S./K.-P. Wiedmann/R. Kreutzer (1987): Die Formulierung der Unternehmensphilosophie im Rahmen einer Corporate Identity-Strategie. In: Marketing-ZFP, Heft 4/1987, S. 293-302

Jungnickel, R. (1992): Die Internationalisierung deutscher Unternehmen - Stand und Perspektiven. In: *Kumar, B.N./H. Haussmann* (Hrsg.): Handbuch der internationalen Unternehmenstätigkeit. München, S. 45-70

Kahn, B.E./R.J. Meyer (1990): Modelling customer loyality: A customer-based source of competitive advantage. In: *Day, G./B. Weitz/R. Wensley* (Hrsg.): The interface of marketing and strategy. Greenwich, Conn., S. 231-254

Karakaya, F./M. Stahl (1989): Barriers to entry and market entry decisions in consumer and industrial goods markets. In: Journal of Marketing, Vol. 53, April 1989, S. 80-91

Karnani, A. (1983): The tradeoff between production and transportation costs in determining optimal plant size. In: Strategic Management Journal, Vol. 4 (1983), S. 45-54

Kast, F.E./J.E. Rosenzweig (1985): Organization and management, a systems and contingency approach, 4. Auflage. Tokio u.a.O.

Keegan, W.J. (1989): Global marketing management, 4. Auflage. Englewood Cliffs, N.J.

Keegan, W.J./N. MacMaster (1983): Global strategic marketing. In: *Kirpalani, V.H.* (Hrsg.): International marketing: Management issues, research and opportunities. Cambridge, S. 94-105

Keith, J.E./D.W. Jackson Jr./L.A. Crosby (1990): Effects of alternative types of influence strategies under different channel dependence structures. In: Journal of Marketing Vol. 54 (July 1990), S. 30-41

Keller, E. v. (1989): Comparative Management. In: *Macharzina, K./M. Welge* (Hrsg.): Handwörterbuch Export und internationale Unternehmung. Stuttgart. Sp. 231-241

Kerin, R.A./P.R. Varadarajan/R.A. Peterson (1992): First-mover advantage: A synthesis, conceptual framework, and research propositions. In: Journal of Marketing Vol. 56 (October 1992), S. 33-52

Kieser, A./T. Segler (1981): Quasi-mechanistische situative Ansätze. In: *Kieser, A.* (Hrsg.): Organisationstheoretische Ansätze. München, S. 173-184

Kieser, A./H. Kubicek (1992): Organisation, 3., völlig neu bearb. Auflage. Berlin; New York

Kim, W.C./P. Hwang/W.P. Burgers (1989): Global diversification strategy and corporate profit performance. In: Strategic Management Journal, Vol. 10 (1989), S. 45-57

Kirsch, W. (1993): Strategische Unternehmensführung. In: *Wittmann, W. et al.* (Hrsg.): Handwörterbuch der Betriebswirtschaft, 3. Teilbd., 5. Auflage. Stuttgart, Sp. 4094-4111

Kirsch, W./D. zu Knyphausen/M. Ringlstetter (1989): Grundideen und Entwicklungstendenzen im strategischen Management. In: *Riekhof, H.-C.* (Hrsg.): Strategieentwicklung: Konzepte und Erfahrungen. Stuttgart, S. 5-21

Kleinaltenkamp, M. (1987): Die Dynamisierung strategischer Marketing-Konzepte - Eine kritische Würdigung des 'Outpacing Strategies'-Ansatzes von Gilbert und Strebel -. In: Zeitschrift für betriebswirtschaftliche Forschung 39. Jg., Heft 1/1987, S. 31-52

Knoblich, H. (1969): Betriebswirtschaftliche Warentypologie. Grundlagen und Anwendungen. Köln; Opladen

Koch, H. (1984): Unternehmenspolitik im Zeichen erhöhter Risiken. In: Die Betriebswirtschaft 44 (1984) 2, S. 205-213

Koch, H. (1991): Kriterien der strategischen Unternehmensplanung. In: Die Betriebswirtschaft 51 (1991) 1, S. 39-48

Koch, H. (1993): Planungssysteme. In: *Wittmann, W. et al.* (Hrsg.): Handwörterbuch der Betriebswirtschaft, 2. Teilbd., 5. Auflage. Stuttgart, Sp. 3251-3262

Köhler R. (1984): Marketingplanung in Abhängigkeit von Umwelt- und Organisationsmerkmalen. In: *Mazanec, J./F. Scheuch* (Hrsg.): Marktorientierte Unternehmungsführung. Wien, S. 581-602

Köhler R. (1991): Beiträge zum Marketing-Management: Planung, Organisation, Controlling. 2. Aufl., Stuttgart

Köhler, R./H. Uebele (1981): Einsatzbedingungen von Planungs- und Entscheidungstechniken: Programmatik und praxeologische Konsequenzen einer empirischen Untersuchung. In: *Witte, E.* (Hrsg.): Der praktische Nutzen empirischer Forschung. Tübingen, S. 115-158

Köhler, R./H. Hüttemann (1989): Marktauswahl im internationalen Marketing. In: *Macharzina, K./M. Welge* (Hrsg.): Handwörterbuch Export und internationale Unternehmung. Stuttgart, Sp. 1428-1440

Kogut, B. (1985): Designing global strategies: Comparative and competitive value-added chains. In: Sloan Management Review, Summer 1985, S. 15-28

Kohli, A.K./B.J. Jaworski (1990): Market orientation: The construct, research propositions, and managerial implications. In: Journal of Marketing (April 1990), S. 1-18

Koppelmann, U. (1974): Marketing. Einführung in Entscheidungsprobleme des Absatzes. Düsseldorf

Koppelmann, U. (1978): Grundlagen des Produktmarketing. Stuttgart u.a.O.

Kormann, H. (1981): Ziele und Strategien internationaler Unternehmen. In: *Wacker, W.H./H. Haussmann/B. Kumar* (Hrsg.): Internationale Unternehmensführung: Management-Probleme international tätiger Unternehmen. Berlin, S. 121-136

Kotler, P. (1982): Marketing-Management: Analyse, Planung und Kontrolle, 4., völlig neu bearb. Auflage. Stuttgart

Kotler, P./L. Fahey/S. Jatusripitak (1986): Die asiatische Herausforderung: Antwort auf neue Marketingstrategien. Landsberg am Lech

Kotler, P./F.W. Bliemel (1992): Marketing-Management: Analyse, Planung, Umsetzung und Steuerung, 7., vollst. neu bearb. und für den dt. Sprachraum erw. Auflage. Stuttgart

Kreikebaum, H. (1987): Strategische Unternehmensplanung, 2. neubearb. und erw. Auflage. Stuttgart u.a.O.

Kreilkamp, E. (1987): Strategisches Management und Marketing. Berlin; New York

Kreutzer, R. (1987): Prozeßstandardisierung im Rahmen eines Global Marketing. In: Marketing-ZFP, Heft 3/1987, S. 167-176

Kreutzer, R. (1989): Global Marketing - Konzeptionen eines länderübergreifenden Marketing. Wiesbaden

Kreutzer, R. (1991): Standardisierung der Marketing-Instrumente im internationalen Marketing. In: Betriebswirtschaftliche Forschung und Praxis, Heft 5/1991, S. 363-398

Kroeber-Riel, W. (1984a): Computergestützte Datenerhebung: Neue Methoden der Marketingforschung. In: *Mazanec, J./F. Scheuch* (Hrsg.): Marktorientierte Unternehmungsführung. Wien, S. 441-453

Kroeber-Riel, W. (1984b): Zentrale Probleme auf gesättigten Märkten. In: Marketing-ZFP, Heft 3/1984, S. 210-214

Kroeber-Riel, W. (1990a): Konsumentenverhalten, 4., wesentl. erneuerte und erw. Auflage. München

Kroeber-Riel, W. (1990b): Strategie und Technik der Werbung: Verhaltenswissenschaftliche Ansätze, 2. Auflage Stuttgart u.a.O.

Kroeber-Riel, W. (1992): Globalisierung der Euro-Werbung. In: Marketing-ZFP, Heft 4/1992, S. 261-267

Kroeber-Riel, W./B. Neibecker (1983): Elektronische Datenerhebung: Computergestützte Interviewsysteme. In: Forschungsgruppe Konsum und Verhalten (Hrsg.): Innovative Marktforschung. Würzburg; Wien, S. 193-208

Kromrey, H. (1980): Empirische Sozialforschung: Modelle und Methoden der Datenerhebung und Datenauswertung. Opladen

Kropfberger, D. (1984): Der erweiterte situative Ansatz in der Planungsforschung - Einsatzbedingungen von Marketing und Marketing-Planung in Industrie und Gewerbe. In: *Mazanec, J./F. Scheuch* (Hrsg.): Marktorientierte Unternehmungsführung. Wien, S. 603-623

Krubasik, E. (1988): Technologiemanagement für überlegene Innovationsstrategien. In: *Henzler, H.A.* (Hrsg.): Handbuch Strategische Führung. Wiesbaden, S. 443-461

Krubasik, E./J. Schrader (1990): Globale Forschungs- und Entwicklungsstrategien. In: *Welge, M.K.* (Hrsg.): Globales Management: Erfolgreiche Strategien für den Weltmarkt. Stuttgart, S. 49-72

Krulis-Randa, J.S. (1984): Internationale Marketingstrategien. In: *Nagel, K./K.J. Numrich* (Hrsg.): Aussenwirtschaft der Unternehmung. Berlin, S. 175-187

Krystek, U./G. Müller-Stewens (1990): Grundzüge einer strategischen Frühaufklärung. In: *Hahn, D./B. Taylor* (Hrsg.): Strategische Unternehmungsplanung - Strategische Unternehmungsführung, 5. neu bearb. und erw. Auflage. Heidelberg, S. 337-364

Kubicek, H. (1977): Heuristischer Bezugsrahmen und heuristisch angelegte Forschungsdesigns als Elemente einer Konstruktionsstrategie empirischer Forschung. In: *Köhler, R.* (Hrsg.): Empirische und handlungstheoretische Forschungskonzeptionen in der Betriebswirtschaftslehre. Stuttgart, S. 3-36

Kubicek, H./N. Thom (1976): Betriebliches Umsystem. In: *Grochla, E./W. Wittmann* (Hrsg.): Handwörterbuch der Betriebswirtschaft, 4. Auflage. Stuttgart, Sp. 3977-4017

Kühn, R. (1984): Heuristische Methoden zur Bestimmung des Marketing-Mix. In: *Mazanec, J./F. Scheuch* (Hrsg.): Marktorientierte Unternehmensführung. Wien, S. 183-202

Kühn, R. (1985): Grundzüge eines heuristischen Verfahrens zur Erarbeitung von Planungskonzeptionen. In: Die Betriebswirtschaft 45 (1985) 5, S. 531-543

Kühn, R. (1992): Das "Made-in-Image" der Schweiz als strategischer Parameter. In: Die Unternehmung, Heft 4/1992, S. 303-314

Kühn, R. (1993): Das "Made-in Image" Deutschlands im internationalen Vergleich. In: Marketing-ZFP, Heft 2/1993, S. 119-127

Kupsch, P. (1979): Unternehmungsziele. Stuttgart; New York

Kuß, A. (1991): Käuferverhalten. Stuttgart

Kux, B./W. Rall (1990): Marketing im globalen Wettbewerb In: *Welge, M.K.* (Hrsg.): Globales Management: Erfolgreiche Strategien für den Weltmarkt. Stuttgart, S. 73-84

Lamont, D. (1992): Marketing international: Zehn Erfolgsstrategien. Frankfurt/ Main; New York

Landwehr, R. (1988): Standardisierung der internationalen Werbeplanung. Frankfurt/Main u.a.O.

Lange, B. (1982): Bestimmung strategischer Erfolgsfaktoren und Grenzen ihrer empirischen Fundierung. In: Die Unternehmung, Heft 1/1982, S. 27-41

Laux, H. (1993): Koordination in der Unternehmung. In: *Wittmann, W. et al.* (Hrsg.): Handwörterbuch der Betriebswirtschaft, 2. Teilbd., 5. Auflage. Stuttgart, Sp. 2308-2320

Lehner, J.M. (1990): Kontingenz. In: Die Betriebswirtschaft 50 (1990) 1, S. 129-131

Lei, D./J.W. Slocum (1992): Global strategy, competence-building and strategic alliances. In: California Management Review, Fall 1992, S. 81-97

Leidecker, J.K./A.V. Bruno (1984): Identifying and using critical success factors. In: Long Range Planning, Vol. 17, No. 1, S. 23-32

Leontiades, J. (1984): Market share and corporate strategy in international industries. In: Journal of Business Strategy, Summer 1984, S. 30-37

Levitt, T. (1983): The globalization of markets. In: Harvard Business Review, May-June 1983, S. 92-102

Liebrecht, H. (1988): Systematische Erschließung von Auslandsmärkten. In: *Henzler, H.A.* (Hrsg.): Handbuch strategische Führung. Wiesbaden, S. 183-195

Lindblom, C.E. (1965): The intelligence of democracy. New York; London

Link, J. (1985): Organisation der strategischen Planung. Heidelberg; Wien

Link, J. (1990): Organisation der strategischen Unternehmungsplanung. In: *Hahn, D./B. Taylor* (Hrsg.): Strategische Unternehmungsplanung - Strategische Unternehmungsführung, 5. Auflage. Heidelberg, S. 609-634

Lipson, H.A./J.R. Darling (1971): Introduction to marketing: An administrative approach. New York u.a.O.

Lipson, H.A./J.R. Darling/F.D. Reynolds (1970): A two-phase interaction process for marketing model construction. In: MSU Business Topics, Vol. 18 (Autumn 1970), S. 34-44

Lorenz, C. (1989): The birth of a "transnational". In: The McKinsey Quarterly, Autumn 1989, S. 72-93

Lorenz, D. (1985): Liberale Handelspolitik versus Protektionismus. In: Neuer Protektionismus in der Weltwirtschaft und EG-Handelspolitik. Baden-Baden

Lorenz, D. (1988): Außenwirtschaftspolitik der EG: Neue Wege unter neuen Bedingungen? In: Orientierungen zur Wirtschafts- und Gesellschaftspolitik, Heft 38 (1988), S. 42-46

Macharzina, K. (1981): Entwicklungsperspektiven einer Theorie internationaler Unternehmenstätigkeit. In: *Wacker, W.H./H. Haussmann/B. Kumar* (Hrsg.): Internationale Unternehmensführung: Management-Probleme international tätiger Unternehmen. Berlin, S. 33-56

Macharzina, K. (1982): Theorie der internationalen Unternehmenstätigkeit - Kritik und Ansätze einer integrativen Modellbildung. In *Lück, W./V. Trommsdorff* (Hrsg.): Internationalisierung der Unternehmung als Problem der Betriebswirtschaftslehre. Berlin, S. 111-143

Macharzina, K. (1993a): Multinationale Unternehmungen. In: *Wittmann, W. et al.* (Hrsg.): Handwörterbuch der Betriebswirtschaft, 2. Teilbd., 5. Auflage. Stuttgart, Sp. 2898-2906

Macharzina, K. (1993b): Rahmenbedingungen und Gestaltungsmöglichkeiten bei der Umsetzung von globalen Strategieansätzen. In: *Schmalenbach-Gesellschaft - Deutsche Gesellschaft für Betriebswirtschaft e.V.* (Hrsg.): Internationalisierung der Wirtschaft: Eine Herausforderung an Betriebswirtschaft und Unternehmenspraxis. Stuttgart, S. 29-55

Magaziner, I.C./R.B. Reich (1985): International strategies. In: *Wortzel, H.V./L.H. Wortzel* (Hrsg.): Strategic management of multinational corporations. New York u.a.O., S. 4-8

Malik, F. (1992): Strategie des Managements komplexer Systeme: Ein Beitrag zur Management-Kybernetik evolutionärer Systeme, 4. Auflage. Bern u.a.O.

Mascarenhas, B. (1986): International strategies of non-dominant firms. In: Journal of International Business Studies, Vol. 19 (1986), S. 1-25

Mascarenhas, B. (1992): Order of entry and performance in international markets. In: Strategic Management Journal, Vol. 13 (1992), S. 499-510

Mascarenhas, B./D.A. Aaker (1989): Mobility barriers and strategic groups. In: Strategic Management Journal (1989) 10, S. 475-485

Matenaar, D. (1983): Organisationskultur und organisatorische Gestaltung. Berlin

Matiaske, W. (1990): Statistische Datenanalyse mit Microcomputern: Einführung in P-Stat und SPSS/PC. München u.a.O.

Mc Kenna, R. (1988): Marketing in an age of diversity. In: Harvard Business Review, September-October 1988, S. 88-95

Meffert, H. (1977): Marktsegmentierung und Marktwahl im internationalen Marketing. In: Die Betriebswirtschaft, 37 (1977) 3, S. 433-446

Meffert, H. (1985a): Zur Bedeutung von Konkurrenzstrategien im Marketing. In: Marketing-ZFP, Heft 1/1985, S. 13-19

Meffert, H. (1985b): Zur Typologie internationaler Marketingstrategien - ein situativer Ansatz. In: Thexis, Heft 2/1985, S. 3-7

Meffert, H. (1985c): Wettbewerbsorientierte Marketingstrategien im Zeichen schrumpfender und stagnierender Märkte. In: *Raffée, H./K.-P. Wiedmann* (Hrsg.): Strategisches Marketing. Stuttgart, S. 475-490

Meffert, H. (1986a): Marketing, 7., überarb. und erw. Auflage. Wiesbaden

Meffert, H. (1986b): Marketing im Spannungsfeld von weltweitem Wettbewerb und nationalen Bedürfnissen. In: Zeitschrift für Betriebswirtschaft, 56. Jg. (1986), Heft 8, S. 689-712

Meffert, H. (1988a): Markenstrategien als Waffe im Wettbewerb. In: *Henzler, H.A.* (Hrsg.): Handbuch Strategische Führung. Wiesbaden, S. 581-610

Meffert, H. (1988b): Voraussetzungen und Implikationen von Globalisierungsstrategien. In: *Meffert, H.* (Hrsg.): Strategische Unternehmensführung und Marketing. Wiesbaden, S. 266-288

Meffert, H. (1989): Globalisierungsstrategien und ihre Umsetzung im internationalen Wettbewerb. In: Die Betriebswirtschaft, 49 (1989) 4, S. 445-463

Meffert, H. (1990): Implementierungsprobleme globaler Strategien. In: *Welge, M.K.* (Hrsg.): Globales Management: Erfolgreiche Strategien für den Weltmarkt. Stuttgart, S. 93-115

Meffert, H. (1991): Wettbewerbsstrategien auf globalen Märkten. In: Betriebswirtschaftliche Forschung und Praxis, Heft 5/1991, S. 399-415

Meffert, H./H. Steffenhagen (1977): Konflikte in Absatzkanälen. In: WiSt, Heft 4 (April 1977), S. 164-169

Meffert, H./J. Althans (1982): Internationales Marketing. Stuttgart u.a.O.

Meffert, H./G. Kimmeskamp (1983): Industrielle Vertriebssysteme im Zeichen der Handelskonzentration. In: Absatzwirtschaft, Heft 3/1983, S. 214-231

Meffert, H./J. Bolz (1990): Europa 1992 und Unternehmensführung - Ergebnisse einer empirischen Untersuchung. In: *Bruhn, M./F. Wehrle* (Hrsg.): Europa 1992 - Chancen und Risiken für das Marketing, 2. Auflage. Münster-Hiltrup, S. 33-53

Meissner, H.G. (1987): Strategisches internationales Marketing. Berlin u.a.O.

Meissner, H.G. (1991): Strategisches globales Marketing. In: Betriebswirtschaftliche Forschung und Praxis, Heft 5/1991, S. 416-425

Meissner, H.G. (1993): Internationales Marketing. In: *Wittmann, W. et al.* (Hrsg.): Handwörterbuch der Betriebswirtschaft, 2. Teilbd., 5. Auflage. Stuttgart, Sp. 1871-1888

Meissner, H.G./R. Winkelgrund (1982): Internationales Marketing als Herausforderung deutscher Unternehmen. In: Marketing-ZFP, Heft 2/1982, S. 115-121

Meissner, H.G./H. Auerbach (1992): Stärken- und Schwächenanalyse der Unternehmen bei Auslandsaktivitäten. In: *Kumar, B.N./H. Haussmann* (Hrsg.): Handbuch der internationalen Unternehmenstätigkeit. München, S. 417-427

van Mesdag, M. (1987): Ist globales Marketing ein Irrweg?. In: Harvard Manager, Heft 3/1987, S. 12-15

Meyer zu Selhausen, N. (1989): Inkrementale Planung. In: *Szyperski, N./U. Winand* (Hrsg.): Handwörterbuch der Planung. Stuttgart, Sp. 746-753

Meyer, P.W./R. Mattmüller (1993): Strategische Marketingoptionen: Änderungsstrategien auf Geschäftsfeldebene. Stuttgart u.a.O.

Miles, R.E./C.C. Snow (1978): Organizational strategy, structure and process. New York u.a.O.

Miller, D./P.H. Friesen (1978): Archetypes of strategy formulation. In: Management science Vol. 24 (May 1978), No. 9, S. 921-933

Miller, D./P.H. Friesen (1983): Strategy-making and environment: The third link. In: Strategic Management Journal, Vol. 4 (1983), S. 221-235

Minderlein, M. (1988): Markteintrittsstrategien und Unternehmensstrategie: Industrieökonomische Ansätze und eine Fallstudie zum Personal Computer-Markt. Wiesbaden

Miracle, G.E. (1965): Produkt charakteristics and marketing strategy. In: Journal of Marketing, Vol. 29, January 1965, S. 18-24

Morrison, A.J./K. Roth (1989): International Business-Level Strategy: The development of a Holistic Model. In: *Negandhi, A.R./A. Savara* (Hrsg.): International Strategic Management. Lexington, S. 29-51

Morrison, A.J./K. Roth (1992): A taxonomy of business-level strategies in global industries. In: Strategic Management Journal, Vol. 13 (1992), S. 399-418

Morwind, K. (1992): Standardisierung im internationalen Marketing - am Beispiel des internationalen Wasch- und Reinigungsmittelmarktes in Europa. In: *Schalk, W./H. Thoma* (Hrsg.): Jahrbuch der Werbung, 29. Band 1992. Düsseldorf u.a.O.

Mühlbacher, H./W. Beutelmeyer (1984): Standardisierungsgrad der Marketingpolitik transnationaler Unternehmungen. In: Die Unternehmung, 38. Jg., Nr. 3/1984, S. 245-257

Müller, G./P. Roventa/T. Lückerath (1981): Die Bewertung der Marktattraktivität. Ein offenes Problem der strategischen Analyse. In: Die Unternehmung 35 (1981) 1, S. 105-119)

Müller-Hagedorn, L. (1993): Handelsmarketing, 2., überarb. und erw. Auflage. Stuttgart; Berlin; Köln

Naisbitt, J. (1984): Megatrends. Bayreuth

Neibecker, B. (1992): Skalenniveau (Meßniveau/Datenniveau). In: *Diller, H.* (Hrsg.): Vahlens großes Marketinglexikon. München, S. 1062-1063

Nieschlag, R./E. Dichtl/ H. Hörschgen (1988): Marketing, 15., überarb. und erw. Auflage. Berlin

Ohlsen, G. (1985): Marketing-Strategien in stagnierenden Märkten - Eine empirische Untersuchung des Verhaltens von Unternehmen im deutschen Markt für elektrische Haushaltsgeräte. Münster

Ohmae, K. (1985): Triad Power. New York

Ohmae, K. (1989a): Managing in a borderless world. In: Harvard Business Review, May-June 1989, S. 152-161

Ohmae, K. (1989b): Planting for a global harvest. In: The McKinsey Quarterly, Autumn 1989, S. 46-59

Onkvisit, S./J.J. Shaw (1989): International Marketing: Analysis and Strategy. Columbus, Ohio

Opitz, O./J. Hansohm (1980): Identifikation mit qualitativen Daten. In: Marketing-ZFP, Heft 1/1980, S. 11-21

o.V. (1991): Fernsteuerung - Wie man mit Töchtern umgeht. In: Management Wissen, Heft 4/1991, S. 49-50

o.V. (1992a): Amerikanische Firmen fordern Japan heraus. In: Süddeutsche Zeitung Nr. 259, 1992, S. 24

o.V. (1992b): Handbuch der Großunternehmen 1992, Bd. 1, Alphabetisches Firmenregister. Firmenberichte der Orte A-J, Darmstadt 1992

o.V. (1992c): Handbuch der Großunternehmen 1992, Bd. 2, Alphabetisches Firmenregister. Firmenberichte der Orte K-Z, Darmstadt 1992

o.V. (1992d): Handbuch der Großunternehmen 1992, Nachtragsband. Nachträge und Berichtigungen, die nach Redaktionsschluß gemeldet wurden, Darmstadt 1992

Owen-Jones, L. (1993): Interview "Reines Roulette". In: Wirtschaftswoche, Nr. 25/1993, S. 124-126

Patt, P.J. (1990): Europa 1992 - Chancen deutscher Unternehmen im europäischen Einzelhandel. In: *Bruhn, M./F. Wehrle* (Hrsg.): Europa 1992 - Chancen und Risiken für das Marketing, 2. Auflage. Münster, S. 261-280

Pausenberger, E. (1981): Finanzpolitik internationaler Unternehmen: Notwendigkeit und Grenzen der Internationalisierung. In: *Wacker, W.H./H. Haussmann/B. Kumar* (Hrsg.): Internationale Unternehmensführung: Management-Probleme international tätiger Unternehmen. Berlin, S. 177-190

Pausenberger, E. (1989): Plädoyer für eine "Internationale Betriebswirtschaftslehre". In: *Kirsch, W./A. Picot* (Hrsg.): Die Betriebswirtschaftslehre im Spannungsfeld zwischen Generalisierung und Spezialisierung. Wiesbaden, S. 381-396

Pearce, J.A./R.B. Robinson (1985): Strategy formulation and implementation, 2. Auflage. Homewood, Ill.

Perlitz, M. (1993): Internationales Management. In: *Wittmann, W. et al.* (Hrsg.): Handwörterbuch der Betriebswirtschaft, 2. Teilbd., 5. Auflage. Stuttgart, Sp. 1855-1871

Perlmutter, H.V. (1969): The tortuous evolution of the multinational corporation. In: Columbia Journal of World Business, January-February 1969, S. 9-18

Peter, J.P./J.C. Olson (1987): Consumer Behavior - Marketing Strategy Perspectives. Homewood, Ill.

Pfeiffer, W./E. Weiß (1992): High-Tech-Wettbewerb: Herausforderungen - Lösungen - Erfahrungen. Eine Einführung. In: *Pfeiffer, W./E. Weiß* (Hrsg.): Internationaler High-Tech-Wettbewerb: Herausforderungen, Lösungen, Erfahrungen. Berlin, S. 2-18

Picot, A. (1981): Strukturwandel und Unternehmensstrategie, Teil 1. In: WiSt, Heft 11/1981, S. 527-532

Picot, A./B. Lange (1979): Synoptische versus inkrementale Gestaltung des strategischen Planungsprozesses. In: Zeitschrift für betriebswirtschaftliche Forschung, 31. Jg., S. 569-595

von Pierer, H. (1993): Die innovative Dynamik des Wettbewerbs als unternehmerische Führungschance. In: *Schmalenbach-Gesellschaft - Deutsche Gesellschaft für Betriebswirtschaft e.V.* (Hrsg.): Internationalisierung der Wirtschaft: Eine Herausforderung an Betriebswirtschaft und Unternehmenspraxis. Stuttgart, S. 3-16

Plinke, W. (1992): Ausprägung der Marktorientierung im Investitionsgüter-Marketing. In: Zeitschrift für betriebswirtschaftliche Forschung, Heft 9/1992, S. 830-846

Pohle, K. (1993): Betriebswirtschaftliche Werkzeuge eines globalen Finanzmanagements. In: *Schmalenbach-Gesellschaft - Deutsche Gesellschaft für Betriebswirtschaft e.V.* (Hrsg.): Internationalisierung der Wirtschaft: Eine Herausforderung an Betriebswirtschaft und Unternehmenspraxis. Stuttgart, S. 149-167

Porter, M.E. (1986): Changing patterns of international competition. In: California Management Review, Winter 1986, S. 9-40

Porter, M.E. (1987): From competitive advantage to corporate strategy. In: Harvard Business Review (May-June 1987), S. 43-59

Porter, M.E. (1989a): Wettbewerbsvorteile: Spitzenleistungen erreichen und behaupten. - Sonderausg. - Frankfurt/Main; New York

Porter, M.E. (1989b): Der Wettbewerb auf globalen Märkten: Ein Rahmenkonzept. In: *Porter, M.E.* (Hrsg.): Globaler Wettbewerb: Strategien der neuen Internationalisierung. Wiesbaden, S. 17-68

Porter, M.E. (1990a): The competitive advantage of nations. New York

Porter, M.E. (1990b): Wettbewerbsstrategie: Methoden zur Analyse von Branchen und Konkurrenten, 6. Auflage. Frankfurt/Main; New York

Porter, M.E. (1992): The strategic role of international marketing. In: *Buzzell, D./J.A. Quelch/C.A. Bartlett* (Hrsg.): Global marketing management: Cases and readings, 2. Auflage. Reading, Mass., S. 30-37

Prahalad, C.K./G. Hamel (1990): The core competence of the corporation. In: Harvard Business Review, May-June 1990, S. 79-91

Prescott, J.E. (1986): Environments as moderators of the relationship between strategy and performance. In: Academy of Management Journal, Vol. 29, No. 2/1986, S. 329-346

Probst, G.J.B. (1992): Organisation: Strukturen, Lenkungsinstrumente und Entwicklungsperspektiven. Landsberg am Lech

Pümpin, C. (1986): Management strategischer Erfolgspositionen: Das SEP-Konzept als Grundlage wirkungsvoller Unternehmungsführung, 3., überarb. Auflage. Bern; Stuttgart

Quelch, J.A./E.J. Hoff (1986): Globales Marketing - nach Maß. In: Harvard Manager, Heft 4/1986, S. 107-117

Raffée, H. (1989): Gegenstand, Methoden und Konzepte der Betriebswirtschaftslehre. In: *Bitz, M.* (Hrsg.): Vahlens Kompendium der Betriebswirtschaftslehre, Bd. I, 2. Auflage. München, S. 1-46

Raffée,H./R. Kreutzer (1986): Organisatorische Verankerung als Erfolgsbedingung eines Global-Marketing. In: Thexis, Heft 2/1986, S. 10-21

Raffée, H./W. Fritz (1991): Die Führungskonzeption erfolgreicher und weniger erfolgreicher Industrieunternehmen im Vergleich. Ergebnisse einer empirischen Untersuchung. In: Zeitschrift für Betriebswirtschaft, 11/1991, S. 1211-1226

Rall, W. (1988): Strategien für den weltweiten Wettbewerb. In: *Henzler, H.A.* (Hrsg.): Handbuch strategische Führung. Wiesbaden, S. 197-217

Rall, W. (1989): Organisation für den Weltmarkt. In: Zeitschrift für Betriebswirtschaft, 59. Jg. (1989), Heft 10, S. 1074-1089

Rall, W. (1990): Strategien für den Weltmarkt. In: *Zahn, E.* (Hrsg.): Europa nach 1992: Wettbewerbsstrategien auf dem Prüfstand. Stuttgart, S. 51-64

Rall, W. (1991): Organisatorische Anforderungen an ein globales Marketing. In: Betriebswirtschafliche Forschung und Praxis, Heft 5/1991, S. 426-435

Rall, W. (1993): Flexible Formen internationaler Organisations-Netze. In: *Schmalenbach-Gesellschaft - Deutsche Gesellschaft für Betriebswirtschaft e.V.* (Hrsg.): Internationalisierung der Wirtschaft: Eine Herausforderung an Betriebswirtschaft und Unternehmenspraxis. Stuttgart, S. 73-93

Reid, S.D. (1984): Market expansion and firm internationalization. In: *Kaynak, E.* (Hrsg.): International marketing management. New York u.a.O., S. 197-206

Remmerbach, K.-U. (1988): Vorsicht beim Einstieg in fremde Märkte. In: Harvard Manager, Heft 4/1988, S. 97-103

Robertson, T.S./J. Zielinski/S. Ward (1984): Consumer Behavior. Glenview u.a.O.

Robinson, R.B./J.A. Pearce (1988): Planned patterns of strategic behavior and their relationship to business-unit performance. In: Strategic Management Journal, Vol. 9 (1988), S. 43-60

Rosenberg, L.J. (1977): Marketing. Englewood Cliffs/N.J.

Rühli, E. (1985): Unternehmungsführung und Unternehmungspolitik, Bd.I, 2., veränd. Auflage. Bern; Stuttgart

Rühli, E. (1978): Unternehmungsführung und Unternehmungspolitik, Bd.II. Bern; Stuttgart

Rühli, E. (1989): Zielsystem der internationalen Unternehmung. In: *Macharzina, K./M. Welge* (Hrsg.): Handwörterbuch Export und internationale Unternehmung. Stuttgart, Sp. 2315-2331

Rugman, A./A. Verbeke (1990): Global corporate strategy and trade policy. London; New York

Ruhland, J.M./K.D. Wilde (1985): Wettbewerbsstrategien bei marktübergreifender Konkurrenzreaktion. In: Zeitschrift für Betriebswirtschaft, 55. Jg. (1985), Heft 6, S. 577-582

Saurwein, K.-H./T. Hönekopp (1990): Statistische Analyse mit SPSS/PC+: Eine anwendungsorientierte Einführung. Bonn u.a.O.

Schäfer, E. (1950): Aufgabe der Absatzwirtschaft. Köln; Opladen

Schaich, E. (1977): Schätz- und Testmethoden für Sozialwissenschaftler. München

Schaich, E. (1982): Die theoretischen Grundlagen der statistischen Hypothesenprüfung und ihre Konsequenzen für die Anwendungen. In: WiSt, Heft 5/1982, S. 212-219

Schanz, G. (1988a): Methodologie für Betriebswirte. 2., überarb. und erw. Auflage, Stuttgart 1988

Schanz, G. (1988b): Verhaltenssteuerung im strategischen Management. In: *Henzler, H.A.* (Hrsg.): Handbuch Strategische Führung. Wiesbaden, S. 777-799

Schanz, G. (1993): Verhaltenswissenschaften und Betriebswirtschaftslehre. In: *Wittmann, W. et al.* (Hrsg.): Handwörterbuch der Betriebswirtschaft, 3. Teilbd., 5. Auflage. Stuttgart, Sp. 4521-4532

Schiefer, F. (1982): Faktoren der internationalen Wettbewerbsfähigkeit - aufgezeigt am Vergleich USA, Japan, Deutschland. In: Zeitschrift für betriebswirtschaftliche Forschung, Heft 1/1982, S. 34-51

Schlittgen, R. (1982): Einführung in die Statistik: Analyse und Modellierung von Daten, 3., durchges. Auflage. München u.a.O. 1991

Schmidt, R. (1981): Zur Messung des Internationalisierungsgrades von Unternehmen. In: *Wacker, W./H. Haussmann/B. Kumar* (Hrsg.) Internationale Unternehmensführung: Management-Probleme international tätiger Unternehmen. Berlin, S. 57-70

Schmidt, R. (1989): Internationalisierungsgrad. In: *Macharzina, K./M. Welge* (Hrsg.): Handwörterbuch Export und internationale Unternehmung. Stuttgart, Sp. 964-973

Schmidt, R.B. (1985): Werte und Wertungen in der Unternehmung - Skizzen zur Unternehmungsphilosophie. In: Die Betriebswirtschaft 45 (1985) 4, S. 395-404

Schmidt, R.B./R. Schirrmeister (1989): Planungsrationalität. In: Szyperski, N. (Hrsg.): Handwörterbuch der Planung, Bd. 9. Stuttgart, Sp. 1477-1487

Schnell, R./P.B. Hill/E. Esser (1989): Methoden der empirischen Sozialforschung, 2., überarb. und erw. Auflage. München u.a.O.

Schöllhammer H. (1973): Strategies and methologies in international business and comparative management research. In: Management International Review 6/1973, S. 17-32

Schreyögg, G. (1978): Umwelt, Technologie und Organisationsstruktur: Eine Analyse des kontingenztheoretischen Ansatzes. Bern; Stuttgart

Schreyögg, G. (1988): Kann und darf man Unternehmenskulturen ändern? In: *Dülfer, E.* (Hrsg.): Organisationskultur: Phänomen - Philosophie - Technologie. Stuttgart, S. 155-168

Schreyögg, G. (1993): Umfeld der Unternehmung. In: *Wittmann, W. et al.* (Hrsg.): Handwörterbuch der Betriebswirtschaft, 3. Teilbd., 5. Auflage. Stuttgart, Sp. 4231-4247

Schreyögg, G./H. Steinmann (1985): Strategische Kontrolle. In Zeitschrift für betriebswirtschaftliche Forschung, Heft 5/1985, S. 391-410

Schultz, S. (1985): Der neue Protektionismus - Merkmale, Erscheinungsformen und Wirkungen im industriellen Bereich. In: Neuer Protektionismus in der Weltwirtschaft und EG-Handelspolitik. Schriftenreihe des Arbeitskreises Europäische Integration e.V.. Baden-Baden, S. 35-65

Scott, W.R. (1986): Grundlagen der Organisationstheorie. Frankfurt/Main; New York

Segler, T. (1981): Situative Organisationstheorie - Zur Fortentwicklung von Konzept und Methode. In: *Kieser, A.* (Hrsg.): Organisationstheoretische Ansätze. München, S. 227-272

Siegel, S. (1976): Nichtparametrische statistische Methoden. Franfurt a.M.

Simon, H. (1982): Internationale Expansion: Theoretische Konzepte und Erfahrungen in einem mittelständischen Unternehmen. In *Lück, W./V. Trommsdorff* (Hrsg.): Internationalisierung der Unternehmung als Problem der Betriebswirtschaftslehre. Berlin, S. 331-349

Simon, H. (1985): Eintrittsbarrieren und Eintrittsstrategien im japanischen Markt. In: Zeitschrift für betriebswirtschaftliche Forschung 37. Jg., Heft 11/1985, S. 943-955

Simon, H. (1986): Herausforderungen an die Marketingwissenschaft. In: Marketing-ZFP, Heft 3/1986, S. 205-213

Simon, H. (1987): Schwächen bei der Umsetzung strategischer Wettbewerbsvorteile. In: *Dichtl, E./W. Gerke/A. Kieser* (Hrsg.): Innovation und Wettbewerbsfähigkeit. Wiesbaden, S. 367-376

Simon H. (1988): Management strategischer Wettbewerbsvorteile. In: Zeitschrift für Betriebswirtschaft, 58. Jg. (1988), Heft 4, S. 461-480

Simon, H. (1989): Die Zeit als strategischer Erfolgsfaktor. In: Riekhof, H.-C. (Hrsg.): Strategieentwicklung: Konzepte und Erfahrungen. Stuttgart, S. 47-72

Simon, H. (1993): Wettbewerbsstrategien. In: *Wittmann, W. et al.* (Hrsg.): Handwörterbuch der Betriebswirtschaft, 3. Teilbd., 5. Auflage. Stuttgart, Sp. 4687-4704

Simon, H./G. Tacke (1990): Marketing bringt die Organisationsevolution. In: Thexis, Heft 1/1990, S. 26-28

Simon, H./C. Wiese (1992): Europäisches Preismanagement. In: Marketing-ZFP, Heft 4/1992, S. 246-256

Snow, C.C./L.G. Hrebiniak (1980): Strategy, distinctive competence, and organizational performance. In: Administrative Science Quarterly Vol. 25 (June 1980), S. 317-336

Soldner, H. (1983): Internationales Marketing: Ausgangspositionen und Entwicklungsperspektiven. In: Marketing-ZFP, Heft 2/1983, S. 139-142

Soom, E. (1978): Möglichkeiten und Grenzen der Anwendung von Operations Research in der Betriebswirtschaft. In: *Müller-Merbach, H.* (Hrsg.): Quantitative Ansätze in der Betriebswirtschaftslehre. München, S. 45-52

Sorenson, R.Z./U.E. Wiechmann (1975): How multinationals view marketing standardization. In Harvard Business Review, May-June 1975, S. 38-54

Specht, G. (1988): Distributionsmanagement. Stuttgart u.a.O.

Spiegel, B. (1961): Die Struktur der Meinungsverteilung im sozialen Feld. Bern; Stuttgart

Staehle, W.H. (1976): Der situative Ansatz in der Betriebswirtschaftslehre. In: Ulrich, H. (Hrsg.): Zum Praxisbezug der Betriebswirtschaftslehre. Bern; Stuttgart, S. 33-50

Staehle, W.H. (1977): Empirische Analyse von Handlungssituationen. In: *Köhler, R.* (Hrsg.): Empirische und handlungstheoretische Forschungskonzeptionen in der Betriebswirtschaftslehre. Stuttgart, S.103-116

Staehle, W. H. (1982): Internationale Organisation der Arbeit. In *Lück, W./V. Trommsdorff* (Hrsg.): Internationalisierung der Unternehmung als Problem der Betriebswirtschaftslehre. Berlin, S. 393-411

Staehle, W.H. (1991): Management: Eine verhaltenswissenschaftliche Perspektive, 6., überarbeitete Auflage. München

Staehle, W.H./G. Grabatin (1979): Effizienz von Organisationen. In: Die Betriebswirtschaft, 39 (1979) 1b, S. 89-102

Stalk, G. (1989): Zeit - die entscheidende Waffe im Wettbewerb. In: Harvard Manager, Heft 1/1989, S. 37-46

Stalk, G./P. Evans/L.E. Shulman (1992): Competing on capabilities: The new rules of corporate strategy. In: Harvard Business Review, March-April 1992, S. 57-69

Stauss, B. (1993): Vertikales Marketing. In: *Wittmann, W. et al.* (Hrsg.): Handwörterbuch der Betriebswirtschaft, 3. Teilbd., 5. Auflage. Stuttgart, Sp. 4611-4623

Steffens, S. (1982): Werbepolitik multinationaler Unternehmen. Berlin

Stegemann, K. (1988): Wirtschaftspolitische Rivalität zwischen Industriestaaten: Neue Erkenntnisse durch Modelle strategischer Handelspolitik? In: *Streit, M.E.* (Hrsg.): Wirtschaftspolitik zwischen ökonomischer und politischer Rationalität. Wiesbaden, S. 3-25

Steiner, M./J. Kleeberg (1991): Zum Problem der Indexauswahl im Rahmen der wissenschaftlich-empirischen Anwendung des Capital Asset Pricing Model. In: Die Betriebswirtschaft 51 (1991) 2, S. 171-182

Steinmann, H./G. Schreyögg (1990): Management: Grundlagen der Unternehmensführung; Konzepte, Funktionen, Praxisfälle. Wiesbaden

Stevens, S.S. (1975): Psychophysics: Introduction to its perceptual, neural, and social prospects. New York

Szymanski, D.M./S.G. Bharadwaj/P.R. Varadarajan (1993): Standardization versus adaption of international marketing strategy: An empirical investigation. In: Journal of Marketing, Vol. 57 (October 1993), S. 1-17

Takeuchi, H./M.E. Porter (1989): Die drei Aufgaben des internationalen Marketing im Rahmen einer globalen Unternehmensstrategie. In: *Porter, M.E.* (Hrsg.) Globaler Wettbewerb: Strategien der neuen Internationalisierung. Wiesbaden. S. 127-164

Terpstra, V. (1978): International Marketing, 2. Auflage. Hinsdale

Tietz, B. (1989): Internationale Marktforschung. In: *Macharzina, K./M. Welge* (Hrsg.): Handwörterbuch Export und internationale Unternehmung. Stuttgart, Sp. 1453-1468

Tietz, B. (1991): Die Internationalisierungsstrategien im europäischen Handel. In: Thexis, Heft 3/1991, S. 4-9

Timmermann, A. (1982): An Haupterfolgsfaktoren orientierte Geschäftsfeldstrate-gien: Grundbausteine der Multi-Faktor-Portfolio-Methode. In: AGPLAN-Handbuch zur Unternehmensplanung, Kennz. 4835, 26. Erg. Lieferung. Berlin

Timmermann, A. (1985): Strategisches Denken - Lebenslanges Lernen auch für Unternehmen. In: *Raffée, H./K.-P. Wiedmann* (Hrsg.): Strategisches Marketing. Stuttgart, S. 197-227

Timmermann, A. (1988): Evolution des strategischen Managements. In: *Henzler, H.A.* (Hrsg.): Handbuch Strategische Führung. Wiesbaden, S. 85-105

Töpfer, A./R. Hünerberg (1990): Wettbewerbsstrategien im Europäischen Binnenmarkt. In: Marketing-ZFP, Heft 2/1990, S. 77-90

Tomczak, T. (1989): Situative Marketingstrategien. Berlin; New York

Tomczak, T. (1992): Forschungsmethoden in der Marketingwissenschaft. In: Marketing-ZFP, Heft 2/1992, S. 77-87

Tomczak, T. (1993): Differenzierte Formen der Zusammenarbeit von Industrie und Handel. Berichte und Materialien aus dem Forschungsinstitut für Absatz und Handel an der Hochschule St. Gallen, Nr. 1/1993

Tomczak, T./F. Gussek (1992): Handelsorientierte Anreizsysteme der Konsumgüterindustrie. In: Zeitschrift für Betriebswirtschaft, 62 Jg. (1992), Heft 7, S. 783-806

Tomczak, T./C. Belz (1993a): Marketing und Kostenmanagement in der Rezession. Berichte und Materialien aus dem Forschungsinstitut für Absatz und Handel an der Hochschule St. Gallen, Nr. 4/1993

Tomczak, T./C. Belz (1993b): Marketingbudgets in der Rezession. In: Thexis, . Heft 5/6/1993, S. 14-21

Toyne, B./P.G. Walters (1989): Global marketing management: A strategic perspective. Boston u.a.O.

Tressin, J.M. (1992): Prognosen im strategischen internationalen Marketing: Konzeption und Einsatz im umwelttechnischen Großanlagenbau. Berlin

Trommsdorff, V. (1993): Konsumentenverhalten, 2., überarb. Auflage. Stuttgart u.a.O.

Ulrich, P. (1984): Systemsteuerung und Kulturentwicklung. In: Die Unternehmung, 39. Jg. (1984), Nr. 4, S. 303-325

Ulrich, P./E. Fluri (1984): Management, 3., neu bearb. Auflage. Bern; Stuttgart

Walker, O.C./R.W. Ruekert (1987): Marketing's role in the implementation of business strategies: A critical review and conceptual framework. In: Journal of Marketing, Vol. 51 (July 1987), S. 15-23

Waltermann, B. (1989): Internationale Markenpolitik und Produktpositionierung: Markenpolitische Entscheidungen im europäischen Automobilmarkt. Wien

Walther, H.-P. (1988): Erfolgreiches strategisches Pharma-Marketing. Eine theoriegeleitete empirische Studie auf der Grundlage des situativen Ansatzes. Frankfurt/Main u.a.O.

Webster, F.E., Jr. (1986): Marketing strategy in a slow growth economy. In: California Management Review No. 3/1986, S. 93-105

Wegener, B. (1982): Fitting category to magnitude scales for a dozen survey-assessed attitudes. In: *Wegener, B.* (Hrsg.): Social attitudes and psychophysical measurement. Hillsdale

Weinberg, P. (1992): Euro-Brands. Erlebnisstrategien auf europäischen Konsumgütermärkten. In: Marketing-ZFP, Heft 4/1992, S. 257-260

Welge M.K. (1982): Das Konzept der globalen Rationalisierung. In *Lück, W./V. Trommsdorff* (Hrsg.): Internationalisierung der Unternehmung als Problem der Betriebswirtschaftslehre. Berlin, S. 171-189

Welge, M.K. (1985): Unternehmungsführung, Bd. 1: Planung. Stuttgart

Welge, M.K. (1992): Management der internationalen Unternehmenstätigkeit. In: *Kumar, B.N./H. Haussmann* (Hrsg.): Handbuch der internationalen Unternehmenstätigkeit. München, S. 569-589

Welge, M.K./R. Böttcher (1991): Globale Strategien und Probleme ihrer Implementierung. In: Die Betriebswirtschaft 51 (1991) 4, S. 435-454

Welge, M.K./A. Al-Laham (1993): Der Prozeß der strategischen Planung. In: WISU, Heft 3/1993 S. 193-200

Westphal, J. (1991): Vertikale Wettbewerbsstrategien in der Konsumgüterindustrie. Wiesbaden

Wiechmann, U.E./L.G. Pringle (1980): Probleme multinationaler Unternehmen. In: Harvard Manager, Heft 4/1980, S. 7-14

Wiedmann, K.-P. (1985): Entwicklungsperspektiven der strategischen Unternehmensführung und des strategischen Marketing. In: Marketing-ZFP, Heft 3/1985, S. 149-160

Wild, J. (1966): Grundlagen und Probleme der betriebswirtschaftlichen Organisationslehre. Berlin

Wild, J. (1974): Grundlagen der Unternehmensplanung. Reinbek

Wilde, K.D. (1984): Konzeptionsalternativen der modellgestützten strategischen Planung: Ein empirischer Leistungsvergleich. In: Die Betriebswirtschaft 44 (1984) 2, S. 215-228

Wind, Y. (1982): Product policy: Concepts, methods, and strategy. Reading, Mass. u.a.O.

Wind, Y. (1990): Positioning analysis and strategy. In: *Day, G./B. Weitz/R. Wensley* (Hrsg.): The interface of marketing and strategy. Greenwich, Conn., S. 387-412

Wind, Y./S.P. Douglas/H.V. Perlmutter (1973): Guidelines for developing international marketing strategies. In: Journal of Marketing, Vol. 37 (April 1973), S. 14-23

Wind, Y./S.P. Douglas (1981): International portfolio analysis and strategy: The challenge of the 80's. In Journal of International Business Studies, Fall 1981, S. 69-82

Wittek, B.F. (1980): Unternehmensführung bei Diversifikation. Berlin; New York

Yip, G.S. (1989): Global strategy... In a world of nations? In: Sloan Management Review, Fall 1989, S. 29-41

Yip, G.S. (1992): Total global strategy: Managing for worldwide competitive advantage. Englewood Cliffs, N.J.

Yip, G.S./P.M. Loewe/M.Y. Yoshino (1988): How to take your company to the global market. In: Columbia Journal of World Business, Winter 1988, S. 37-47

Zahn, E. (1986): Produktionstechnologien als Element internationaler Wettbewerbsstrategien. In: *Dichtl, E./W. Gerke/A. Kieser* (Hrsg.): Innovation und Wettbewerbsfähigkeit. Wiesbaden, S. 475-496

Zeithaml, V.A./P. Varadarajan/ C.P. Zeithaml (1988): The contingency approach: Its foundations and relevance to theorie building and research in marketing. In: European Journal of Marketing , Vol. 22 (1988), No. 7, S. 37-63

Zentes, J. (1986): Verkaufsmanagement in der Konsumgüterindustrie. In: Die Betriebswirtschaft 46 (1986) 1, S. 21-28

Zentes, J. (1989): Trade-Marketing: Eine neue Dimension in der Hersteller-Händler-Beziehung. In: Marketing-ZFP Heft 4/1989, S. 224-229

nbf neue betriebswirtschaftliche forschung

Band 111 Dr. Stefan Reißner
Synergiemanagement und Akquisitionserfolg

Band 112 Dr. Jan P. Clasen
Turnaround Management für mittelständische Unternehmen

Band 113 Dr. Doris Weßels
Betrieblicher Umweltschutz und Innovationen

Band 114 Dr. Bernhard Amshoff
Controlling in deutschen Unternehmungen

Band 115 Dr. Thorsten Posselt
Mobilitätsverhalten von Unternehmen

Band 116 Dr. Joachim Böhler
Betriebsform, Wachstum und Wettbewerb

Band 117 Dr. Barnim G. Jeschke
Konfliktmanagement und Unternehmenserfolg

Band 118 Dr. Johannes Kals
Umweltorientiertes Produktions-Controlling

Band 119 Dr. Marc Fischer
Make-or-Buy-Entscheidungen im Marketing

Band 120 Dr. Jochen Pampel
Kooperation mit Zulieferern

Band 121 Dr. Arno Pfannschmidt
Personelle Verflechtungen über Aufsichtsräte

Band 122 Prof. Dr. Sabine Spelthahn
Privatisierung natürlicher Monopole

Band 123 Prof. Dr. Wolfgang Kürsten
Finanzkontrakte und Risikoanreizproblem

Band 124 Dr. Bernd Eggers
Ganzheitlich-vernetzendes Management

Band 125 Dr. Martin Scheele
Zusammenschluß von Banken und Versicherungen

Band 126 Dr. Joachim Büschken
Multipersonale Kaufentscheidungen

Band 127 Dr. Peter Walgenbach
Mittlere Manager und ihre Stellen
(Arbeitstitel)

Band 128 Mag. Dr. Dietmar Rößl
Gestaltung komplexer Austauschbeziehungen

Band 129 Prof. Dr. Hans-Joachim Böcking
Verbindlichkeitsbilanzierung

Band 130 Prof. Dr. Michael Wosnitza
Kapitalstrukturentscheidung in der Publikumsgesellschaft bei asymmetrischer Information
(Arbeitstitel)

Band 131 Prof. Dr. Dirk Möhlenbruch
Sortimentspolitik im Einzelhandel

Band 132 Prof. Dr. Diana de Pay
Informationsmanagement von Innovationen
(Arbeitstitel)

Band 133 Dr. Thomas Jenner
Internationale Marktbearbeitung